FLUSH

The Remarkable Science of an Unlikely Treasure

[美] 布林 · 纳尔逊 —————— 著　刘小鸥 —————— 译

马桶里的黄金

关于人体产出物的奇妙科学

浙江人民出版社

FLUSH: The Remarkable Science of an Unlikely Treasure by Bryn Nelson, PhD

Cover Design by Sarah Congdon

浙江省版权局
著作权合同登记章
图字:11-2022-092号

图书在版编目(CIP)数据

马桶里的黄金 /(美)布林·纳尔逊著 ;刘小鸥译.
— 杭州 :浙江人民出版社,2024.5
ISBN 978-7-213-11178-5

Ⅰ. ①马… Ⅱ. ①布… ②刘… Ⅲ. ①微生物学-普及读物 Ⅳ. ①Q93-49

中国国家版本馆CIP数据核字(2023)第158368号

马桶里的黄金

MATONG LI DE HUANGJIN

[美]布林·纳尔逊 著 刘小鸥 译

出版发行:浙江人民出版社(杭州市环城北路177号 邮编 310006)
市场部电话:(0571)85061682 85176516
策划编辑:鲍夏挺 责任印务:程 琳
责任编辑:周思逸 封面设计:尚燕平 Sarah Congdon
责任校对:杨 帆 汪景芬 美术编辑:厉 琳
电脑制版:杭州兴邦电子印务有限公司
印 刷:杭州钱江彩色印务有限公司
开 本:880毫米×1230毫米 1/32 印 张:15.5
字 数:319千字
版 次:2024年5月第1版 印 次:2024年5月第1次印刷
书 号:ISBN 978-7-213-11178-5
定 价:78.00元

献给爸爸妈妈

——爱你们的“大号”儿子

单位换算表

1 英寸≈2.54 厘米

1英尺≈0.30米

1码≈0.91米

1英里≈1.61千米

1海里≈1.85千米

1 平方英寸≈6.45平方厘米

1 英亩≈4046.86平方米

1磅≈0.45千克

1品脱≈473.18毫升

1夸脱≈0.95升

1加仑≈3.79升

华氏度转摄氏度 C=5/9(F−32)

目录

引　言

事实证明，把遗体捐给堆肥设施不一定适合所有人。死亡来临后，我们仍会按照惯例埋葬或火化我们深爱的逝者。但从生物学的角度来看，一旦完全腐败、进入肥沃的土壤中，我们就是一种相当彻底的植物养料：我们的蛋白质、脂肪、骨骼和各种矿物质所能提供的，远远超过那些通常意义上对植物群来说必不可少的营养。正如作家凯特琳·道蒂（Caitlin Doughty）在《好好告别》（*From Here to Eternity*）中描述的那样，"重构"运动日益发展，也就是真正让我们的身体回归大地，拥抱那种"身体变得凌乱、混沌且狂野"的自由。

我对拜访田纳西诺克斯维尔"身体农场"时的情景仍记忆犹新，人们在那里将他们的遗体捐给科学事业，让法医专家能够了解我们在各种自然和残忍的情况下如何腐败，比如在地下、在地上、在汽车后备厢里、在拖车里。我觉得这个地方让我彻底着迷，而且莫名地感动。捐赠者以死亡帮助科学家更深入地了解生命不可避免的结局，同时帮助法医侦破谋杀案，将凶手绳之以法。不过，当我写下这些时，光是有这样一个地方这件事就引得一位图片编辑大为反感，以至于我在这片两英亩半的场地里拍摄的照片，即使没有出现任何看得见的尸体，也被认为不合适而被拒绝了。

捐赠新生儿的脐带或许也不适合每一个人。出生后，我们照例把大约两英尺长的脐带当作医疗废物，扔进垃圾桶。但从生物学的角度来看，脐带中含有干细胞和祖细胞，它们可以产生携带氧气的红细胞、抗感染的白细胞和凝血的血小板，能够帮助治疗甚至治愈80多种疾病，从白血病到镰状细胞病都在其列。世界各地已经进行了4万多例脐带血移植手术，这一运动也随之发展。在另一个故事中，我讲述了一位白血病患者是如何通过双脐带血移植而得救的。这台手术使用了两位匿名婴儿［他们的昵称是艾米莉亚（Amelia）和奥利维亚（Olivia），以各自A型和O型的血型命名］的脐带，在患者的骨髓被化疗和辐射摧毁后，为他有效地重新植入了骨髓。尽管脐带有挽救生命的潜力，但很多医院甚至不允许新生儿父母在剪掉脐带后选择捐赠。

当我开始写这本书时，一个问题不停在我脑中闪现：什么东西才是有价值的？几乎不会有人质疑献血、捐献器官、捐精或捐卵的价值。救一条命或是将一个新生命带到这个世上来，是一种值得称道的利他主义行为。但是，一旦我们把某些东西打上了无用或毫无价值（或者直说了吧，令人作呕）的标签，往往就很难用另一种眼光看待它。这就让我想到了捐屎。诚然，我们经常渴望尽快摆脱它。但从生物学的角度来看，正常的消化副产物对植物和人类生命可能都有彻底的变革作用。我希望这是我们都能支持的事。不过，在你做鬼脸或者感觉毫不关心之前，我有充分的理由说明，我们应该关心这块我们从生到死都在很努力制造的未经雕琢的璞玉。

屎在生命之初就存在，那是婴儿通常在出生一天内（但有时是仍在子宫里时）产生的一种绿黑色、焦油状但几乎无味的排泄物。它的术语叫胎粪，其中含有黏液、胆汁、水、脱落的肠细胞、羊水、绒毛般的胎发和妊娠期间胎儿吞下的其他碎片。它被排出体外的过程洗礼了肠道，为新生儿的消化系统从母乳或婴儿配方奶中吸收营养和处理残渣扫清了道路。屎也常出现在生命终结之时，当我们的下消化系统的渣滓叹息着离开我们的身体时，肛门内外括约肌最后一次放松。在这两项意义非凡的事件之间，一个处在相当大的分布曲线中点的成年人每周排便八九次。每周的产量两磅左右，大约是一颗从商店买来的菠萝的重量。鉴于目前地球上有80亿人，一些粗略的估算表明，我们的年产量相当于……呃……一大堆菠萝。

作为前微生物学家，也许我有偏见，但我们似乎一直在回避一种我们制造了这么多的天然物质［好吧，也许德国人或者约翰·沃特斯（John Waters）[①]不是这样的］，这似乎有点奇怪。作为房主，当一位邻居把工人刚刚喷在我们房子上的棕色底漆比作“一种难以启齿的身体机能”时，我又好气又好笑。该死的屎棕色。她本意是冒犯，但她的分寸感让她无法宣之于口。作为正在写这本书的作家，我不安地发现，我在一些采访中用的转录功能已经训练了它的人工智能算法，来审查录音中类似

① 前者说的是一种针对德国人的刻板偏见；约翰·沃特斯是著名导演和制片人，因拍摄颇具争议的黑色幽默电影而闻名，电影中不乏对准屎的镜头。——如无特别标注，本书脚注为译注。

“屎”“尿”以及“屁眼”这样令人反感的俚语。为了摆脱它们，我们不惜抹掉这些词。

法国精神分析学家多米尼克·拉波特（Dominique Laporte）在《屎的历史》（*History of Shit*）中毫不留情地抨击了西方世界的妄自尊大，他发现：“我们不敢谈论屎。但自古以来，没有其他话题能让我们说这么多了，甚至连性都不行。”想想孩子父母（和宠物主人）想到屎还有它可能含义的频率。我们会分享换尿布时栩栩如生的回忆，包括色、声、味或者吓人的量。我们沉迷于一个拉屎正常的孩子发出的满意甚至快乐的感叹（更不用说松了一口气的父母了）。这些时刻往往被当作孩子成长过程中值得庆祝的一步而被铭记。第一次拉屎！拉出来的屎第一次不是诡异的黑色或绿色的！第一次拉出基本成型的屎！第一次在马桶上拉屎！

今后的人生中，我们常常纠结于它的缺席以及它可能意味着什么，特别是在事故、疾病或手术之后。它的重新出现会让患者和他们的亲人欢呼：身体系统正在恢复，生活也正按部就班地跟上节奏。在外科医生切除了我的胆囊并取出一颗葡萄大小的胆石后，第一次的正常排便让我乐不可支。

丢了胆囊适时地提醒了我，类似这种软塌塌的梨形器官的身体部位究竟有什么用，对于这个问题还有很多东西有待了解。医生把它称为“可消耗品”，意思是，没有它你照样可以过上正常的生活，尽管它在集中、储存和分配胆汁方面发挥着作用——胆汁则由肝脏制造、用来分解脂肪。在犹豫不决的6年间，我时不时感到胸口像挨了一拳那样疼，那种疼最初就像心脏病发作一般，最后我无奈地同意切除胆囊。看到这个器官像绿色湿纸巾一样从我肚脐眼上的一个洞里被一片片抽走，我并没有特别伤心。（好吧，我没有目睹这种情况，但这是一个有趣的想象画面，还有那块棕褐色的多面体石头，当时它的直径已经超过一英寸，不得不从同一个出口摘出来，对我办公室书柜上的古董弹珠罐来说它本该是一个相当不错的补充，但手术中心显然不习惯这种留作纪念品的要求。）

不幸的是，外科医生、麻醉师和护士都忽略了解释常规门诊手术和多种同时下肚的药物会对一个人的“室内管道系统”造成多么严重的破坏。（说白了，很多很多事都会扰乱你的肠道。）在术后恢复室里，一位负责的护士警告我，在厕所里不要太用力，以免造成严重的附带损伤。在极少数情况下，严重便秘甚至会致死。排便引起的肺栓塞可能会导致死亡，这种情况发生在大腿深静脉或骨盆静脉中的血栓突然脱落并阻塞肺动脉内的血流时。另外，过度的压力也会让患者的血压飙升。这种压力的累积可能导致脑或腹部的血管隆起和破裂，从而引起危及生命的中风、动脉瘤或心脏病发作。事实上，埃尔维斯·普莱斯利（猫王）（Elvis Presley）就死在厕所里（可怜的埃尔维斯）。他由于对阿片类药物长期上瘾，有严重的长期便秘，导致结肠急剧扩张。这种病被称为巨结肠，没错，就是你想象的那样。一种合理的假设是，埃尔维斯用力过猛，并因严重的心脏病发作而倒下了。也就是说，严重便秘可以让国王[①]下台。

---

① 埃维斯·普莱斯利也被称为“摇滚乐之王”。——编注

最后，敝人的“大便守夜礼”在手术后仅仅持续了52小时，远远早于其他许多可怜人的报告。身为一名中年男人，我在庆祝并告诉父母我在厕所里的胜利时，难免有点别扭。但是，溅起第一朵水花时绝对是个解脱的时刻，它说明事情已经开始好转。我的手术和术后恢复迫使我更加关注身体是如何运作的，吃进了什么，又排出了什么。这段插曲也让我深刻地认识到，关于暂存在肠道里的那些存货的上蹿下跳，我们还有很多东西需要学习。我们仍然习惯于认为，我们与自然界的其他部分泾渭分明，但整个世界的缩影实际上就在我们体内：我们无法逃避这样一个事实，那就是，它的命运与我们休戚相关。了解它是什么，还有它的作用，或许可以帮助我们欣赏自身的内在力量，学会如何更好地与一个和我们共同演化的卓越的生态系统保持步调一致。推而广之，这种心理转变可能有助于我们理解如何与自然合作，而不是试图征服或者支配它，这能让我们免于许多痛苦。

事实是，我们正处在历史上一个“哦，该‘屎’！”的时刻，我们与这颗星球上的其他部分都脱节了。气候科学家告诫我们，我们必须现在就行动起来，避免那些最坏的结果：海平面和气温上升，这些都跟我们对化石燃料的依赖有关。要完全转向其他能源，需要对后工业社会、对生活中最重要和最有意义的东西，进行一些创造性的重构。没有什么灵丹妙药能让我们一劳永逸，但着手创建解决方案的最佳切入点就是我们不起眼的“大号”。

如果我们明白，我们生来就是自然界中的一员，我们自身就是一根管子，连接着我们肠道里的内部生态系统和周围更大的生态系统，这或许能让我们接受自己作为两个生态系统的守护者的基本角色。想要做更优秀的管家，我们可能要以新的方式审视那些传统的规则和基础设施——它们或许不再适用于那些日新月异的景观。或许还要重新思考我们如何衡量并谈论价值和进步。

长久以来，许多文化中都流传着创世故事和民间传说，它们都强调再生循环的本质，一种生灵的身体或副产物在这种循环中生出了其他生灵。一则来自西伯利亚楚科奇人的传说，被尤里·雷特霍（Yuri Rytkheu）记录在了《楚科奇圣经》（*Chukchi Bible*）中，故事描述了世界是如何从“第一只鸟”——乌鸦[1]的胃和膀胱中诞生的。“一只乌鸦，飞掠一片广阔的天地。它不时慢下来，播撒尿粪。固体所落之处，就出现了陆地，液体所落之处，就成了河流、湖泊、水坑和小溪。有时，第一只鸟的排泄物混在一起，就形成了苔原沼泽。乌鸦粪中最坚硬的部分成了构建岩堆、山脉和峭壁的材料。”

这些传统叙事与我们当代的故事分庭抗礼，而当代的故事更有可能由污染的水道、可预防的疾病，还有去了不该去的地方的大便组成。生活在华盛顿特区的艺术家、教育家兼活动家肖恩·谢夫纳（Shawn Shafner）告诉我，我们的语言、图像和我们特殊的空间设计，“没有教导我们要赋予被丢弃的东西意义”。为了帮助人们打破禁忌，让他们能谈论那些他们觉得难

① 在一些宗教故事中，乌鸦是诺亚方舟放出的第一只鸟。

以启齿或者无关紧要的东西，谢夫纳创立了POOP项目，POOP是“People's Own Organic Power”（人类自身的有机力量）的简称[1]。他通过艺术、戏剧和幽默（他的一首歌包含了如下歌词：“我是个产屎官，没错，我拉屎”），让听众放下戒备，对如何让他们的身体和地球具有更健康的关系进行更严肃的讨论。

尽管我们可以强调这是别人的问题，但我们都需要了解一下现实情况。从挪威到加拿大的乡镇和城市，人们仍会将污水直接倾注入海。纽约市臭名昭著的功能失调的综合污水处理系统，在大雨过后经常将未经处理的污水排入运河和水道。佛罗里达、得克萨斯以及美国其他州的一些城市，同样会在飓风后被未经处理的污水淹没。即使在我生活的城市西雅图，令人羡慕的污水处理设施仍会偶尔出现故障，比如2021年1月，离我家不远的一个泵站停电了，将220万加仑的雨水和污水（可能包括了我自己制造的一些）倒进了华盛顿湖。

我们在自然灾害面前永远不堪一击。但我们对一种“没有用”的产品的命运漠不关心，正不相称地伤害着那些最脆弱的人，同时提高了所有人的风险。“我们的大便指向了一种境况，基于对‘废物’的错误观念，我们不接受它的再生循环，也摒弃了我们自己的身体在这种循环中成为再生剂的能力。”谢夫纳这样告诉我。我们的存在要求我们重新担起这份责任。作家珍妮·奥德尔（Jenny Odell）在《如何“无所事事”》（*How to Do Nothing*）一书中写道：“即使你只关心人类的生存，仍然不

① 也是英文中的“屎”。

得不承认，这种生存并非受惠于对外界的高效索取，而依赖于维系一张精密的关系网。除了个体的生命，还有一个地方的生命，它不仅取决于我们所见之物，那些充满魅力的动物或者标志性的树木。虽然我们可能自欺欺人地觉得，我们可以脱离那种生命而生活，但这么做在物质上就无法维持，更不用说这会导致我们其他方面的贫瘠。”

喜欢也好，不喜欢也罢，我们都和这张网联系在一起，和我们自己不太光彩的屎紧密相连。诚然，我们复杂的非典型英雄散发着臭味，在险境中只展露一丝潜力，在海德的表象下展现出杰基尔的内核①。但是，如果我们多看几眼，就会发现一个名副其实的聚宝盆，其中充满了人类保护、创新和变革的可能。我们可以看到拯救生命的药物和可持续的能源。我们望见了堆肥和肥料，可以用它们来恢复被侵蚀、耗尽或者在其他方面退化的土地。我们看到了一颗时间胶囊，它可以证明过去的生活和残忍的结尾。我们找到了衡量人类从生到死的健康状况的方法，看到了类似新型冠状病毒感染（COVID-19）社区暴发的早期预警，也找到了标志环境危害的紧急指标。

明智的勘探者创造了非凡的机会，深入其中寻找水、燃料和矿物。它可以赋予人们灵活性和独立性。屎是终极的多面手，它甚至可以帮助维系航天员生命，在保护他们的同时，为他们前往火星提供燃料。总之，人类粪便就是这样的“屎东西”，现在是时候打破禁忌、谈论它的许多优点了。我们这些

① 源自罗伯特·史蒂文森的心理惊悚小说《化身博士》（*Dr. Jekyll and Mr. Hyde*），小说塑造了双重人格的形象。“杰基尔和海德”后常被用来指代心理学上的双重人格。

被严重低估的产出包含了一个水晶球，其中都是关于过去与未来、关于我们面临的隐患和可能性的故事。我们在其中的所见，折射出了我们自身的偏见和错误，以及我们学习和改变命运的力量。

让我们暂且为这坨伟大的校平器、这件民主的提醒物狂欢，就像日本绘本作家五味太郎画的那样[①]，它提醒我们，所有人都拉屎。幽默、快乐和乐观都体现在那个天真无邪的奇迹中，它友善地提醒着我们与鲸、大象和其他动物的联系。这里还有更宏大的故事要讲。屎不仅有关于我们身体和周遭世界受到的伤害的警告，还有充满希望的传说，讲述着我们尚未发掘的重建和恢复的潜力。我们很少听到关于我们肠道中错综复杂的工厂、这个工厂的产物的妙用，以及那些懂得在事物之间建立关联的创新者的故事。这本书打算改变这种情况：它让你重新认识一位随处可见、却无人宠爱的伙伴，并邀请你讨论一些既让你难以启齿、又让你深深痴迷的东西。

提高我们"大号"的地位，或许可以帮我们和世界重新建立联系。它也可能创造一种新的困境，要求我们重新审视我们的价值观和道德观：我们如何防止它成为一种商品，导致一些社区遭到剥削、被强行开发数十年，然后财富进一步集中到其他人那里？我们如何确保商品收益得到负责任且公平的分配，且那些最容易受到潜在伤害的人不会不公平地承担风险？

显然，屎作为我们最被低估、也是最复杂的资源之一，给

① 指的是五味太郎的绘本《大家来大便》，该书英译书名就叫《所有人都拉屎》（*Everyone Poops*）。——编注

我们创造了很大的讨论空间。因此，请把这次对世界上最被糟蹋、错置的自然资产的深入研究，看作一次来自心底（胃底）的呼喊（或者肠底的呼喊?），让我们关注“废物”，还有我们每天忽视的普通、明显、丑陋的东西中隐藏的巨大潜力。除了我们出生时的脐带和死后的躯体，我们的一生都藏着一股巨大的科学和经济潜力，它在我们的肚脐下咕噜作响，只待鸣笛而出（对不住了胆囊，不是你）。但是，对于我们这个物种的未来而言，为什么要认真对待屎，如何认真对待屎，和屎里丰富的内容是什么同等重要。

要释放屎的巨大潜力，我们就要克服羞耻、厌恶和冷漠，接受我们作为物质生产者和道德设计师的双重角色，来构建一颗更公正、更宜居的星球。不仅如此，为了成为我们粪便应有的标准制定者，我们需要转变我们集体的西方思维模式，尤其是关于什么东西是有价值的，什么东西推动我们前进，以及怎样算是平衡地生活。一个重视并强调我们日常产出的重要性的世界，是一个不再把光鲜亮丽的东西作为解决气候变化和其他艰巨挑战的默认选项的世界。那是一个抵挡得住破坏性、剥削性和专有性创新的诱惑的世界，也是一个通过富有想象力的改造和再造，而拥抱进步的未来的世界。在这样的世界，我们需要的答案不再是简单或漂亮的，而是要能提供更长久的解决方案。我们的屎是实，而非形。它是日常生活，而不是灵光一闪。但不可否认的是，它在量上占有绝对的优势，而我们那些丰富的产物，它的总体大于部分之和。

先溅起一朵小水花，接着出现涟漪，然后产生了波浪。这本书是一系列相互联系的故事，它们强调的是意想不到的来源可以生长出动力，帮助我们过渡到一种更循环的经济；在那种经济里，我们不抛弃任何东西，放弃那些“我们置身于生与死、生长和腐烂的古老循环之外”的幻想。这本书说的是如何停止浪费，不再假装我们还剩什么可以挥霍。为了最大限度地发挥屎的力量，我们需要更努力地处理好一种能够引起强烈反应的变化剂。它既能滋润万物，又有毒有害；既风趣幽默，又喜怒无常；既和蔼，又暴躁——而且，它才刚刚开始揭示它的许多奥秘。正如一位研究人员恰如其分地告诉我的，我们知道个屎。

现在该是我们了解屎的时候了。来吧，让我们更进一步认识我们的内在冠军。锁在我们身体里的是一个药柜，是一堆砖型煤，是一袋肥料，也是一条沼气管道。因为我们，还有从我们身体里出来的东西，一位垂死的母亲恢复了健康。灯光亮起，农作物生长，公共汽车加速飞驰。有时，希望会以出乎意料的方式降临。

第一章 物质

想象一下，你是一只巨型短面熊，生活在约两万年前的北美洲。你身形硕大，后腿站立时，身高大约可以达到10英尺——考虑到你的体重超过一吨，这可不是个小数字。虽然古生物学家还没有完全重建出你日常的饮食，但你应该是种杂食动物，狼吞虎咽地吃下绿叶植物和大型动物的尸体。那你在树林里拉屎的时候是怎样的呢？嗯，这正是事情开始变得有趣的地方。

巨型短面熊是更新世复杂食物网中的顶级捕食者，就像大陆上其他更加肉食性的动物美洲狮、恐狼和剑齿虎。构成它们丰富的猎物来源的，是一群外形奇异又行动迟缓的植食动物：西方拟驼和巨头美洲驼；长角野牛和长着硕大鹿角的驼鹿；体型能和熊匹敌的哈伦地懒；还有哥伦比亚猛犸脆弱的幼崽，它们仿佛“鹤立鸡群”，在大陆的大部分地区挥舞着它们弯曲的獠牙。

这些庞然大物有与之匹配的饮食，它们的消化系统将吃下肚的大量植被转化为巨大的粪堆。当它们自己被吃掉时，它们的脂肪和蛋白质，还有其他养分维系着那些狮、狼和虎的生命。巨型短面熊很可能嗅到了那些没吃完的尸体，并“自觉”

享用完了剩下的部分，在景观中留下了它们自己的粪便。

植物和树木在那些被施了肥的地方生长，新的植食动物又出现了，就这样循环往复。

大约两万年后，对于地球上第二多产（仅次于牛）的“屎者”而言，这个过程就截然不同了。我们中的许多人把自己的排泄物急匆匆地送上一趟几英里长的惊险之旅，它始于厕所，从那里进入一个复杂的下水道网络，它连通到一座污水处理厂。我们对进入的污水进行筛滤、过滤并通气，用微生物分解，再用氯或其他消毒剂处理，把废液再次泵进更多管道中，排到附近的湖泊、河流或海洋里。我们提取固体，用卡车或火车运走其中的大部分，然后把它们放进焚烧炉焚烧，或者埋到填埋场里。

现代卫生设施对世界上大部分地区来说都是一种奢侈：只要简单一冲，我们的屎就消失了。但你有没有想过，到底是什么东西在下水道里打转？与熊、鲸或鸟类不同，我们花了很大力气，将我们的副产物和自然的其他地方隔绝开来。我们这么做，实际上是在浪费地球上最通用的一种自然资源。

我知道你在想什么。开玩笑的吧，屎？没错，它是被厌恶的对象、开玩笑的笑柄、双关语的哏，它还是一种危险的物质，但它远远超出了我们眼睛所见（或者鼻子所闻）。不过，想知道我们错过了什么，就要清楚为什么我们应该关注它，我们是如何制造它的，还有它包含了什么。有一个极具启发性的例子，可以说明我们为什么要在乎这些可以追溯到更新世全盛时期的屎。

随着岩石慢慢风化和被侵蚀，它们会将磷释放进土壤，植物的根便可以将其吸收。这种元素是植物所需的14种来自土壤养分中的一种（如果把钴算在内就是15种），植物要用磷生产并储存来自太阳的能量，[①]也需要它来构建DNA（脱氧核糖核酸）、RNA（核糖核酸）和细胞膜。动物通过进食植物而获得磷，并用它储存能量，制造DNA、RNA、细胞膜、牙齿、骨骼和外壳。

换句话说，磷是生命不可或缺的东西。为了提高它的可得性，我们已经学会了开采它的方法，并将它加进了肥料中。但是，磷从土壤中沥滤出来，被冲进了溪流和河中，并最终进入了海洋，在那里，它沉入海底，逐渐积累在沉积物中。这就带来了一个大问题：我们已经开采了大部分可用的矿床，也没有几千年的时间等待海底地质隆起、暴露出更多富含磷的岩石。那么，还能如何重新分配这种元素，帮助补充土壤呢？

克里斯·道蒂（Chris Doughty）是一位地球系统科学家，他将我们的星球视作一个综合系统。更具体地说，他研究的是大尺度的生态模式——比如养分循环——如何受到风、水和植物，还有动物的影响。这意味着，他花了大量时间来模拟和计算动物是如何帮助完成磷等元素的循环的。一只熊、一头鲸或一头大象在一生中吸收养分，死后身体分解时还会将养分还给其他生物。但出乎道蒂意料的是，他的研究表明，以动物粪便的形式定期释放富含养分的“补给包”，是一种重要得多，甚

① 光合作用把光能转化为化学能的过程中，需要三磷酸腺苷（ATP）作为中间物，它的原料之一是磷。——编注

至超出几个数量级的贡献因素。当你想想这种补给包的生产者可以闲逛多久、逛到多远时，这就说得通了。道蒂发现，对于水生和陆生动物群里的大部分成员来说，个头越大，在这方面的表现就越好。“大型动物比小动物移动得更远，它们是关键。”他这样告诉我。这是因为，更大的动物更有可能移动到一个养分有限的区域。

道蒂和同事着重研究了体重超过97磅的更新世巨动物群①，他们建立的模型表明，这些动物是复杂的磷运输链中的关键角色，这条链将磷元素从深海带回广袤的大陆内部。鲸从深水中带出磷，当它们浮出水面换气时，会通过漂浮的粪浆将磷散播在浅水和海面上。大批的海鸟还有鲑鱼这样的洄游鱼群，会将养分带向岸边，或者逆着河水和溪流而上。而一系列肉食和植食动物最后完成了磷向森林、平原、山脉和草甸的传递。

捕食者与猎物之间复杂的相互作用，创造了道蒂和其他科学家口中的“恐惧景观”，肉食动物紧追植食动物不放，这样一来，它们都在不停移动。“这对它们在哪里拉屎，以及这些元素如何被纳入生态系统，都有着巨大的影响。”他解释道。随着时间的推移，动物将磷非常均匀地重新分散到整个景观中。这些定期的沉积物反过来又为其他动物留下了大量食物的踪迹。换句话说，屎帮助生物世界正常运转。

情况至今如此。南极水域滤食性的鲸可以将富含铁的磷虾转化成浅橙色的粪便，它为水面上依赖铁的浮游植物施肥，而

① 巨动物群（megafauna），栖居在特定区域的大型陆生脊椎动物群。——编注

这些微型藻类为大量海洋生物提供了食物。在骄阳似火的非洲热带稀树草原上，象可以将种子带到距离母体植物40英里之外的地方，并通过它们的粪便让土壤中的碳含量几乎翻了倍，从而让一种常见的草茁壮生长，让瞪羚等其他植食动物填饱了肚子。在北美，加拿大生态学家韦斯·奥尔森（Wes Olson）的研究表明，野牛用抽动的鼻子或者嘴吸入的微生物，有助于分解草中的纤维素，而由此产生的每一堆粪都能支持100多种昆虫的生存。科学记者米歇尔·奈豪斯（Michelle Nijhuis）在《亲爱的野兽》（*Beloved Beast*）中描述了这种“野牛粪饼生态系统”和“野牛鼻涕生态系统”对北美草原的深远影响。野牛随处可见，大量昆虫反过来又养活了鸟类和小型哺乳动物群体。“要是没有野牛，没有野牛鼻涕、野牛粪便，以及两者之间的一切，那么北美草原会是一个更小、更安静的地方。”她写道。难怪一些研究人员把这些创造栖息地的动物称为“生态系统工程师”。

但道蒂和他的合作者认为，在晚更新世和全新世早期，也就是其他研究人员所说的14000年前到11000年前的“地质上的一瞬间”，陆地巨兽的集体死亡让全球回收系统遭受重创。在北美，这种集体损失在洛杉矶的拉布雷亚沥青坑（La Brea Tar Pits）中表现得淋漓尽致，我惊叹于那里各种各样的化石，它们仍在从冒泡的沥青中被拉出来，重新组装成一个幽灵动物园，其中满是保存完好的捕食者和猎物。研究人员强烈怀疑，人类狩猎者、气候变化，或者可能两者加在一起，正是这些集群灭绝的罪魁祸首。对于其中的幸存者来说，更近代的人造路障极大地限制了它们穿越生态系统的能力，包括那些割裂豹和野牛的栖息地的高速公路，以及阻碍鲑鱼逆流而上的水坝。道蒂的团队由此计算出，欧亚大陆、澳大利亚和美洲的陆地哺乳动物分配养分的能力不到它们先前的5%。鲸和洄游鱼类的养分分配能力同样急剧下降。“基本上来说，动物曾是元素跨越不同景观传递的关键渠道，但现在它们不是了。”道蒂说。

人类和家畜现在成了地球上占据主导地位的巨动物群。理论上来说，我们已经接下了许多已经灭绝或者数量骤减的巨兽的生态角色：人类是肉食动物，我们的牲畜是植食动物。但我们不是分散者，反而是集中者。不再生活在恐惧景观中的动物往往会在同一个地方拉屎。因此，排泄物在一些地区堆积如山，而从其他地方逐渐消失。或者正如道蒂所观察到的，“旱的旱死，涝的涝死”。丹麦商人、慈善家德贾法尔·沙尔基（Djaffar Shalchi）的表达更令人难忘：“财富就像粪肥，播撒开，能让万物生长；堆起来，就只会发臭。”

就是在更小的尺度上，我们的死亡对重新分配磷也无助益（它占身体质量的1%左右）。逝者往往被火化或者进行防腐处理，并被埋葬在一个个木制或金属的盒子里。我们屎里的养分主要集中在填埋场或者海洋沉积物中，而我们遗骸中的养分则主要在滋养公墓中的微动物群或者园林植物——得益于撒向它们的纪念性的骨灰（不过，重组运动正努力扩充这份受益者的名单）。

罗宾·沃尔·基默尔（Robin Wall Kimmerer）在《编结茅香》（*Braiding Sweetgrass*）中写到“wiingaashk”，也就是北美洲

奥吉布瓦（Anishinaabe）原住民心中神圣的茅香，如何教给我们有关索取与付出之间平衡的必要与美。

在西方传统中，存在着一种公认的生命层次结构，当然，人类高居塔尖，是演化的顶峰，造物的宠儿，而植物则屈居塔底。但在原住民的认知中，人类常常被称为“造物的幼弟”。我们都说，人类在如何生存的方面经验最浅，因此需要学习的东西也最多，我们必须向其他物种中的老师求教。它们的智慧在它们的生活方式中显而易见。它们以身作则。它们在地球上生活的时间比我们长得多，有大把时间把情况弄明白。

我们在扰乱古老的循环时，也不知不觉地将关键的养分倒在了它们最派不上用场的地方。无论是生是死，我们在消耗和生产之间的平衡已经出了大问题。作为人类世（Anthropocene epoch）中缺乏经验的生命仲裁者，我们可能造成失衡，而这种失衡反过来又会给我们带来麻烦。我们内部生态系统的紊乱，会通过疾病和抗生素耐药性来损害我们的健康。不该让人感到惊讶的是，在更大的尺度上，同样的不对称可能威胁到整个星球的健康。

*

虽然磷对地球的福祉至关重要，但它仅仅是我们一生中许多“穿肠而过”并且在另一端仍有用的东西之一。对于巨型短面熊来说，摄入的养分可能大多来自腐烂的驼鹿或者鲜嫩的绿植。而我更偏爱本地汉堡快餐店的芝麻面包半熟汉堡，里面还有切达干酪、番茄、鳄梨和莳萝腌黄瓜。这或许不是最健康的选择，但汉堡让人意识到，我们作为现代杂食动物，如何从吃下的动植物中获取并吸收一系列碳水化合物、蛋白质、脂肪、纤维、维生素和矿物质。正如灭绝的巨动物群有助于我们了解我们如何将有用的原材料分散到很远的地方一样，更多当代物种正在帮助我们认识到，我们如何将复杂的食物分解成滋养或伤害我们的基本元素，这改变着我们内部生态系统的平衡，并重新塑造了我们周围的动植物群。

当我们开始通过咀嚼磨碎食物，用唾液中的酶软化它们时，消化就正式开始了。即使在这里，从口腔到肛门的这条管道的最前端，我们也没有完全了解我们的内部运作。2020年，荷兰研究人员惊讶地发现了一组“先前被忽视的”唾液腺，它们位于鼻子后面的喉咙深处。他们的报道继而引发了一场激烈的辩论，来讨论19世纪解剖学家究竟有没有发现这些腺体，以及它们到底会不会帮助消化，又或者它们发挥了某种更隐蔽的生理作用。我们的确知道，我们每天从多个地方可以产生出多达装得满两个酒瓶的唾液。这些唾液帮助我们把每一口食物，比如芝麻面包，混合成一个容易应付的球，或者叫食团。吞下这个紧凑的食团，却是人体最复杂的动作之一。一些专家认为，它可能涉及约30对肌肉和6组脑神经，另一些专家则说，真正的肌肉数量可能接近50对。

一旦食团从喉咙进入食管，从上到下的肌肉收缩就像一条传送带，将糊状食物通过括约肌送入酸液大桶，也就是我们所说的胃。1824年，一位名叫威廉·普劳特（William Prout）的英国医生兼化学家，从一只兔子的胃里分离出了盐酸（也叫氢氯酸），这引起了轰动，研究人员拿鸢和牛蛙等各种各样的动物做实验，这是最早证明他们在这些实验中描述的胃液含有强酸的证据。普劳特写道，他在野兔、马、牛犊和狗的胃里都发现了这种酸，而且“量都不少”。

9年后，一位名叫威廉·博蒙特（William Beaumont）的美国陆军外科医生偶然碰上法裔加拿大兽皮猎人亚历克西·圣马丁（Alexis St.Martin）时，证实了普劳特的发现，并为消化过程打开了一扇新的窗户——就是字面的意思。年轻的圣马丁在一次可怕的火枪伤后奇迹般地活了下来，这次受伤在他身体左侧留下了一个洞，一直延伸到胃部。博蒙特照料圣马丁直到他恢复健康，但随后他也充分利用这个口子，用成百上千次侵入性实验让圣马丁不胜其扰，圣马丁既是他的住家仆人，也成了他的小白鼠。在一次实验中，博蒙特将好几块牛肉、猪肉、面包和生卷心菜绑在一根丝线上，耐心地让它们通过洞进入圣马丁的胃中，然后每隔一段时间再拎出来，从而测定消化每块食物需要的时间。如果说博蒙特的《关于胃液的实验和观察，以及消化的生理学》（*Experiments and Observations on the Gastric Juice, and the Physiology of Digestion*）是有关胃肠道新见解的一个里程碑，它也是医学伦理的一个低点。

从这些和其他一些观察中，我们知道了唾液酶和胰腺酶，而不是胃酶，负责将面包中高含量的淀粉分解成糖类，比如麦芽糖，然后是葡萄糖，带来了来自汉堡的第一波能量爆发。不过，精粉面包缺乏麦麸和胚层的许多养分和纤维，这就是为什么它经常被饮食专家认为是“空热量”[①]的典型代表。

切达干酪和绞牛肉同样含有高卡路里，但它们差不多都以牛源性蛋白质和脂肪的形式存在。在胃里，含有盐酸的胃液开始让蛋白质变性，就像把一只纸鹤展开一样。复杂的三维形状被抚平成了更简单的形式，就更容易被撕开。从本质上来说，胃的化学物质可以部分“烹饪”牛肉，这和在牛奶中加入更弱的柠檬酸来做奶酪，或者通过在酸性的青柠汁中腌制生鱼或生虾来制作柠檬汁腌鱼、腌虾的原理都是一样的。

提前烹饪我们的食物可以进一步让消化变得简单。举个例子，烤或炸牛肉都可以分解蛋白质，比如结缔组织中的胶原蛋白，让肉质更嫩，更容易咀嚼。为了更进一步了解消化的一般生理过程，2007年的一项研究将缅甸蟒作为人类的替身（更确切地说是“替蛇”）。在野外，缅甸蟒属于巨动物群类别，以生吞山羊、猪甚至短吻鳄这类东西而闻名。在亚拉巴马大学的一个实验室中，16条年幼的蟒吃的则是来自美国塔斯卡卢萨县肉类市场“南部最佳肉”——精瘦的牛后腿眼肉。

在实验中，研究人员将蟒的更典型的食物与同等分量的生牛排、微波炉加工后的牛排、生牛肉碎，以及微波炉加工后的牛肉碎进行了比较。蟒消化生牛排需要最多能量，就和它们消化大鼠所需的一样多；消化生牛肉碎的能量需求更低，和消化煮熟的牛排所需的能量差不多；消化煮熟的牛肉碎时所用的能量最少。我们在咀嚼肉的时候就会磨碎它们。对我们人类的祖

① 空热量，即高热量却缺乏蛋白质、矿物质等基本营养的食物。

先而言，学会如何通过烹饪肉，将更多消化工作“外包”出去，可能让他们释放了更多能量用于其他活动，从而在演化的竞争中占得先机。

即便如此，分解牛肉和奶酪中的脂肪还需要胰腺产生的酶和肝脏分泌的胆汁（后者通常由胆囊分发）的额外溶解能力。在离胃进入小肠不远的地方，胆总管和主胰管在一块小括约肌处汇合，这块肌肉控制着一些东西的输送——那些被德国医生兼作家朱莉娅·恩德斯（Giulia Enders）比作洗涤剂的东西。“洗衣液能有效除渍，因为它在洗衣机滚筒运动的帮助下，‘消化’掉了衣物中所有富含脂肪、蛋白质或糖类的物质，让它们自由地随脏水一起被冲掉。”恩德斯写道。在肠道中，酶促作用将脂肪分解成甘油和脂肪酸等基本构件，将碳水化合物分解成单糖，并将蛋白质分解成氨基酸，让它们能够被大量吸收进血液。

我们胃肠道的更多细节来自和大量实验动物的比较。特别是，猪和我们在消化系统中有着相似的器官结构和排列，已经成了肠损伤和疾病的首选模型。猪和人的小肠内壁都布满了由绒毛和微绒毛凸起组成的巨大分形网络，这些绒毛就像粗毛地毯上的线，它们加在一起就像一块巨大的海绵。与绒毛相连的复杂的毛细血管吸收着氨基酸、糖、甘油、较小的脂肪酸，还有水溶性维生素和矿物质，而淋巴管的类似网络负责收集较大的脂肪酸和脂溶性维生素。这就是我们如何从流经胃肠道的液化食物中摄取所需的营养、能量和构建材料，从而形成自身的脂肪、蛋白质和其他分子的过程。

粪便中经常出现未消化的食物可能表明，正常情况下超高效的小肠，要完全吸收这些营养有些困难。比如，短肠综合征患者可能会因为吸收不良而让食物中的大部分能量流失，而臭气熏天和油腻或油性的粪便可能表明，胆汁或胰腺酶分泌不足导致了脂肪吸收不良。胆汁也可以提供一种颜色指标：在履行它帮助消化脂肪的职责完毕之后，胆汁的色素会渐渐降解成一种叫作粪胆素的化学物质，将黄绿色的肠道残余物在通往出口的路上变成棕色。但是，匆匆离开可能会阻止胆汁完全降解，让产出更偏黄色或绿色。

对乳糖不耐受的人来说，他们的小肠无法制造足量乳糖酶，这种酶可以帮助消化乳制品中的主要糖类。我和全世界约三分之二的成年人一样，已经成了部分乳糖不耐受，喝太多牛奶就会出现腹部痉挛、胀气和腹泻。患有乳糜泻的人则会对小麦（比如汉堡面包）中的麸质蛋白产生一种异常的免疫反应，这可能会损害小肠内壁，导致便秘或腹泻，以及其他症状。

典型的传送时间范围很广，平均而言，一份汉堡的约10%可能在吃下去一个小时里通过我的胃，而把汉堡的一半排空进入我的小肠可能需要两三个小时，女性所需的时间会更长。到达小肠后，可能还要花上6个小时左右，在长达16英尺的弯曲中蜿蜒前行，直到来到大肠（结肠）。然后，通过胃肠道的最后5英尺（猪体内这部分的形状像一个螺旋开瓶器，而人类的则像一个问号），速度会降到一种悠闲的爬行。这是件好事儿，因为结肠还有很多工作要做，比如吸收一些剩余的矿物质，像是切达干酪中的钙和锌，分解最后一点食物残渣，并调节肠道中电解质和水的平衡。

反过来，结肠的工作也因为一大批小帮手的出现而变得容易了很多。根据近期的估计，居住在我们胃肠道（主要是结肠）的数以万亿计的细菌定植者的数量，大约相当于我们自身的细胞总和。在人类的肠道中，一个可以支持多达数百种细菌的欣欣向荣的生态系统，已经在和我们共同演化了，它的复杂性可以和热带雨林相媲美。这处微观丛林不断变化并适应，来应付我们所吃之物、所住之处、我们有没有生病或者是否服用了抗生素，还有其他的环境影响。总之，研究表明，数千个细菌物种已经在世界各地的人们的肠道里定植。

科学家将整个微生物居民的社区（也就是我们的内部微生物组）比作一个“隐藏的代谢器官”。到目前为止，他们已经发现这个“器官”通过分解植物纤维和其他碳水化合物（比如鳄梨和番茄中的那些）来帮助消化食物，合成维生素K和所有8种B族维生素等养分，平衡免疫系统，识别真正的外部威胁，而又不会过度热衷于攻击我们自身的细胞。研究人员已经将失去平衡的微生物组，也就是微生态失调，与各种疾病联系在一起，从炎性肠病和高血压到糖尿病和肥胖症，无一不包。

我们才刚刚开始了解细菌的繁荣和它们的产物能做什么，但一些微生物群早已赫赫有名。在全世界许多地方，人类肠道和人类粪便中最常见的一个细菌属叫拟杆菌属（*Bacteroides*），它通过分解复合碳水化合物来喂养那些微生物邻居，保护我们免受病原体侵害。研究表明，这是人类免疫系统的一个主要调节器。不过，在相对罕见的情况下，如果这类细菌进入一个脆弱的部位，就可以成为一种机会致病菌[①]，入侵我们的细胞。大肠杆菌（*Escherichia coli*）是另一类“投机分子”。在一种形式下，它是一种相对良性的肠道居民，可以帮助消化并生产维生素，它们也是实验室最喜欢的实验生物之一，我进行博士学位研究的那间实验室就是如此。但在更具毒性版本或者叫菌株中，它也能变身成一类致命的攻击者，通过污染的食物或水展开入侵。

另一个广为人知的双歧杆菌属（*Bifidobacterium*）包括几十个物种，专门在肠道内发酵植物纤维和碳水化合物，而乳杆菌属（*Lactobacillus*）的物种则会释放乳酸，这是一种在母乳等食物中发酵碳水化合物的产物。乳酸菌通过释放乳酸以及抗菌肽和过氧化氢，积极地保护它们在肠道中的大本营（还有它们占据主导地位的阴道），让周围环境不再适宜病原微生物生存。

双歧杆菌属和乳杆菌属在婴儿的肠道中相当丰富，它们在发育和感染控制方面起着至关重要的作用。数千年前，我们的祖先学会了如何将这些细菌和酵母细胞采用的发酵策略化为己用，将山羊、绵羊、骆驼、奶牛、马和水牛的奶转化成早期版本的开菲尔[②]和酸奶。发酵可以降低牛奶的pH值，让食物具有一种并不会令人反感的酸酸的味道，同时让它们不会被其他微生物糟蹋。自打那时起，我们已经拓展到了发酵成千上万种食物和饮料，比如韩国辛奇、康普茶、味噌、德国酸泡菜、酸面

---

① 机会致病菌（opportunistic pathogen），指只有在寄居部位发生改变、机体免疫功能下降或其他条件改变时，才能引起疾病的细菌或真菌。

② 开菲尔（kefir），一种发源于高加索地区的发酵牛奶酒。

包、意大利萨拉米香肠、啤酒、葡萄酒、干酪和一些泡菜（在酸性卤水中腌制是一个单独的过程）。当酵母或细菌产生乙醇和抗菌蛋白时，也会加进更多天然防腐剂。换句话说，我们如今喜欢的许多发酵食物，都是用最初在我们祖先的肠道里繁衍，并随大便排出的微生物专家的后代或变种制成的。

发酵专家罗伯特·哈特金斯（Robert Hutkins）说，如果经常食用，发酵酸奶中的活微生物（大多数研究的重点）能够通过释放会杀死其他微生物的产物，战胜肠道病原体，将平衡转向一种更有利的肠道组合。这些活微生物可以消化复合纤维，缓解乳糖不耐受引起的放屁和胃气胀。哈特金斯说，酸奶还是含有很多乳糖，发酵的微生物仅仅消耗了每杯酸奶中的一小部分糖类。那么，这是如何帮助我们这些乳糖不耐受的人的呢？他说，当我们喝酸奶时，其中的微生物为我们的小肠有效地提供了我们缺乏的乳糖酶，帮助将更多复合糖分解成更易吸收的单糖，也就是葡萄糖和半乳糖。几乎甚至完全没有完整的乳糖会在大肠中过度喂养其他产气细菌而制造麻烦。如果将来自酸奶的细菌裹在胶囊里，随牛奶一起吞下，也能达到一样的效果。

或许更惊人的是，微生物可能是通过不断训练免疫系统来帮助安抚它。免疫系统会定期进行敌我识别的检查，从而区分安全和不安全的物质。哈特金斯表示，引入体内的发酵剂一般都能通过检测，但通过触发免疫系统的筛选过程，它们会让免疫系统不去自找麻烦，而无意中攻击了那些不该攻击的对象，比如肠道。

让我们肠道微生物保持舒适的理由还有许多，其中之一是，它们帮助肠道细胞产生了人体95%的血清素分子。这些神经化学物质既能支配我们的情绪，也会影响肌肉收缩，我们需要肌肉收缩将未消化的残羹剩饭推向直肠。更多的水分、更大的体积或者二者兼备可以促进这些有规律的蠕动，并且男性的蠕动往往比女性更快一些。这种差异反过来也可能有助于解释，为什么男性的肠道转运时间似乎比女性要短。

如果你对自己的肠道节奏感到好奇，面包上的芝麻可以提供一个大致的标记。这是因为某些种子差不多可以完整地穿过人类消化道。类似树莓、黑莓、番茄和辣椒这样的植物，特别善于利用这种适应性：在熊、鸟类和其他动物留下的富饶的生长介质中，它们可以直接散播直系亲属。把一勺芝麻混进一杯水中喝下，留心它们什么时候开始在粪便中再次现身，就可以粗略估计出正常的旅程时间。顺便提一句，我可以报告一下我自己的芝麻先头部队在25小时后再次出现了，但在接下来的35小时里，还有落后队伍络绎不绝地到来。甜玉米也可以起到一样的作用，因为包裹着玉米粒的难以消化的纤维素外皮往往可以保持完整。我相当爱吃玉米，所以也试了这种计时方法，发现在4轮试验中，玉米粒的行程平均不到16小时。

如果不说纤维，任何关于屎和规律性的讨论都是不完整的，而且像鳄梨和番茄这样的食物中的纤维确实有助于让食物移动。小肠没办法很好地消化膳食纤维，这样一来，就可以让它们帮助清扫大肠。正是在我们肠道深处这里，粗糙食物才真正发挥了作用。生活在布鲁克林的注册营养师玛雅·费勒

（Maya Feller）告诉我，除了加快转运时间，不溶性纤维还能降低糖的吸收速度，改善血糖水平。它可以帮助清除血液中的胆固醇和其他脂类，还能结合消化过程中形成的致癌物和毒素，把它们与我们的其他排泄物一起冲走。这意味着，屎可以和纤维合作，真正清除潜在有害的副产物。

通过喂养拟杆菌属等发酵剂，可溶性纤维可以帮助实现肠道微生物组的多样化。吃纤维的人的菌群非常繁荣，这至少可以部分抵消汉堡肉等食物的过量脂肪酸的潜在影响，这些脂肪酸可能会降低肠道多样性和有益微生物的丰度。费勒还注意到了纤维在帮助缓解肠道炎症方面的作用，肠道是人体中最大的免疫介质，也就是说，它可以减少整个身体的炎症。肠道就像拉斯维加斯的反面，在肠道发生的一切，并不会留在肠道。① “因此，如果我们看到人们胃肠不适，便秘，或者另一种极端情况腹泻，又或者肠道有炎症，我们就会想：‘好吧，那么系统的其他部分发生了什么？’”费勒说。

在我们蜿蜒的肠道走廊尽头，直肠出口实际上是两扇大门，也就是肛门内和肛门外括约肌。我们无意识的神经系统会放松和收缩内部大门，应对压力和体积的增加，而我们对外部大门有更直接的控制，这幸运地减少了许多意外发生。随着汉堡残骸的体积和压力上升，一则明确无误的信息来了：是时候打开两扇大门了；用一些研究人员的话说，排泄的行为是字面意义上地令人“舒畅”。

① “在拉斯维加斯发生的一切，就留在拉斯维加斯”是一句流传甚广的英文俗语。

消化科医生阿尼什·谢斯（Anish Sheth）是《你的便便在说什么?》（*What's Your Poo Telling You*?）一书的合著者，他把这种感觉称为“解便嗨”（poo-phoria）。拉屎，尤其是排出大量粪便，能明显释放压力的积聚。但它也可能使直肠扩张，足以激活（从脑一直延伸到结肠的）迷走神经，并释放大量内啡肽，这也是性高潮时释放的化学物质。这种甜蜜的释放可以降低心率和血压，并引发一种头晕目眩的愉悦感。谢斯表示，这种瞬间的拉屎高潮甚至会让人上瘾。其他医生认为，这种舒畅的感觉可能涉及肛门和肛管中的一条神经，被称为阴部神经。一些专家推测，在男性中，这种运动也可能按摩前列腺。这是一个更多和肛交有关的众所周知的性高潮敏感点。

*

嚯！那么在厕所里过了瘾之后，我们交付的究竟是什么?在这里，我们可以再一次向其他物种寻求指导。许多最迷人的答案并非来自巨动物群或实验室动物，而是来自我们粪便中微小的微生物，还有它们自身代谢和腐败的副产物。它们的微型世界同样是一个由捕食者和猎物组成的世界，一个充满竞争和复杂性的世界，一个充斥着各种生态位的世界，这些生态位在我们每个人的体内，随着条件的变化而转变。

人的屎略偏酸性，在健康的成年人体内，大约四分之三是水。为了确定剩下的四分之一的成分，世界各地的研究人员记录了志愿者的摄入，或者要求他们节食，仔细检查他们的产出。例如，1980年在英国进行的一项实验，检查了9位二三十岁男性的屎，这些人吃了三个星期的“标准英式饮食”（这在当时代表了Weetabix牌全谷麦片、牛奶、糖、橙汁、饼干和果酱、肉、蔬菜、水果、白面包加黄油，还有茶和咖啡）。对他们的粪便进行分类的复杂过程中，第一步是冷冻干燥去除水分，并用擀面杖压碎固体，在一个叫作均质器的塑料袋中与洗涤剂混合，然后过滤剩下的东西。

这项实验的一个发现是，虽然每个人的饮食都一样，但粪便质量和转运时间可能有多不一样。一位志愿者用了平均2天让他的食物穿肠而过，而另一位志愿者则花了将近5天才完成了胃肠道循环。梅奥诊所（Mayo Clinic）的研究人员在1996年进行的一项肠道研究中证实，肠道转运时间在个体之间不仅千差万别，而且男性的旅程明显要比女性快，特别是通过结肠的时间。这一观察与一些发现女性更容易便秘的研究不谋而合。这也是个很好的提醒，告诉我们为什么研究应该囊括各类人群：缺乏代表性的参与者，比如都是来自同一个国家、吃同样的东西、年龄相仿的男性，很容易让人曲解什么才是“正常”。

社会经济的多样性也是如此。2015年的一项综述回顾了约30个国家的研究并计算出，来自低收入国家的人每天的粪便重量中位数是高收入国家对应人群的两倍，这些低收入国家的人采用了更多基于植物的高纤维饮食，富含丝兰、小扁豆和黑豆等食物。在更富裕国家中，粪便重量的最低值和最高值也相差甚远，这可能是因为这些国家的居民拥有更广泛的饮食习惯。

令人惊讶的是，1980年在英国进行的研究依旧是为数不多勾勒出人类粪便固体的主要成分的研究之一。研究发现，至少就这9位男性来说，按重量计算，不溶性植物纤维占固体物质的17%左右。可溶性植物纤维和其他物质，比如未消化的蛋白质、脂肪和碳水化合物占到了24%。那么最大的赢家呢？是细菌，占了超过一半。其他研究认为细菌的比例要低一些，但在这个不同中饮食习惯可能起到了重要作用。

与纤维一样，吃了更多抗性淀粉（resistant starch）的人，比如豆类、糙米、绿香蕉和小扁豆中较难消化的碳水化合物，粪便中往往就包含更多微生物。这是由于猛烈的肠道细菌发酵着植物材料，而这些材料在我们自己的细胞“浅尝”过后仍旧留在了结肠里。不妨把这些细菌想象成在更新世的草原上啃着草的植食长角野牛。一项研究表明，人类粪便中近50%的细菌细胞，如果在肠道之外的地方找到了合适的家，仍然可以生存。它们有些是需氧菌，就像我们一样，需要氧气来生长。而另一些是厌氧菌，它们不需要氧气，在有氧的环境中甚至会死亡。然而，我们先前对如何让大多数肠道细菌在实验室重建出的栖息地中生存知之甚少，导致明显低估了它们的数量，直到几十年前，DNA测序开始揭示出它们的身份。

一个截然不同的肠道微生物的域被称为古菌，其中一些成员也以碳水化合物为食，但它们更类似于那些可以承受极端条件的驼鹿或驯鹿。一些古菌会在没有氧气的情况下，通过分解含碳分子产生甲烷气体。厌氧菌首先将碳水化合物发酵成它们的基本构件，然后由产甲烷菌接手，利用氢加二氧化碳等底物[1]来制造甲烷。这种多步骤的过程就是厌氧发酵，它在生产人源沼气的过程中可能相当有用。并非每个人都是甲烷的生产者，但1972年，《新英格兰医学杂志》（*The New England Journal of Medicine*）上发表了一项颇有助益的题为《漂浮的粪便——屁与脂肪》（Floating Stools-Flatus versus Fat）的研究，很有帮助地认为一种判断方法是观察你的大便能不能在水里浮起来而不是立刻沉到马桶底部。我可以自信地说，我的屎通常是浮着的。

就像生物医学版的"你击沉了我的战舰！"[2]，研究人员甚至对志愿者之前漂浮的粪便进行了脱气处理，目睹它们坠入水底。当然，这个简单的演示有一种更重要的意义：粪便中过多的脂肪可以作为一项指标，表明它没有真的被肠道吸收，这是几种肠道疾病的一个临床特征。但这项研究的结果表明，气体，尤其是甲烷，而不是脂肪，才是浮力背后的原因，而医生不应该视漂浮粪便为问题的一种迹象。

根据最近的估计，就像我们身体里有那么多细菌和古菌一样，我们体内可能也住着数量相当的病毒，这意味着肠道微生物的总量可能远超我们自身的细胞数量，至少达到了2∶1。像埃博拉病毒、脊髓灰质炎病毒、流感病毒这样的病毒，还有毁灭性的新冠大流行的病因新型冠状病毒，毫无疑问都是非常危险的。而幸运的是，通常构成我们内部集合（人类病毒组）的绝大多数微小病毒颗粒是无害的，至少对人类来说是这样。就

---

① 底物，化学反应中酶所作用和催化的化合物。——编注

② "You sunk my battleship"最初来自20世纪一则棋盘游戏广告，后成为流行文化中一句流行语，常用来表达"接受被击败"的含义。此处为字面含义。

像恐狼群围攻野牛一样，许多被称为噬菌体的病毒反而会跟踪并杀死肠道微生物。其他一些病毒会感染植物，比如辣椒轻斑驳病毒，它们大多是我们饮食中的偶然反映。事实上，辣椒轻斑驳病毒是人屎中最丰富的病毒之一，也是我们在环境中的什么地方待过的一种有用标记。

考古学家可以通过检查景观化石的遗迹，来推断史前生态系统的整体状况，同样地，医生通过检查我们的屎，就能推断出关于我们自身内部环境的大量信息。其中一些线索可能来自从肠道内壁剥离的肠道细胞，这是一类定期脱落的细胞，它们为无创活检提供了原始材料。病理学家可以检查脱落的细胞，或者提取它们的遗传信息，找出与结肠癌和其他疾病有关的异常。从被排出的大量细菌、古菌、病毒和真菌（比如酵母菌）中获得的更多DNA、RNA或者整个细胞，都可以提供疾病指标或者肠道居民的调查。绦虫、贾第虫和隐孢子虫等寄生虫的细胞或虫卵也能由此找到。

在我们（去卫生间或去远方）“释放”后，我们的屎的各种气味可以说出一些关于我们的其他故事。这都怪我们和我们的微生物居民在消化食物时释放的有机化合物。这些化合物中有许多相当有用。举个例子，一类被称为多胺（polyamine）的化学物质，包括尸胺、腐胺、亚精胺和精胺，都被认为有助于生物过程，比如帮助我们的细胞生长、成熟和增殖。

只不过，这些化合物中很多都是……呃……臭烘烘的。肠道微生物利用精氨酸这种氨基酸制造腐胺，就产生了腐肉的气味。进一步的分解过程可以将腐胺转化成亚精胺——你猜对了！这种物质在精子中相当丰富。反过来，亚精胺又可以转变成精胺。后两种分子是独特的鱼腥味背后的“功臣”，这种味道可能会让你在一场春日漫步中露出不可置信的表情。正如科学作家琪琪·桑福德（Kiki Sanford）热心地指出的，一些树木也会散发出“刺鼻的气味”（如果你把花粉看作精子的对应物，这就说得通了）。而尸胺的气味……呃……差不多就像你从它的名字中品出的那样。

另一种恶臭的成分，也就是粪臭素，是以粪便命名的；尽管一些研究人员坚持认为，这种纯化合物闻起来更像樟脑丸。这种有机分子会在细菌分解氨基酸色氨酸时形成。它天然存在于甜菜中，这是我最不喜欢的食物之一，并能通过一个有着糟糕的名字的过程糟蹋猪肉制品，这个过程被称作“公猪膻味”。不过，在量少的情况下，它闻起来也有花的香甜，这也是我们院子里的茉莉花散发出令人愉悦气味的一部分原因。一种合成版本的分子甚至被用在冰激凌和香水中，这让我怀疑“*eau de toilette*”（淡香水）[1]这个名字是不是太贴切了。粪臭素的一种近亲叫吲哚，它有一种极相似的气味，同样被描述为在剂量低时有令人愉悦的花香，而高剂量下则有类似樟脑球和霉味或腐臭的难闻气味。

但也许“情人鼻里出西施”。一组挪威研究人员在他们2015年发表的题为《吲哚——健康“内部土壤”的气味》的论文中表示，这种化合物的气味是一个未被重视的信号，它表明

① eau de toilette来自法语，字面意思是“厕所的水”。

一切都在按部就班地工作。他们写道："吲哚是微生物产生的信号物质的一个例子，这种物质对它们的宿主以及微生物组都有着积极的影响，气味正常的粪便可能是一种被低估的健康指标。"

或许会让你大吃一惊的是，对天然屎臭的真正贡献者一直存在着激烈的争论。在1987年的一项研究中，来自美国犹他州的三位研究人员认为，他们已经分离并确定了带来特定气味的化学物质，否则这些气味可能"由令人作呕的粪便恶臭所主导，而不被人类的嗅觉所察觉"。对粪臭素和吲哚的贡献嗤之以鼻的科学家，组建了一个由6名女性和4名男性组成的"气味专家组"，帮助嗅出研究分离出的另外三种化学物质的本质。"气味专家组"的研究结果让科学家得出结论，甲硫醚的化学家族成员可能是"粪便的恶臭和讨厌的气味"的罪魁祸首。

无论我们自身的产物的真正气味究竟更像腐烂卷心菜，还是死亡的恶臭，似乎无可争议的是，屎就像咖啡一样，其中充满了有机化学物质，这些物质可能会给气味增加一点自己的"风味"。英国布里斯托大学的其他研究人员从健康的志愿者，以及患有炎症性肠病溃疡性结肠炎、感染空肠弯曲菌（*Campylobacter jejuni*）或者艰难梭菌（*Clostridioides difficile*）的患者的对照组粪便中，发现了近300种不同的产生气味的化合物。

由于微生物是产生这些化学物质的"幕后黑手"，某些种群的不平衡、崩溃或繁荣，都可能以明显的方式改变产生的气味。一项研究发现，对那些无法很好地吸收营养的儿童来说，肠道微生物部分消化了的食物可能会经历更高程度的发酵，在他们的粪便中往往有更多腐胺和尸胺。一项独立的研究还表明，以腹泻为标志的肠易激综合征的成年患者，同样存在这两种化合物水平更高的信号。无论是通过实验室设备还是疾病嗅探犬，识别这些化学特征都可以指出问题所在，并被证实能够挽救生命。

作为一个物种，甚至作为个人，我们可以基于新陈代谢和消化过程中释放的一系列化学和遗传标记，留下独特的名片，这也引起了考古学家和法医学家越来越多的兴趣。如果这听上去不可思议，别忘了，动物粪便的存在和提供的描述已经能告诉我们很多关于自然世界的情况。美国大沼泽地国家公园（Everglades National Park）里佛罗里达美洲狮的粪便，看上去就像混合着毛发和骨骼的黑色软绳，有助于确认白尾鹿是濒危猫科动物最喜欢的猎物，此外它们还会吃泽兔和浣熊。在亚利桑那的卡奇纳岩洞（Kartchner Caverns）中，我了解到，来自普通洞穴蝙蝠的粪便有时被称为液体“阳光”，因为它在维持一个独特的生态系统方面发挥着关键作用，这个生态系统包括了一种微小的以真菌为食的螨、其他一些捕食性螨、蝇类幼虫、蟋蟀和蜘蛛。一头灰熊在阿拉斯加的树林里拉屎，那一大坨略带果味的棕色粪便里裹着种子，引发了野生动物学家和公民科学家追踪动物领地和种群密度的热情。

当然，我们也正认识到，我们的产出可以作为其他形式的生命的输入，这是多么重要。在阿姆斯特丹的微生物博物馆，一个名为“屎的旅程”（Tour de Poep）的微生物互动式颂歌包含一个小型演示，展示了邻近的阿提斯皇家动物园（ARTIS Amsterdam Royal Zoo）里亚洲象的粪便是如何被制成堆肥的，这一过程受到韩国古代农业方法启发，并在日本以“波卡西”堆肥[①]的形式而为人所知。大象不再进行长途跋涉，边走边散播养分。因此，动物园管理员伸出了援手，在厌氧条件下（有点类似用于制作辛奇的过程），借助80种细菌和真菌的精选组合，对粪便进行发酵，从而创造出丰富的“超级堆肥”，用于种植草药、蔬菜和其他可食用的植物。收获的植物接着又成了大象和动物园里其他动物的食物，从而完成了循环。

你可能没觉得自己的屎像熊便或者象粪那般有趣，但它的作用也不小。作为地球上的主导动物，我们仍然有能力向其他物种学习，并通过重新加入自然循环，回收有限的养分和资源，来发挥我们的潜力。只要我们坚持，我们的集体水泵就不会枯竭。那么，为什么我们一直堵着它，浪费我们的废物，而不是为了共同利益重新利用它？

答案可能与我们无法破除长期以来的误解、无法摆脱根深蒂固的厌恶有很大关系，这些误解和厌恶与我们已经开发的有理论基础的创新知识和技术背道而驰。许多科学家认为，想要克服心理障碍，让我们内部世界和周围的世界达到更好的平衡，并减少对两者的更多附带伤害，关键是要找到破坏我们与自己的天然产出之间关系的那种深层厌恶的根源。

---

① 波卡西（bokashi）在日语中的意思是发酵过的有机物。——编注

第二章 恐惧

这幅画可以说是臭名昭著，一些人认为它如此粗俗、亵渎神明而令人反感，以至于有抗议者在画上抹上了白漆，时任纽约市市长鲁道夫·W.朱利安尼（Rudolph W. Giuliani）在抨击1999年布鲁克林博物馆（Brooklyn Museum）举办的那场颇具争议的“感觉”（Sensation）艺术展时，专门提到了这幅画，说它“令人作呕”。朱利安尼一怒之下冻结了这家德高望重的机构的城市资金，并威胁要把它从展望公园旁那个长期馆址上赶走。市长在博物馆随后提起的联邦诉讼中败下了阵，而英国艺术家克里斯·奥菲利（Chris Ofili）的《圣母玛利亚》（*The Holy Virgin Mary*）则成了轰动一时的艺术自由的标志。当我第一次看到它时，我以为至少会感到一丝厌恶。

奥菲利是尼日利亚裔，他描绘了一个非裔嘻哈版的圣母，用金色闪粉、色情杂志上女性臀部和阴部的拼贴画，还有大象的粪便装饰而成，其中一坨象粪成了圣母的右胸，还有两块支撑着巨大画布两端的底座。底座上嵌入的黄色小针拼出了她的名字：圣母玛利亚。

虽然当时我就住在纽约，但直到几年后我才看到《圣母玛利亚》。当我第一次从远处观赏它时，奥菲利的“黑圣母”似乎经历了一种奇怪的转变。这些色情剪贴与其说是一眼认得出的情色身体部位，更像是耀眼的黄橙色天空中模糊不清的肉球，它们在油漆和闪粉的漩涡中熠熠生辉，而这些光线似乎是圣母头后方的太阳发出的。她直勾勾地看着我，安静而自信，身着一袭飘逸的蓝色连衣裙，裙子的末端是宝石色调的大叶子。她的姿势模仿了那些更传统的宗教圣像，就像奥菲利在伦敦的国家美术馆看到的那些圣像，在那些圣像中，袒胸的白人圣母同样充满了性的能量。

奥菲利在获得奖学金前往津巴布韦旅行后得到了灵感，将大象粪便融进了他的艺术。在为明尼阿波利斯沃克艺术中心（Walker Art Center）的展览进行的一次早期采访中，他称他的媒介是一种“将风景带进绘画的粗鲁方式”，也是对现代主义艺术中常见的拾得艺术品的致敬。一幅更为抽象的作品《画上屎》（*Painting with Shit on It*），在金色的矩形和漩涡之上融入了这种媒介，它同样粗犷，同样引人入胜。奥菲利后来接受《纽约时报》（*New York Times*）采访时表示，他同样借鉴他的非洲传统，使用了粪便，这是一种再生的文化象征。“它有一种难以置信地简单、却又难以置信地基本的东西，”他当时这样说，“它引发了大量解读和解释。”神圣而亵渎。粗俗且优雅。不堪入目却又鼓舞人心。

究其根本，屎在我们厌恶之物的名单上名列前茅。“在我们从世界各地的研究中收集到的所有引起厌恶的因素中，这可能是最普遍的答案。”已故的伦敦卫生和热带医学院（London School of Hygiene and Tropical Medicine）环境健康小组的前主任、自称厌恶学家（disgustologist）的瓦尔·柯蒂斯（Val Curtis），在2020年去世前的一次采访中这样告诉我。

她说，这种“讨厌因素”是情理之中的事情。研究人员已经在我们的屎中发现了大量致病微生物，从寄生虫和原生动物，到真菌、细菌和病毒，应有尽有。柯蒂斯假设，对我们的祖先来说，对这种强大的疾病库的反感可能是出于一种自我保护。那些没有远离它的人会更频繁地生病，降低他们繁衍的机会。“我们已经演化出了一种良性的恐惧感，使我们远离那些外部世界想吃掉我们的大家伙，”她说，“但我们同样演化出了一种良性的厌恶感，让我们远离那些想从内部吃掉我们的小动物。”

一种古老的机制被称为行为免疫系统，它可能是为了保护我们免受伤害而演化出来的；排泄物作为这种古老机制的焦点，可以帮助我们理解，感知到自身易受死亡和疾病伤害这一点如何塑造了我们的厌恶。它作为了解我们现代世界的一个窗口，还阐明了这种机制如何被放大并利用，来告诉我们一些不必要的解决方案，用以摆脱那种“讨厌”的东西，或者通过给它们贴上令人厌恶的标签，让我们和那些“身外之物”反目成仇，也和自身的最大利益背道而驰。

如果说屎是一个不完美的英雄，那么厌恶就是它的陪衬：在适当的时候产生足够的反感能避免伤害，而在错误的时候有了太多反感就会适得其反。在未来关键的几年里，正如我们从新型冠状病毒感染中了解的那样，卫生常识对公共卫生仍旧至关重要。但是，面对我们自己的粪便、我们自己的身体，没错，还有其他人身体里的粪便，开明的好奇心和实用性同样重要。了解我们为什么对屎如此反感，可能会帮我们重新规划我们的产出，让它成为自然界平常而有用的产品。我们也许能在害多益少的情况下克服那些讨厌因素，让自己不会被某些政客、伪科学家和其他有影响力的人洗脑，他们背信弃义、利用我们的情绪欺骗我们。

不仅仅是屎。厌恶可以针对从另一个人的身体里出来的任何东西，比如血、汗、呕吐物、尿、精液、唾液。柯蒂斯说，人们常有的恐惧是，别人的分泌物和排泄物可能最终进入你自己的身体里。“因为他者是你的主要疾病来源，可能会让你生病，我们真的不想有他者的什么东西在我们体内。”我们自己的分泌物被排出后也不例外。“试试在一个干净的杯子里吐点口水，然后再喝下去！”她说。

她在《别看，别碰，别吃：厌恶背后的科学》（*Don't Look, Don't Touch, Don't Eat: The Science Behind Revulsion*）一书中提出，我们的内在防御机制可能延伸到疾病的其他路标，比如身体不适的人汗涔涔、不修边幅的样子，腐烂食物的气味，还有老鼠、苍蝇和寄生虫的出现。柯蒂斯总共确定了7类人们会觉得讨厌的东西。她认为，所有这些东西都能与保护我们祖先免受疾病侵害的防御机制联系起来。一些心理学家将这些类别归纳成三大类，分别是病原体厌恶、性厌恶和道德厌恶。后两类的核心虽然同样是避免伤害的想法，但在强度和特异性方面往往更多变。一种文化中的禁忌，比如婚前性行为、在公共场合擤鼻涕或者吃青蛙腿，未必会在另一种文化中被禁止。不过总的来说，厌恶这种情绪是我们的“医疗设备”中最强效的那一批之一。

*

什么让你觉得厌恶？这个问题对我来说有点像活跃气氛的话题，也是对我自己和朋友们某些特定的反感的一种赞叹方式。当我在脸书（Facebook）上问一些人这个问题时，他们列出了一些相当常见的触发因素，比如蛞蝓、口水、鼻涕、烂鱼、呕吐物和臭鼬屁。但也有醋、还没涂漆的木器、冷番茄汁、法西斯主义、青蛙、新鲜的木瓜、不真诚的恭维和菠菜罐头。

多组研究团队用他们各自的方式对厌恶敏感性进行了测试，并将它纳入科学研究，或者以打印调查表的方式分发。这些测试通常要求参与者按照他们对一系列物品或行为的厌恶程度进行选择，比如形状像屎的巧克力、留在公共厕所里的大便，还有肛交，我做的测试表明，我的厌恶敏感性比一般的美国人略低。我在实验室和医院待了相当长时间，所以我对血液或死亡没那么厌恶。我也经常在住客离开后打扫我们后院出租小屋的厕所，所以我对其他体液也习以为常了。

但我无比反感碱渍鱼，这道菜是将干鳕鱼泡在碱液中，直到它黏稠得像鱼肉果冻一样，我在明尼苏达生活时，这道菜是圣诞晚餐上令人毛骨悚然的常见开胃菜。我还很厌恶蟑螂，住纽约时，蟑螂似乎会在地上或空中追踪到我。还有甜菜，对我来说，它带有一种铁加腐烂加泥土加绝望的令人难以忍受的恶臭。厌恶自然唤起了一种情感反应。但为什么呢?

心理学家史蒂文·泰勒(Steven Taylor)承认,当他第一次硬着头皮给他刚出生的儿子换尿布时,他一阵反胃,差点儿吐了出来。“简直太恶心了。”他笑着说起自己有多反感。他下意识的厌恶,作为确实不完善的行为免疫系统的一部分,可能与身体对自身防御缺陷的估算有关。“这基于一种想法,那就是,我们的生物免疫系统不足以让我们躲避病原体,因为我们看不到它们。病毒和细菌显然太小了。”泰勒告诉我。相反,我们能看见、闻到、尝到、摸到甚至听到的东西里,可能是病原体来源的,都引起了行为免疫系统的厌恶反应。

为了帮助测试厌恶是否确实是一种演化出的防御机制,生物人类学家塔拉·西彭-罗宾斯(Tara Cepon-Robins)和同事在面临高疾病负担的社区,测试了这种情绪的成本收益。在他们的研究中,他们与厄瓜多尔东南部三个舒阿尔(Shuar)原住民社区合作。其中一个农村社区位于乌帕诺河谷,距离地区市场中心苏库阿约有一个小时的公共汽车车程,这里已经迅速过渡到一种更为市场化的经济;许多居民卖农产品,当工人,住在铁皮屋顶、带有木制或水泥地板的房子里。另外两个社区位于库图库山脉以东,乘公共汽车和电动独木舟到亚马孙河支流大约需要7到12个小时。那里的村民更多以打猎、捕鱼、采集和园艺为生,他们住在泥地板的茅草屋里。

西彭-罗宾斯和她的同事向一个代表性样本群体提出了一系列共19个问题,这个样本群体包括三个社区的75位村民,这些问题改写成了适用于他们当地环境的版本。你对以下情况有多厌恶：光脚踩到粪便，在你的食物中发现一只蟑螂，徒手捡起一具动物尸体，有人吐在你的鞋上，喝没有牙的人做的奇恰（一种通过咀嚼木薯根的“果肉”制成的发酵饮料）[①]？

为了检验较高的厌恶敏感性能否保护他们，研究人员还测量了炎症的基于血液的标志物（BBMs）——这些炎症由细菌或病毒感染，或者蠕虫（可以通过粪便污染的土壤传播的寄生虫）引起。西彭-罗宾斯和同事发现，在厌恶敏感性更高的村民中，与细菌或病毒感染有关的炎症更少。事实上，他们的发现表明，更容易感到厌恶的个体，更有可能保护他们的整个家庭。“也就是说，如果你家人有很高的厌恶敏感性，防范他们周围的一切，那么他们就不太可能被感染，也不太可能传染给你。”她说。

生活在离集镇较近的社区的舒阿尔村民，比那些离集镇较远的同族人具有更高的厌恶敏感性。西彭-罗宾斯说，这说得通，因为有更多机会得到自来水、水泥地和独立厨房空间的村民，更容易防范病原体，而回避恶心的东西可能是有用的。没有自来水、住在泥地板房子里的人，则更难躲避病原体，所以更高程度的厌恶对他们而言就没什么用。

最初，让西彭-罗宾斯感到惊讶的是，更高的厌恶并没有保护村民免于寄生虫的侵害，这些寄生虫通常可以用肉眼看到。但比寄生虫小得多的虫卵，在通过粪便沉积在土壤中后，经过大约三周时间发育成胚胎后可以存活数月，并重新感染人

① 奇恰是南美洲原住民的传统饮料，除了木薯，它的主要原料还有玉米、香蕉等不同变体。——编注

类。到那时，污染的地方往往与周围的土壤没什么区别了。厌恶会权衡，在这个例子中，它似乎没有提供明显的优势：舒阿尔村民依旧依赖种植食物，而他们对寄生虫的厌恶想要发挥效果还需要囊括土壤，这就和他们在园艺上对土壤的依赖背道而驰了。

如果演化给了我们产生反感的一般能力，那么不同的文化线索，甚至面部表情，可以帮助补全让我们反感的东西的一些细节。在中国，母亲可能会用她的眼睛发出更强烈的厌恶信号，来警告一个“熊孩子”。在欧洲，母亲可能会调动整张脸做一个皱鼻子的表情。我还记得，早在20世纪70年代，我还是个小男孩的时候，荧光绿色的“呀先生”（Mr. Yuk）贴纸也是这种表情。我父母把这些贴纸贴在我们在俄亥俄州家里的厨房和浴室水槽下放着的清洁用品上，表示它们很令人讨厌，最好不要碰。

如果没有这样的引导，小孩子觉得讨厌的东西的列表可能相当短。心理学家保罗·罗津（Paul Rozin，广为人知的称号是“厌恶博士”）在1986年的一项实验中，对学步儿童不带判断的口味进行了格外生动的探索。他和同事发现，在他们两岁半以下的研究对象中，超过半数的孩子毫无障碍地吃下了一道叫作“小狗屎”的菜，它实际上就是花生酱加林堡软干酪和蓝纹奶酪。然而，稍大一点的孩子就不太可能狼吞虎咽地吃下它，这说明，他们已经知道了不吃什么。我家人津津乐道于一位表亲的故事，当他还是个学步儿童时，在明尼苏达州西北部父母的农场里无忧无虑地玩耍。他的“泥巴馅饼”原料实际上是牛粪，除了他自己，所有人都感到厌恶。

兽医兼流行病学家戴维·瓦尔特纳-特夫斯（David Waltner-Toews）是《粪便起源》（*Origin of Feces*）一书的作者，他告诉我，我们对屎的具体反应可能反映了一段复杂且矛盾的文化史，它更多是基于地理环境的。他说，在乡村农业地区，粪便传统上与肥料有关，而在城市中心，由于官方强调了腹泻疾病相当危险，粪便就扮演了一种更邪恶的角色。这可以被称为牛粪与霍乱的二元对立。“我们离农场越远，就越只能看到威胁，而非机会。”他说。亚洲和南美洲的一些城市中心与附近的农场建立了强有力的联系，但对其他地方来说，排泄物就成了个问题，而不是一种解决方案。

问题和解决方案、反感与接受之间的钟摆，同样随着时间的推移在摆动。在古罗马，体面的废物收集者被称为“stercorarii”，他们收集人类排泄物和动物粪便，并作为肥料出售［然而，清洁城市里著名的马克西姆下水道（Cloaca Maxima）的工作，显然被认为是更适合奴隶和囚犯的卑微劳动］。在1世纪，罗马皇帝维斯帕先（Vespasian）甚至对尿征税，也就是“vectigal urinae”；这种税早期由洗衣商缴纳，他们也叫作漂洗工，会购买公共小便池（其实就是放在商店前的罐子，顾客可以在里面大小便）里的东西。漂洗工将尿液作为洗衣时一种重要的氨来源（制革工人也用它来鞣制皮革）。维斯帕先从这种税中获得了收入，他也被公认创造了“Pecunia non olet”这句谚语，即“钱无铜臭”[①]。

但16世纪的巴黎还是臭的，接连颁布的法令旨在根除从窗户和门口倾倒夜壶的那种普遍做法，创造了一种不被污秽玷污的城市的幻觉（如果不是气味的话）。多米尼克·拉波特在《屎的历史》中写道，这些指令实质上是将废物管理私人化，从公共的大街小巷转移到了家庭厕所和粪池。这种迁移没能解决城市中潜在的卫生问题，但它通过罚款和税收充实了国库，并孕育了一种资本主义的生态系统，在这个生态系统里香水商负责掩盖恶臭，专业的搬运工负责将它们迅速送走，不管是倒进河里，还是运到田间地头。

拉波特写道，通过农业炼金术，用一些城市垃圾种出的水果，重新出现在了城里的市场中。“对被埋没了几个世纪的古老习俗的回忆”可能引发了废物具有其价值（特别是作为肥料的价值）这一概念的复兴。但它也促使人们反常地背离了当代习俗：

> 投资有价值的废物，尤其是人类废物，就是一直在假装遗忘近年来的做法。它被认为是发现——或者更为贴切地说是重新发现——古老的模式。当得意扬扬的卫生学的高谈阔论在19世纪引入变废为宝的概念时，没有一个支持者用法国农村当时使用废物的新鲜案例来为它的农业效益辩护。

① 指钱的价值不受它的来源的影响。

相反，他们在游历中国的游记中，找到了这项顶尖农业技术的合理解释。这种重复和复兴的模式有助于我们更好地理解文明的肛门想象的摇摆：在历史上某一时刻占据厌恶之位的东西，在之前或之后并不一定会令人生厌。甚至还有一些微变化的例子，也就是对废物的态度发生了逆转，在短短几年的时间里就恢复了先前的做法。

与我们自己的体液一样，我们对死亡的情绪反应也同样随着时间的推移而波动。作者凯特琳·道蒂认为，在19世纪中叶，现代殡葬行业兴起之前，我们对死亡的景象更熟悉，对尸体的潜在“危险”也没那么害怕，除了少数传染性疾病，尸体并没有那么危险。

当然，环境格外重要。在医院或自然纪录片中看到死亡、血液或屎，可能没有在街角看到它们那么令人不安。令人生厌的场景和令人厌恶的坏蛋多年来一直吸引着电视和社交媒体观众：在安全距离之外的反感颇具娱乐性。不过，从演化的角度来看，过度敏感的警报比不够敏感的对我们要好得多，泰勒这样说道。容易生厌可能会帮助人们避免更多真正危险（和真的可以避免）的事情，尽管这可能引发大量误报。反过来，大流行或者其他被人们感知到的威胁，同样会提高厌恶敏感性。“我们更有可能变得‘神经质’。我们更想避免可能的传染源。我们更有可能在其他人身边保持警惕。”他说。

在新冠大流行期间，这种强烈的情绪甚至可能在接连不断的卫生纸恐慌性抢购浪潮中发挥了作用；2020年3月，一边觉得好笑、一边恐慌的澳大利亚人在推特上称它为#ToiletPaperApocalypse（卫生纸末日）。诚然，商店最初可能被一扫而空，部分原因是人们度过工作日的地方发生了重大转变，这意味着关闭的办公室和工厂中实用的单层卷纸被束之高阁，而社会隔离的居民突然意识到，他们需要在家里使用更多的“豪华舒适”材料。人们很快就分享了关于在哪里可以买到Charmin牌卫生纸的可靠情报。加利福尼亚州奥兰治县的一家墨西哥餐厅开始为超过20美元的食物订单提供免费卷纸。

不过，过度囤积，还有时不时为了四卷装卫生纸而大打出手，都促使人们更深刻地反思，为什么我们会对一些在紧急情况下除了保持屁股干净之外就没什么用的东西产生如此的感情。泰勒也是《大流行心理学》（*The Psychology of Pandemics*）的作者，他告诉我，他认为恐慌性抢购是那些已经对病毒感到极度焦虑的人避免更多厌恶感的一种方式。他表示，这种情绪被感染的威胁激化了，卫生纸因此成了压抑情绪的一种方式。在官方建议封锁期间储存两周的必需品的情况下，准备充分的卫生纸供应，确保了在我们需要的时候屎不会留下来恶心我们，而一想到纸用完之后会造成的痛苦，我们就有了囤货的动力。

有一种独立的人格特质被称为不确定性不耐受，它也可能在这个荒诞的事件中扮演了重要角色。泰勒说，没人喜欢不确定性，但有些人更难应付它。他指出：“大流行自然与一系列的不确定性有关。”如病毒般传播的视频拍下了商店走道上接踵而至的混乱，这徒增了人们的狂热和生怕错过的恐惧。

西彭-罗宾斯说，厌恶敏感度似乎与我们的环境和我们可以控制的东西相适应。当我们可以控制周围环境中更多东西时，比如着了魔似的用力洗手、囤积成山的卫生纸，或者避免与其他人接触，高度厌恶和低度威胁之间的不匹配可能成为一种病态。厌恶会推迟人们上厕所的时间，特别是在工作或旅行期间，有时会对自身造成伤害。它与强迫症和一系列恐惧症有关，比如蜘蛛恐惧症，还有对血液或注射的无端恐惧。多项研究表明，厌恶敏感度高的人更容易产生惧外恐惧症、种族偏见，甚至对看起来健康状况不佳的人产生偏见。

泰勒解释道，对外国人的厌恶敏感度与对疾病脆弱性的感知有关：避免与他们接触可能有助于人们避免他们之前没有免疫力的新型病原体。反过来，当美国前总统唐纳德·特朗普（Donald Trump）在2018年将海地、萨尔瓦多和非洲国家贬低成“粪坑”[①]国家，并反复将新冠病毒称为“中国病毒”时，他可能对其他具有种族主义或者惧外倾向的人起到了一种去抑制作用。换句话说，厌恶可以传染，也能变成武器。

*

正如历史学家兼民俗学家阿德里安娜·梅厄（Adrienne Mayor）在《希腊火药、毒箭和蝎子炸弹：古代世界的生化武器》（*Greek Fire, Poison Arrows, and Scorpion Bombs: Biological and Chemical Warfare in the Ancient World*）中介绍的那样，心理战应该至少在历代的一些粪便武器中占据了一席之地。斯基泰是一

① 粪坑（shithole），有“极其糟糕的地方”之意。——编注

个来自东欧和中亚大草原的游牧战士部落，因致命的弓箭手和令人毛骨悚然的倒钩箭而名扬四海。他们也是已知最早的用屎作为武器的社会之一。公元前4世纪，斯基泰人将他们的箭头浸泡在一种叫作“斯基康”（scythicon）的混合物中，那是一种包含了人类血清和动物粪便、毒蛇毒液和腐烂的毒蛇尸体的腐败混合物。这些斯基泰人并不是在胡来。不致命的刺伤依然会为坏疽和破伤风感染提供沃土，随后就让受害者死亡或者无法动弹。正如希腊历史学家和地理学家斯特拉波（Strabo）观察到的那样，“即使没有被毒物射中受伤的人，也要忍受那种可怖的气味”。

在12世纪的中国，一台改装后的弩炮可以发射一种被历史学家斯蒂芬·特恩布尔（Stephen Turnbull）称为“排泄物投石弹”的东西，其中包含火药、干燥的人类粪便和装在陶瓷容器中的毒药。这种精巧的设计在撞击时可以释放有毒烟雾，是一颗字面意义上的脏弹[①]。在中世纪，欧洲的入侵者将鼠疫患者的尸体、他们的粪便或者两者一起，投射进敌人的城堡墙里，发动生物攻击。在一些情况下，被污染的尸体成功传播了黑死病，但中世纪的医学理论认为，导致疾病的能力来自腐烂有机物的恶臭，而不是尸体本身。

瘴气理论认为，“糟糕的空气”通过瘴气（miasmata，由腐烂或感染的物质释放出的有毒蒸气）引起疾病，这种理论持续了几个世纪。毫无疑问，它促成了16世纪的巴黎法令，直到19

① 现代语境中的脏弹（dirty bomb）指的是混合了放射性物质的炸药。——编注

世纪中期，瘴气仍然被广泛认为是造成霍乱的原因。根据公共卫生研究人员的一种解释，事实上，19世纪30年代和40年代英国的卫生运动正是从瘴气理论专家身上获得了力量，这些人狂热地相信疾病可以通过“传染性的雾气或城镇污物中散发出的有毒蒸气”传播。因此，预防疾病需要采取新的卫生措施，“清理街道上的垃圾、污水、动物尸体和废物，这些都是城市生活的特点”。

19世纪最大的讽刺之一是，人们对城市气味（尤其是人类排泄物气味）的反感如何巩固了瘴气理论，并积极促成了数次霍乱流行；并且在流行中，顶尖的瘴气理论专家把警告危险的气味误认成了危险本身。图书《死亡地图》（*The Ghost Map*）讲述了1854年席卷伦敦苏活区来势汹汹的霍乱爆发，作家史蒂芬·约翰逊（Steven Johnson）在其中介绍，“瘴气理论在19世纪始终存在，那既是一个直觉问题，也是一种智性传统。在一篇又一篇有关瘴气的文献中，论述都与作者对城市气味发自肺腑的厌恶密不可分”。

无论多么离谱，人们普遍认为的致病因素，都强烈影响了令他们感到厌恶的东西。这很重要，因为它表明，让人们更好地识别真正的威胁［在这个例子中，是被霍乱弧菌（*Vibrio cholerae*）污染的水］的新信息，可以帮助转移厌恶的焦点，或者冲淡对无辜“受害者”的厌恶。例如，在维多利亚时代人口密集的伦敦和纽约，一些瘴气理论专家认为，体质上的缺陷或者道德上的不足，会让城市中的贫民更容易受到有毒空气的影响。医生约翰·斯诺（John Snow）帮助确认了一处被污染的水泵是疾病暴发的源头，不到十年后，法国化学家路易斯·巴斯德（Louis Pasteur）提出疾病的细菌理论，越来越多地证明问题在于有害的细菌而不是“糟糕的空气”。但瘴气理论的经久不衰同样表明，有影响力的人如何利用公众的恐惧和困惑，让人们的反感对准替罪羊或者反对者。

2017年，澳大利亚媒体和文化研究者迈克尔·理查森（Michael Richardson）详细介绍了特朗普这位众所周知的洁癖患者，如何擅长利用自身和他人的胆怯来达到自己的目的。理查森的文章《唐纳德·特朗普的厌恶》（The Disgust of Donald Trump）介绍了针对政治目标的切身反感，加上通常戏剧性的表达，如何变成一种与他人分享的、相互加强的反感，将特朗普和他的支持者联系在一起。“我知道她去了哪里，这真恶心了，我不想说。不，这太恶心了。”在总统候选人希拉里·克林顿（Hillary Clinton）在2015年民主党候选人辩论期间上厕所后，特朗普在一次集会上这样说道。理查森认为，特朗普这么做是利用了一项得到多项研究支持的观察结果，那就是，意识形态保守的人往往更容易被厌恶左右。

可以说，反感是政治舞台。特朗普的听众可能没有真正接触令人厌恶的东西，但理查森表示，特朗普可以为他们的焦虑、不确定性、恐惧或愤怒赋予一种形状、一个名字，唤起他们那种被污染的切身感觉。谈论身体的女性、越过边境的移民、威胁着一种生活方式的少数群体，即使面对集体的反弹，特朗普仍将自己定位成一种角色，他能仪式性地洗刷掉仍附着在他的支持者身上的厌恶。他的反感成了他们的反感，他对消除违规对象的需求成了他们的需求。诸如“把她关起来”和“建造那堵墙”这样简短的口号是为有线电视新闻的速记专门准备的。即使隔着一定距离，社交媒体也成了一种情感放大机器，用病毒式的表情包和口号传递着具有爆发力的愤怒、反感或恐惧，它们被算法加速，这些算法优先考虑的是迅速参与，而非深思熟虑。

多个少数群体已经成了类似运动的目标，这些运动都由厌恶驱动。2020年1月，新冠病毒蔓延后，科学记者简·C. 胡（Jane C. Hu）在《石板》（*Slate*）杂志上指出，多篇文章强调了中国市场上出售的“不寻常”或者“奇怪”的食物。这些措辞暗示，令人作呕的食物选择是病毒的罪魁祸首，并强化了把中国人当作疾病携带者的刻板印象。世界各地的亚洲人很快发现，自己成了胡笔下描述的那种“不经意的种族主义行为”的目标。2020年，虽然报告的仇恨犯罪整体有所下降，但面向美国16座主要城市的调查发现，针对亚洲人的犯罪飙升了150%，这种猛增的趋势一直持续到了2021年。

多年来，反对男同性恋群体的政治运动强调了肛交、粪便和一种将他们塑造成恋童癖的错误想法，这些都是性、病原体和道德厌恶方面的主要触发因素。一项研究认为，首要目标是“引起反感，把一群人塑造成违背道德和污染身体的‘令人厌恶的’载体”。例如，最近反对LGBTQ＋人群的政治运动使用了类似“诱骗儿童”的字眼，将不道德和脱轨的行为，与他们可能伤害无辜儿童的暗示联系在了一起。HIV（人类免疫缺陷病毒）和AIDS（获得性免疫缺陷综合征）的出现雪上加霜，对男同性恋是疾病媒介的攻击变本加厉。羞耻感通常被描述为一种对内的厌恶，它以内化恐同的形式，进一步强化并扩大了其中一些厌恶。

在2014年的一篇题为《肮脏的猪和低等的杂种：非人化、厌恶和群体间偏见》（Of Filthy Pigs and Subhuman Mongrels: Dehumanization, Disgust, and Intergroup Prejudice）的论文里，心理学家戈登·霍德森（Gordon Hodson）及其同事认为，通过把他人比作动物、身体机能等东西，将他们非人化，可能让我们更容易对他们产生厌恶。这种策略在历史上得到了反复磨炼。欧洲殖民者和当时的美国政府经常把原住民称为“野蛮人”。纳粹喉舌将犹太人非人化，说他们是携带疾病的蟑螂老鼠。种族主义者把黑人比作猿猴。特朗普称一些拉丁裔移民是“动物”，同时攻击建立庇护城市的行为。

但霍德森说，转变公众对动物的态度的策略，比如强调我们与动物的相似性，而不是我们比它们优越的地方，可以帮助种族、族群和其他群体重新获得人性，减少针对他们的偏见。霍德森表示，一旦动物不再被视为低人一等，非人化的社会收益或价值似乎也就随之消散了。从这个角度而言，五味太郎的《大家来大便》重新肯定了我们与猪、狗和大象之间的共同联系，也是对非人化、厌恶和偏见的一种微妙的抗衡。

*

新型病原体专家小约翰·格林·莫里斯（John Glenn Morris Jr.）在一些公开演讲中，用不变的两张图来说明一种得以确认的疾病的破坏性影响。第一张是鲁德亚德·吉卜林（Rudyard Kipling）于1896年发表的诗歌《霍乱营》（Cholera Camp）的开头一节，这首诗描绘了一位对手，他轻易制伏了在印度的英国步兵。

> 我们在营地染上了霍乱——比四十次战斗还糟；
> 我们在荒野中死去，和那些以色列人①无异；
> 它在我们面前，在我们身后，我们逃无可逃；
> 医生刚刚报告，今天我们又有十个人染了病！

第二张是拍摄于一个世纪后的照片，它来自国际腹泻病研究中心的霍乱病房，该中心位于孟加拉国达卡。这张照片同样有力地描述了这种疾病是如何被战胜的：一些女性仰面躺在霍乱病床上，每张床都有一块橡胶板，在上面有一个故意留出的洞。每个洞下方放着一个塑料桶，用来接住患者无需力气就会排出的水样腹泻，这种东西的绰号是“淘米水便”。在高峰时期，这种细菌杀手每小时就能从受害者身上榨出1夸脱的液体。

在我参加的一次讲座上，莫里斯告诉观众，护士会用尺子定时测量每个桶的内容物。根据经验，每流失1夸脱液体，就必须通过口服补液或静脉注射补充1夸脱液体。在无人干预的情况下，这种疾病可能迅速致死。如果没有充分补水，一个成年人可以在短短10到12小时内死于循环系统崩溃。但如果能

① 原文为“Isrulites”，应指“Israelite”，意指《圣经·旧约·出埃及记》中讲述的摩西带领以色列人逃离埃及奴役，他们在旷野中流浪了40年。

及时开始，相对简单的补液治疗就能让患者活下来，直到感染自行消失。

几个世纪以来，霍乱一直是孟加拉的地方病，这里是南亚人口稠密的地区，包括了孟加拉国和印度的西孟加拉邦。这种可怕的疾病与孟加拉文化密切相关，村民甚至会向霍乱女神奥拉德维（Oladevi）献祭，安抚她，希望自己从她的怒火中逃过一劫。不过，在战争、不断扩张的贸易路线和糟糕的卫生条件的“通力合作”下，霍乱流行病在19世纪袭击了伦敦、巴黎、纽约以及全球其他城市。

什么能限制这种灾难性疾病的传播？也许是精准的反感。柯蒂斯在她的书中写道，“厌恶是我们脑海中的一种声音，我们祖先的声音，告诉我们远离那些可能对我们不利的东西”。对屎或者被污染的食物产生一种在文化上得到强化的厌恶，或许可以帮助抵御那种可怕后果：霍乱弧菌感染后的腹泻轻易地就把胃肠疾病播散开了。但是，如果排泄出这么多东西的人是你爱的人，比如你的孩子、父母或伴侣，又会怎么样？我问莫里斯。他说，这是个有趣的问题。当看护照顾一位腹泻的家庭成员，而他的排泄物中充满了致病细菌时，疾病可能会横扫整个家。“他们传播着大量微生物，而这些微生物具有超强的感染性，就很容易沾染在你的手上、指尖、食物和水源中，然后你会继续感染家里其他人。”

社区的其他成员可以躲得远远的，但近亲不太可能抛弃需要帮助的家庭成员。“我觉得这种时候你可能会面对种种内心冲突，”莫里斯说，“这是一种如此毁灭性的疾病，人们知道有人正在死去，但他们希望能在那里。”他表示，在这种情况下，爱可能的确会战胜厌恶。

2006年，心理学家特雷弗·凯斯（Trevor Case）领导了一项小而精的研究，题为《我家宝宝没你家宝宝那么臭——厌恶的可塑性》（My Baby Doesn't Smell as Bad as Yours. The Plasticity of Disgust），它支持了近亲可能更容易克服厌恶障碍的观点，照顾自家婴儿的母亲尤其如此。13位母亲在一系列的实验中比较了她们自家婴儿的脏尿布和另一个婴儿的尿布的臭味。她们始终认为，自家宝宝的尿布没那么恶心，即使研究人员故意给尿布贴错标签或者根本不贴标签，也是如此。

同一项研究还对42位母亲进行了一项单独调查，其中大多数人说，他们对婴儿脏尿布的反应随着时间的推移而改变，具体来说，屎似乎越来越没那么难闻和恶心了。换句话说，她们似乎已经习惯了。这可能是件好事，因为正如凯斯和同事所写：“一位母亲对婴儿粪便的厌恶，有可能妨碍她照顾婴儿的能力，甚至可能影响她与婴儿的关系强度。”为实验准备了所有尿布的凯斯，似乎并没有像她们一样适应这些气味。正如论文报道的，他“觉得它们同样刺鼻且恶臭难当，完全依靠严格的标签程序来防止材料混淆”。

幸运的是，泰勒已经习惯了自己儿子的脏尿布，就像其他父母几千年来适应的那样。从她自己的研究中，西彭-罗宾斯发现，正如某些形式的厌恶可能比其他形式的更容易出现，我们也可以适应不断变化的现实，比如一位没有肥皂和水来洗手的母亲，或者一位要碰动物尸体的猎人。“如果你无法避免某些东西，你就不会对它感到厌恶。”她说。

回忆一下，研究已经表明，整体厌恶敏感性高的人，在政治上更有可能是保守的。他们可能怀有偏见，让他们更倾向于回避其他社会群体中的人，这些人在历史上被视为污染源。女性在厌恶量表上的得分往往高于男性，但在几个西方民主国家，特别是在美国和英国，她们已经没有男性那么保守了。西彭-罗宾斯说，一些明显的矛盾可能是测量的厌恶类型，或者参与者诚实回答的意愿造成的。因为女性会生孩子，如果她们生病，也要面临更高风险，这表明，她们在怀孕或最有可能受孕的时候，对病原体的厌恶就更敏感。这种解释可以帮助说明对某些食物的强烈反感，特别是在怀孕的前三个月时。但西彭-罗宾斯说，这种假说还没有在大学生和较富裕国家的女性之外得到很好的检验。

霍德森说，厌恶也可以被“暂停”，特别是通过反复接触和更亲密的联系。男同性恋者在公开谈论屎、精液还有肛交的禁忌方面一直面临困难，直到HIV和AIDS的恐惧迫使他们就保护自己和伴侣进行激烈而坦诚的对话。如果厌恶让我们保持安全，也许爱和复原力会让我们保持人性。与那些害怕被他人感染、认为自己特别脆弱和已经怀有强烈偏见的人接触，或许并不容易。一旦我们用象征性的意义对他人进行了编码，可能需要很大的认知努力才能重新调整对他们的情感。但霍德森的研究表明，基于同情心、同理心和信任建立的干预措施，也能消除带有偏见的态度。

2013年，他的实验室开发了一种更具体的测量方法，被称为“群体间厌恶”（intergroup disgust）。这种量表测量了一个人对社会外群体（outgroup）的反感，所谓的社会外群体，就是由于种族、族群、宗教、性取向或者其他特征的差异，让一个人无法与之认同的另一个群体。霍德森说，群体间厌恶与偏见最为相关，而女性和男性在这方面的得分是一样的。另一项针对50年来心理学研究的分析发现，男性实际上比女性更容易抱有偏见。分析还发现，“没有女性比男性更有偏见的例子”。

泰勒说，对于摇摆不定的大多数人来说，意识和公共教育能帮助指出厌恶和歧视之间的联系，无论是在让人自我察觉到一种无意识偏见的方面，还是在揭露他人用来塑造公众认知的策略方面，都是如此。2020年汇集了健康、社会和政治动荡的背景下，“黑人的命也是命”（Black Lives Matter）运动让人们重新注意到系统性种族主义与歧视的长期危害，而新冠大流行则暴露了健康危机和资源不足对有色人种社区产生的不相称的影响。

澳大利亚研究人员迈克尔·理查森（Michael Richardson）告诉我，对于这种由恐惧和反感驱动的政治而言，如果得到良好的推动，不断升级的言辞会不堪自重而崩溃。衡量我们对撒谎、欺骗和偷窃等行为的道德厌恶程度的量表表明，几乎不存在性别差异，但情绪的激化，尤其在美国女性之中，可能帮助左右了最近几次政治选举的结果。

特朗普把自己作为反感的减压阀，而他与支持者分享了这种反感；在2018年中期选举前，他指责他的对手支持污染美国南部边境的移民车队，从而调大了这个阀门。“矛盾的是，你承诺摆脱厌恶，但你的力量在于人们继续感到厌恶、羞耻、恐惧，或者是所有这些东西的混合。”理查森说。他认为，这种平衡难以维系，它让人筋疲力尽，而且往往无法让那些长期处于反感状态的人获得实质性的好处。一些政治分析家认为，民主党在选举中赢回了众议院（但他们在参议院失去了优势），部分原因是将公众的部分恐惧重新集中在可能失去可负担的医疗保健上，并将厌恶重新引向了特朗普。

被谴责为残忍和丧失人性的移民政策，以及政府对新冠大流行的灾难性反应，可能加剧了反弹，政治记者指出，郊区女性的厌恶是特朗普在2020年未能连任的一个关键因素。2021年1月6日发生的事件引发了广泛的恐惧和谴责，这也许是他好斗的极化战略的隐患的最好体现。在特朗普和朱利安尼（当时是他的私人律师，他呼吁通过“战斗审判”来影响已经尘埃落定的选举）等支持者发表激昂的演讲之后，一群愤怒的暴徒冲进了美国国会大厦。多则新闻报道称，在这场失败的暴动后，国会大厦的清理工作不得不洗掉国会大厅里涂得到处都是的人类粪便。

于是，一位因为大象粪便弄脏了一个神圣偶像而感到厌恶的前市长，因为煽风点火让一群暴徒用人类粪便弄脏另一个神圣的偶像，而让自己成了厌恶的对象。一种形式的反感取代了另一种。一则标题充满希望地宣告，“两党厌恶可以拯救共和国”。这仍需拭目以待。但了解一种演化适应性是如何被利用的，至少可以让我们没那么容易受到那些把它作为武器的人操纵。换句话说，屎可能是一位有用的老师。

那么，那幅曾经让一座城市心生厌恶的画作呢？《圣母玛利亚》曾被送往塔斯马尼亚后被送回，而后于2018年被纽约现代艺术博物馆（Museum of Modern Art）永久收藏，这让博物馆策展人欣喜若狂。奥菲利则没有忘记他的其他“赞助者”。十年来，伦敦动物园的三头母亚洲象，也就是米娅、拉央拉央和迪尔伯塔为他的作品提供了粪便，其中也包括《圣母玛利亚》。为了感谢它们，他捐出了另一幅画拍卖所得的105000美元，帮助这些大象在伦敦北部伦敦动物学会惠普斯奈德动物园（ZSL Whipsnade Zoo）的新家里建造了户外游乐区。如今四十出头的米娅搬去了意大利。拉央拉央和迪尔伯塔已经去世。但在拉央拉央去世前，它生了四个儿子，其中两个活了下来，目前生活在欧洲其他动物园里。

赞助者变成了受益者，奥菲利的利他主义行为帮助进一步推动了再生的循环，也是转变的循环，也就是他在一幅曾遭谩骂的圣母画像中深刻象征的那种循环。亵渎成了神圣。粗鄙成了优雅。厌恶成了灵感。最低级的物质成了难以置信的生命之源。

第三章　救世主

玛丽昂的女儿患上严重的自身免疫病[1]已经四年多了，女儿的结肠因此出血溃疡，多位医生束手无策，药物治疗也毫无起色，至此，玛丽昂陷入了恐慌。随后，她听说了另一种她从未考虑过的选项，这让她女儿的病几乎在一夜之间得到了缓解，而只需一次爱的行动。“有谁不会为自己的女儿这么做呢？”玛丽昂问我。她说，这就像一个奇迹，“一根一夜见效的魔杖”。

玛丽昂同意一次又一次地为陌生人做这件事。她目睹了它是多么有效，她为患者和他们的家人感到非常难过。如果她捐的是血或血浆，没人会大惊小怪。但这个呢？因为其他人可能会有的反应，她不能告诉他们这件事。她甚至恳求我不要提到真名，因此我们决定用玛丽昂作为化名。

像她这样的人还有很多，这些匿名捐赠者让其他人身上的两种越来越常见的慢性病得到了显著缓解，这两种病会让胃肠道发炎并受损。在美国，约有300万人患有某种形式的炎性肠病。玛丽昂的女儿一直被一种被称为溃疡性结肠炎的疾病缠身，它会攻击结肠和直肠。第二种叫克罗恩病，它更倾向于攻

① 人体免疫系统针对自身组织产生异常应答所引发的疾病。——编注

击小肠，但也可能袭击从嘴到肛门之间的任何地方。

还有许多捐赠者治愈了那些感染了一种被称为艰难梭菌（*Clostridioides difficile*, *C. diff*）的细菌的患者。这种顽强的微生物可以在茧一样的芽孢中存活数年，除了漂白剂，几乎不受任何影响。它也对多种抗生素迅速产生了抗性。据粗略估计，如今有20%到35%的患者的第一次抗生素治疗会失败。在这些人中，四成到六成的人将出现二次复发。这种常被称为*C. diff*感染的病，在美国大约有46万名患者，估计每年有1.5万至3万人死亡。虽然在过去十年间，这种负担有所下降，但在诊所或医院之外出现的感染现在占到了所有病例的一半以上。

我采访玛丽昂时，她住在佛罗里达州坦帕湾地区。“我不想告诉任何人这件事。”她谈到女儿的治疗时说道。“我告诉别人，我们用……”她顿了顿，“健康的细菌替代了她不健康的细菌。我不会说具体细节。”以下就是具体细节：玛丽昂是粪便微生物区系移植（fecal microbiota transplant，下文简称FMT）的捐赠者。她把她的屎给了她的女儿。她这么做可能已经救了她女儿的命。

人屎显然是医学治疗的一种不完美的载体。它脏乱不堪，臭气熏天。它与西方医学中识别和消除特定威胁的传统方法截然相反，它很难分离成精确的剂量，而且是一个监管上的噩梦。但它可能具有难以置信的效用。由于细菌细胞大约占其质量的一半，并且可能代表了成百上千个不同物种，每个粪便沉积物都含有数不清的微生物蛋白质、碳水化合物、脂肪、DNA、RNA以及其他细胞成分。古菌、病毒和真菌还可以进一步加入这个组合。

每一次排便都会释放出这个极复杂的肠道生态系统的一部分，它就像一次活检[1]，显示了代谢器官的健康状况，同时也是一种发酵剂，能在适当条件下部分复制出这片丰富的肠道丛林。从这种生态学的角度来看，FMT只不过是尝试用一种近似肠道正常居民的组合，在肠道中重新播种，通常是在抗生素杀死了那些可以阻止入侵物种的本地菌群之后。这就像在一块地上密集地种植，从而让杂草没有空间生长。

替代菌群可以从两端中的任意一端进入合适的位置。多年来，绝望的患者使用朋友或亲属捐赠的粪便，自己动手进行粪便灌肠。随着治疗的发展和成熟，粗暴的灌肠已经加上了更有效（也没那么狼狈）的医生操作的方式，他们通过乙状结肠镜向结肠下段，或者通过结肠镜向结肠上段输送。消化科医生还可以从另一端，通过鼻胃管将捐赠者的屎直接引入患者的胃部，或者通过鼻十二指肠管引入小肠，而许多医生也已经转向了更安全、更易接受的三层药丸。

尽管这种医学治疗的技术含量相对较低，但没有其他治疗能宣称针对复发性*C. diff*感染达到如此高的治愈率。一位护士将病入膏肓的患者的康复情况，比作她和同事在20世纪90年代中期所见的抗HIV蛋白酶抑制剂的效果。2011年，亚利桑那州凤凰城的梅奥诊所进行了首次FMT后，一位原本卧床数周的患者在24小时后便出了院。2013年，荷兰的研究人员报告称，

---

① 活检（biopsy），从患者身体的病变处取出小块组织，以便制成病理切片，观察细胞和组织结构变化，做出病理诊断的检查。——编注

他们提前终止了一项具有里程碑意义的*C. diff*临床试验，因为使用捐赠粪便的总治愈率为94%，远远超过了使用万古霉素的31%的治愈率，而万古霉素一度被认为是“终极手段的抗生素”。当他们结束试验的随机部分时，研究人员将粪便移植给18位在万古霉素治疗后复发的患者，其中15位得以治愈。

然而，几乎没有其他医疗干预措施会引起这样的反感、嘲弄和厌恶。一家报纸在报道一组加拿大科学家团队可能取得的进展时，仍在警告读者“捏住鼻子，别把咖啡吐出来了”。在2012年的一篇评论中，提供粪便移植的劳伦斯·勃兰特（Lawrence Brandt）称，讨厌因素“在医生中似乎比在患者中更常见”，它是这种疗法被广泛接受前的主要障碍。他写道，他的许多患者的前任医生对发表的所有积极的数据都不为所动，并将FMT称为“江湖医术”“一个笑话”或者“骗人的万灵药”。

随着我们的抗生素防御开始瓦解，寻找可行的替代时遇到的问题不单单是厌恶。粪便移植必须得到医疗机构的支持，而医疗机构长期以来都在努力适应强调平衡而非排泄的解决方案。这些替代要对抗的是一个僵化的官僚机构，它一直无法适应生物上的不准确性，也无法将公共利益置于商业利润之上。它们不得不戒掉我们的一种习惯：忽视普通却有用的工具，而倾向于华而不实的解决方案。但几个世纪以来，我们已经瞥见了这种潜力。

第一份关于粪便移植的描述可以追溯到4世纪的中国，一位名叫葛洪的医生在他雄心勃勃的疗法集《肘后备急方》中提过几次。葛洪忠实地描述了如何治疗食物中毒或者严重腹泻的患者，给他们喂食汤一样的粪便悬浮液。

中国消化科医生张发明及其同事研究了这种方法的历史，并写道，这种治疗方法被认为是一种“医学奇迹”，让患者起死回生。张告诉我，捐赠者一般是儿童，这种疗法有时被叫作它真正的名字，也就是“粪便发酵液”，有时则被委婉地称为“黄汤”或“金汁”。据说，葛洪还称之为“黄龙”汤，也就是黄龙糖浆。16世纪，中国的医生和草药学家李时珍在他颇具影响力的草药汇编《本草纲目》中记录了这种疗法的各种名称。正如张和他的同事发现的，在明代，应用清单不断变长：“李时珍描述了一系列使用发酵粪便溶液、新鲜粪便悬浮液、干粪或婴儿粪便的处方，来有效地治疗严重腹泻、发烧、疼痛、呕吐和便秘的腹部疾病。”

类似的方法开始受到欧洲兽医和医生的欢迎。17世纪，意大利解剖学家、生于阿夸彭登泰的吉罗拉莫·法布里齐［Girolamo Fabrizi d'Acquapendente，有时也被称为生于阿夸彭登泰的耶罗尼米斯·法布里修斯（Hieronymus Fabricius ab Acquapendente）］描述了一种用于牛和羊等反刍动物身上的类似技术。他称这个简单的过程为“转动物群”(transfaunation)，它只要将咀嚼过的食物从一只健康动物转移到生病动物身上，治疗胃肠道疾病。当然，这种疗法也会转移细菌、原生动物和真菌。兽医如今使用插管或置管以及虹吸管，将供体动物的瘤胃（它的第一个胃腔）内容物移植到受体动物身上，就像司机将汽油吸进空油箱那样。

1696年，德国医生克里斯蒂安·弗兰茨·保利尼（Christian Franz Paullini）写下了臭名昭著、却大受欢迎的《有益健康的污药》（*Heilsame Dreck-Apotheke*）。在初版以及多个修订版本中，保利尼从医学文献和亲身实践中，汇编了数百种令人大开眼界的处方，都是关于于粪便、尿液和其他身体分泌物的治疗能力的，从月经血到耳垢应有尽有。1958年的一本德国巴洛克文学目录将这部作品描述为“世界文学中最肮脏的书之一”。

保利尼显然对外来物质情有独钟，他的疗法部分基于美国陆军上尉约翰·格雷戈里·伯克（John Gregory Bourke）在1891年发表的小册子《万国粪便礼》（*Scatalogic Rites of All Nations*）中总结的整个动物园的动物排泄物。其中包括了骆驼、鳄、大象、隼、狐狸、鹅、猫头鹰、孔雀、松鼠、鹳、野猪、狼、一头母狮、一条黑狗和一头红牛。有眩晕症、痛风或相思病吗？保利尼准备好了。许多指导方案，比如用马粪缓解牙痛，用鹰的粪便治疗不育症，或者用小男孩的尿液与蜂蜜混合帮助治疗耳痛，也许已经理所当然地淡出了人们的视野。不过，在他的其他许多处方中，这位好医生还给出了一个用人屎治疗痢疾（当时被称为血痢）的处方，还有另一个用“吸收了白兰地的夜壶刮屑”来治疗肾脏疾病或肾结石的处方。

《医疗记录》（*Medical Record*）于1910年报道了一种治疗“慢性肠腐败”的新技术，这是微生物疗法可能帮助重新平衡人类肠道，并解决细菌感染的最早记录之一。消化科医生安东尼·巴斯勒（Anthony Bassler）描述了他每四天向每位患者的直肠注射人类肠道产生的细菌或普通大肠杆菌（*Bacillus coli communis*，也就是今天所说的*E. coli*）的纯培养物，治疗了多位患者的肠道紊乱。注射让患者的健康有了明显改善，他们的常居菌群也发生了变化。

近50年后，一位名叫本·艾斯曼（Ben Eiseman）的医生正担任丹佛退伍军人管理局医院（Denver Veterans Administration Hospital）的外科主任，他用粪便灌肠治愈了三位男性和一位女性身上的一种危及生命的炎症，这种病被称为假膜性小肠结肠炎。虽然艾斯曼将这种肠道疾病与一种叫作金黄色葡萄球菌（*Staphylococcus aureus*）的臭名昭著的病原体联系在了一起，但科学家现在怀疑真正的罪魁祸首是*C. diff*。艾斯曼的病例报告充斥着枯燥的临床语言，他还在1958年的文章中记录了每个病例惊人相似的结果。他首次指出，"这个危重患者对粪便保留灌肠产生了即时且明显的反应"。然而，他总结道："肠溶胶囊或许更美观、也更有效。"

事实上，一位外科医生担心术前大量使用抗生素会破坏患者正常的肠道菌群，在他的指导下，一项针对胶囊的专项实验已经在美国东海岸开展了。1957年，这位外科医生指示一位名叫斯坦利·弗科沃（Stanley Falkow）的年轻细菌学家开始收集粪便样本，它们来自一家匿名医院收治的外科患者。弗科沃是细菌致病性（也就是研究细菌如何带来疾病）领域的先驱，他也从未透露那位外科医生的名字，但他在2013年发布的一篇博文中回忆道，他如何尽职尽责地将每位患者的屎分成12粒大胶囊，然后将收集到的样本存放在一个冷藏的冰激凌盒中。这位外科医生和另一位同意尝试这种治疗策略的医生，给他们的每位患者开出了每天两粒胶囊的处方，试图重新建立他们术前的肠道微生物。

尽管当时的传闻表明，参加非控制性临床试验的人，比其他术后患者预后要好，但弗科沃写道，他们可能一直都不知道自己吃下了什么。当医院的长官发现并指责弗科沃给患者喂他们自己的粪便时，这项实验戛然而止。根据艾斯曼的建议而进行的更正式的后续实验，还要再等半个世纪。

*

即使在FMT开始渗入主流医学时，几乎没什么医生或患者知道它有可能治愈一种可能在几天内发展到威胁性命的感染。2010年4月的一个星期四早上，佩吉·利利斯（Peggy Lillis）原是一位56岁的健康的幼儿园教师，正在攻读教育硕士学位。她的背不好，是几十年来做服务员留下的旧疾，当然，当她在纽约的布鲁克林独自抚养两个儿子时，她还抽烟，直到30多岁才戒了烟。她右肩的慢性炎症偶尔发作，随着年龄增长，她也长胖了一些，但她的血压正常，总的来说也很健康。她的儿子们都说，她身强体壮。

然而，佩吉在下课后觉得不舒服，便早早睡了。到了凌晨4点，腹泻开始了，来得又急又猛。她请了记忆中的第一次病假。也许这只是一种胃部病毒。她的儿子们给她带了佳得乐，虽然她虚弱、疲惫又面无血色，但外表看上去还不太糟糕。只是身体里发生了一些可怕的事情，医生给她开的强效止泻药让情况变得更糟了。她的肠道正浸泡在数百万个增殖的细菌释放的有毒大乱炖中。

到了星期二晚上，她在布鲁克林一家医院接受重症监护。她特别想喝健怡百事可乐，但她的感染已经发展到让她出现了感染性休克和中毒性巨结肠：她的大肠正在死亡。第二天上午，一位相当坦率的外科医生切除了她的大肠，为挽救她的生命做出了最后的努力。几十位朋友和她的爱尔兰天主教大家庭的成员挤在等候室里，错愕地守候着。但这还不够。到了当晚7点20分，也就是在她第一次出现症状的6天后，佩吉去世了，留下了她震惊不已的儿子们，他们想知道她怎么这么快就被一种他们闻所未闻的病夺去了生命。

也许佩吉·利利斯是在附近的一家疗养院染上的致命感染，她定期会去那里探望她的教母。也许正如她的验尸报告显示的，它开始于一间牙科诊所，在那里她做了牙根管，并注射了克林霉素，这是一种广谱抗生素，可以极大地改变肠道微生物组，为*C. diff*感染扫清障碍。感染进展得太快了，哪怕她儿子们听说过FMT，可能也毫无助益。她的大儿子克里斯蒂安告诉我，“但我认为，关键在于疾病本身以及我们加强对它的意识，还有谈论它、认识它、预防它、治疗它的能力，这都因为我们不想谈论屎而变得复杂”。

那年晚些时候，克里斯蒂安和他的兄弟利亚姆共同成立了佩吉·利利斯纪念基金会，想让人们更多关注这种感染，它早已不止是医院和疗养院中的麻烦事。克里斯蒂安随后在一个线上*C. diff*互助小组中提出，对症状的描述不应该被归入一个标上“前方高能”的文件夹，然后被挤到留言板的最下面，他把那里比作半地下室。“如果你的眼睛出血，或者长了奇怪的皮疹，你会说‘这有一张照片’，”他说，“乳腺癌互助小组会不会说‘我们不希望你讨论你的乳房是什么样子的’？”他说，那为什么屎就该不一样，特别是当它的描述可以提供关于某人病情的关键信息时？

凯瑟琳·达芙（Catherine Duff，现在改姓威廉姆斯）是一位战胜了病魔的*C. diff*患者，她在关键时刻不得不强迫自己谈论屎。在2005年至2012年期间，她曾8次感染。前6次抗生素起效了。接着就再也没有起作用了。时年56岁的凯瑟琳说：“我的结肠外科医生给我的选择是切除结肠或者等死。”她已经失去了三分之一的结肠，不想再放弃了。

然而，随着每次腹泻和呕吐，这位有三个孩子的母亲感觉生命正在消逝。“我差不多已经接受了自己将死的事实。”然后，她的一位女儿无意中发现了一位名叫托马斯·博罗迪（Thomas Borody）的澳大利亚消化科医生的研究。他的研究团队使用一种被称为粪便微生物区系移植的疗法，在*C. diff*患者身上取得了惊人的成果。凯瑟琳阅读了所有她能找到的资料，并把打印出来的材料带给她的医生。当时她已经换了八位医生了。只有两位医生听说过这种技术，一位是传染病专家，一位是消化科医生。但他们都不愿尝试。

于是，2012年春，也就是佩吉去世两年后，凯瑟琳加入了一个因需诞生的新兴DIY运动。她当时的丈夫约翰是一名退役潜艇指挥官，他经常和180位男性一起在水下待上几个月，他欣然同意成了她的粪便捐赠者。她笑着说：“没有什么能恶心得了他的。”他们说服她的消化科医生至少对约翰的屎进行了病原体筛查，然后在互联网上找到了一份配方和流程。根据YouTube（视频网站）上一些更详细的操作视频，DIY移植的典型购物清单可以在附近的药店轻松采购到：

一个用于收集的塑料容器
乳胶手套
一台专用的奶昔搅拌机
一个金属筛子
一个一次性灌肠瓶
0.9%浓度的盐水
一个大量杯
一把塑料勺子

凯瑟琳回忆，她在下午4点灌了肠。“到了7点，我感觉很舒服，”她说，“我很快就感觉好多了，就像个奇迹。”第二天一早，她洗了个澡，梳洗完毕，化了妆，下楼吃了早餐，这是几个月来的头一次。

几个月后，凯瑟琳不得不接受紧急手术，矫正一次骑马事故造成的脊髓受压。她在出院前第8次患上了*C. diff*。但是这次有所不同。这一次，她的结直肠外科医生同意使用结肠镜尝试FMT，也就是通过一根插入结肠的长软管输进屎，她成了印第安纳州第一位在医疗机构接受这种手术的患者。“当我从镇静中苏醒时，我感觉很好。”她说。

美国食品药品管理局（FDA）的官员纠结于如何监管这种手术，并越来越觉得它不妥。这一机构的生物制品评估与研究中心主任在2013年4月的一封信中写道，FMT将被标记为生物药物，而不是移植，此举令主张维护患者利益的人灰心丧气，并有可能极大地限制这一新兴领域。想要继续为患者提供治疗的人将不得不提交一份试验性新药研究申请，这是一项艰巨而费时的要求，大多数医生都没法做到。

一周后，FDA在马里兰州的贝塞斯达举办了为期两天的公开研讨会，探讨这种疗法。凯瑟琳是150名与会者之一，她刚刚成立了粪便移植基金会，连接患者与医疗机构，并鼓励更多医生提供这种治疗。当她浏览与会者名单时，发现自己是唯一一位患者。会议进程过半时，凯瑟琳意识到大家并不会从患者的角度讨论手术的影响，她知道自己必须做点什么。她在午餐时在平板电脑上拟了份即兴演讲，并眼泪汪汪地恳求会议主持人让她在周五下午的会议上发言。

凯瑟琳告诉我，她对两件事怕得要死，分别是公开演讲和蟋蟀。哪怕只是想到要对整个小组说话，呼吸都会开始变得急促。但主持人示意视听间，然后指了指她，就像他同意的那样，她的话筒亮了起来。她结结巴巴地开始讲起自己的故事。她并没有讲完，但那时已经无所谓了。在场的医生为她起立鼓掌。之后，他们排着队自我介绍，并感谢她。在几个星期里，她已经召集起了她基金会的董事会和顾问委员会的大部分成员。

尽管家庭治疗随处可见，包括凯瑟琳自己的第一次DIY粪便移植也是如此，但她强调，未经适当筛选的捐赠者有可能带来灾难性的后果，因此，受到医学监督的手术要好得多。将细菌或病毒感染传给接受者的移植可能是致命的。明尼苏达大学的消化科医生兼免疫学家亚历山大·寇拉斯（Alexander Khoruts）加入了她的顾问委员会，他表示，他也担心潜在的长期影响，特别是考虑到有证据表明，微生物组与肥胖、糖尿病和过敏都有关。“这时，我认为科学告诉我们要非常谨慎地对待这种材料。”他这样说。

也许凯瑟琳的证词帮助动摇了FDA的决定。也许是大量负面新闻让FDA措手不及，它正努力在越来越多的有利证据，和一种极易变、且几乎不受管制的不为人知的做法之间找到平衡。无论如何，FDA迫于压力部分转变了方向，它同意针对用于治疗那些对标准疗法无效的*C. diff*感染的FMT行使“自由裁量权”。它们不会得到FDA的批准，但也不会被禁止。但对于其他所有情况，比如溃疡性结肠炎，机构则断掉了后路，除非移植是试验性新药研究申请中已获批的临床研究的一部分。

在这场小型胜利后，凯瑟琳和她刚成立的基金会继续推动更多针对其他消化系统疾病的FMT临床试验，让研究资金方面更平等，并提高公众意识和教育。她发现自己笑得更多了。甚至会大笑起来。她对屎的厌恶早已烟消云散，她告诉我，当面对无休止的腹泻，并且完全无法保持端庄时，幽默感颇有助益。凯瑟琳和几位志同道合的董事会成员开始想口号，用来装扮T恤或运动衫。她最喜欢的是什么？“Poop is the Sh*t！”（屎就是屎！）“Give a sh*t. Donate to the Fecal Transplant

Foundation.”（屎都要在乎。捐赠给粪便移植基金会吧。）他们的网站还标了一个FMT提醒丝带[1]。它是棕色的。“该是什么就是什么，”她笑着说，“我们绕不开在谈论和处理的这件事。”

*

与此同时，更多诊所开始小心翼翼地提供FMT，治愈着世界各地的人。在佛罗里达州坦帕市韦尔斯伍德社区外围，我拜访了消化科医生R. 戴维·谢泼德（R. David Shepard），他的诊所是美国东南部最早提供这种疗法的机构之一。谢泼德在坦帕湾内镜中心开始每一场为期多天的移植手术，他把经过筛选的捐赠者的屎输入镇静状态的患者体内。一端通过结肠镜向上。另一端通过内镜向下延伸，穿过喉咙和胃，到达空肠，也就是小肠中段。

第二天，谢泼德将在RDS输注中心继续进行手术，这里是他的办公室，位于一栋不起眼的单层建筑中，窗户都是玻璃砖，能保护隐私。患者躺在一张床头向下倾斜的床上，让重力帮助他们留住后续的粪便灌肠。一天之后，他们再接受一次灌肠。在其中一间手术室里，一张小小的叠层海报暗示了患者希望有所突破的那种极度焦虑。一道彩虹穿过云层划出一道弧线，上面逐渐变大的字母拼出了一个单词，重复写了8次——“BREATHE”（呼吸）。

谢泼德告诉我，在遵循他的指示的大约前60名*C. diff*患者

[1] 一种折成环的丝带标识，不同颜色代表了对不同主题或问题的关注和支持，许多团体用它作为支持或警示的象征。

中，他一次也没失败。其中一位患者是当地一位知名商人的55岁女儿，随着反复感染，她的医疗费已经超过15万美元。在走投无路的情况下，她来到谢泼德这里，经过一次治疗就痊愈了。他说，在FDA迫使他暂停溃疡性结肠炎项目之前，他治疗这种疾病的成功率已经达到了七成左右。玛丽昂的女儿是第一个。

谢泼德给我的印象是谨慎但不失礼貌，他操着不易察觉的南方口音，目光坚定。在诊所房间和走廊后面的小厨房里的一张桌前，他讲述了他初次涉足这一治疗领域的故事，这是他最初并没有考虑的一个领域。事实上，在与几位医生交谈后，我开始听到一些耳熟的故事。几乎所有人一开始都对这个想法嗤之以鼻。"人们对它的想法基本上要么就是厌恶，要么就是'哦，我永远不会这么做。你在逗我呢'。"谢泼德说。

加拿大安大略的传染病专家伊莱恩·彼得罗夫（Elaine Petrof）告诉我，在她所在的领域中，医生常常习惯将感染与必须消除的病菌联系起来。"从概念上讲，把污水倒进体内似乎不像是一个好主意，对吧?"她说，"我承认，我也属于这一类人，直到我见识到了这对人们的生活产生了什么实际作用。"

这项技术在公认的医疗实践边缘徘徊了许多年，因为对它的需求并不是很大。但当更多毒株出现，其中包括与2002年在加拿大魁北克暴发的格外严重的疫情有关的毒株，而*C. diff*也成了一种流行病时，情况发生了变化。医生开始时不时遇到那些对所有抗生素都没有反应的患者，一些人开始重新审视FMT。

在那之前，拒绝提供这种手术的医生可能拥有最终决定权。但互联网改变了一切。患者开始搜索，直到他们找到愿意做手术的人。他们可能很有说服力。对伊莱恩来说，转折点出现在2009年。在抗生素没能解决一位女性的*C. diff*感染后，她开始频繁出入重症监护室。每天，患者家属都要伊莱恩考虑进行粪便移植。“我觉得这是疯了。”她回忆道。然后他们给她带来了一桶屎。她终于不再反对。“让我彻底震惊的是，在不到72小时里，这位原本每天排便十几次的患者差不多彻底好转了，周末就出了院。”伊莱恩说。

即便如此，像寇拉斯这样的医生也对这种“中世纪”干预的成效颇为惊叹。“你把一坨屎扔进搅拌机，然后用注射器抽出来。瞧！这就是你要移植的。”他说。许多最初报道的成功率徘徊在85%到95%之间，这与此后发表的报告一致。“在医学上，对于最难治的患者来说，存在如此有效的疗法相当惊人。”寇拉斯说。

在这种惊人的成功之中，这一领域还面临着另一项重大挑战，那就是找到足够多合格的捐赠者。当寇拉斯筛选了一位回复传单的医学生时，她告诉他，她在医学院的同学嘲笑她的兴趣。他气愤地说，没有人会嘲笑一位献血的人。献血会收到徽章和贴纸，还有一种集体的自豪感。但这件事呢？即使是一位医学生，也没法在不尴尬的情况下告诉同学，尽管她最终可能会拯救更多生命。

开放生物组公司（OpenBiome）是麻省理工学院的两名学生共同创立的一家非营利组织，它通过招募最好的捐赠者，并提供低成本、预筛的、过滤的、冷冻的屎，来满足日益增长的需求，服务费用是250美元一份，外加运费。当我在2015年秋天拜访开放生物组公司时，它已经招募了27位捐赠者。志愿者协调人凯利·林格（Kelly Ling）说，这家非营利组织刚刚达到了一个重要的里程碑，它总共发出了7000个治疗单元（截至年底，交付将送到4个国家的500多家医院）。尽管当时这家组织隐藏在郊区的一处商业园内，但它利用了靠近塔夫茨大学，并在一个名为健身世界（Work Out World）的健身房隔壁的优势，事实证明，这是一处寻找新成员的完美之地。

你能成为一名捐屎者吗？根据最严格的筛选标准，你必须接受一切可以阻止你献血的检查，比如HIV和肝炎。你不能是一个性生活活跃的同性恋者，年龄也不能超过65岁。你不能在过去6个月里文过身，或者最近去了许多国家旅行。你不能在过去三个月内服用任何抗生素。你不能有自身免疫、神经病学或者胃肠道疾病史，或者患有代谢综合征，也就是一些诸如高血压和高血糖的症状，这些症状会提高中风、心脏病和糖尿病的风险。在理想情况下，你也不能超重，绝对不能肥胖。也不能神经脆弱。

2017年，加拿大研究人员报告，他们花了15000多美元筛选了46位潜在捐赠者，为了进行一项试验，评估FMT治疗代谢综合征相关疾病的有效性。在根据病史或体检排除了半数候选人之后，医生对剩下的人进行了健康生化标志物和31种病毒、细菌、真菌和原生动物病原体的检测。最终，他们只找到了1位符合他们所有标准的合格捐赠者。哈佛和斯坦福大学的录取率都比这更高一些。

对于少数能通过开放生物组公司同样严格的筛选流程的捐赠者，工作人员建立起了一个例行流程，让交付尽可能无缝衔接。在按下一楼实验室外的门铃后，捐赠者必须通过外观检查，确保他们看上去很健康，然后在现场用一个蓝色盖碗“干正事”，或者也可以从家里带来一份新鲜的样本。在我参观的过程中，一份新送来的交付放在了一个浅蓝色袋子里，一位实验室技术员称了重，确认它超过了最低标准（大约是一颗网球的重量）。它轻松通过了，并被加进了林格所说的“屎队列”中。每份粪便样本被接收后，捐赠者就能得到40美元。

每份样本在排队等待时，都会被喷上缓冲液，其中包括生理盐水和甘油，这能在样本最终被储存在华氏-112度的环境时，维持它的pH值，并保护其中的微生物。一台“屎粉碎机”将缓冲后的混合物搅拌均匀，然后实验室技术员将它倒入透明的塑料袋中，用细网格过滤器纵向分割。纤维（一种好的迹象）留在一侧，棕色液体流向另一侧。这种溶液接着可以被分成独立的输送单元，并被分配条码，冷冻最多两年。

在二楼的一间会议室里，开放生物组公司的研究主任马克·史密斯（Mark Smith）向我讲述了他如何受到一位感染*C. diff*、却经历7次万古霉素治疗失败的朋友的启发，共同创立了这家非营利组织。他的朋友下定决心搜寻，在纽约都市圈却只找到了一位提供FMT的医生，作为他的一个兴趣项目。最近的预约也在6个月之后。因此，史密斯这位已经病了18个月的朋友，用他室友的屎、一台制作玛格丽特酒的搅拌机和家用灌肠包治愈了自己。

史密斯说，在混合、冷冻并运送这里精致的混合物之后，这家非营利的粪便库在治愈*C. diff*的总成功率达到了约86%。在我拜访期间，我遇到了一位相对新手的捐赠者，他是一位友善且说话温和的26岁青年，名叫乔，他已经定期交付了两个多月。他从他兄弟那里听说了这家非营利组织并递交了申请，通过了严格的筛选流程。他最初以为自己只是参与了一项研究，赚点快钱，但他惊喜地发现，这是重要得多的事情。

乔很健康，而且有相当健康的生活方式，他的饮食中纤维含量很高，这很有帮助。他为拥有一个欣欣向荣的微生物组而感到庆幸，并且每当他拉出晨粪，而且他知道这些粪便会让捐赠库的工作人员感到高兴时，都会产生一种他所说的“奇怪的自豪感”。“所以我会想，哇，这个好！”他说。他可能每周交付4份，具体取决于他的工作和时间安排。

消化科医生都明白，像乔这样的捐赠者提供的FMT对一种细菌感染的显著疗效，对其他症状未必同样有效。伊莱恩解释道，对于复发性*C. diff*，反复的抗生素治疗基本上是“放火烧森林”，它杀死了大量细菌多样性，为*C. diff*微生物的扎根和生长开辟了空间。加回几乎任何菌群，就相当于在泥土中种植幼苗，都可以帮助生态系统抵御病原体。但对于像溃疡性结肠炎这样更复杂的自身免疫病，基本的FMT可能不一定够，至少粪便来自西方世界典型捐赠者的情况是如此。

科学家还提出了这样一种观点，那就是，工业化国家中过敏和自身免疫的提升，可能部分源于低纤维饮食和大量使用抗生素导致的肠道微生物多样性的降低。与开放生物组公司和其他储存库设定的高标准相似，寇拉斯在明尼苏达大学拒绝了大约95%的粪便捐赠申请者。“事实证明，健康的人很少。”他告诉我。从未服用过抗生素的健康的人甚至少之又少，他一个都还没找到。也许没有任何一个西方捐赠者能提供那些完全重新给肠道播种所需的微生物。然后呢？研究人员发现，在非洲乡村和亚马孙人口中，他们拥有非西方饮食，并且和抗生素接触得最少，他们肠道微生物组的多样性要高得多，而且过敏和自身免疫病也更少。寇拉斯说，或许有必要在这些社区中寻找我们祖先的微生物，就是那些在抗生素时代来临前我们拥有的微生物。“这是一种正在消失的资源。”他说。

澳大利亚的博罗迪是粪便移植领域的先驱，他表示同意这一原则，但同时警告，任何捐赠者的筛选流程还必须考虑到地方性寄生虫和病原体。他补充道，研究人员对一个复杂多变的器官的细节仍然知之甚少，这个器官的力量可能不仅来自各种各样的细菌，还来自真菌和病毒，比如感染微生物的噬菌体。“简而言之，‘伙计，我们知道个屎’。”他这样说。

*

想要进一步了解我们体内的居民，可能需要一些更好的策略来克服大家再熟悉不过的厌恶包袱。像寇拉斯这样的科学家已经敦促弱化屎的部分，更倾向于使用“肠道微生物组移植”这种技术上更准确的术语。对捐赠者来说，另一个克服讨厌因素的方法是强调它们的疗效。博罗迪将本・艾斯曼1958年的那项晦涩的研究视作他早期的灵感之一，他说，每当中心用捐赠者的屎成功治愈一位患者时，他和他的工作人员都会通知捐赠者。他表示，这个消息常常让他们泪流满面。我们其他人可能需要更有效的策略，比如给它起一个更好的名字，把它染成蓝色，用薰衣草、柑橘或者松木盖住它的气味，把它从一般的环境中拿出来，用不锈钢和干净的玻璃围住它。为了尽量减少那些来自祖先的厌恶之声，必须让屎变得更易于接受，瓦尔·柯蒂斯，也就是我们在上一章遇到的那位厌恶学家，提出了这些建议。

柯蒂斯回忆起与临床医生一起工作时，他们曾经告诉患者用旧的黄油盒（类似于用特百惠保鲜盒）收集他们的粪便样本。她说，也难怪人们不愿意这么做。柯蒂斯断言，同样令人生厌的联想可能会阻碍交付过程，这也是将屎小心封装成药丸的方法或许被证明更易于接受的原因之一。“我们的厌恶系统是为了检测体外想要进入我们身体的那些威胁而演化出来的。”她解释道。如果一条寄生虫爬上你的手臂，这个系统可能会立即反应。但它不一定会阻止你吞下一个只有到达肠道时才会释放其内容物的三层药片。“如果真的把它放进胶囊里，你就骗过了你祖先的声音。”她说。

博罗迪的女儿也把这叫作“屎囊”（crapsule）。她开玩笑地说，他那种“药丸中的大便”技术可以通过“运屎”（shitment）的方式交付。他和其他研究人员得出结论，这是未来的治疗，很大程度上是因为它可以取代侵入性更强的结肠镜检查。如果屎的部分能更精炼一点就好了。就在一组加拿大研究团队宣布他们对粪便填充胶囊法（被媒体称为“屎丸”）的看法几周后，谢泼德将这种新技术带到了坦帕的RDS输注中心。他用捐赠者的屎填充了35个三层胶囊，并用它们成功治疗了一位第4次感染*C. diff*的疗养院患者。即使在那时，他和其他人预测，这种粗糙的方法在几年内可能会发生根本性的改变。

罗德岛的消化科医生科琳·凯利（Colleen Kelly）同样预测了一种快速转变，但这种转变在近十年后仍未完全实现。尽管如此，这一领域已经开始从完整粪便的移植，转向了其他替代方案。“这不仅仅是因为它不赏心悦目，更多还因为想要找到这些捐赠者真的很难。”凯利告诉我。即使你已经找到了完美捐赠者，又能指望他们多频繁地交付呢？“我们没有那种奶牛在牛棚里排着队的农场。”她说。伊莱恩对她给自己的患者注入的“屎奶昔”同样感到矛盾。一定有更好的方法来做到这一点。她的焦虑带来了一种由更明确的成分子集（subset of ingredients）构成的输注方式，它基本上是一种细菌培养物的混合。她称之为合成粪便，或者叫“屎群恢复”（rePOOPulating）。她说，它闻起来……呃……不一样。至少内镜检查的护士是这么告诉她的。它有些难闻，但又不像真的粪便那么糟。注射器中浑浊的白色液体看上去也没那么恶心。

但合成粪便输注也面临着自身的障碍。首先，这种细菌混合物需要一种被称为“机器肠道”（robogut）的挑剔的厌氧生长环境，它类似于一种人工结肠。接下来还有一个问题，伊莱恩的团队是否将33种细菌菌株的混合物分离得太彻底了。加拿大卫生部的监管官员暂停了她的治疗，等待更多测试的结果，并询问是否有可能进一步简化她的浆液。这种要求似乎展现了监管部门对简单性的渴望，和科学对复杂性的需求之间的冲突。伊莱恩说，微生物生态学的原则表明，需要一个稳健的细菌群落。而这可能意味着更高而非更低的多样性。“我们正试图用我们的方式来处理这种相当浑浊的水。”她说。

她不是一个人。一种被大力吹捧的混合物被称为SER-109，它从粪便供体中分离出约50种形成芽孢的细菌物种。它最初的治疗失败，凸显了复制肠道微生物组针对*C. diff*感染的天然防御系统的难度。后来，这种由塞雷斯治疗公司（Seres Therapeutics）生产的混合物在之后的第三阶段试验中，当研究人员加大剂量时出现了更有希望的结果。到2021年初，伊莱恩和同事发现，一种被称为MET-2的包含40个物种的密封混合物取得了初步成功，这种混合物是他们从一位健康捐赠者的粪便中分离出来的，他们还知道了如何在实验室中使其生长。他们在一个小型开放标签试验[①]中报告，19位患者中的15位在经过多天服用了一疗程的药丸后，解决了复发性*C. diff*，而在更高剂量的后续治疗中，除了1位患者，其余患者都被治愈。

临床试验正继续扩大FMT疗法的实验范围。他们瞄准了其他顽固的细菌感染和胃肠道并发症，还有自身免疫和炎性疾病，以及新陈代谢、神经病和心理疾病。然而，在兴奋之余，这一领域也受到了另一项重大挫折的震动，这也正是研究人员多年来一直担心的事情。2019年6月，FDA发出了紧急安全

① 不向试验参与者隐瞒信息的一种试验类型。——编注

警报，在波士顿马萨诸塞州总医院（Massachusetts General Hospital）的实验性试验中，两位患者从同一个粪便捐赠者的样本中感染了多重耐药大肠杆菌，这些样本已经被冷冻了数月之久。一位患有肝硬化的患者病情加重，另一位血癌患者受到了免疫抑制，在进行骨髓移植前因血流感染而去世。

FDA多年来一直在纠结，是像倡导者所希望的那样，像组织捐赠或者献血那样对FMT进行监管，还是作为一种研究性新药进行监管，而这样将对制药公司更有利。作为对感染的回应，机构暂时叫停了多项临床试验，直到捐赠者能够证明他们遵守了加强版的测试要求。2020年3月，另一份FDA安全警报警告，6名*C. diff*患者出现了第二轮大肠杆菌感染。这一次，调查人员将这些感染与开放生物组公司的捐赠粪便污染联系在了一起。由这家非营利组织分发的粪便起初被怀疑与另外两名慢性病患者的死亡有关，他们也正在接受*C. diff*治疗。然而，后续检查表明，至少其中一人的死亡与移植无关，而治疗另一位患者的医生则将他的死因归结为潜在的心脏病。

克里斯蒂安·利利斯告诉我，尽管FDA本可以将FMT归入它们自身复杂的分类中，就像对血液和血液制品所做的那样。但大肠杆菌病例让这场斗争升级了，医生和倡导者力争将它纳入监管分类，而制药公司则希望在管控更严格的药物分类下创造替代疗法。当FDA根据“自由裁量权”政策决定维持现状，将微生物组移植指定为复发性*C. diff*的试验性新药时，制药公司赢得了这场拉锯战，这也为新的专利配方打开了大门。利利斯说，屎依旧是免费的，但其中的活性成分的独特配方则可以成为有利可图的知识产权。

2020年10月，克里斯蒂安和兄弟利亚姆在母亲去世十年后，共同主持了一场虚拟版佩吉·利利斯基金会的年度晚宴，主题是"*C. diff*是绊脚石"。这个主题可以概括整个一年，只是当晚会的变装皇后[①]司仪卡克芬妮·丹尼尔斯（Cacophony Daniels）告诉她的Zoom观众，她在过去7个月里一直在她的地下室表演，她在蓝银色彩带的背景下，戴着金色蜂巢一样的假发，穿着亮闪闪的粉色裙子，唱出雪儿（Cher）的《足够强大》（Strong Enough）时，人们很难忍住不笑。现场气氛都是老一套，但甜蜜又充满反叛。克里斯蒂安在晚宴中途把蓝色纽扣衫和黑西装外套换成了一件绿色T恤，上面写着"I give a"（我给一个），后面是屎的表情符号，他恳求感染*C. diff*的观众站出来，让人们看到他们。"在美国，我们很忌讳谈论屎。"他说，重复了一句他经常说的话。

他们介绍了一系列精力充沛的幸存者，他们已经成了坚定的倡导者，也是获奖人，包括加拿大温哥华沿岸卫生局（Vancouver Coastal Health）的犬类气味嗅探专家特里萨·祖尔伯格（Teresa Zurberg）和她的英国史宾格犬安格斯。祖尔伯格是毒品和爆炸物嗅觉研究的专家，她在2013年差点死于*C. diff*。然后，作为一项团队努力的一部分，她训练安格斯嗅出了它，帮助找到温哥华总医院的热点地区[②]，在两年内将感染率降低

① 英文drag既有"绊脚石"之意，也有"变装皇后"之意。

② 在流行病学中，热点地区（hotspot）一般指的是疾病负担较高或传染速率较高的地区。——编注

了近一半。他们俩都出现在了Zoom上，但安格斯似乎对一只粉红色的独角兽玩具更感兴趣。丹尼尔斯巧妙地总结了这个夜晚："医生、狗和变装皇后，哦，我的天啊！"然后在她左边的屏幕上闪现出佩吉·利利斯的家庭合影时，她唱起了《彩虹之上》(Somewhere over the Rainbow)。

在佩吉去世后的十年间，出现了一些充满希望的迹象。在美国，医院从2013年起开始向CDC的国家健康照护安全网络（National Healthcare Safety Network）报告*C. diff*感染，在2011年至2017年间，病例的总数有所下降。预估的社区相关病例的负担持平，但医疗保健相关的病例则减少了三分之一以上。但随着新型冠状病毒感染在全球迅速蔓延，FMT几乎陷入了停滞。FDA要求针对新冠病毒进行额外检测，然后才授权粪便库继续发放粪便样本。寇拉斯在明尼苏达大学的项目通过在夏天为捐赠者开发了一份广泛的筛选流程，满足了这个要求。但是，美国最大的供应商开放生物组公司反而寻求自己检测屎，却发现它的申请被搁置了，因为负责审查的FDA部门正忙于应付大量新型冠状病毒感染的候选疫苗。

非营利组织最终获得了批准，在2021年5月恢复了定期运输。但为时已晚。脆弱的财务状况迫使它开始逐步取消广泛的粪便库项目，出售设备和其他资产，并专注于为其核心网络中的医院提供服务。随后与明尼苏达州的寇拉斯的项目合作，帮助非营利组织满足了针对*C. diff*的FMT的不断增长的需求，直到第一个经FDA批准的替代品问世。然而，最终这一空白将不得不由芬奇治疗公司（Finch Therapeutics）等初创公司来填补，这家公司的首席执行官史密斯曾是开放生物组公司的研究主管。塞雷斯和其他类似费林（Ferring）和韦丹塔（Vedanta）这样的公司同样在崛起，他们基于自家的纯化细菌菌株混合物，推出了颇有前景、但尚未被证实的移植替代品。

*

当2021年乔·蒂姆和我再次聊天时，这位开放生物组公司曾经的捐赠者已经32岁了，住在科罗拉多州的博尔德。这一次，他告诉了我他的全名，并自豪地回忆他向粪便库捐献了两年多之久，这是时间比较久的一位。有一次，这家非营利组织还将他的粪便用于溃疡性结肠炎的临床试验。蒂姆招募了他的室友，后者捐赠的时间几乎和蒂姆一样长，他们俩当时都没钱，正在为波士顿马拉松进行训练。蒂姆对能站在医学最前沿感到很兴奋，但每次捐赠得到的40美元对他很有用。他记得，他对准时交付而不浪费任何东西很紧张。否则，那种感觉就像把钱冲进了厕所下水道一样。

有一天，蒂姆希望向自己的孙辈讲述他在医疗手术中的早期角色。他的副业甚至已经成了他认识一些新人的破冰之举。“我身上的一件有趣的事是，我以前靠卖屎换钱。”他说，“这就引出了问题，‘什么？多说点儿！’”他意识到，他拥有的东西具有一种尚未被完全理解的力量，但对于一个与反复感染进行斗争的人而言，这不亚于奇迹。它有价值。蒂姆说，他因此获得报酬的事情，还带来了一种奇怪的好处：它在很大程度上克服了其他人最初的厌恶。“人们会说，‘不可能，你卖你的屎？’”他说，“如果我说，我只是为了正当的理由捐出了我的屎，而没得到任何报酬，人们可能会认为这很奇怪。”但是，赋予它价值，就会改变人们的看法。“因为那是付给上厕所的人一笔相当大的钱。”他说。

FMT仍旧前路未明：如何将复杂的肠道生态系统作为一种试验性新药进行控制？如果它们证明了自己的能力，基于在实验室中生长的肠道微生物的专利配方药丸，可能有助于解决一些安全性和是否找得到捐赠者的问题。然而，利利斯和其他主张维护患者利益的人担心，推动更适口、更有销路的配方，可能会以牺牲可负担和可获得的治疗为代价。有一点是显而易见的，那就是，从被抛弃的副产物，到珍贵的商品的转变，简直太显著了。在短短几十年里，FMT已经从被蔑视的偏方，演变为绝望的DIY治疗，最后成了极有效的公认医学疗法。

尽管面临怀疑和嘲笑，屎已经证明了自身的价值，并开启了对可能成为医学奇迹的肠道微生物的追寻。医生正重新审视更多基于恢复社区平衡、而非消除个体威胁的策略。像蒂姆这样骄傲的捐赠者不再匿名了。患者正打破沉默，讲述片刻的恩典如何带来一生的解脱。我们可能知道个屎，但至少有更多人正献出屎。

第四章　记　忆

1977年10月一个晴朗的下午，一只名叫克劳的德国牧羊犬和它的驯犬师在纽约奥尔巴尼的一片足球场边等待着。一位摄像师在多功能的布利克体育场（Bleecker Stadium）的中场附近架起了摄像机来记录整个过程，这座体育场建于1934年，是大萧条时期工程振兴署的一部分。在球场另一端，警察竖起了5个高大的胶合板障碍物，每个都从前面顶住，用巨大的黑色数字标明1到5。每个障碍物后都藏着一个人。

开始。克劳和纽约州警察约翰·库里（John Curry）开始沿着球场的一侧向藏起来的人走去，这是一项不寻常实验的一部分。该州的警队于1975年从美国陆军那里得到了三只德国牧羊犬，组建起了自己的警犬队，起初，他们训练警犬侦查爆炸物。根据人类学家丹尼斯·弗利（Denis Foley）的讲述，库里花了几个月时间训练他的狗，让它们能够通过粪便气味准确识别个人。警员称，克劳是他合作过的最优秀的追踪者。不过，接下来的几分钟将决定克劳非凡的嗅觉是否能帮助嗅出一个连环杀手，这个人在一次残暴的双重谋杀后留下了关键线索。

在德国，另一个谜团围绕着一间不通风的公寓里一具部分木乃伊化的年轻女孩的尸体。这个营养不良的幼儿长着一头深色短发，体重还不到15磅，2000年7月10日在她床边被发现时，身高应该是2英尺7英寸，仍然穿着一件浅色背心，还有脏得不行的尿布。她曾与她20岁的母亲生活在德国中部，直到她母亲不再付房租，离开去和一位叔叔同住。一份报道称，“当警察询问时，她母亲不记得自己最后一次见到孩子是什么时候了”。这位女性和她的叔叔一起生活了约两个星期，据说她告诉她叔叔，孩子和一位祖母同住。“她还问他，一个人在没有食物的情况下能活多久。”

围绕这个孩子的惨死，德国警方有两个主要问题：她是什么时候死的，无人照顾的情况有多久？为了解开这个谜团，莱比锡大学法律医学研究所的吕迪格·莱西希（Rüdiger Lessig）从女孩身体的几个部位收集到了蛆，包括生殖器和肛门上，还有她脸上。他在热水中杀死了这些蝇类幼虫，并将它们保存在70%的乙醇中，然后送给了一位法医昆虫学家，他有时被叫作“蛆人”。

*

像其他生物一样，我们通过我们排泄出的东西表示我们的存在，而善于观察的科学家正在从一直被无视或忽略的证据中，拼凑出非凡的故事。屎不仅是可能让我们免于疾病的守护者，也是可以回忆起我们人类经历的见证人。在我们留下的东西中包含着DNA、气味、微生物和昆虫，它们之中保留着大量记忆。破解线索和填补空白的科学侦探可以帮助重现某个时间点并破案，在一定程度上为受害者带来正义。

再往前追溯，保存下来的屎更像是一颗被埋藏的时间胶囊，告诉我们人们是如何生活和迁徙的，他们的古代聚落在哪里兴衰或者保留，以及他们如何处理死亡、疾病和他们周遭的世界。长期以来，我们一直在我们祖先的文字碎片和其他人工制品中探寻我们过往的故事。死海古卷、罗塞塔石碑、火山掩埋的城市、失传已久的史诗片段。直到过去60年左右，我们才意识到，各种文明留下的图书馆往往比亚历山大图书馆还要大得多，也基本没有被付之一炬，虽然可能没那么宏伟。事实证明，隐藏在这些不起眼的图书馆中的历史，可以防止一个人、一个社区或者一整个大都市被抹去。

在纽约奥尔巴尼，哥伦比亚街50号现在是城市的一片空白区域，它是一片小型停车场，夹在一家律师事务所和一家熟食店之间。但在1976年感恩节的前一天，矗立在此处的约翰·F. 赫德曼教会用品店却发生了一起令人震惊的双重谋杀。当天下午，店主罗伯特·赫德曼（Robert Hedderman）在店内最里面的一间小浴室里被发现倒在了血泊之中。他仍然穿着外套，钱包里有110美元现金。他被绑着，喉咙被割得很深，几乎砍掉了头。赫德曼的店员玛格丽特·拜伦（Margaret Byron）在后面的储藏室里被单独发现。她也被绑住了，可能用的是一件宗教法衣上的绳子。她是被勒死的，左胸被多次刺伤。她的钱包还在，但手表不见了。赫德曼78岁的父亲去了商店后面不远的另一个房间打盹，令人难以置信的是，他一直睡着什么也没听见，醒来后也没认出自己的儿子，打电话报了警说他发现了个死人。

当天晚上，两名探员沿着血迹从宗教商店走到了哥伦比亚附近百老汇的一个垃圾桶边，他们在那里发现了一条奇怪的线索：一件被弄脏的牧师长白衣。衣服上涂着血和粪便，血迹在百老汇街上继续向北延伸，大致方向是一家名为蒙塔古之家的家装店。

调查很快锁定了莱缪尔·史密斯（Lemuel Smith），一位35岁的家装公司看门人。谋杀案发生的当天下午，他假释还不到7周，他在过去20年间，有18年是在狱中度过的。1969年，他在纽约斯克内克塔迪袭击并试图强奸一位女性，然后在同一天袭击、绑架并强奸了第二位女性。在此之前10年的1958年，他在巴尔的摩袭击了一位女性，用一根15英寸的铁管殴打了她。再往前推6个月，他曾是纽约阿姆斯特丹谋杀一位朋友的母亲的主要嫌疑人，当时他还是一位16岁的篮球明星，但那里的警察没能收集到足够证据来起诉他。

奥尔巴尼的调查人员对证人和早期嫌疑人进行了测谎，但史密斯拒绝接受测谎，他17岁的女友声称他们一整天都在一起，为他提供了不在场证明。有几位目击者看到，谋杀发生的时间段，有一个符合史密斯特征的人离开了商店，其中一个人看到这个人把一些看起来像长袍的东西扔进了百老汇的垃圾桶，但探员担心他们的证词是否足够有力。更多证据出现了。史密斯的海军蓝羊毛衫上的一缕头发，与拜伦染成棕色的灰发吻合，而她身上还有赫德曼尸体附近的浴室里的黑发，与史密斯的头发一致。长白衣上的血迹与史密斯的O型血相符。迫于无奈，调查人员还一度请了一位灵媒协助办案。然后，一位奥尔巴尼的探员想起了库里警官和他的天才嗅探犬。他推断，将史密斯与粪便和沾有血迹的长白衣匹配在一起的气味排查，可能会给史密斯带来足够大的心理压力，从而取得供词。

在欧洲，自20世纪初，气味排查一直在刑事调查中发挥着作用。嗅探犬首先会嗅闻从犯罪现场收集到的物品，或者叫“证据”气味，就像猎犬嗅闻失踪者的衣服一样。但是，气味排查中的狗不是通过追踪气味或者脚步声来找人，而是经过依次排开的5到7种气味，其中包括从嫌疑人身上采集的“目标”气味和从其他人身上采集的“对比”或陪衬气味。接着，警犬会选择哪一种（如果有的话）与原始“证据”气味匹配。

1903年，在德国布伦瑞克，一位名叫布塞纽斯的警察和他的嗅探犬利用这种策略首次识别出了一位谋杀嫌疑人。一位女孩在农场被杀，主要嫌疑人是名叫杜韦的农场工人，他被列入了排查名单。关于接下来发生的事情众说纷纭，一种说法是，布塞纽斯要求杜韦和其他5人依次排开，手握一块小石子，然后把它放在地上。警探训练出的狗是一只名叫警犬哈罗斯的德国牧羊犬，它先嗅闻了在案发现场找到的一把刀，然后将它与杜韦握过的石子匹配在了一起，杜韦接着承认了谋杀。一个不同版本的故事暗示，这只狗先在案发现场周围嗅了嗅，然后在总共12位农场雇员的队伍里一次又一次扑向这位有罪的农场工人。

气味排查直到20世纪70年代才在美国出现，而且它仍是一种颇具争议的法医技术，有时被批评者斥为“垃圾科学”，部分原因在于这种方法被认为是不可靠的，有可能出现交叉污染、偏见和滥用。这类证据在法庭上是否会被采纳，各个司法管辖区的做法有着很大差异。考虑到所需的培训、资源和程序，一些研究人员表示，FBI可能是少数机构之一，能在美国法庭上带来会被采纳的气味排查证据。但支持者试图完善并规范这种方法来证明其有效性，他们同时认为，严格的嗅探犬训练可以带来极准确且可靠的法医证据，或者帮助获得其他有用的信息。“有趣的是，用证实鉴定与嫌疑人正面对质，通常会让他们认罪。”一组法国研究团队在一项研究中写道。作者指出，从2003年到2014年，在435起使用这种检测工具的刑事案件中，由如今被称为国家法医科学服务的犬只进行的证实鉴定帮助解决了120起。

如果今天进行奥尔巴尼案件的排查，莱缪尔·史密斯和4位或者更多与他年龄和种族一致的人可能会被要求拿起一块无菌方棉巾握10分钟，将他们的气味转移到上面。每块方棉巾都会被单独放在库里和克劳看不见的瓶子或罐子里，三次试验将确定警犬是否能将沾染血迹和粪便的长白衣的气味与史密斯拿过的棉球气味匹配在一起。实际的排查用了4个人作为比较对象，史密斯本人作为目标气味。在当天拍摄的一张照片中，他身穿浅色衬衫和喇叭裤，双手交叉抱在胸前，站在5号障碍物后面。他的律师向他透露了法医策略，据说那天早上他在浴室里使劲搓洗身体，但毫无用处。弗利写道，克劳“直接去找令人生疑的莱缪尔·史密斯”。警方总共进行了三次实验，狗每一次都向史密斯跑去，无论这位嫌疑人藏在哪块胶合板后面。

值得注意的是，法医昆虫学在早期的警察排查中同样占有重要的地位。在13世纪一本名为《洗冤集录》的教科书中，一位名叫宋慈的中国刑狱官兼调查员描述了他如何利用丽蝇帮助破解稻田附近的一宗刺杀案。按照宋慈的指示，田里所有工人都放下了他们的镰刀，其中一把收割刀上的血迹开始吸引丽蝇。面对这些证据，工具的主人承认了谋杀。

马克·贝内克（Mark Benecke）如今是公认的欧洲最重要的法医昆虫学家之一，当他在科隆大学法律医学研究所学习遗传学时，他“孩童般的好奇心”第一次吸引他进入了这一领域，并于1997年获得博士学位。他在大楼铺着地砖的地下室里进行研究，尸体被送来进行法医检查。“因为我是生物学家，我走到尸体旁，所有那些令人毛骨悚然的东西也是最有趣的事情。它们都是昆虫。”他告诉我。20世纪90年代末，贝内克在曼哈顿的首席法医办公室担任法医生物学家时，继续着对昆虫的非正式研究。他和一位同事会在存放冷冻尸体的停尸房里待着，从尸检的毒理学部分取回“备件”，在实验室淋浴间旁的一间空房间里进行自己的实验。在一项实验中，他们将蛆加到了死于服药过量的人的肝脏和肌肉组织样本中，观察药物是否改变了昆虫的生长。当办公室里的其他人（他们一直没发现究竟是谁）将组织和蛆扔掉时，这项临时实验戛然而止。贝内克推测，气味和厌恶可能是导致那一决定的因素之一。

此后，他在世界各地授课和演讲，还成了一位高产作者，写作横跨一系列主题，从法医昆虫学和蜗牛到身体改造和青年亚文化。这位自由法医专家身上有很多文身，有时被称为“蛆人”，作为他对蛆虫发育抱有的狂热兴趣和专业知识的肯定。

这种不寻常的技能组合将被证明在调查德国幼儿的死亡中至关重要。

法医病理学家经常在案发现场筛查屎来提取DNA或RNA，并收集有关受害者或嫌疑人摄入了什么的线索。毒素或者其他出乎意料的物质的存在，可能有助于解释可疑的疾病或者非自然死亡。就像活着时一样，我们的身体在死后会接纳各种各样的定居物种。成百上千的节肢动物，特别是蝇类和甲虫，都会把人类尸体当作庇护所、食物或者繁殖地，这是大自然分解过程中的一环。一些腐食动物在人死后立即赶来，其他一些则紧随其后，在被称为动物区系演替（faunal succession）的互有重叠定居时期完成了接替。根据不同定居者的身份和生长速率，法医昆虫学家可以反向推算出它们到达的时间，并最终得出一个人的死亡时间。

许多国家都有相同的定居昆虫的一般发展过程。但也存在差异，贝内克表示，特别是在工业化程度较低的地方。当他出差时，经常用一瓶朗姆酒或者手头有的任何酒精保存从尸体上取下的昆虫，直到他能回到解剖显微镜前更仔细地检查它们。在德国幼儿案中，贝内克收到了一批用更标准的乙醇溶液保存的蛆。在那些从女孩脸上取下的蛆中，他确认了反吐丽蝇的幼虫，也就是*Calliphora vomitoria*。他指出，这个物种通常在早期就栖息在尸体上，根据幼虫在德国那个异常凉爽的七月的预计生长速度，他估计，成虫在尸体被发现前6到8天到来并产卵。这一发现有助于确定她的死亡时间是2000年7月3日至7月5日之间的某个时间。但是，这项侦查工作仍然没有解决这个小姑娘被单独留下了多长时间的问题。

*

重建事件的顺序向来是一门棘手的科学，而且其难度随着时间的推移而增加。证人的回忆越来越模糊，记录会丢失，证据被掩埋。有时，这些空白让一个人死亡时的情况变得模糊。卡霍基亚（Cahokia）是密西西比河畔的一座前哥伦布时代的城市，因数十座土丘而闻名，在这里，时间掩盖了整个大都市的命运。它有时被称为“美洲第一城”，在公元1100年的鼎盛时期，这里的人口至少达到了1万人，甚至可能有2万人。这么大的规模可以与中世纪的伦敦匹敌。卡霍基亚位于现今美国圣路易斯市的郊区，城市中心有令人向往的社区，外围有更多步行郊区。这里有开放的庭院，可以用石盘玩一种古老的创奇（Chunkey）游戏，这里还有市场，向更富裕的人出售来自五大湖和墨西哥湾的铜和贝壳等奇异产品。农民为城市居民提供玉米和其他作物，猎人和渔民则致力于肉类供应。然后，根据主流的故事情节，这一切都消失了，留下了一座满是神秘土丘的鬼城。

为了填补这座城市时间线的空白，更客观地估计这一地区的兴衰，人类学家A. J. 怀特（A. J. White）和同事转向了所谓的粪便甾烷醇的人口重建。甾烷醇这种分子来自我们所吃的动植物，可以作为我们去过的地方的相当持久的标记。作为杂食者，我们的屎往往比那些严格的植食动物包含更多叫作粪固醇的甾烷醇。当肠道细菌部分消化了脂质胆固醇时（胆固醇是出了名地难分解，这就是为什么它会堵塞动脉），就会形成粪固醇。

一组国际研究团队根据11种指标性甾烷醇的比值，创建了一个化学数据库，它可以用于匹配人类和其他9种动物的粪便特征。例如，驯鹿喜欢地衣，相比于绵羊和牛等其他植食动物，在驯鹿粪便中会留下更多地衣衍生的化合物。他们发现，人屎的特征更接近猪和狗等产生粪固醇的杂食动物的特征。即便如此，多种甾烷醇的比值可以将我们与这两种动物区分开来。尽管我们经常和我们的犬类朋友吃一样的食物，但我们消化食物的方式不尽相同。

怀特的分析接着又变得容易了一些，因为大型驯化动物在跟随第一批欧洲人来到这里之前，并没有出现在卡霍基亚，这意味着，重粪固醇的特征可以被合理地归因于人类。研究人员从马蹄湖收集了两份沉积物芯，这里是一处淡水盆地，附近田地和城市周围人们排便的其他地方的径流汇集于此。粪便化合物黏附在淤泥或沙子的颗粒上，落到湖底，在湖泊沉积物中一层又一层地累积下来。回到实验室后，科学家借助一种敏感的方法测量化学物质，从而检测嵌入沉积物芯的微弱痕迹。

藏在树枝和树叶等有机物中的碳分子，帮助研究人员确定了每一层湖底沉积物的年代。粪固醇的测量结果表明，卡霍基亚地区的人口在公元9世纪已经相对较多，接着在1100年左右激增。到了1400年，考古学和甾烷醇的证据都表明，这座城市的人口已经急剧下降。怀特说，在这一时间节点之后，普遍的叙事都集中在大都市遭到遗弃。“因此，我们很容易认为，这就是这一地区原住民的终结，因为故事就到此为止了。”但事实并非如此，至少根据他的团队的测量结果等证据，事情并不是这样的。

根据粪便甾烷醇的数据，公元1500年前后，人口部分回升，然后在16世纪欧洲传教士和殖民者开始到来之前达到了稳定阶段。这种上升表明，卡霍基亚明显只是暂时被抛弃，随后一批原住民重新在这一地区定居，他们也许是从北部和东部迁移过来的。到了1699年，当法国传教士开始对这一地区进行记录时，原住民伊利诺伊联盟中的一部分人已经居住于此。隐藏在马蹄湖沉积物中的草花粉表明，到那时，伊利诺伊南部已经从疏林过渡到了更开阔的草原地带，吸引着野牛和野牛猎人。怀特说，17世纪沉积炭的碎片量“一枝独秀”，它们可能来自野火。但是，与这片地区明显的人口增长汇集在一起，这可能意味着作为草场管理策略的一部分，烹饪用火或者受控燃烧正在增加。

同类型的湖泊沉积物分析为研究人员提供了古代聚落命运变化的另一项证据，这处聚落位于北极圈以北、如今挪威罗弗敦群岛中的西沃格岛（Vestvågøy Island）。通过将粪便证据与环境条件有关的化学物质相匹配，这项研究提出了气候和其他变化是如何随着时间的推移而影响这处聚落的。研究人员发现，大约2300年前，人类和动物粪便的水平明显上升，与岛上湖岸的其他定居迹象吻合。人类和放牧动物的数量都在公元500年前后达到了顶峰，这与从森林到草场的过渡相匹配。在随后的下降和中世纪早期的部分反弹之后，向冰岛的迁移以及黑死病的到来，或许导致了1170年至1425年间人口的再次跌落。1650年左右，在一个被称为小冰期的寒冷时期，草和灌木的激增表明，留下来的居民可能燃烧了泥炭，并砍伐了周围的一些森林用作柴火。

卡霍基亚最初人口减少的原因并不清楚，而且仍有激烈的争论。怀特及其同事认为，1150年前后密西西比河的一场洪水以及干旱期，可能对这座城市的居民产生了“重大压力”，并导致了部分人口外流。但另一组研究团队发现，没有证据表明极端的森林砍伐和上游侵蚀导致了当地的洪水增加，这可以用来反对另一种常见的说法：自残式“生态灭绝”或者环境的广泛破坏。怀特支持这样的观点，这种刻意衰退并没有造成卡霍基亚的收缩。

怀特关于这座城市随后在15世纪和16世纪出现反弹的解释同样引发了争议，因为缺乏可以追溯到这一时期的重要考古发现。“这就是我认为屎起作用的地方，它填补了考古记录的空白，因为考古学并不完美。”他说。卡霍基亚的早期居民终究建造了100英尺高的土堆，这些土堆通常很显眼，但后来不同文化的居民留下的痕迹可能要含蓄得多。原住民村庄的实物证据或许已经被摧毁或抹平，也可能只是研究人员还没有发现而已。

“崩溃的说法不公平地用在世界各地的原住民上，包括美洲原住民，”怀特告诉我，“我们会说阿纳萨齐人的崩溃，或者卡霍基亚人的崩溃。”但是，他表示，一处实物遗址在一段时间内无人居住，与整个文明的崩溃完全不是一回事。而且正如他的研究所表明的，卡霍基亚的实物遗址后来又有人定居了。“无论出于什么原因，我觉得人们认为崩溃更令人兴奋且有趣，这也许是我们如此关注它的原因。”怀特说。他在开始研究时同样如此。

但是，当我们移开目光时，历史并没有结束。“我们不能仅仅停在那里。我们必须讲出整个故事。”他说。粪便甾烷醇的人口重建指向了这片地区人类更持续的存在，从而纠正了先前“崩溃”的说法。如今，多个原住民群体声称与卡霍基亚有着密切的关系，包括欧塞奇族（Osage Nation）和皮奥里亚部落（Peoria Tribe）。两者都在19世纪被强行迁移到了俄克拉何马州的保留地。怀特说，换言之，不是环境变化把他们赶走的。是美国政府这么做的。

*

作为帮助我们重塑对过去的理解的说书人，人屎可以像卢恩石[①]一样具有启发性。但直到最近，科学家还常常把它视作一种麻烦。得克萨斯州人类学家沃恩·布莱恩特（Vaughn Bryant）在一份关于他早期职业生涯的回忆录中，回顾了研究人员对发现的粪便化石（或者叫粪化石）的随意蔑视：

> 20世纪60年代初在我本科学习期间，我第一次参观了考古现场，这是一个满是灰尘的岩棚，坐落在得克萨斯西

① 常指一块刻有北欧古文的石头，也可以泛指任何刻字的石头。

> 部里奥格兰德河（Rio Grande）附近的一个峡谷岩壁边。我注意到，每天早上在筛选过程中，工人都会发现几十块扁平的、牛粪形状的人类粪化石（干燥的人类粪便），他们小心翼翼地把它们拿开，堆在筛选器的脚下。这些被认为是一文不值的垃圾，还是个麻烦，因为这些较小的碎片堵住了筛子，耽误了寻找他们认为更重要的文物的进度。后来，我们享受了午餐后的娱乐项目，筛选工聚集在岩棚边缘，进行他们的日常游戏“扔飞盘”。每块粪化石飞出峡谷时，人群就会欢呼或大笑，具体取决于热力上升气流将粪化石带到了多远的地方。这是一项很好的运动，我甚至想碰碰运气，和其他人一起扔。我当时并不知道，我们正在丢弃从这处现场发掘出的一些最宝贵的数据。

大约在同一时期，蒙特利尔麦吉尔大学一位名叫埃里克·卡伦（Eric Callen）的研究人员正率先探索新兴的粪化石分析领域，这一领域被证明在检测人类寄生虫卵和过去植物的花粉颗粒方面格外有用。但是卡伦哀叹道，他的大学同事奚落他，认为他研究的是“时间的废物”[1]，考虑到他的专业领域，这绝对是种刻薄的否定。当卡伦于1970年在秘鲁安第斯山脉的一处考古现场因心脏病去世时，布莱恩特设法挽救了他的粪化石收藏，并将它们转移到了得克萨斯农工大学。

正如布莱恩特和考古学家格伦娜·迪恩（Glenna Dean）后

---

① 原文为“waste of time”，有“浪费时间”的双关。

来在悼念卡伦时所说，卡伦一定很高兴看到这一领域如何壮大，并获得了尊重。“公众对了解和触摸他们祖先的愿望，任何人的祖先，无论是死了一个世纪还是几千年的祖先，几乎都是永远无法满足的。从遗留在粪化石，也就是那些最个人化的文物中的DNA和激素证据中，重新创造出每个男人和女人的存在，它们能够与公众产生的共鸣，甚至连头骨的面部重建都做不到。”他们写道。

在哥本哈根，研究人员通过在两个用作便坑的酒桶中储存的一些非常个人化的文物，重现了一个被遗忘的文艺复兴时期社区的日常生活，从而吸引了公众的目光。17世纪80年代末的某时，在修建一条通往哥本哈根北面城门的新的要道时，工人拆除并越过了一栋房子，还有一栋可能是小型屋外厕所的建筑，里面有一个下沉的空间，其中有两个莱茵兰酒桶。大约40年后的1728年10月20日，在“强风、空水渠、醉酒的消防员和狭窄的街道”的“加持”下，一场灾难性的大火摧毁了那片地区，还有城市中几乎一半的古老中世纪区域。哥本哈根又在废墟上进行了建设，这次加上了更宽阔的街道，和一个名为“Kultorvet”（丹麦语，意为“煤炭市场”）的宏伟的新广场。

2011年，在煤炭市场广场的翻新过程中，考古学家发现了这些酒桶，三个多世纪以来它们一直原封不动地在这里。研究人员很快确定，这些保存极完好的酒桶，每个约3英尺宽，被重新用作了便坑和垃圾桶。根据其中发现的谷物、种子、水果、花粉、动物骨骼和寄生虫卵，科学家开启了一项雄心勃勃的研究，来重建这些木桶使用者的饮食、生活方式和整体健康状况。

梅特·玛丽·哈尔德（Mette Marie Hald）正是这些研究人员中的一位，她也是丹麦国家博物馆的一名考古学家，她早已经名声在外，当有人在这个国家发掘出一个便坑时，就会去找她。你可能认为这种情况并不常见，那你就错了。2020年，哈尔德和她的同事发表了一份关于在丹麦周围发现的12个历史便坑的研究报告，其中就包括哥本哈根公共广场煤炭广场的那个，还有另一个可以追溯到9世纪维京时代的便坑。她估计，或许有四五十个类似的发现遍布全国各地，这对我来说是一个新颖的旅行路线，但它们并没有完全得到分析，因为即使是考古学家有时也对此不屑一顾："好吧，又来一个。我们有必要知道吗？这是一个便坑。"

然而，哈尔德的研究提供了一些关于古老社区和古代聚落的相当具有启示性的信息。她的专业领域是识别植物残余物，比如种子和谷物。她的一位同事检查了植物花粉，另一位同事研究了动物骨骼，还有一位同事分析了寄生虫卵。第四位同事正在提取DNA。到目前为止，仅花粉证据就带来了丹麦最古老的黄瓜、大黄、柑橘和丁香的考古观察。

维京时代的坑厕并不都那么一目了然。"基本上有点像一堆堆肥。"哈尔德这样说。食物残渣和其他废物有时和屎混在一起。史前便坑甚至更难辨别，往往要靠提取DNA或者分离人类粪便的特征化合物才行。2008年，科学家宣布，他们在俄勒冈南部佩斯利洞穴（Paisley Caves），从14300年前的人类粪化石中提取了DNA。当时，这一发现将已知最早的人类到达北美洲的时间又向前推了（2021年在新墨西哥州发现的人类脚印化石将这一时间大幅提早到了至少21000年前）。不过，一项结论与之抵触的粪固醇分析却认为，佩斯利洞穴的DNA可能来自一种植食动物。2014年，那项竞争性研究中的一位研究人员领导了另一项化学分析，研究了来自西班牙南部一处古老炉床的5万年前的尼安德特人粪化石。这项研究再次依靠屎的化石中的化学标记推断出，我们的史前近亲并非全然是肉食性的，这与先前的许多假设相悖。一些早期的批评者质疑这些粪化石是否来自熊，但一项后续研究从西班牙的屎中分离出了人类肠道相关的微生物，并发现了尼安德特人和现代人共有的核心微生物组的证据。

哈尔德说，中世纪和文艺复兴时期的便坑往往更明显，而且通常包括周围结构的遗迹，比如人们在如厕时坐的长椅。为了让煤炭市场广场的发掘工作变得简单，一名工人纵向切开了其中一个酒桶式便坑，哈尔德立即在新暴露出的有机物层中认出了植物种子。“我记得在那里看到了小圆蛤和无花果种子之类的东西，它们从那层里冒出来。”她说：“对，从侧面看真的非常、非常清晰。这相当惊人。”与更古老的便坑中像堆肥那样的材料不同，文艺复兴时期致密的屎层具有黄油一样的稠度，她这样说，它们可以被切成立方体。从这些立方体中，哈尔德和同事找到了17世纪日常生活的一些迷人的遗迹：

砖的碎片

沙土和砾石

苔藓、麦秆和干草

鞭虫、蛔虫、绦虫和螨卵

一只幼猫的肋骨

一只小鸟的骨骼碎片

一头猪崽的牙齿

鱼，包括鲱鱼、鳕鱼和鳗

苹果

树莓

野生樱桃

野生草莓

接骨木果

干无花果

苦柠檬或橙皮

葡萄或葡萄干

芜菁

莴苣

芥末

芫荽

啤酒花

丁香

荞麦

黑麦

大麦

燕麦

不幸的幼猫和小鸟被人们发现时可能已经死了，便被丢进了便坑。哈尔德认为，麦秆、干草和苔藓可能被用作卫生纸，而她觉得荞麦或许不是食物，而是从荷兰进口的黏土烟斗的包装材料。桶里的混合物本质上提供了一种未经修饰的视角，展现了有关居民拉出来或者扔出来的东西。“看到在这种垃圾环境中出现的其他东西真的很有趣，因为它是真实的生活，”她说，“这就像完全没有过滤的一样。这就是他们拥有的。这是他们吃下的。这是他们丢弃的，无论出于什么原因，而不是他们在其他人面前想要展现的东西。”

英国古生物病理学家皮尔斯·米切尔（Piers Mitchell）告诉我，考古学在早期专注于锅和像硬币和珠宝这样的“闪亮的金玩意儿”之后，它逐渐成熟，科学家最终认为，检查某个人的肠道内容物是一个完全合理的研究领域。“如果你不研究制造锅、钱币和珠宝的人，就只能对这些人群的重要信息一知半解。”他说。在公元79年维苏威火山喷发掩埋的意大利赫库兰尼姆，灰烬帮助保存了这样一个了解整个社区居民生活的窗口。发掘工作在一栋住宅和商业综合体之下的一个城市下水道分支中进行，综合体包含了一家面包店、一家葡萄酒商店和两层公寓，发掘发现了700多袋人类排泄物和其他有机物。这个下水道可能既是粪池，又是厨房残羹剩饭的垃圾桶，在这里，考古学家艾丽卡·罗文（Erica Rowan）和同事发现了194种动植物的残骸，其中114种可被视作食物。对这些食物的营养分析表明，花样繁多、营养丰富又健康的饮食并不局限于这座城市的富裕居民，而是也能让那些更普通的人“达到现代的身材，也从疾病中挺过来并且恢复”。

一些发现为居民的肠道内可能发生的情况提供了更详细的景象。在比利时那慕尔的一个城市广场下面发现的一处14世纪的便坑中，研究人员从噬菌体（可以感染像我们粪便中细菌的病毒）中分离出了编码抗生素耐性蛋白的基因。这一发现表明，那些通常会杀死它们感染的微生物的噬菌体并不一定具有破坏性。在这种情况下，它们的基因可能帮助保护肠道细菌免受自然存在的抗生素化合物的影响。这一发现还表明，早在人类广泛使用药用抗生素之前，微生物就已经找到了获得耐药性的方法。

古寄生虫学同样揭示了蠕虫的积累，这些肠道中的虫已经和我们一起生活了几千年。研究各种古代疾病的米切尔发现了潜在的“祖传”寄生虫（比如蛔虫、鞭虫、蛲虫、线虫以及牛肉和猪肉绦虫），这些寄生虫在我们在非洲的演化和全球迁移的过程中一直侵扰着人类。这些寄生虫有现成的食物来源，并在人类肠道深处栖身，它们一般很少暴露自己的存在。然而，当它们数量众多，或者在更脆弱的宿主身上，就可能引起腹痛、腹泻、出血、体重减轻、贫血以及其他并发症。即使是1485年战死沙场的英格兰国王理查三世，也被蛔虫“占领”了。米切尔和同事检查了土壤样本，它们取自国王肠道中的寄生虫卵泄露到墓中的位置，他们发现了这些皇家的“传家宝”。顺带提一句，那座坟墓直到2012年才被发现，当时考古学家在莱斯特市的一个停车场下的教堂遗迹中发现了它。

米切尔将这些祖传寄生虫的元老与我们一路上得到的十几

种不想要的“纪念品”物种区分开来，它们是其他动物可以传染给人类的动物源性疾病。在中国著名的丝绸之路上，汉代建造的驿站为旅行者提供了一个方便的歇脚、恢复精力和解手的地方。在这里，研究人员也发现了古老的寄生虫。当时的旅行者用裹着布的棍子擦拭自己（类似古罗马人用棍子上附着的海绵一样）。米切尔和合作者叶惠媛从中国西北干旱地区一处有2000年历史的驿站中保存完好的厕纸上，发现了一种中华肝吸虫的卵，这种寄生虫应该生活在900多英里外的淡水沼泽的鱼类体内。换句话说，这种吸虫可能是在某个人吃了一顿生鱼片后找到了新家，然后作为一种独特的纪念品，陪伴旅行者向西走了几个月或者更久。

在埃及木乃伊的内脏、罗马和中国的便坑、中世纪的坟墓以及历史上的厕所中，祖传和纪念品的寄生虫卵无处不在，这向米切尔、哈尔德和其他科学家说明，在缺乏促进健康的卫生设施的情况下，无论是财富还是良好的饮食，都不足以抵御传染病。“没有证据表明，罗马人或中世纪的人们有厕所来让这些地方更健康，或者来减少你生病或腹泻的几率。”米切尔告诉我，“主要原因似乎只是便捷，你必须找个地方上厕所，如果不想让人们看到你的后背，就不能在大街上上厕所。”罗马人因此发明了公共便坑，让街道上没有臭气熏天的粪便和尿液。他说，最初设想的卫生设施更多是为了减少糟糕的气味，提升公共设施。

从考古记录来看，我们很少能准确地说出是谁在这些便坑或容器中“一泻千里”。接下来要说的是位于丹麦奥尔堡的

“主教便坑”。那里的研究人员通过丹麦人口中的“主教堆”，重建了主教延斯·比尔切罗德（Jens Bircherod，也可能是他妻子，唯一用过同一处便坑的人）的饮食。这些“圣屎”最初是在1694年至1708年间作为主教宫便坑的一个破瓶子里发现的，自1937年这座宫殿被拆除后，它们一直被保存了起来，这绝对是一种真正的尊敬之举。近80年后，当研究人员终于对这块东西进行分析时，他们了解到，主教偏爱黑醋栗、可能来自他家乡丹麦菲英岛的荞麦、可能从挪威带来的云莓、从印度进口的胡椒粒，还有无花果和葡萄，它们或许也是进口的，但也有可能是宫中花园里种出来的。

在英国约克，一段来自维京时代的约7.5英寸长的粪便甚至受到了更大的赞誉。“我见过它，看起来把它拉出来会很不舒服。”米切尔告诉我。著名的劳埃德银行粪化石是1972年在之后建起一家银行的地点之下发现的，它可以追溯到9世纪，揭示了它的创造者主要以肉类和面包为食。不幸的是，这位无名的维京人的屎中也有寄生性的鞭虫和巨型蛔虫的卵，蛔虫卵长可达近14英寸，在某些情况下会导致肠道阻塞。同时，蛔虫的幼虫也可以迁移到肺部并被咳出，再被吞下，然后回到小肠，直到完全成熟。不管怎么说，粪化石的发现者之一认为，这个遗物“像皇冠之珠一样珍贵”，但或许缺乏与之相称的安全性，2003年在约维克维京中心，一名游客失手摔了这段巨型便便，它碎成了三段，不得不被重新粘在一起。

哈尔德说，目前还不清楚哥本哈根煤炭市场的便坑是否仅限家庭成员使用，还是他们的仆人也在使用。但其中的内容物和附近的文物，比如瓷器、硬币和进口烟斗表明，附近的一些居民可能是荷兰商人，或者深受荷兰文化影响的人。无花果和苦柠檬或橙皮可能来自地中海，丁香则是从印度尼西亚进口的。尽管这个家庭的饮食受多国文化影响，而且出乎意料地健康，但考古学家再次在他们的粪便中发现了大量寄生虫的证据。鞭虫和蛔虫卵表明，他们缺乏卫生条件（与更早期的时代相比没什么变化），而绦虫卵（它们是目前为止在丹麦发现的最古老的绦虫卵）可能是经由未煮熟的肉传播的。

哈尔德说，这些发现引起了轩然大波，一些博物馆也体会到了这种精神。哥本哈根博物馆根据市内古代便坑中发现的植物，依此重新建造了一个厨房花园。国家博物馆甚至更有创意，在四个周六上午为儿童举办外展活动。“这样他们就可以进来听一听……呃……‘古屎’。”哈尔德说。他们称之为“Lortemorgen”，也就是“屎之晨”。这个大受欢迎的活动用棕色橡皮泥作为实物的可触摸替代品，并告诉孩子们在这个国家的便坑中发现的香料是如何在世界各地交易的。“我们玩得很开心。”哈尔德说。

*

对我的狗派珀来说，没有什么游戏比在房子里飞快嗅出藏起来的食物更能让它满心投入的了。在宾夕法尼亚大学的工作犬中心，与大学新生的游戏时间包括一个略微更复杂的游戏，叫作“小狗逃亡”，它基本上是和人类志愿者轮流玩的捉迷藏。辛西娅·奥托（Cynthia Otto）曾长期与搜救队合作，并于2012

年开设了这家培训中心，以此悼念“9·11恐怖袭击”和那些在废墟中辛勤工作的嗅探犬。她告诉我，培训中心的所有犬类都擅长气味侦查，但它们的注意力、独立性、自信程度和其他行为特征各不相同。2020年，这个项目的第100只学员犬毕业，它的侦查工作总体能力成功率达到了93%。“我们的成功率很高的原因之一是，我们会让狗根据它们擅长的事情选择它们的职业道路。”奥托说。许多毕业犬接受了灾难或野外搜索和救援任务的训练，还有一些则接受了为执法机构探查人类遗骸、毒品或爆炸物的训练。最近，中心和其他团体已经扩大到了训练狗进行疾病检测。

即使是幼犬，嗅探犬也善于通过我们的提示性气味寻人。大多数受训者还擅长辨认出个别气味，包括一种被称为通用侦查校准物的合成混合物，这是一种用于训练的通用气味，不会让他们走上任何特定的职业道路。不过，它们的选择正不断增加。狗作为害虫控制的助手，可以识别臭虫和白蚁的存在。在保护工作中，它们可以引导训犬师找到海龟蛋和入侵植物。在华盛顿的普吉特海湾，一只名叫塔克的拉布拉多寻回犬的混种犬帮助它的人类同事，包括一个被称为“大便导师”的人，嗅探虎鲸漂浮的屎。华盛顿大学保护生物学中心主任塞缪尔·瓦塞尔（Samuel Wasser）告诉我，塔克没那么特别。他说，嗅探犬可以区分18个不同物种的粪便。例如，在加拿大贾斯珀国家公园（Jasper National Park），它们可以区分灰熊和黑熊的粪。狗坐在研究船的船头，可以引导它们的训犬师找到在1海里之外漂浮的鲸粪。瓦塞尔表示，更令人印象深刻的是，一些狗已经将一份粪便样本与来自同一只动物个体的其他所有样本相匹配，包括加利福尼亚某种类似黄鼠狼的食鱼貂，还有巴西的鬣狼。

对犬类气味侦查研究的一项综述认为，它们嗅觉能力的极限约为万亿分之一，也就是比现有的实验室仪器高出三个数量级。作者认为，这种惊人的能力就像在20个奥林匹克游泳池的等量水体中检测到一滴液体（比如漂白剂）。这种超敏感度足以嗅出人类身体释放出的不断变化的化学物质，无论这个人是死是活。据报道，一只名为法尔科的著名搜救犬，能在5英亩地块的范围内找到藏着的蘸过血的棉签。2017年，其他寻尸犬在宾夕法尼亚巴克斯县的一个农场里发现了12.5英尺深的坟坑，里面埋着3位被谋害的人。在这个案件中，20岁的科兹摩·迪纳尔多（Cosmo DiNardo）承认谋杀了4名年轻人，并将他们分别埋在了他父母土地上的两处坟坑里。迪纳尔多的表亲肖恩·克拉兹（Sean Kratz）随后因参与其中三起谋杀案而被定罪。

但狗能分辨出一个人不同于其他人的独特气味吗？工作犬中心的奥托说，普遍的证据表明它们可以。在几十年互相矛盾的结果之后，捷克共和国的研究人员报告，经过严格训练的德国牧羊犬甚至能够区分同卵双胞胎的气味。在奥尔巴尼双重谋杀案中，当克劳将脏的牧师长白衣与莱缪尔·史密斯匹配在一起时，我们仍然只有最微弱的一丝想法。不过，我们也正在学习，人体会释放出成千上万的微小的化学物质，它们很容易在空气中蒸发。2021年一份对这些挥发性有机化合物（volatile organic compound, VOC）的统计表明，我们通过呼吸、汗液、粪便、尿液、唾液、血液，还有母乳或精液，总共释放了至少2746种有机化合物。毫无疑问的是，还有很多。我们产生这些微小的化合物是细胞代谢和细菌过程的副产物，来自我们摄入、吸入或者皮肤吸收的东西的分解。科学家把这种化合物类别称为人类挥发物组，它像一种基于气味的签名。即使是双胞胎，他们释放的化学物质的种类和剂量也各不相同，这可能有助于解释捷克的研究结果。换言之，气味印记可能和指纹一样，以同样的方式标记我们每个人，而狗似乎格外擅长嗅探它的成分。

人类粪便中发现的一些VOC与孜然、松露菌、柑橘类水果和冷水鱼等食物中的相匹配，这意味着，这些化合物本身可能源自环境。研究人员怀疑，肠道微生物组还会产生其他许多化合物。例如，粪便中的氨基酸酪氨酸和色氨酸经细菌发酵后，分别能产生VOC酚和吲哚（记得吲哚被描述为花香、霉味和“健康‘内部土壤’的气味”，不一而足）。肠道细菌也会产生硫化氢和甲硫醇，它们被认为是“刺激性肠胃胀气”的主要成因。VOC可以随尿排出，也可以在随血液扩散到肝脏和膀胱等其他器官时改变其成分。

奥尔巴尼的调查人员并不知道这些，他们的结论是，针对莱缪尔·史密斯的气味证据不太可能被法庭采信。然而，这种身份的确证和一项将他与另一起谋杀案联系起来的独立的咬痕模式分析，可能促使了史密斯愿意录下一段供词，这是他的律师设计的复杂的精神病辩护策略的一部分。史密斯在供词中表示，他去奥尔巴尼商店是为了出售他的宗教艺术品，那是玻璃上的耶稣受难的图案。那天早上，当店员玛格丽特·拜伦对店主罗伯特·赫德曼是否有兴趣购买史密斯的任何作品表示怀疑时，也许他在法庭强制的精神病治疗中残存的愤怒涌了出来。也许这家商店引发了一种复杂的宗教狂热，这种狂热是由史密斯对他那喜欢用地狱磨难说教的父亲约翰的反感，还有他对哥哥小约翰的奇怪感觉激起的，小约翰在莱缪尔出生前就死于脑炎。但莱缪尔将小约翰描述为他生命中的一股不稳定的力量，小约翰在保护性和敌对性之间摇摆不定，他也是受死亡摆布的工具，被称为女性的“伟大惩罚者”。

在他的供词中，史密斯表示是小约翰（一位社工描述的他的三个不同的人格之一）在杀死赫德曼以及拜伦之前脱掉了衣服，穿上了长白衣。史密斯在杀人过程中割伤了自己的右小指，并用长白衣和一块白布止住了血，但他没有解释为什么在袍子里排便。一位精神病学家认为，这“象征着对上帝的亵渎”。FBI行为科学部认为，这暴露了“犯罪者的紧张”。警方粗暴地猜测，监狱中的性行为可能让史密斯的括约肌松弛。阿尔伯特·B. 弗里德曼（Albert B. Friedmaan）在1968年的文章《盗贼的粪便仪式》（The Scatological Rites of Burglars）中提出了一个不同的理由：留下一堆“*grumus merdae*”（粪便）的仪式，是盗贼长期以来的强迫行为，他们认为这是一种好运的象征，但最终却是一种自我背叛。

不管史密斯的行为原因是什么，录下的供词被证明是他这起谋杀案审判中的一项关键证据。1979年2月2日，奥尔巴尼县陪审团仅仅审议了三个半小时，就认定他犯有4项二级谋杀和一项抢劫罪。法官判处史密斯两个连续终身监禁。到那时，史密斯是5起谋杀案的主要嫌疑人，但从未因其他三起而受审。他在狱中再次杀了人，他强奸并谋杀了一名警卫唐娜·帕扬特（Donna Payant），随后他因这起案件被定罪，这在纽约引发了一场有关死刑的情绪化的辩论。

没有人可以肯定地说，克劳将史密斯与脏的长白衣匹配在一起的能力，是否扭转了案件的结果，或者说，如果克劳选择了另一个人可能会发生什么。与人类目击者的视力一样，狗的嗅觉也不是无懈可击的。但是，作为众多潜在的法医工具之一，气味侦查一直在颠覆我们对其他动物能感知我们的行踪、身份和疾病的预期。我发现自己在想，德国牧羊犬的判决对史密斯的影响是否就像警犬哈罗斯对杜韦（那位凶残的德国农场工人），以及历史上其他人的影响一样大。

像贝内克这样的法医昆虫学家，通过仔细观察昆虫的行为和对不易察觉的环境线索的反应，同样帮助破了不少案子。虫子的叮咬将一些嫌疑人和犯罪现场联系了起来，而生活在一个地区、但在另一个地区的尸体上发现的昆虫，则提供了尸体在死后被移动的证据。在贝内克开创的一种法医分析中，某些昆虫幼虫的存在和大小可以帮助调查人员估计一位儿童或成年人在死前可能被忽视了多长时间。

贝内克在那位德国幼儿的生殖器和肛门中发现了两个物种，分别是厩腐蝇（*Muscina stabulans*）和夏厕蝇（*Fannia canicularis*）的幼虫。两种幼虫都被腐烂的有机物吸引，但它们的具体胃口则不同。夏厕蝇会被尿液和粪便强烈吸引，如果没有尿液和粪便，它们仍然会在人体上定居，但通常去世几天后的腐烂程度才会吸引它们过来。人类粪便对厩腐蝇也有很强的吸引力，但尸体对它们的吸引力则小得多，一旦长到了一定大小，它们可以捕食其他蝇类的幼虫。根据厩腐蝇幼虫的发育情况，贝内克保守估计，它们在女孩的身上生活了7到21天，但最有可能是两周左右。这意味着，女孩的尿布可能在她死前一周就没换过，也没有清洁过尿布之下的皮肤，这提供了她母亲疏于照顾的证据。

法官以过失杀人罪判处女孩的母亲5年监禁，立即执行，而贝内克对孩子死亡时间的估计，让家人在女孩的墓碑上刻下了日期。实际上，很多人觉得恶心的法医证据在一场不必要的悲剧之后带来了一丝正义。但是，他和莱西希在关于此案的文章和对该市福利部门的批评中尖锐地指出，它本不应该以这种方式结束。“从尸体上找到的昆虫学证据表明，无人看管的现象很可能比实际死亡时间要早，甚至早得多。也就是说，这个孩子本来有可能因法律行动而得救，但实际上这种法律行动却未曾实行。”

正如贝内克发现的，这完全不是个案。2002年，一位年长的德国女性被发现死在自家沙发上，他记录了她的眼睛、耳朵和鼻子里没有蝇卵或幼虫，这些地方通常是死亡后最初定居的首选地点。相反，他发现有证据表明，当她还活着的时候，厩腐蝇和夏厕蝇的幼虫，以及成年火腿皮蠹已经在她身上定居。特别是，夏厕蝇幼虫的存在表明，产卵的雌蝇被她的粪便和尿液所吸引，随后，这位女性的儿子因疏于照顾她而被起诉。最近，贝内克记录了一个类似的案子，涉及一位患有精神疾病且大小便失禁的老人，他一个人被留在意大利南部孤零零地死去了。

非常规的侦探工作并不新鲜，但法医学却充斥着错误的想法。在20世纪之交，一种被称为“视网膜取像”的伪科学思想抓住了公众的想象力，它由犯罪小说家和少数医生推广开来。推行这种方法的庸医认为，我们眼睛里的视网膜，就像一种外部世界的照相底片，因此，它们很可能保存下了一个人在死亡时最后看见的东西。因此，切除并检查被害人的视网膜可能会得到一张凶手样貌的负像。

当然，视网膜取向完全是胡说八道，而这也证明了，我们在寻找一个人生与死的记录时，花了多长时间来解读错误的标记。颅相学，也就是通过测量一个人的头骨来揭示其心理特征，同样被认为是歪理邪说。在调查莱缪尔·史密斯的过程中用到的咬痕分析，在随后几年间也面临着越来越多的怀疑，一些恶意批评者已经将它称为“法医伪科学”。其他批评者质疑了测谎仪和毛发分析的可靠性，这两种方法也被用在了奥尔巴尼双重谋杀案中。

我们在自己身上看似最复杂、最神秘或者最优雅的部分寻求真理。眼睛，大脑，嘴，毛发。我们不知道，我们寻找的许多线索就在向下几英尺的地方冒泡，没有被我们注意到，却被其他生物注意到了，或是在简陋的容器里藏了几个世纪。悲剧发生后，我们依靠狗来搜寻幸存者，寻找死者，或者嗅出炸弹，防止更多悲剧发生，而这些狗同样能感知到我们的屎，这应该是意料之中的事情。同样地，帮助昆虫寻找食物和栖身之所的化学线索，也可以像时钟一样标记我们的最后时刻，这也应该是意料之中的。当我们停止探寻时，历史并没有结束。

我在采访贝内克时，忍不住问了他许多文身中的两个的含义。这两个文身都是维护井盖上的设计，一个来自波兰华沙，在他右臂的二头肌上，另一个来自哥伦比亚波哥大，文在他左臂。它们是他工作过的不同地方的纪念，也是对下水道和观察的一种颂扬。“只要你看看，就会发现所有掉下来的证据，所有掉下来的、没人在乎的东西，都在井盖下的排水管里。”他说，并且挥动着双手以示强调。贝内克的妻子喜欢说，这一切都“隐藏在众目睽睽之下”，但他甚至不愿意称之为隐藏。“它就在那里，你只要掀开那该死的盖子。然后它就被收集在那里了，跟昆虫在一起，”他说，“如果你只是感到厌恶，或者对昆虫抱有任何成见，那你就别看。但它就在那里，信息，都在那里。”

一些最丰富的故事埋藏在最基本的形式中。如果我们了解到，臭烘烘的化合物、粪化石、寄生虫、便坑和蛆虫可以解开历史之谜和不合时宜的离开，也许我们可以在解读自己的污物方面做得更好一些，在我们还活蹦乱跳的时候预防疾病，促进健康。

第五章　征　兆

这种情况一度被认为骇人、可怕，而且在西方国家又相当普遍，以至于医生称之为“疾病中的疾病”和“文明特有的所有一系列可怕疾病的原因”。医护人员警告，如果没有适当的预防措施，人们的内脏会中毒、“腐化”或“错乱且腐败”。请看便秘的惊人力量。

正如医学史学家詹姆斯·沃顿（James Whorton）发现的那样，对不规律的恐惧可以追溯到公元前16世纪一本埃及纸莎草医药书中的描述。古埃及人认为，腐烂的肠道废物会毒害身体的其他部分，这是一个持续存在了3500年的“自体中毒”的概念（在如今的一些广告中仍然存在）。19世纪末一位法国医生宣称，便秘之人“一直在努力自我毁灭。他一直在尝试通过中毒来自杀”。

制造恐慌对售卖那些便秘的灵丹妙药起到了奇效，包括腹部按摩仪、灌肠器、包裹着巧克力的轻泻药和名叫类似“炸片”（DinaMite）[①]的麸麦片等。沃顿的历史研究甚至发现了1938年“扬医生的理想直肠扩张器”的广告，这套产品以一套

① 与英文“dynamite”（炸药）谐音。

4个逐渐变大的带有凸缘的鱼雷形式便利地出售。它们可能的确拉伸或者扩张了内外括约肌，并引起了“一些短暂的疼痛或刺激”，但基本上和那些叫作肛塞的性玩具没什么区别。

这些灵丹妙药和装置也有它们的阴暗面。1900年，一种名为酚酞的化合物问世后，它突然火爆，成了美国最畅销的轻泻药，“它的营销活动，将无辜儿童从自体中毒的魔掌中救了出来”，沃顿这样说。通常而言，过度使用轻泻药会降低养分和其他药物的吸收，造成电解质失衡，并产生依赖性，它通过干扰结肠的自然收缩，实际上会加剧便秘的情况。一些消费者甚至把酚酞和其他轻泻药当作危险且不明智的减肥药。酚酞问世近百年后，研究将它与大鼠身上多种致癌效应联系在了一起，FDA将这种药物重新归类为“不被公认为安全且有效的”，促使制造商将它从他们的轻泻药配方中除去。尽管致癌风险尚未在人类身上证实，但一些独立的研究表明，这种化学物质可以损害DNA。多个国家已经禁止在非处方药产品中使用它，但酚酞仍然是在掺假的膳食补充剂中最常见的药物之一。

我们渴望研究未消化的茶叶，想要在马桶里寻觅关于我们自己死亡的线索，这是自人类历史之初骗子就在加以利用的东西。问题的一部分是，当涉及解释真正的麻烦迹象时，我们并没有一份出色的记录。例如，我们已经了解到，我们先辈的屎中无处不在的肠道寄生虫，可能预示着糟糕的公共卫生情况和个人卫生状况。但在当时，正如古生物病理学家皮尔斯·米切尔在他撰写的罗马帝国人类寄生虫的历史中所叙述的，许多医疗工作者深受希腊医生希波克拉底（Hippocrates）的哲学影响。

这位出色的医生断言，疾病，包括肠道里的虫，可能是由黑胆汁、黄胆汁、血液和黏液这四种“体液”的不平衡造成的，或者是其中任何一种的腐败引发的。希波克拉底哪怕不知道需要平衡什么，至少也凭直觉想到了维持内在平衡的重要性。

希腊医生盖伦（Aelius Galenus）是三位罗马皇帝的医生，他以希波克拉底的体液学说为基础，对肠道蠕虫病得出了自己的解释和治疗方法。他认为，这些寄生虫是在腐烂的物质被加热后自发形成的。为了使体液恢复到适当的平衡状态，并可能为他的患者驱虫，盖伦建议他们接受治疗，比如调整饮食、放血，以及服用被认为能冷却和干燥身体的药物。米切尔说，总的来说，希波克拉底和盖伦关于肠道寄生虫的起源和治疗的信念，在大约2000年间一直是欧洲和中东地区公认的智慧，直到文艺复兴和启蒙运动之时。

关于疾病和身体机能的可疑想法并没有就此结束。正如史蒂芬·约翰逊的《死亡地图》一书所写的那样，19世纪中期，维多利亚时代的伦敦充斥着庸医的霍乱疗法广告，一些人在兜售消毒剂，承诺可以除去被广泛认为会带来致命腹泻的污浊瘴气，其他人则叫卖着缓解肠胃不适的鸦片，或者与亚麻籽油、蓖麻油或白兰地的混合物，而清水和电解质的简单补液就能挽救成千上万条生命。在新冠大流行期间，类似的危险说法和骗局在互联网上大量涌现，兜售着一切作为治疗或预防的神奇手段，从漂白剂、工业甲醇和双氧水，到马匹驱虫剂伊维菌素、尿液和可卡因，无所不包。

社交媒体可能已经取代了夹板广告牌和报纸广告，但我们的粪便也助长了类似的作坊式产品，这些产品承诺为我们的情况提供简单的答案，或者明确表明，家庭分析或者清洁剂或者“排毒”有助于我们的健康。每一个合理的、充满信息的粪便检测、图表或建议，都有无数不切实际的说法，让人想起维多利亚时代的便秘灵丹妙药。一则售价29.95美元的“祖普”（zuPOO）清洗剂的广告向我保证，“快速消除你结肠中多出来的5磅多的有毒粪便”。只要花195美元，“萨卡拉10日复原”（The 10-Day Reset by Sakara）就会给我寄来一个包装精美的DIY排毒盒，里面有茶、粉、棒、益生菌、食谱以及单独的“美容水滴”和“排毒水滴”，它们可以做任何事情，从清洁我的皮肤，到治愈我的肠道，恢复“消化系统的和谐”。像顾普（Goop）这样的公司，已经把那些承诺恢复身体内部的产品做成了大生意，这些产品用上了磨砂、清洁、排毒和重现年轻等辞藻。硅谷也没能逃过这波炒作的风潮。曾经备受称赞的肠道微生物检测公司优生物组（uBiome）已于2019年申请破产，联邦检察官在2021年指控公司两位联合创始人犯有40多项医疗保健、证券和电信欺诈的罪名。在这些指控中，检察官起诉这家公司在基于屎的检测上欺骗了投资者以及医疗保健及保险供应商，这些测试“未经验证，也非医疗所需的”。

快速解决的诱人旋律可能在焦虑且睡眠不足的父母耳边响起。毕竟，婴儿的屎可能是一种来自体内的令人害怕的自然力量，首先便是绿黑色的胎粪。当胎儿还在子宫里的时候，他们就可能操之过急地拉出便便，然后再吸入黏稠的粪便物质，胎粪吸入综合征会导致严重的呼吸困难。于是，通过喉镜观察羊水或婴儿声带的深绿色污点，可以提供新生儿生命中最早的警告信号。接下来，往往会出现那些粪便黏稠度和颜色的令人困惑的组合。

“睡眠训练？疫苗？算了吧。最重要的育儿决定和信号都涉及便便。”阿尼什·谢斯和乔希·里奇曼（Josh Richman）在《你宝宝的便便在说什么？》（*What's Your Baby's Poo Telling You?*）中这样写道，这是他们最初的用户手册《你的便便在说什么?》一书的厚脸皮的续作。一位母亲告诉我：“当我有了孩子之后，屎变得有趣得多了。”她说，在有孩子之前，她从来没想到，她和丈夫现在每天都会对屎进行生动的讨论（我丈夫杰夫和我也会对我们家狗的排泄物进行类似的深入交流：它在遛的时候拉屎了吗？真的，那么多吗？看起来还好吗?）她也没想到，自己会对着训练便盆里的新鲜东西而发愁（不知道她是不是在找功能性便秘的证据），而且一次也没有停下来干呕。

正如我们对厌恶的讨论一样，爱可以真正扭转我们的感官，就算它不一定会改变我们的感觉。为了保护自己不被操纵，我们需要更好地了解屎到底能告诉我们什么，我们又能对它采取什么切实的措施。从科学的角度来看，我们正处于一个复兴和重新评估的令人激动的时刻：我们本以为相当简单的物质，实际上并非如此。所有粪便都接连不断地发出从出生到死亡的信号。当然，问题在于，如何在噪声中解码出真正的信息，并且清楚是否需要采取行动，以及何时行动。有些信号我们自己就能清楚地感知到。有些则需要更仔细的检查，比如医生的眼睛、狗的鼻子或者机器的测量。还有一些则是刚刚出现的耐人寻味的可能性，那就是，科学侦探通过仔细拼凑复杂的模式可以预测和预防什么。正如我发现自己的产出那样，对于我们自以为了解的终身伴侣，我们还有很多东西需要学习。

*

在厕所里或者尿布中，即使是基本的颜色也能说明问题。经常出现又黄又油的屎，可能暗示你脂肪消化得并不好，有必要对乳糜泻或者其他吸收不良的原因进行评估。绿色的大便可能表明，食物通过结肠的速度太快了，没有给胆汁机会将它们分解成更熟悉的棕色（除非你在汉堡王2015年不成功的促销活动中碰巧吃了一个黑面包的万圣节皇堡，在这种情况下，所有可能拉出来的东西的颜色都和圣帕特里克节的芝加哥河一样绿[①]）。黑色的大便可能表明上胃肠道出血，或者最近吃了黑甘草糖，而红色大便可能意味着你吃了甜菜，或者下消化道出血，那通常是痔疮引起的，但有时也是来自更严重的问题，比如结肠癌。白色或黏土色的大便，也就是没有通常来自胆汁的上色，可能表明将胆汁从肝脏输送到胆囊的管道发生了堵塞（在婴儿身上，这种堵塞被称为胆道闭锁，如果不治疗，可能会有生命危险）。谢天谢地，我的屎是正常的，哪怕只是不同棕色的无聊变化。

由于婴儿的屎是出了名地五颜六色，或许能让父母宽慰一些的是，许多小儿消化科医生有一条简单的规则：在胎粪之

① 芝加哥河会在基督教节日圣帕特里克节当天被芝加哥人用一种特殊染料染绿。——编注

后，除了黑色、红色或白色，基本上什么色调都是正常的。儿科医生甚至创造了他们自己的色度，以及不止一个智能手机应用程序，来帮助评估拍下的尿布沉积物是否看起来有异，有无必要跟进。一项小型初步研究表明，拍下照片并分享的方法是准确的，尽管这些特写照片让我庆幸自己没有在现场看到真实的东西。

接下来是形式问题。时常带来一些值得怀疑的医学建议的心脏外科医生穆罕默德·奥兹（Mehmet Oz），在主持自己的节目之前，有一次在奥普拉脱口秀的节目中告诉演播室的观众，注意我们的肠道运动可以提供一个适当的饮食和消化的良好指示。虽然消化科医生表示这当然是真的，但奥兹所说的是一种非常具体的运动。“你得听听粪便，也就是屎，落水时是什么声音。如果它听起来像一个投弹手，你知道，就是‘扑通、扑通、扑通’，那就不对了，因为这意味着你便秘了。这意味着，食物拉出来的时候就太硬了。它应该像阿卡普尔科[①]的跳水者入水时那样，咻的一声。”此外，完美的屎应该是S形的，而且是棕色的，还带着一丝金色，奥兹这样说道。（所以大概是青铜色的？）它不是一块一块的，他说，那就表明“你没有剩下足够的东西，并以正确的方式拉出来，可能它已经伤到了不得不处理它的结肠”。另外，我们应该多放屁，他坚定地说道。

我绝对相信要有目标，但我承认，拉出完美的古铜色和相当完整且咻咻作响的“S”，以及更有规律地排便，并非我向往

① 墨西哥著名海滨城市，许多游客从悬崖边跳入海中。

的肠道健康的典范。就此而言，它们也不是很现实，因为我们产出的形状和大小可能每天都不一样。然而，正如我在胆囊手术后发现的，医疗手术后的第一声“噗”和第一次“咚”可以预示着恢复正常。

奥兹可能会把大便想象成优雅的跳水者或者轰炸航路，但是追踪屎随时间的变化最简单、也是最常见的方法之一便是一张视觉图表，它解释了一系列7种粪便形式。布里斯托粪便量表是由英国布里斯托皇家医院于1997年设计的，它使用形状和黏稠度作为指标，说明食物通过我们肠道所需的时间。这张图表如今是外科办公室的主流，许多办公室都有自己花里胡哨的手段，来帮助患者认识他们的粪便类型。例如，就像在夏日想象蓬松的云朵中的形状一样，斯坦福大学医学院的小儿普通外科将每种类型比作一种熟悉的形式，这颇有助益。在写着“选择你的屎！”的横幅下，这些形状从兔子屎和一串葡萄（暗示着便秘），到玉米棒和香肠（“理想”），到鸡块（腹泻倾向），再到粥和肉汁（腹泻）。这种想法是以玉米和香肠的中间部分为目标，而避免走极端。

在量表上便秘的一端，结肠可能吸收了过多的水，导致排便不频繁或不舒服，即使相当用力也是如此。这种常见的情况估计影响了美国16%的成年人，其中存在着许多潜在原因，研究人员对此仍在激烈争论如何定义和分类。根据一项全面的统计，有15种主要的药物可以引起便秘。即使是泰诺也能让事情停下来。

在量表的另一端，多种药物可以通过增加肠道肌肉运动，推动一切向前，从而引发腹泻。过敏、感染、受了污染或过于辛辣的食物，同样可以触发一种防御机制，身体加快了通过肠道的列车，并试图尽可能快地摆脱感知到的危险。腹泻也可能是肠易激综合征和乳糖不耐受等病症带来的后果。疾病、药物或损伤会让肠道内壁发炎或撕裂，干扰水的吸收，并激起大规模的免疫反应，让事情变得更糟。在某些情况下，结肠没有足够时间从未消化的食物和副产物中吸收水分。还有一些情况下，比如霍乱感染时，更多水从周围细胞涌进了肠道。无论哪种情况，结肠基本上都会变成一个水槽，把屎冲出来。

考虑到便秘引发的疼痛，还有我结肠手术后的传送带上堆积了许多种抗恶心药物，两天多一点之后，我的第一串“葡萄”就出来了，这相当惊人了。此后不久，我自豪地拉出了一根光滑的“香肠”，达到了恰到好处的屎的完美程度（但遗憾的是，没有那种完美的“咻咻”声），接着就进入了鸡块和绝对不对劲的粥的境界。这种“冲过头”可能反映了我吃下的其他多种促进腹泻的药物的残余影响。

尽管布里斯托粪便量表是区分理想和没那么理想形式的首选标准，但一些科学家对它的可靠性提出了质疑，并表示，对肠道转运时间计时，可以为健康和微生物组的功能提供更有用的指标。还记得我的芝麻籽和玉米粒转运测试吗？科学家受到一家名为佐伊（ZOE）的健康科学公司的资助，用染成蓝色的松饼作为视觉标记，测量了863位健康的志愿者的肠道转运时间。他们的研究《蓝屎：用一种全新的标记物研究肠道转运时间对肠道微生物组的影响》（Blue Poo: Impact of Gut Transit Time on the Gut Microbiome Using a Novel Marker）表明，品蓝色的染料和无线智能药丸等昂贵的追踪方式一样有效。对于参与者，他们计算出的中位转运时间大约是29小时，但观察到的时间范围非常惊人，从4小时到10天不等。虽然这两个极端都不理想，但营养学家萨拉·贝里（Sarah Berry）告诉我，这个范围反映了她和同事在更大一组研究中看到的惊人的差异，这些研究调查了人们对食物的反应。

大多数研究参与者的肠道转运时间在14至58小时之间(我的独立测试表明我也属于这一范围)。对于那些时间较长的人，研究发现这与较高的内脏脂肪水平，以及餐后血糖和循环脂肪的峰值有着更显著的联系，这些都是心血管疾病的独立风险因素。在一个看似反直觉的结果中，研究发现，那些时间更长的转运也和更高的肠道细菌多样性有关。多样性越高越好这种规则的潜在例外可能是因为，在这种情况下，细菌可获得的食物增加了：贝里说，一顿饭通过结肠所用的时间越长，微生物就有越多时间来享用剩余的食物，这让一些细菌在牺牲其他细菌的情况下大量繁殖。换句话说，通过肠道的时间特别长，可能为我们对微生物多样性的期许增加了细微的差别，也为微生物组影响的列表添加了另一个变量。“如果多样性包括更多不利的微生物组微生物，这未必是件好事。”贝里说。

对那些还穿着尿布的人来说，阿姆斯特丹和布鲁塞尔开发的量表，提供了其他选择让我们根据粪便形式判断肠道转运时间。我在研究了婴儿便便的代表性照片后，再次由衷同情新手父母。然而，正如布鲁塞尔婴幼儿粪便量表的开发者所说，可靠地评估幼儿粪便，对于评估反复出现的模式以及诊断胃肠道疾病（比如功能性便秘、腹泻和肠易激综合征）格外重要。

更新的方法或许更精确，但尿布占卜已经存在了好几个世纪。在彼得·克里斯滕·阿斯比约森（Peter Christen Asbjørnsen）于19世纪撰写的挪威民间故事《埃克伯格国王》（The King of Ekeberg）中，他告诉读者，“启蒙”已经来到了奥斯陆，因为那里的居民不再为他们孩子的痛苦而责怪巨魔。相反，根据西蒙·罗伊·休斯（Simon Roy Hughes）的英文译本，他们让一位有见识的女人“为患有佝偻病、被魔咒和巫术所困的孩子铸造金属。或者他们把孩子的一块尿布寄给斯泰恩·布雷福尔登（Stine Bredvolden），她相当智慧，能读懂孩子的疾病和命运，然后决定它的结局”。铅占卜，也就是将熔化的金属投入水中并解释产生的形状来算命，并不比测量头骨或者解读谋杀受害者的视网膜更有效。另一方面，布雷福尔登可能有她自己的早期粪便量表。正如我发现的那样，一年来每天阅读马桶里的内容，确实带来了惊人的丰富信息。最大的问题是，它是否会为改善我的健康和福祉带来任何影响。

*

有些人可能会用圣诞节之后的一天从宿醉中恢复，对着一台新的智能手机或者餐桌上1000块的埃菲尔铁塔拼图苦思冥想。我花了一天时间从宿醉中醒来，并欣赏我新买的耶罗尼米斯·博斯（Hieronymus Bosch）艺术书中的酷刑场景。接着我开始忙着升级两个追踪屎的应用程序，并组装了一个竹制的马桶垫脚凳。严格来说，这个凳子并不是圣诞礼物，但在惠灵顿牛肉、香槟和蔓越莓蒸布丁消化一夜之后，似乎应该试一试这个凳子了。在12月的大部分时间里，我已经用了三个追踪应用程序，开始了我的个人启示之旅，我觉得是时候把我的日常工作提高到一个新的水平了：离浴室地板恰好7英寸。

马桶垫脚凳因为它格外有记忆点的广告而闻名于互联网，广告中，一只蹲着的独角兽用彩虹色的软冰激凌（“神秘独角兽的奶油便便”）填满了甜筒，它是一种被美化了的脚凳，是为了帮助人们实现更自然的下蹲角度，或者严格地说，叫肛直角。这种观点认为，与坐在椅子那样的高度上相比，蹲着可以更充分地排便，因为它放松了一条叫作耻骨直肠肌的肌肉，它像一条弯曲的花园水管一样环绕并收紧下肠道。放松肌肉，并增加肛直角，有助于让直肠变直，产生更自然的粪便。

这一点很重要，因为为了拉出兔子屎或者葡萄屎而过于用力，可能对我们的健康没什么好处。马桶座和长凳自古就有，但西方国家的大多数人仍然蹲着解手，直到19世纪的坐式抽水马桶开始优先考虑舒适性、隐私性和方便性，而非功能性。批评者认为，这种设计缺陷可能导致了一些与排便损伤有关的并非有意的副作用。例如，在排便时用力，可能撕裂主要的肠道内壁，并导致肛裂。憩室（也就是一种弹珠大小的囊袋）是肠道组织因结肠受到强烈压力而外凸的地方，如果受损的组织发炎或感染，憩室同样会撕裂并引发憩室炎。而痔疮也会在下直肠和肛门周围冒出来，它们类似静脉曲张，可能由过度劳损或者久坐马桶而引起。正如我们听说的那样，经常用力把东西拉出来，这就是便秘的标志之一，可能会导致更严重的情况，比如排便晕厥（晕倒在厕所）或中风。可怜的埃尔维斯。

蹲着也未必是万能的。印度的一项研究表明，蹲着也会升高血压，而且对于它究竟能否预防或缓解便秘和痔疮，学界一直存在相当大的分歧。但是，少数针对它的优点的研究表明，像德国医生兼作家朱莉娅·恩德斯这样直言不讳的倡导者可能的确有所发现。在一项小型但详细的日本研究中，研究人员在6名志愿者的肛门和直肠中注入了液体造影剂。接着，他们测量了腹部、直肠和肛门括约肌的压力，并拍摄了志愿者在三种姿势下拉出大便替代品的过程（没错，志愿者每次都要被重新注入造影剂）。科学家发现，蹲姿中更大的髋屈曲，扩大了肛直角，让排便时的压力减少。2019年，俄亥俄州立大学的消化科医生招募了52名志愿者，测试他们所谓的排便姿势矫正装置（他们显然错失良机，将它命名为“排便矫正姿势装置”，也就是DMPD[①]）。无论如何，研究发现，这台装置（差不多就是个凳子）的确加快了自我报告的排便速度，减轻压力，并且促进了更完全的排便。

我们家的马桶达到了17.5英寸的豪华高度，这个高度很适合王座，但显然不适合高效处理自己的“屎”务。我的艺术书或者旧科学教科书可以在紧要关头调整我的角度，但我决定，现在是时候看看我能否用马桶垫脚凳来改善我的姿势。我可能要剧透一下，用它的前几次并没有注意到很大变化，既没有拉

① 与“dumped”（拉出）相似。

得更光滑细腻，也没有更“咻咻”作响。但我已经知道，就像我的智能手机应用程序帮助追踪的那样，我在交付存货这个方面没有什么困难。

在研究调查或者艺术装置之外，追踪每一次排便的频次、速度、数量、黏稠度和颜色或许看上去是种让博斯[①]高兴的折磨。但我下载的三个竞品应用程序的指导原则是：知“屎”就是力量，至少对于了解正常的模式，并识别令人担忧的潜在趋势而言就是如此。因此，我用这三个程序追踪我的日常排便情况。丹麦人有他们的“屎之晨”。我有一整个“屎之年”。

其中一个应用程序的默认主屏是一份月历，上面有显示当天代表性大便的小图标。我的起始日期是12月9日，那天一个垂直的“光滑柔软的香肠”图标出现在数字9的上方，形成一种感叹号的样子，暗示着每一次大便都是特别的。还有两个应用程序让我能拍下每次输出的照片，甚至可以将它们发给朋友，尽管程序开发者可能更多想到的接收者是医生。根据我主观的布里斯托粪便量表的分类，其中一个应用程序将每坨沉积物评为绿色的“好”或者红色的“坏”，就像一种排泄物版本的Tinder交友软件。第三个应用程序里有一个自“上一次拉屎”以来的计时器、有用的背景信息、一个“拉屎分析器”和一整页的统计数据。在分析器页面的“我能做什么?”的标题下，在我第一次输入后，它已经做出了评判：“你做得很好。请继续保持良好的运作。”在知天命之年，我因为拉屎而得到了一

① 即前文提到的画家耶罗尼米斯·博斯，他的作品多描绘了人类罪恶与道德沉沦。

颗金色的星星。

这的确有趣，但也出乎意料地发人深省。经过12个月和996次拉屎，我了解到，我通常每天去厕所两到三次，处于平均水平较高的那一端。我从来没有错过一天，春天去得多，夏天和秋天去得少一些，主要是在早上，当我不在旅行，也没有熬夜写作的时候，它们几乎全都在上午8点到下午6点之间。我的追踪工作证实，早晨的第一杯咖啡几乎可以保证让事情有所进展。根据一些研究的观点这完全说得通，比如在其中一项研究中，艾奥瓦大学的研究人员以某种方式说服了十几名健康的志愿者接受了自来水灌肠，然后在他们的臀部绑上一根灵活的探针，并将它插入结肠约两英尺，维持超过18小时。这根探针配备了6个压力传感器，旨在客观地测量志愿者结肠肌肉收缩的强度和协调性。收缩和放松的起伏，或者叫蠕动，提供了胃动力让食物通过肠道。一夜过后，志愿者在一顿（相对不健康的）大餐前后，按照随机顺序喝了一杯黑咖啡、一杯不含咖啡因的咖啡，还有一杯热水。黑咖啡不仅刺激了结肠的肌动活动，而且在向出口门传播肌肉收缩的方面也几乎等同于午餐的效果，但时间只要午餐的一半左右。反过来，咖啡对结肠运动的刺激比不含咖啡因的咖啡高出了23%，比水高出60%。

事实证明，一杯咖啡可以在每10个人中激起约3个人的“强烈的排便需求”，至少根据一项小型研究的结果是这样的。不过，咖啡因可能并不会带来这种自然的呼唤，因为有多项证据表明，不含咖啡因的咖啡也能传导肠道收缩。相反，研究人员怀疑，这种相当复杂的饮料可能通过增加肠—脑信号，或者提高促进运动的激素（比如促胃液素、促胃动素和胆囊收缩素）来间接地发挥作用。

我的日常追踪显示，在墨西哥旅途中，我的蠕动马达转速甚至更高，而前往明尼苏达探望父母时，转速则更低，当我在俄勒冈海岸旅行时，有一周的大便更松散。不过，每次当我回到家时，都会恢复成正常模式。值得庆幸的是，我只用过一次肉汁的图标，粥的图标用得也很少。但是，在我的应用程序的月历上出现的相对大量的鸡块表明，我需要更多纤维让我的产出变得更结实。

我手头已经有了一瓶“美达施”（Metamucil），是一位朋友在我50岁生日时送我的礼物。就知道他会这么做。这款老牌产品用的是圆苞车前（*Plantago ovata*）的籽壳作为它的首选纤维。顺便说一句，这种植物入药已经有几个世纪的历史，现在的品牌只是将这种传统知识以现代的形式重新包装了一下。由于车前籽壳具有很强的吸水性，它可以增加粪便的体积，帮助调节粪便的转运时间。增加的体量可以通过刺激更多运动来缓解便秘，同时也能降低通过结肠的速度，并减少排便次数，从而帮助缓解腹泻。我服用美达施的第一个礼拜似乎的确调节了我的大便频次和黏稠度。但不幸的是，每天两片药对我脆弱的管道来说显然是太多、也太操之过急了。我相当不舒服，放屁、腹胀，还会肠痉挛，所以我暂时把肠道黑客放在了一边，直到我可以制定出一种更友好的方式再说。

科学表明，我的症状可能部分源于现有肠道微生物的缺失，这些微生物可以消化纤维的复合糖类。发酵专家罗伯特·

哈特金斯告诉我，对那些缺乏合适的消化纤维的微生物的人而言，缓步转变成高纤维饮食可能通过招募更多必需的菌群，来帮助他们的身体适应。从本质上来说，缓慢而稳定的提高可以“训练”微生物组相应地适应。他表示，招募足够的微生物可能需要一段时间，而且可能需要增加更多消化纤维的“专业人士”，比如酸奶和其他发酵食物中的那些微生物。

计算生物学家劳伦斯·戴维（Lawrence David）说，必需的细菌可能一直都在那里，只是数量不多，需要时间来积累。他得到的一些更新的数据揭示了另一种可能性：适当的细菌只是没有理由激活适当的纤维加工基因或者代谢途径，直到纤维变得可以随意取用。“当你为人们提供纤维时，或者你在人工肠道中这样做时，就会发现，那里的细菌降解纤维的程度并没有你第二天再给它们时降解得那么彻底。”他说。第二次时，微生物似乎适应了新的食物，就会更贪婪地分解它们。

那些测试肠道对咖啡和纤维等输入物的反应的实验，除了满足我们对身体运作的好奇心，以及为鸡尾酒会提供生动的逸事素材，还对理解并控制那些改变我们输出的疾病至关重要，比如转运过慢的便秘，还有过快的腹泻。咖啡毕竟是世界上最受欢迎的饮料之一。尽管它可能会帮助便秘的人，但类似艾奥瓦大学的实验这样的研究表明，即使是不含咖啡因的咖啡，对于患有慢性腹泻或大便失禁的人来说或许也不可取。

*

就像咖啡中复杂的化学成分混合让它有了一种一闻便知的

香气，气味也是屎的另一种鲜明的属性。它同样是一种有用的指标：特别臭的气味可以提示消化不良或者营养吸收不良，也是动力障碍的警告，比如肠易激综合征或者其他类似乳糜泻、克罗恩病和胰腺炎等疾病。由于肠道微生物在决定我们会释放哪些挥发性有机化合物上起着相当大的作用，所以微生物组的变化可能改变一个人粪便的化学特征，这完全说得通。事实上，这种变化可能解释了研究人员可以利用粪便中的VOC来区分传染病，也可以让嗅探犬从患者、粪便样本和一些医院的环境表面上嗅出肠道*C. diff*感染迹象。

在阿姆斯特丹，一只名叫克利夫的比格犬在2012年成为世界上第一只细菌嗅探犬，它在两家医院的病房里嗅闻患者，准确识别出了*C. diff*病例。当克利夫检测到一个由病原体引起的腹泻病例时，它就会安静地坐在患者的床边。（研究人员还考虑过使用检测鼠，但最终认为狗更容易训练，也更容易被患者和工作人员接受。）在佩吉·利利斯基金会晚宴上受到表彰的加拿大驯犬师特里萨·祖尔伯格也训练了她的狗安格斯从纯培养物和*C. diff*阳性的粪便样本中识别出细菌病原体的气味。2017年的一项研究表明，在对安格斯的检测能力的试验中，它在检测已知的阳性样本和避免误报方面表现得都很好。在温哥华综合医院的临床部门，这只狗80多次提醒工作人员注意设备和表面上的潜在*C. diff*污染。

最近，在多伦多迈克尔·加龙医院（Michael Garron Hospital）进行的一项试验，比较了两只嗅探犬嗅闻*C. diff*的能力，它们分别是名叫派珀的德国牧羊犬，和名为蔡斯的边境牧羊犬与指示犬的混种犬，结果却更令人失望。研究作者指出，蔡斯和派珀的检测能力之间的差异，以及在一些阳性和阴性鉴定上不一致的结果，让人们对嗅探犬作为“床旁检测”诊断师的可靠性产生了怀疑。不过，这并不一定意味着这些狗无法辨认出*C. diff*感染的独特气味。检测工作中的不同表现可能受到分心或者缺乏动力的影响：在这种情况下，蔡斯似乎已经“转头去做别的事情”了，研究的主要作者莫林·泰勒（Maureen Taylor）这样告诉*STAT*[①]，它也很容易因为患者床上的早餐盘而分心。泰勒还说，“狗很难在不喝干它的情况下经过一个厕所”。

嗅探犬可能是医学取证中的不完美侦探，但它们的潜力巨大。宾夕法尼亚大学的辛西娅·奥托团队已经证明，狗可以作为医疗助手，通过患者血浆中的独特气味来识别卵巢癌。类似的检测工作集中在植入体的细菌生物膜感染上。2020年，奥托所在的中心启动了一个新项目，来确定狗能否检测到鹿粪中存在朊病毒，那是一种与慢性消耗病有关的传染性蛋白质。在后续的一项研究中，她和同事报道，这家中心的狗可以在患者的尿液、汗液和唾液样本中探测出新冠病毒的迹象。

“疾病会让我们的气味发生明确的变化，这只是一个通过样本进行适当气味训练的问题。”她这样告诉我。事实上，奥托认为，狗的嗅探的研究进展是对一个由来已久的概念的重新审视。“我的意思是，如果你回溯古希腊，他们谈到了与不同疾病有关的气味。”她说。例如，希波克拉底就提出了体味的

---

① *STAT*是美国知名的一家健康和医药类媒体。——编注

诊断作用，并写到了尿液和唾液中疾病特有的气味。相比之下，现代人在很大程度上已经把这种感觉抛在脑后了，因为我们依赖着其他线索。如果我们放慢脚步，重新聚焦于此，“我们可能会开始重新训练我们的鼻子”，奥托说道。与此同时，我们可以依靠我们的犬类伙伴，或者尝试提取它们嗅探到的气味中所蕴含的知识。

尽管狗在嗅觉方面胜机器一筹，但大多数医院和临床实验室能够提供一系列令人印象深刻的其他粪便成分的线索。对于一些腹泻患者，粪便中的白细胞可以警告细菌感染或炎性肠病的存在。另一种常见的检测是胃肠道病原体测试板，它可以检测20多种细菌、病毒和寄生虫致病生物的DNA或RNA，从而帮助在诊断时缩小范围。

由于胎粪是在中期妊娠[①]开始形成，即使是它也可以作为一种医学档案。一旦这种物质被新生儿排出，可以检测药物分解的产物，来确定母亲是否在怀孕的最后四五个月里使用了这些药物。例如，位于美国犹他州盐湖城的ARUP实验室提供阿片类药物、可卡因、大麻和其他6种药物类型的检测服务。了解婴儿在子宫里可能接触到的东西，这有明显的医疗益处。但是，也许是感受到了一种令人毛骨悚然的执法意义，它利用婴儿对他们的母亲进行药物测试，这家实验室表示，他们的方法仅用于医疗目的，并不适用于法医用途。

粪便也可以记录身体试图摆脱重金属的过程。在印度，科

① 也称孕中期，通常指妊娠第13到27周末的阶段。

学家测量了蓝岩鸽粪球中有毒金属的浓度，从而监测斋浦尔市6个工业区的污染状况。在赞比亚，科学家报告，生活在一处铅锌矿附近受污染的乡镇的婴幼儿的粪便和尿液被检出含有“极高”水平的铅和高于平均水平的镉。虽然血液和尿液测试更常被用在这类生物监测中，但研究表明，粪便样本也可以很好地用于铅和其他金属中毒的公共卫生监测。

事实上，多个商业实验室提供粪便检测，可以测量铅和其他十几种金属的水平。但是存在一个缺点，特别是那些直接面向消费者的检测服务，这些服务向忧心忡忡的家庭收取数百美元，对他们的屎进行检测。一家名为“生命延续”（Life Extension）的公司声称，“这种粪便金属检测揭示了有多少金属在你体内和体外游移”，但它还有一则免责声明，表明实验室服务“仅用于提供信息”，因为他们还没有得到FDA的许可来提供医疗建议。回避了医生的参与，这就把责任推给了当事消费者，而他们可能高估自己的真实风险，收到不可靠的结果，或者不知该如何是好。

大多家庭检测，包括那些邮寄回实验室处理的检测，都不受FDA监管。不过，其中一些检测已经成了HIV和其他性传播疾病、丙型肝炎、结肠癌和新型冠状病毒感染等疾病的公共卫生战略的组成部分。在隐私性和便利性的驱动下——并且在2020年，由于大流行期间其他选择也很有限——它们受欢迎的程度不断攀升。从2020年3月中旬到4月中旬，“让我们查查”（LetsGetChecked）检测公司报告说，他们的家庭结肠癌筛查检测的需求增加了477%。这只是众多寻找粪便中微弱的血迹（术语叫“粪便潜血”）作为肿瘤或息肉的潜在指标的检测之一。“隐血”听上去好像属于某种神秘的异教仪式，可能涉及或不涉及山羊，但实际上，为“艾弗利健康”（Everlywell）检测公司出售的49美元套装而收集我自己的粪便样本的过程，更像是一个学前艺术项目。我用一支长柄蓝刷子在我的屎上面蹭了5秒，甩掉多余的一些，然后在采集卡上画了一个小方块。接着，我用第二支刷子重复了这个过程，画下第二个方块，创造了两幅微型抽象水彩画。这种粪便免疫化学检测（FIT）通过血红蛋白的存在来检测血液，而血红蛋白正是红细胞中主要的携氧蛋白。

被公共卫生记者金·克里斯伯格（Kim Krisberg）称为“实验室检测领域的优步”的艾弗利健康公司，以便利性争取回头客的机会。它至少兑现了那个承诺：我周五交回了检测，并在下一周的周二得到了结果：阴性（如果是阳性，就会敦促我和医生讨论是否有必要进行一次结肠镜检查来确定血的来源）。对于那些生活在偏远社区的人，或者那些得不到运转不良的美国医疗保健系统服务的人来说，及时的实验室结果可能是一个天赐良机。

更复杂的家庭检测也会寻找DNA改变作为癌症的潜在迹象，就像“结肠卫士”（Cologuard）公司提供的凭处方的检测方案那样，但在没有保险的情况下，这种检测的价格也会高出一个数量级。因为我几年前已经接受了结肠镜检查，而且身体状况不错，所以我选择了更简单的方案。采集过程很简单，但它可能会和出血的痔疮、血尿或者其他一些胃肠道损伤（比如胃溃疡）混淆。

还有其他缺点。在“我的艾弗利”线上主页上，这家公司建议我可以成为会员，每月获得一次（价值24.99美元的）实验室测试，就像每月一束花或者每月一本书的俱乐部那样，只不过它更侧重于胆固醇和性传播感染这样的事情。没有什么比衣原体和淋病检测更能体现情人节真谛的了。这家网站还要提供个人病史和家族史的信息，我拒绝提供，尽管这将有助于“个性化”建议和我的体验。呃……免了吧，谢谢。

更多检测也未必就更好，特别是考虑到艾弗利健康公司的一些服务，比如两个版本的食物过敏检测板已经被一些专家认为是噱头，没有确定的医学益处。其他激素和维生素缺乏的检测还没有向美国预防服务工作组等独立评估机构证明它们的效用。艾弗利健康公司宣称，它从不会出售客户数据，并采用了最先进的安全保障措施。即便如此，发现结肠癌检测可能是通向价值令人生疑的昂贵健康之旅的大门，还是让人感到略感不安。

至少，我自己的屎如果落入歹人手中，可能不会引发什么国家安全事件。但用2016年英国广播公司的一篇报道的话说，在对“通过排泄物进行间谍活动”的指责中，来自一号人物的屎却相当突出。

斯坦福大学为物联网增添的令人难忘的东西，无疑会给那些粪便间谍留下深刻印象：一个“智能”马桶，它通过压力和运动传感器、4台摄像头和一个计算机界面自主运行。除了基于颜色的尿液分析，这个马桶还使用“深度学习”，依据布里斯托粪便量表对所有进入的粪便进行分类。对于有多位使用者的卫生间，马桶的冲水杆还可以读取每个人的指纹，一个甚至会让机场安检人员不好意思的摄像头，将每位用户和“他肛门的独特特征”相匹配。这就是“屁眼纹”的科学行话。

研究人员报告，他们的（比我的追踪应用程序复杂得多的）自动化系统，在识别疾病标志物方面超过了受过训练的医务人员。但是，他们理想中的基于厕所的“精准医疗”，以及一个能提醒用户的医疗保健团队留意问题迹象的应用程序，引出了这样一个问题：增加的复杂性是否会导致虚假的保证，或者过度诊断？这也让我想知道，潜在的好处是否真的值得技术上精心设计的隐私和安全功能，来保护某人的肛门或腹泻状况不被窥视。“智能马桶是一种完美的方式，利用了通常被忽视的数据来源。用户不需要做任何不一样的事情。”它的一位发明者在一份新闻稿中这样说。但是，也许我们应该做一些不一样的事情，避免将我们自己的注意力外包给计算机算法带来的潜在隐患。

计算生物学家戴维对智能马桶采取了更偏向观望的态度。他认为，囊括多种测量都是实验过程的一部分，类似于如今更成熟的人类基因组学领域在早期时的状况。他说，“只有一种方法可以找出其中的哪些对人们真正有用”。

讽刺的是，德国工程师在几十年前就创造出了一种更简单的马桶，它鼓励人们仔细观察，这对许多美国旅行者来说很吓人。德国旧式马桶的特点是在水线之上有一个后方“屎架”，屎就在上面，让每位生产者可以在“货”通过排水口向马桶前部冲去之前进行检查（又高又干燥的平台也减少了过度飞溅）。德国法医昆虫学家贝内克告诉我，这通常用来检查粪便中的寄生虫，但随着时间的推移，这种特殊需求已经越来越少。人们通常要用马桶刷来帮助清理粪便，但“Flachspüler”，也就是平冲式马桶，对首先检查粪便的形状、颜色和黏稠度格外有用。科学喜剧演员文斯·埃伯特（Vince Ebert）称它是“德国的沉思平台”。

*

别的不说，我越留意我的屎，就越容易察觉到一些细微的偏差。不过，与戴维在麻省理工学院读研究生时的奇幻历险相比，我的追踪冒险相形见绌。他和他的研究生导师埃里克·阿尔姆（Eric Alm）不仅描述了他们一整年的日常排便情况，还收集了粪便和唾液样本，进行更广泛的分析。他们使用重新配置的手机应用程序追踪了349个变量，从屎的重量和气味，到他们的饮食和情绪，每天记下所有这些要花大约一个小时。当这一切都结束时，戴维告诉我，他对这种例行公事烦透了，以至于他戒掉了智能手机很多年。

两位研究人员总共收集了超过一万项数据，全都是关于他们和他们内部微生物如何生活的测量。这项研究表明，在肠道内持续的竞争中，他们的大多数微生物群落在几个月里相当稳定，只有少数明显的例外。像食物中毒、国际旅行和饮食变化这样的特定干扰，都和肠道菌群的显著改变有关。例如，在阿尔姆遭受了一次凶险的沙门氏菌（*Salmonella*）食物中毒并伴有腹泻之后，他的肠道菌群发生了巨大的变化。许多坚定分子消失了。次要成分突然茁壮成长。还有一些全新的物种出现了。但当研究人员仔细观察时，他们看到他肠道中的那些替代物种在很大程度上复制了先前群落的功能，比如消化某些碳水化合物的能力。尽管感染抹去了阿尔姆的许多细菌物种，但这里的生态系统似乎自动重新平衡了，即使没能留下它的工作人员，也保存了它的工作流程。

在研究进行的过程中，戴维陪他的妻子在曼谷待了51天。他不遗余力地尝试新的食物，并且直到今天仍然认为，他在那里时美食是最精彩的部分，尽管他在曼谷几乎三分之一的时间都在和腹泻斗争。但令他惊讶的是，他的肠道并没有采用新的微生物居民的名单。“我一直以为我会从世界各地获得其他细菌，但我并没有看到很多这方面的证据。”他说。相反，一些一直存在、但数量相对比较少的物种却“飞黄腾达”了，而之前其他丰富的物种则失了势。当他回到美国马萨诸塞剑桥市的家中时，这种模式在大约两周内发生了逆转。

听了戴维的旅程故事之后，我觉得如果我真想了解自己的肠道健康，我也应该对我的微生物组进行测序。我决定选择太阳基因组公司（Sun Genomics）的“弗洛尔”检测服务（它原价249美元，但现在打折只要169美元），很大程度上是因为它承诺告诉我哪些微生物物种和我一同生活，而不仅仅提供比较模糊的“肠道健康”指标。它的广告说，“了解你的肠”。我刚从收集垫上取样我认为足够多的屎后，便将采样器密封在生物安全袋中，注册了工具包，并将我那密封结实的包裹交给了联邦快递，“弗洛尔”检测立即向我推荐了一个99美元的“额外”测试，可以测量炎性肠病的生物标志物。但有一个问题：对已经在运输途中的样本进行筛查，被认为不是一次有效的诊断检测，它需要一个新的采样工具包，还得要129美元。呃……免了吧，谢谢。

我最初希望将我的微生物组序列数据贡献给美国肠道计划，这是一项于2012年启动的众包项目，正在比较来自成千上万参与者的“野生”肠道微生物组，主要包括美国、英国和澳大利亚的参与者。但在大流行期间，这项计划的科学家转而投入了新型冠状病毒感染的研究，并暂停向可能的合作者发送定期收集的工具。这个计划的数据库并不能完全代表这个星球上的胃肠道微生物：数据虽然已被删去了识别细节，但研究人员承认，参与的公民科学家几乎都来自工业化国家，比平均水平更富裕、更健康，受教育的程度也更高。尽管带有局限性，但这个公共数据库凭借庞大的数量，仍积累了多样化的细菌物种和基因序列，研究人员在挖掘数据时也发现了一些诱人的趋势。2018年，一项数据分析表明，像“严格素食者”“素食者”[①]和“杂食者”这样的自我报告的分类，并不能很好地预测参与者的肠道微生物组多样性。相反，一小部分报告每周摄入超过30种植物的志愿者，比吃10种或更少的对比组拥有更高的多样性。特别是，热爱植物的人拥有更多纤维发酵专家，比如颤螺菌属（*Oscillospira*）和普拉梭菌（*Faecalibacterium*

① 素食人群中素食者（vegetarian）通常会吃鸡蛋和乳制品，而严格素食者（vegan）连鸡蛋和乳制品也不吃。

prausnitzii）。

戴维自己的分析表明，每当他吃了富含纤维的食物，他的肠道微生物组第二天就会发生变化，容纳更多消化纤维的细菌，比如双歧杆菌属、罗斯氏菌属（*Roseburia*）和直肠真杆菌（*Eubacterium rectale*）。而每当他喝酸奶时，他的微生物组就会容纳更多双歧杆菌目的细菌，这个细菌的目包括双歧杆菌属和其他常作为活菌添加到酸奶中的近亲。现在自称是杜克大学"屎研究"教授的戴维已经证明，让一组10位美国人采用一种完全以肉、蛋和奶酪为基础的饮食，维持5天，很快就会让他们的微生物组向着不同方向转变。他们的肠道群落会向着更耐受胆汁（高脂肪的饮食释放更多的胆汁酸），但没那么擅长代谢复合植物糖的细菌过渡。反过来，他们的屎样中则含有更高浓度的脱氧胆酸，这是一种细菌代谢的胆汁酸副产物，会促发DNA损伤和肝癌。这项研究的发现，也为高脂肪饮食会促进有助于炎性肠病发展的微生物生长增添了证据。

当同样的10个人采用以植物为基础的饮食时，他们的肠道微生物变化没那么大，却朝着更高的纤维降解能力转变，就好像戴维从他自己的饮食中瞥见的那样。事实上，志愿者暂时性的饮食所引起的明显差异，"反映了植食性和肉食性哺乳动物之间的差异"。戴维和他的合作者认为，我们的肠道微生物组在两种状态之间快速切换的能力，可能反映了我们祖先的一种关键的演化适应，因为肉类供应是波动的。

如今，美国人摄入的纤维大约只有我们应该摄入量的30%到35%。哈特金斯和其他研究人员常把这种不足称为"纤维缺口”。由于它对屎的重量和体积有着相当大的影响，西方厕所的平均沉积量只是其他地方的一小部分，这是另一个表明“正常”和“健康”未必是一回事的例子。2021年，微生物组研究人员埃里卡·桑嫩伯格、贾斯廷·桑嫩伯格（Erica and Justin Sonnenburg）及其同事发表了他们称之为“惊人”的新发现，表明我们可能错过了同样重要的东西。健康的志愿者在10周时间里采用了一种富含发酵食物的饮食，比如酸奶、辛奇和康普茶，他们的肠道微生物组多样性得到了显著提高，炎症迹象也有所减少。而摄入高纤维饮食的对照者则没有显示出同等的微生物多样性的提高，并且在他们的粪便样本中排出了更多碳水化合物。一种可能的解释是，在较发达国家，人们也缺乏足够的消化纤维的专家，这一点在我不尽如人意的纤维补充剂经验中也有所体现，戴维和哈特金斯也认为如此。光有细菌食用的食物是不够的，我们还需要能吃这些食物的细菌。

我决定试着每天吃酸奶。作为补充，我还尝试了一种名为“普罗布灵”（Probulin）的日常益生菌，它提供了12种细菌和一种叫作菊粉的益生元，也就是微生物喜欢的食物。这种新药让我消化不良，更频繁地打嗝，但在我在墨西哥为期一周的美食冒险中，它似乎也能很好地预防病原体侵入。我推断，在增加了细菌发酵剂的摄入量后，也许我的纤维也可以更多样。

这就是我如何发现“专为男士”（Pure for Men）的，它是一种由车前籽壳、芦荟、黑奇亚籽和亚麻籽制成的专利膳食补充剂。与美达施单一的车前籽壳相比，各种各样的纤维更让我感兴趣，也许我可以为喜欢纤维的肠道菌群开辟更多的空间！

然而“专为男士”补充剂还考虑了其他一些优势，这与这个品牌“为男士”的部分有关，这个产品的宣传口号“保持清洁，做好准备”或许能更进一步诠释它。没错，纤维能有效地将一切扫向出口，作为一位男同性恋者，这可能有助于我升级自己的性健康习惯，并“自信达到底部”，这家网站是这样告诉我的。“享受游戏时间！干净且无忧。”瓶身上这样写道，就写在一张有助理解的床的图案下方。这让我想起了那家把肛塞作为便秘补救措施出售的颇为进取的公司。

我可以直言不讳地承认，让一家公司向我推销它的纤维补充剂作为一种性辅助工具，完全算不上我2021年的大事件。而且，对许多人来说，把工作区变成休闲区需要改变一下环境（抛开食粪这样的性癖不谈）。还记得我们说过，一些人会在马桶上明显感觉到“解便嗨”的感觉，部分原因可能是这片区域拥有大量神经末梢吗？一位朋友严肃地认为，适当的纤维会让拉屎产生“高潮”。不幸的是，我并没有在拉屎时兴奋。我也没有感到特别干净且无忧。我没有像第一次举行“纤维宴会”时那般不舒服，我已经学会了随着时间的推移逐渐增加剂量。但是我仍然少了什么。

*

正如饮食可以塑造肠道和其中复杂的微生物居民一样，这些微生物也控制着健康和疾病的复杂决定因素。举例来讲，虽然厌恶及其行为免疫的机制可能帮助一些人避免霍乱这样的传染性疾病，但屎本身带有的细菌特征可能暗示着某些微生物居民是否提供了另一种形式的保护。戴维实验室正在研究的一个项目就是，霍乱易感性如何受预先存在的肠道微生物相互作用的影响。就好像粪便移植中的细菌如何在肠道有限的生长空间中与*C. diff*竞争一样，那些没有染上霍乱的人可能拥有一些本地细菌，它们更擅长与入侵物种争夺空间和资源。戴维认为，还有一种可能是，他们的微生物组模式或许更像一种潜在的生物或免疫机制的生物标志物，这种机制能提供更多保护。无论如何，检查一个人粪便的微生物模式，可能发现他是否更容易或更不容易感染类似霍乱这样的疾病。

还有一个更深的层次有待破解。戴维说，研究人员越来越重视识别细菌在日常生活中制造的蛋白质或代谢物有哪些，它们的作用是什么，而不是哪些微生物在制造它们。他和他的前论文导师阿尔姆在比较他们的微生物组时惊讶地发现，他们肠道物种的重叠部分相对比较少，这让直接比较更加困难。另一方面，即使微生物生产者不一样，特定的细菌功能或者由多个物种制造的产物也可能在人与人之间广泛共享。

这些细菌产物“泛滥”的程度远远超过先前的想象。2019年，斯坦福大学的研究人员领导的另一个团队发现，居住在人类口腔、肠道、皮肤和阴道中的细菌，会制造成千上万的小型蛋白质，而其中大部分都被科学家忽视了。“可能并非细菌物种本身在影响你。”戴维说。相反，一种分泌的化合物、一种表面蛋白，或者一种化学反应，可能才是影响你生病或者健康的东西。如果科学家的目标是开发疾病的生物标志物或者疗法，那么，将重点从微生物转移到它们产生的蛋白质、碳水化合物、脂肪和较小的代谢物的混合汤上，是有道理的。例如，戴维的实验室正在研究肥胖儿童的肠道微生物组，从而更好地了解特定分子的存在或缺失如何暗示着一种帮助驱动体重增加的代谢转变。

事实上，微生物组研究正越来越多地转向基于屎的预测艺术，这是一种21世纪的预言，正深入探究我们和我们的微生物居民之间的复杂关系。芬兰的研究人员发现，通过对新生儿尿布中的微生物组DNA进行测序，可以预测他们在3岁时是否会超重。微生物组研究人员苏珊·林奇（Susan Lynch）告诉我，她自己的研究团队也发现了相似的结果，并开始厘清一些机制，婴儿肠道中的微生物分子通过这些机制，可能改变了肠道内膜细胞的生理特征，让它们看起来像确诊的肥胖患者的细胞。“我坚信，这些研究正在引导我们走向肥胖的发育起源。”她说。

微生物学家戴维·米尔斯（David Mills）和同事通过婴儿尿布中特定分子的存在，成功预测了婴儿是母乳喂养还是喝配方奶粉的。喝母乳的婴儿在人乳中接收到了寡糖，它是双歧杆菌的天然益生食物来源。米尔斯的实验室开发了一种试纸法来测量婴儿尿布中未被吸收的寡糖量，这种方法或许可以扩展到成人粪便样本上，作为一种衡量人们消化纤维程度的简单方法。他的研究团队还发现，肠道中双歧杆菌水平较高的儿童，他们有关抗微生物药物抗性的基因水平则比较低，这可能是因为爱好乳汁的居民产生了酸性物质，可以降低pH值，阻挡住那些耐药微生物的脚步。

贝里和她的“蓝屎”研究人员将某些细菌物种与较长或较短的肠道转运时间进行了分组，他们发现，特定微生物的相对丰度可能有助于预测蓝色染料何时再次出现。屎也可以提供有关人类认知和免疫发育的预测线索。在1岁儿童的肠道微生物组中，美国和加拿大的独立研究团队都发现，某些细菌的丰度相对较高，特别是来自拟杆菌属的细菌，与一年后神经发育的提高有关。在加拿大的研究中，在微生物组中存在更多拟杆菌的1岁男孩，显示出了后续更好的大脑发育迹象，特别是在他们的认知和语言能力方面。如果这种关系得以证实，细菌的好处可能来自拟杆菌门产生的一种被称为鞘脂的分子，这些分子在神经元的细胞膜上发挥着关键的结构作用，并在支持大脑发育上起到了调节作用。但为什么只有男孩？目前还不清楚，但一些研究表明，相比于女孩，男孩的肠道和大脑之间的沟通可能对早期肠道微生物组的破坏更为敏感。

林奇和同事通过检查一个月大婴儿的粪便样本中的肠道微生物组，在婴儿粪便中发现了过敏风险的标志物，并成功预测了哪些孩子会在2岁前出现过敏、在4岁前患上哮喘。正如戴维的研究认为的那样，这些标志物已经超越了简单地暗示某些细菌物种牵连其中。林奇的研究团队已经开始发现一些由细菌制造的单个分子，它们似乎是驱动免疫功能紊乱的因素，让儿童容易过敏和患上哮喘。

抗原，也就是粘在细胞和病毒颗粒外表面的蛋白质，就像我们在生活中接触到的每个微生物的识别标签。一种假设认为，如果我们在早期没有遇到过一些抗原，就不太能区分是敌是友，免疫系统最终可能无意中对无害的细胞或抗原作出过度反应，攻击它不该攻击的东西。反过来，这种过度反应可能会让我们容易患上自身免疫病，比如类风湿关节炎和溃疡性结肠炎。一些研究表明，细菌的代谢物同样会影响我们免疫细胞的功能。林奇说，这意味着，我们吃什么也很重要，因为饮食是一种重要的因素，决定了哪些微生物在肠道内定居，还有它们在那里的行为。

正如我们所见，环境的影响可以从子宫内开始。长期影响的一个例子是，怀孕期间使用烟草和抗生素可以改变母亲的微生物组，并改变细菌产生的分子，这些分子会影响婴儿的过敏和哮喘风险。在一项研究中，林奇和同事发现，过敏和哮喘风险很高的新生儿胎粪中的微生物组，与健康、没有哮喘和过敏的父母所生孩子的微生物组存在显著差异。“因此从一开始，那些种子，那些定植于系统中、训练免疫反应，并影响存在的人类细胞生理机能的第一批物种，在那些高风险与低风险的儿童中是不一样的——事实上是截然不同的。”她说。林奇认为，婴儿的环境，也就是他们在生命早期所接触到的一切，进一步决定了哪些微生物将在他们的肠道中定居，哪些又将远离他们。

例如，研究表明，剖腹产而不是阴道分娩，以及婴儿配方奶而不是母乳，都会使微生物组向着增加哮喘和过敏风险的方向发展。高风险的孩子似乎在积累环境中微生物的能力方面有所延迟。林奇和同事认为，这种被改变的微生物组可以驱动炎症，强烈地选择反对其他那些试图在肠道生态位中定植的微生物。“能定植下来的微生物可以承受炎症反应，它们往往是病原体。”她说。最初的定植者接着可以决定哪些其他物种将被阻止，哪些被允许在微生物组的发展过程中加入它们，从而塑造这个肠道生态系统的早期环境。当早期的微生物定植者及其产物共同训练着孩子的免疫系统时，这个关键的发展窗口可能为终生的健康结果设定好了轨迹。林奇发现，接触更广泛的微生物多样性的婴儿，似乎得到了更多的保护，风险也就更低。

她的研究让她确信，我们的微生物居民是我们复杂关系的真正驱动因素。她告诉我：“我认为，说到底，我们只是在一个微生物环境中生存的生物实体。”但她的研究同样提出了一种耐人寻味的可能性，那就是，我们或许能通过重新设计高风险婴儿发育中的肠道环境来操纵那些操纵者。举个例子，促进具有极高影响力的关键物种的定植，可能会改变早期微生物组的其余部分，并适当地训练免疫系统。

某些物种可能一起工作，产生塑造免疫功能的小分子。“我们把它视作人类健康的变阻器。因此，如果你能弄清楚微生物和宿主免疫之间的密切关系，就有了一根相当令人难以置信的杠杆，可以将系统转变成特定的状态。”林奇说道。换言之，我们或许可以破解我们的微生物如何调节免疫系统的代码，并重新校正表盘或杠杆。“所以这的确是一种截然不同的思维方式。”她说。这对我们的生态系统是一种更全面的看法，它考虑到发生在肠道的事情如何影响到肺部免疫细胞的反应，以及发生在生命早期的事情如何塑造多年之后的疾病风险。

基于他们的研究发现，林奇和同事尼科尔·基姆斯

（Nikole Kimes）共同创立了一家名为“种子治疗”（Siolta Therapeutics，“Siolta”是盖尔语中的“种子”）的生物技术初创公司。林奇说，这家初创公司正在进行基于微生物组的药物的临床试验，包括一种由三个细菌物种组成的口服疗法，这种疗法可能帮助那些哮喘和过敏风险很高的婴儿的肠道得到重新播种。林奇承认，严格的试验和随访将很有必要，确保种子治疗公司的干预措施在科学上和医疗上都是可靠的。“你可能会获得短期好处，但也许还有长期赤字。”她说，“我们需要考虑那种长期影响是什么。这不是你能草率对待的东西。”

*

胡乱修补我自己的肠道微生物组风险没那么大，但我意识到了，我对自己的肠道居民知之甚少，这让我心存敬畏。在2021年的夏末，杰夫和我决定一同进行一种大流行中的饮食，开始增加我们每天的果蔬摄入，同时降低酒精、面包和精制糖的摄入。经过4周鼓舞人心的成功，有规律的排便，以及差不多每天一杯酸奶，我觉得这将是一个很好的时机，再次尝试有诱惑力的纤维，还有一种略微缓和版本的每日益生菌药丸，其中包含10种菌株，但没有添加菊粉。我早上服用益生菌，晚上服用纤维，第三次尝试肯定会有效果，并将我的饮食游戏提升到一个新的水平。

实际情况是，尽管绿叶蔬菜和其他健康的食物成功让我瘦了身，但我的结肠引擎在早上需要更长的时间来启动，我屎的体积也缩小了。每天服用的益生菌和酸奶，可能让我的肠道变得多样化，但它们对舒缓排泄并没有什么作用。关于这点，有诱惑力的纤维也是如此。因此，我又开始用马桶垫脚凳，这似乎对最初的交付很有帮助。我没有一直拥有那种像跳水“咻”的一般的、独角兽奶油一般的，或者干净且迅速的肠道运动。但也许，我并不需要那样。我感觉更好了，因为我吃得更好了，而且我的产出仍然以合理的可预测模式出现。像我一样，戴维一直在想，市场上所有肠道益生菌和补充剂应该从何开始，他的实验室因此招募了志愿者进行临床试验，来研究6种已有的纤维补充剂。研究人员通过测量丁酸盐的相对产量，来评估肠道微生物组对每种补充剂的反应，丁酸盐是一种由纤维发酵细菌制造的代谢物，也是结肠内膜细胞的关键能量来源之一。“我们的发现是，比个人选择的补充剂更重要的是他们先前的饮食。”他说，“无论你选择哪种补充剂，对你的微生物组如何反应更有参考价值的是，你是否在采用一种富含纤维的饮食。”

戴维说，他注意到，微生物组研究中的许多信息，与几十年来合理而直接的健康建议是一致的，比如“多吃蔬菜”。桑嫩伯格对富含发酵食物的饮食的研究，同样和长期以来的智慧不谋而合：辛奇、开菲尔和酸奶对你有好处。不过，研究可以为直觉的建议加上一种科学的理由。“不管怎么说，如果健康饮食是目标，也许这是种为一些人带来改变的方法。”戴维说。

在我自己追求更好的健康状态的过程中，最有用的应用程序、检测和补充剂都做了同样的事情，那就是让我更在意我吃进身体的东西，还有从身体里出来的东西。常识没那么吸引人，你无法把它装在瓶子里高价出售。但我在直觉的发现中获得了一种乐观的心态和宽慰的感觉，那就是，那种部分反映在更好的屎上的更健康的状态，其实更依赖于感受能力，而不是微生物组和饮食或者每天摄入的完美补充剂的神奇组合。

在寄出我的“弗洛尔”检测的工具盒两周之后，我收到了一封电子邮件，说我的微生物组检测结果已经出来了。我发现这些结果很吸引人、令人费解，而最终让人幡然醒悟。我的肠道整体平衡有74分，这似乎有些武断，但我注意到了指示的针尖在量表的绿色部分（优秀），而且高于其他90%的太阳基因组公司的客户，这让我有点骄傲。但这到底意味着什么？一张列出了我所有的微生物及其相对丰度的图表提供了一些线索，但它也表明，人类肠道微生物组究竟有多复杂和多变。仅仅两个细菌物种，就占据了我肠道菌群的四分之一，8个物种占到了总数的一半，但测序一共发现了189个物种。最重要的一种，也就是发酵纤维的普拉梭菌，对我的总贡献率超过13%，略微高出了大多数客户的1%—13%的这个相当大的范围。我还拥有其他一些发酵专家，比如直肠真杆菌。

在健康和营养建议的部分，报告还是认为我的肠道内拟杆菌物种的相对丰度表明，我的饮食中饱和脂肪含量过高。在我成功降低了脂肪摄入量的6周后，我对这个建议有点怀疑，并对这家公司会提供什么来改善我的“健康肠道比率”保持警惕，因为太阳基因组公司也提供个性化的益生菌。报告的确发现几个益生菌物种已经定居了下来（它说“再接再厉”，这呼应了我的一个大便追踪应用程序）。其中一种嗜热链球菌

（*Streptococcus thermophilus*）可能来自我早餐常吃的酸奶。更令人惊讶的是，其他很多物种完全不存在，包括我正在服用的益生菌补充剂中的所有10个物种。这些物种要么没有活力，要么即使是作为临时居民也没能适应我的肠道。

我的绝大多数肠道物种是被认为对微生物组具有良性影响的共生微生物，但它们中的大多数仍然没有得到很好的描述。我有少量大肠杆菌，尽管这种潜在的病原体性质多变，但我莫名觉得有些高兴，因为我已经研究这个物种很久了。我还容纳了少量的古菌物种史氏甲烷短杆菌（*Methanobrevibacter smithii*），它可以消化一些细菌发酵残余物，并产生甲烷。接着，报告急转直下。在不利微生物的短列表上，我看到了一个熟悉而令人不安的名字——艰难梭菌。在写了这么多关于*C. diff*的恐怖故事之后，我震惊地发现这种病原体被列为了我自身肠道中的居民，占我微生物组的0.6%。显然，我是个无症状携带者，在被这种微生物定植后没有产生不良的后果。我想不通自己是如何接触到这种微生物的，我惴惴不安地得知自己可能被定植了几个月。当我与两位微生物组的研究人员谈及此事时，他们毫不惊讶。一位来自“弗洛尔”检测的科学家告诉我，鉴于医院、诊所和医生办公室里的细菌芽孢无处不在，她反而很少看到没有*C. diff*的报告。微生物生态学家肖恩·吉本斯（Sean Gibbons）也同意，他认为，健康人通常携带着低丰度的这种病原体。(尽管公布的估计值差异很大。一项日本研究报告称，120名无症状志愿者的定植率为17.5%。）吉本斯解释说，我没有症状，意味着我的共生微生物群落的生态环境在控制它，就像一个种植花园挤掉了杂草一样。

在和林奇的一次谈话中，她将伊利湖中藻类过度生长比作人类肠道中的干扰。她告诉我，她总是通过生态学的框架来看待人类的健康和疾病，还有我们与微生物组的关系：无论是在湖中，还是在肠道里，复杂的生态系统是如何发展并应对干扰的，它们的复原能力是什么？与营销人员经常向我们推销的快速修复方法相比，这是对健康和发育的一种更细致也更复杂的观点。

在沃顿关于便秘的历史著作中，他写道，19世纪末和20世纪初的医生在预防建议方面很慷慨。即便如此，“建议多吃水果、蔬菜和全麦食品，更积极地锻炼，并始终对自然的清晨排泄呼唤迅速做出反应，对许多人来说，这些建议似乎比他们愿意做的需要更多自律和牺牲。公众为自体中毒而焦虑，因此很容易成为各种抗便秘食品、药物和装置推销者的猎物”。一个多世纪后，当现实情况更糟时，基于肠道和屎的检测激增，同样可以投射出一种对简单答案的妄想，以及对是好是坏的过度简化的价值判断。相反，戴维说，对微生物组采取保护主义的方法，并思考如何管理我们自身的内部生态系统，或许有用得多。

我想起了环境作家艾玛·马里斯（Emma Marris），她在《喧闹的花园》（*Rambunctious Garden*）中提出，作为这颗星球上最有影响力的生物，我们已经从根本上改变了甚至最偏远的风景。我们已经破坏或者摧毁了许多环境，这是不争的事实。但我们也把自己和想象中剩余的尚未开发的荒野拉开了距离，不理解我们的命运已然交织在一起。她写道，“我们把自然从自己身边隐藏起来”。她认为，保护剩下的东西需要一种混合的策略，我们要接受自身作为周围世界变革的推动者的角色，也要勇于承担我们作为一个半野生巨型花园的守卫者的责任。

一直以来，叫卖的商人和阴谋家设想的肠道是一个黑暗、危险、令人厌恶的地方，其中充斥着毒物和腐败。它是一个充满毒素的下水道或者管道，这些毒素需要被清洗并排出。但是，如果它更像一个半野生的花园，也许现在是时候让我们都成为尽职尽责的园丁了。如果有科学背书并被理性地使用，应用程序、检测和补充剂都可以帮助指出不平衡和问题点，但它们无法替代照料我们内部菌群的那些苦差事。屎里的一些复杂模式，显然需要更多研究才能破译问题的迹象。至于其他的，我们已经有了自己的感官和感觉，可以留心观察漂浮在厕所里的一阵阵信号。最好的是什么？我们自身内置的技术永远不会过时。

第六章　监　测

7月一个多云的早晨，我们在华盛顿塔科马东莱特大道和东T街的拐角处附近，开始了对凶手的追踪。我们经过一辆停在路边的温尼贝戈牌房车，它的侧窗上挂着一条蓝绿相间的西雅图海鹰橄榄球队的毯子，当作免打扰的窗帘。接着来到了塔科马一处最贫穷社区的大型集水系统的底部。

我和其他人在一座公路立交桥下的维修井盖前停了下来。估计有15000—18000位城市居民的废物流经下水道的这一处，我们希望躲在里面的刺客会暴露它的存在。市政府环境技术员史蒂文·乔治（Steven George）用一根金属钩子掀开了井盖，然后打着手电筒照向下面阴暗的地方。他的同事哈利·阿布鲁斯卡托（Haley Abbruscato）已经在忙着把折起来的工业用纸巾绑在一根叫作“长臂先生”的延长杆末端，做成了一种超大号的棉签。

监督侦察任务的本科生研究员凯西·斯塔克（Casey Starke）向着井里望去，寻找一些合适的堆积物供阿布鲁斯卡托采样，并挑选了水流上方的一处小型水泥台。他说，下水道系统中的问题点，类似突出的部分和直角转弯，往往会累积下固体物质，成为主要的采样地点。确定了目标后，阿布鲁斯卡托把长杆向下送，直到触到了表面，然后缓慢地转动，得到了她要的样本。然后再往上拉，她显然已经击中了目标。

斯塔克打开一个透明的塑料工具箱，它也被当作一个便携式试剂盒，里面有蓝色手套、无菌棉签和一盘仔细标记过的聚丙烯试管，试管中装满了既能灭活新冠病毒、又能保存其中遗传物质的缓冲液。当他用棉签轻轻擦拭长杆上被污染的拭子，然后将样本转移到一根试管时，恶臭完全穿过了我们的口罩。“这是个非常浓郁的地方，不是吗?”他若无其事地说道。

“确实。”阿布鲁斯卡托同意。

“但很遗憾，这恰好和好的样本类型紧密相关。”他说。

“所以越浓郁越好?”我问道。

“对，不幸的是，这就是我要打交道的东西。”

“通常情况下，你要选那些油腻、讨厌且黏糊糊的东西，”阿布鲁斯卡托解释道，“所以，如果闻上去相当难闻，它可能就在里面。”这里的它，她指的是下水道里的杀手。不是斯蒂芬·金（Stephen King）邪恶的想象中的那种可怕的小丑，[①]而是一种更凶残的反派，那时，它已经摧毁了超过138000位美国人。

斯塔克是一位有志向的医生，他对流行病学有着浓厚的兴趣，当时正在一家名为RAIN恒温箱（RAIN Incubator）的非营利性生物技术初创公司担任志愿者。这个试验性项目将帮助确定这个团队能否在塔科马市的两家污水处理厂和其他五个战略

① 斯蒂芬·金写过一部名为《它》的惊悚小说，反派主角是一只躲在下水道里、猎杀儿童的小丑。——编注

点上准确探测出新冠病毒的遗传物质，并将标志性的趋势与这个县的新冠病例热图[①]联系起来。它的目标是将检测结果与社会经济数据相结合，指出最脆弱的热点地区，帮助公共卫生官员确定更多资源将用于何处。研究人员安排好了他们的工作，但如果试验性项目证明了自身的价值，城市可以被进一步细分为更多区域，这些区域的污水被输送到30多个泵站，从那里可以轻易地收集污泥。“这就是为流行病学准备的。”斯塔克这样说。

正如你的屎可以揭示你的肠道内发生了什么一样，一个社区的大便样本也可以阐明所有人口中可能潜伏的东西。由于迫切需要更好地应对一种毁灭性的全球大流行，基于污水的流行病学的发展，可以建立方法和基础设施用来追踪其他致命病原体和危险药物，比如高成瘾性的阿片类止痛药，这些药物已经助长了一场同时发生的流行病。2020年春夏，全球各地的城市都准备好了在下水道中阅读这些故事，成百上千位研究人员达成共识，认识到一种相对低技术的监测方法，或许会给他们提供一种关键的早期预警。

事实上，先例早在80多年前就有了。1939年夏天，脊髓灰质炎在世界各地肆虐，耶鲁大学的一组调查团队开始在三个出现大规模流行的城市进行了试验，分别是南卡罗来纳的查尔斯顿、密歇根的底特律和纽约的布法罗。他们之前曾试图在费城1932年的一次流行中确认污水中存在脊髓灰质炎病毒，并于

---

① 热图（hot map）是一种数据可视化手段，它通过颜色的变化来呈现数值大小。——编注

1937年在康涅狄格的纽黑文再次尝试，但没能成功。

但这一次，他们掘到了金，先是在7月，他们从查尔斯顿的一个泵站采了样，这个泵站收集了来自一处重灾区以及附近隔离医院的污水。在当时粗略的确认性实验中，研究人员用污水样本接种了两只恒河猴，结果它们都患上了脊髓灰质炎。为了证实他们的发现，研究人员用患病动物中枢神经系统的组织来接种其他猴子（偶尔还有实验室的其他动物），它们接二连三地出现了脊髓灰质炎的临床症状。就像在人体内一样，病毒通过发烧、脊髓病变和急性弛缓性瘫痪（手臂、腿甚至肺部出现的一种快速发展的无力或瘫痪）发出信号，表明自己存在于猴子体内。那年夏天晚些时候在流行病减弱时进行的测试，以及在秋天进行的测试，结果都变回了阴性。

在底特律，研究人员首次成功对来自一栋建筑物的污水进行了检测，他们从一家隔离医院下水道的一处地下室存水弯中采了样。在8月到9月的三个时间点上，他们在猴子身上的接种试验，证实了传染性的脊髓灰质炎病毒的存在。这个团队还首次将污水检测的阳性结果，与医院隔离病房中同时出现的脊髓灰质炎病例总量进行了比较。尽管布法罗的流行仍在持续，但调查人员在那里不太走运。他们从一个污水处理厂收集到污泥用以接种猴子时，无意中证明了这种早期实验血淋淋的残忍，以及污水中其他毒素和病原体带来的危险。作者指出："事实证明，污泥材料具有相当强的毒性，接种了相对较小剂量的两只猴子都迅速死亡。"还有10只猴子在这一系列实验中死于细菌感染。

但是，科学家也证明了，一种致命的病毒可以通过社区的下水道被追踪到，其他研究人员很快就注意到了这一点。“当我们得知这一发现时，似乎有必要验证它。”瑞典的一组研究团队这样写道，同年，他们在斯德哥尔摩暴发疫情时开始检测城市里的污水。科学家在当年10月收集的样本中探测出了脊髓灰质炎病毒，不仅通过它验证了先前的结果，而且发现这种病毒可以在数周时间里保持毒力。污水沉积物在约39华氏度的环境中储存了两个月后，科学家用它成功感染了恒河猴。作者认为，未经消毒的污水成了迫在眉睫的公共卫生威胁，越来越多人认为脊髓灰质炎是一种水传播的疾病。“因此，在小儿麻痹症[①]流行的时期，我们必须考虑到污水是一个重要的感染源，疾病可以由此传播到更广大的地区。”他们写道。

但是等一下，一位法国研究人员回应道：“那么，像下水道老鼠这样的动物媒介呢？”瑞典科学家带着一丝斯堪的纳维亚的幽默，完全拒绝了这个建议：“当然，如果考虑到巴黎下水道的某些地方盛产老鼠，这个想法可能看上去有点道理。”但他们断言，在斯德哥尔摩下水道系统的封闭排水管中，“老鼠肯定无处藏身，更不用说繁殖了”。对于最近被称为“斯堪的纳维亚的老鼠之都”的这个地方的居民和瑞典广播电台的听众来说，这确实是个好消息，因为这家电台警告说，斯德哥尔摩的创纪录老鼠入侵，部分是由那些“有开拓精神的”老鼠促成的，它们通过下水道管道的“保护性环境”进入了居民家中。

---

① 脊髓灰质炎的另一个名字，即由脊髓灰质炎病毒引起的急性传染病。

瑞典研究人员同样错误地否定了昆虫可能是媒介的观点："即使有过，这些节肢动物当然非常不愿意在准备产卵时寻找污水这样的载体。"但正如我们从马克·贝内克的法医昆虫学中看到的那样，事实恰恰相反。在这些错误的观点中，作者还提出了一则重要概念："一种可能性假设，有大量健康的病毒携带者生活在被感染的排水区域内——那里也是污水的来源。"如果认为这种可能性比一种生物（也许是一个单细胞的原生动物）以某种方式让病毒在下水道中繁殖的可能性小得多，无声暴发的想法就产生了。

约瑟夫·梅尔尼克（Joseph Melnick）是病毒学、环境监测和脊髓灰质炎疫苗研究的先驱，他在1947年的一篇论文中，给污水在疾病传播中发挥直接作用的观点泼了冷水。但他倡导的观点是，确定下水道中是否存在具有毒力的脊髓灰质炎病毒，也就是一种"是或否"的二元信号，可以提供关键的流行病学信息，说明它是只在流行期间存在，还是一直存在于城市环境中。科学家现在知道，每200个脊髓灰质炎感染者中，只有1个会导致瘫痪。即便如此，这种病毒可以在有症状和无症状的携带者的肠道内高效复制，并传播给摄入了带有病毒的粪便颗粒，或者通过受污染的食物或水间接接触病毒的其他人。在下水道里，即使没有明确的病例，病毒的迹象也能追踪到当地暴发的起伏。

2021年，脊髓灰质炎仍然在巴基斯坦和阿富汗流行，这两个国家是这种疾病的最后阵地，几十年来，它一直顽强地抵抗着人们为了从地球上完全消灭它所做出的努力。但是，脊髓灰质炎的周期性暴发也袭击了其他国家，这些暴发来自野生病毒，以及一种特别的病毒形式，它偶尔能从用被削弱的活病毒制成的口服疫苗中逃逸。自1989年以来，以色列一直在针对脊髓灰质炎进行基于污水的环境监测，他们每个月在全国各地的标记地点收集并检测样本。2013年5月，污水监测人员发现了野生1型脊髓灰质炎病毒的迹象，这是自1988年以来在以色列首次检测到这种病毒。调查人员很快追踪到了南部城市拉哈特的无声暴发，这座城市是该国最大的以贝都因人为主的社区。公共卫生官员发起了一场疫苗接种运动，疫情在2014年得以平息。然而，在6个多月的时间里，在社区中估计有60%的易感个体已经感染，他们主要是10岁以下的儿童。

以色列和其他地方的监测系统也不得不考虑那些免疫力低下的个体长期排出的脊髓灰质炎病毒颗粒，因为这些人无法完全清除肠道感染。截至2019年底，世界卫生组织统计了近150起长期排出病毒的案例，这些个体通过减毒疫苗感染了脊髓灰质炎，也成了潜在的疾病库。在一个极罕见也相当惊人的例子中，研究人员追踪了一名英国男性，根据最后的统计，他在30多年里一直通过屎不断排出具有毒力的脊髓灰质炎病毒颗粒。

基于屎的监控能够勾勒出饮食、疾病，甚至吸毒习惯的轮廓，这显然带来了一些伦理问题，那就是，谁该知道我们携带的东西，什么时候公共利益大过个人隐私。不过，总的来说，检测污水可能提供一种匿名的手段，但监测手机使用和个人健康数据却不会。RAIN恒温箱公司的创始人戴维·希施贝格（David Hirschberg）告诉我，因为屎的价值被广泛低估了，人们更有可能同意监测污水样本，而不是血液样本。正如他所说，“我认为人们已经受够了他们的大便”。

大约四成的新冠病毒感染者通过他们的粪便排出病毒，这有可能让灵敏检测（样本来自汇集的污水）有能力探测出少数本来可能不被发现的病例。样本被送到实验室进行检测，几个小时后就可以得到结果。多位研究人员一致认为，与临床确诊的新冠病例相比，每天的污水检测可以为社区内的病毒探测提供大约一个星期的先机。当然，这种监测需要公共的污水处理系统，而超过五分之一的美国家庭使用了私人化粪池系统。不过，类似的汇集检测在游轮和商用飞机的污水样本上也能奏效。

例如，一组丹麦的研究团队在飞抵哥本哈根的18架国际航班的卫生间垃圾中，检测到了多种耐抗生素基因。研究人员在来自南亚的航班上发现了更多肠道沙门氏菌（*Salmonella enterica*）和诺如病毒的证据，而在来自北美洲的航班上则发现了更多*C. diff*的证据。除了对监测新出现的疾病和耐抗生素病原体的传播有显著影响，这种监测还可以帮助科学家估计特定微生物在来源城市的流行程度。反过来，检测来自飞机、船舶和建筑物的屎，可以促使后续检测并识别已感染的个体。在敲响病毒无声暴发的警钟之时，我们还需要仔细考虑，如何在促进公共卫生和保护隐私权之间取得适当的平衡。

基于污水的流行病学的核心，是一种达到目的的手段。它是一种工具，当然是一种有效的工具。但它是决策途径的起点，更多依赖于我们愿意做什么，而不是我们能看到什么。如果我们无视警告，或者没能利用好它来阻止那些本可以预防的事情发生，那么信号就毫无用处。我们是否会投资那些识别全球威胁所需的长期规划和基础设施，是否会投入精力进行那些为获得公众对下一步行动的信任所需的道德讨论？我们是否会为了保护那些最脆弱的人而给自己添麻烦，并认识到，对一个人的长期威胁其实就是对所有人的威胁？然而，我们自己的大便又一次在建议我们如何生活在这个世界之中，而不是脱离这个世界。我们是否这样做，完全取决于我们自己。

*

2020年1月21日，CDC宣布了美国第一例最终被称为“COVID-19”的疾病的确诊病例，患者是一位30多岁的男性，他最近从中国武汉旅行回到了美国华盛顿西部。那天下午，我在西雅图四处奔走，为《每日野兽》（*Daily Beast*）进行一项采访，寻找公众担忧的一种最初迹象：人们有没有在抢购口罩？他们确实在抢购。有几家药店的口罩已经销售一空，我和一位来自中国的女性聊天，她正在沃尔格林超市为她的女朋友买最后一批口罩，她的女朋友很快就要回成都了。我们知道接下来发生了什么：亚洲和欧洲的可怕场景，与美国表面上的暂时平静形成了对比，这种平静是因为美国官方确信，一些零星的看似孤立的病例都是和亚洲有直接联系的人。

然后到了2月底，这种流行病在西雅图地区一下子就进入了公众视野。一位高中生和其他病例都没有已知的联系，还有一位从韩国回来的女性。位于柯克兰郊区的一家名为生活护理中心（Life Care Center）的疗养院也暴发了疫情，到3月中旬，它被确认与167例确诊病例、35人死亡有关。这些早期诊断中有几个病例是偶然发现的：高中生的病例是由西雅图流感研究的研究人员发现的，他们改变了方向，开始对收集的样本进行新冠病毒检测，而其他病例则引起了柯克兰郊区常青树健康医院（Evergreen Health Hospital）的一组持怀疑态度的感染控制团队的注意。

但正如后来震惊的研究人员发现的那样，这种病毒可能已经在华盛顿西部悄悄地盘旋了三周到六周，直到它接触到了一群相当脆弱的人，才再度现身，大肆报复。计算生物学家特雷弗·贝德福德（Trevor Bedford）及其同事使用基因组测序数据表明，疫情暴发可能是在1月底或2月初，源自另一次悄无声息的病毒引入。据贝德福德估计，到3月1日，西雅图地区已经有1000到2000例活跃病例，但州政府官员只确认了13例病例。

多种因素造成了这种令人震惊的滞后。假设检测结果是准确的，只有那些通常因为出现症状接受检测并且结果呈阳性的人，才会被官方确诊为新冠病例。CDC早期的失策耽误了推广大规模的基于PCR（聚合酶链反应）的诊断，而严格的病例定义意味着，只有去过媒体聚焦的部分地区且有症状的人才会被认定为高危人群，才需要在他们身上检测一种早已传遍全球的病毒。流行病学家最初认为，感染的人直到开始出现症状时才会传播新冠病毒，这通常是在接触病毒后的几天内，但有时可能长达2周之后。但我们后来知道了，无症状的携带者往往仍有传染性，估计35%—40%的病毒感染者并没有症状，但同样能够将病毒传给其他人。当检测变得更加广泛，美国的实验室就开始应接不暇，检测的周转时间甚至长达2周，后来才加速到2天左右。

在世界各地，并行的研究都在寻找追踪这种病毒的其他方法。在荷兰，科学家报告，在该国第一例确诊病例出现后不到1周，就在三个市的污水中发现了新冠病毒的基因片段。3月初在阿默斯福特污水中的发现，比这里第一例确诊的新冠病例早了6天。除了早期确认，这项研究还提出了病毒浓度与病例的流行率相关的可能。

如同几十年前的脊髓灰质炎病毒探测一样，其他国家纷纷效仿。在意大利，罗马国家卫生研究院（National Institute of Health in Rome）的环境病毒学家朱塞平娜·拉罗莎（Giuseppina La Rosa）和伊丽莎白·苏弗雷迪尼（Elisabetta Suffredini）已经与同事合作了十多年，追踪污水中一系列致病病毒。甲型肝炎病毒、戊型肝炎病毒、诺如病毒、腺病毒，还有各种各样鲜为人知的肠道病毒，它们可能会也可能不会导致胃肠炎。拉罗莎告诉我，在新冠病毒之前，医生一直怀疑他们的环境监测是否有用。她和苏弗雷迪尼甚至发表了一篇论文，详细介绍了在医生报告在意大利患者身上发现诺如病毒的变异体之前，他们和同事如何使用存档的污水样本检测到了变异体。“临床医生对环境没什么兴趣。”她说。那么现在呢？“新冠病毒改变了一切。”

像其他病毒猎手一样，他们迅速转变方向，并在2020年2

月24日证实了该国从米兰收集的污水中首次出现了冠状病毒的迹象，这是在意大利第一位确诊的新冠病例出现3天后。此后不久，大流行在意大利北部肆虐，研究人员再次转向存档污水样本，这次是从2019年10月起来自米兰、都灵和博洛尼亚的样本。会不会有新冠病毒来到这片地区的更早迹象？拉罗莎和苏弗雷迪尼分别在不同的实验室领导各自的分析，对检测进行独立核查。他们的研究结果一起带来了一个惊人的结论：自2019年12月中旬以来，这种病毒一直在米兰和都灵循环，而自2020年1月底以来，它在博洛尼亚循环。这些结果刺激了一个试点项目的出现，来建立一个全国监测系统，帮助探测整个意大利其他地区病毒的无声暴发。

在西班牙，一家名为全球总额（Global Omnium）的自来水公司听说了荷兰的成功经验后，推出了他们自己的下水道监测系统。西班牙的系统很快拓展到20多个城市，涵盖1000多万人。与当时其他大多数策略不同的是，这个监测系统采用了塔科马RAIN恒温箱公司进行的那种详细采样。全球总额子公司追水（GoAigua）北美公司的首席执行官巴勃罗·卡拉维格（Pablo Calabuig）领导了构建数字仪表板的工作，这种仪表板几乎实时提供了来自约800个采样点的结果。一组由10位研究人员和技术人员组成的团队，每2—3天对样本进行一次病毒迹象的检测。在一次比较成功的干预中，监测团队将西班牙瓦伦西亚市细分为30个下水道库，部分基于污水监测的结果，官方在该市的特定地区采取了更严格的预防措施。

2月19日，在意大利米兰与贝加莫的亚特兰大俱乐部进行的一场欧洲冠军杯联赛中，瓦伦西亚足球俱乐部超过三分之一的成员，还有许多球迷，都不幸感染了病毒，大量最早的病例已经到达该市。大量来自贝加莫的支持者参与了这场被意大利媒体称为“零号竞赛”的比赛，它被广泛指责加速了意大利北部城市毁灭性的新冠暴发。贝加莫医院的一位肺病学家后来把这场比赛叫作“一颗生物炸弹”。一些弹片落在了瓦伦西亚，让这里的疫情恶化。

全球总额公司在花了几周时间调整并完善了公司研究人员早先用于检测诺如病毒的检测方法，之后于2020年5月初开始测试西班牙污水中的新冠病毒。卡丽娜·冈萨雷斯·塔沃阿斯（Carina González Taboas）是这家公司驻瓦伦西亚的一位环境微生物学家，她向我讲述了一切是如何快速推进的。她没怎么睡觉，时间变得很模糊。发布后，她成了电视上的一张熟面孔，因为她解释了检测策略的原理。

卡拉维格表示，当时的检测并没有表明病例的数量，但可以准确追踪并预示一段时间的趋势。试图量化各州各县的新冠风险水平的地图，通常依靠确诊病例的集中和增长轨迹。追水公司的监测平台基本上做了一样的事，但将污水检测结果与人口和收入数据结合，从而更准确地估计出一个社区的脆弱性。卡拉维格举了个例子，全球总额公司在西班牙的检测部门对疑似热点地区的养老院的污水采了样，其中出现的一个阳性信号促成了基于唾液的集中检测，帮助识别感染的个人。

西班牙大部分地区受到了第一波新冠病毒的严重冲击，并进入了封锁状态。卡拉维格介绍，由于瓦伦西亚采取了积极的方法，将激进的接触者追踪与有针对性的基于PCR的诊断检测结合在了一起，让这座城市避免了第二波最糟糕的情况，住院人数和流行率都低于该国其他许多城市。这次经验让他坚信，卫生官员应该对流行病的后续阶段采取单独的监测策略。在一个鲜有或者尚无已知病例的城市，在污水处理厂一级的频繁检测可能以最划算的方式尽快发现疫情。在疫情确认后，在城市中更多地点进行频率更低的检测，或许更有利于了解病毒的集中或扩散。

迅速发展的研究工作同样受益于药物探测方面的努力。在马萨诸塞剑桥市，玛丽安娜·马图斯（Mariana Matus）和纽沙·加利（Newsha Ghaeli）最初将研究重点放在检测下水道中的细菌、病毒和化学成分上。他们在麻省理工学院的研究团队被称为“地下世界”，团队制造了一系列便携收集机器人，它们被称为马里奥、路易吉和耀西，[①]最终带来了一家名为生物机器人分析（Biobot Analytics）的衍生公司。他们谨慎地对特定社区的“城市肠道”采样，希望以此探测出污水中的蛛丝马迹，评估当地人群健康问题的严重性，比如肥胖或者阿片类药物成瘾。在药物过量致死人数出现一次惊人的激增后，北卡罗来纳凯里市成了第一批使用生物机器人公司技术的城市之一，他们在社区层面追踪阿片类药物的流行情况。重要的是，这家公司有能力识别药物分解的产物，也叫代谢物，这让研究人员能够区分被冲进马桶的阿片类药物和摄入的阿片类药物。市政

① 均为日本任天堂超级马里奥系列游戏中的人物，马里奥是水管工人。

府官员随后利用这些数据，对他们的资金流向和政策举措进行了微调。

事实上，毒品侦探们正在多个城市磨炼他们的监测战术。在塔科马，研究人员对两座污水处理厂的污水进行了测试，找到一种（多通过尿液排出的）大麻的主要分解产物。在三年的时间里（其中大部分处在华盛顿州开始合法零售大麻后），科学家报告，大麻的摄入量增加了一倍，这让《西雅图时报》（*Seattle Times*）取了这个经典的标题——《麻呀》（Gee whiz）。2016年，欧洲药物和药瘾监测中心的研究人员，根据污水中检测到的药物代谢物，也揭示了各大城市的用药倾向。监测中心发布的《欧洲毒品报告》表示，“可卡因的使用在西欧和南欧国家似乎更高，而苯丙胺在北欧和东欧更为突出”。也许可以预见的是，这份内容广泛的报告引发了人们对“老大哥”在下水道中窥视的担忧，并引出了一些关于安特卫普和阿姆斯特丹等北方城市聚会习惯的笑话，在那些地方，摇头丸（术语叫MDMA[①]）的浓度似乎明显高于其他地方。

澳大利亚的科学家将他们格拉迪斯·克拉维茨[②]式的社区窥视提升到了一个新水平，他们通过检测代表6个州和地区的22家污水处理厂的进水，来绘制社会、人口和经济差异。研究得出结论，维生素、咖啡、柑橘和纤维摄入的生物标志物，与特定社区中更多社会经济优势相关，这些优势是由澳大利亚全国人口普查期间得出的几十种因素确定的。相反，阿片类曲马

① 即二亚甲基双氧苯丙胺。

② 电影《神仙家庭》（*Bewitched*）中的人物，喜欢窥视邻居。

多、几种抗抑郁药、一种抗惊厥药和高血压药阿替洛尔的生物标志物，则与更多社会经济劣势相关。在那些有老年居民的社区，他们发现，吗啡、两种治疗高血压的药物和一种抗抑郁药的浓度更高。多位“垃圾分析员”已经发现，根据人们扔掉的东西来收集有关家庭的私人细节是多么轻而易举。基于下水道的监测项目证明，在我们厕所里打转的字面意义上的数据垃圾(抱歉这么说)，也可以出乎意料地揭示社区和城市的样貌。

新冠病毒的猛烈冲击为不断发展的监测技术提供了一个重要的试验场，在一个新的舞台上证明了它的作用，这个舞台就是一场正在上演的全球大流行。为了发挥作用，污水信号必须可靠，并为卫生官员提供足够的早期预警，从而采取行动。然后，随着这种策略在世界各地取得成功，一个更大的问题迫在眉睫：这些警告会有什么用吗?

从2020年3月18日在波士顿郊区的一家污水处理厂收集的样本中，生物机器人公司报告了在北美的污水中第一次检测到新冠病毒。马图斯说，他们的结果表明，在感染过程中排出的所有病毒颗粒中，平均超过95%是在头三天里释放的。污水样本中的明确信号支持了这样的观点，那就是，监测提供了一种新病例的超前指标。这一发现接着引出了一个问题：这种方法是否能量化有多少病毒释放到污水中，以及这一数量是否能揭示出感染者的人数。生物机器人公司最初的粗略计算估计，对于一个当时报告了446例确诊病例的地区，真正的数字可能是2300到115000。

污水处理厂可以提供污水的流速，检测病毒基因的PCR检测能帮助估计样本中的病毒浓度。但马图斯承认，感染者的屎中的病毒平均浓度的不确定，是造成病例估计不确定性的主要原因，而且这一点在大流行开始时还不是众所周知的。在一个代表性人群中进行实验测量或许能降低这种不确定性，但这需要对这些人有相当深入的了解，包括谁感染了，谁没有感染。从较小的区域收集信息来改进信号也需要权衡利弊。污水处理厂的工人知道如何收集进水或污泥的样本，他们也可以为基于污水的监测做同样的工作。马图斯说，在下水道沿线的特定地点采样，可能会提供更高的粒度，但也需要更多资源。

在证明了这种病毒至少可以被探测出来的基础上，生物机器人公司开始处理来自美国各地的咨询。这家公司进行了一项无偿检测活动，来自42个州的约400家污水处理厂参与其中，这项活动证明了它能可靠地测量来自不同地点的病毒，并向各自所在的社区提供有用数据。2020年6月，生物机器人公司推出了针对新冠病毒的商业污水检测服务。“反响惊人。”马图斯在7月中旬告诉我，150个社区已经加入。外部世界已然放缓了脚步，但她的公司却前所未有地忙了起来，公司规模已经翻了两番，这种经历虽然有些不真实，却非常激励人。她说，突然间，“人们理解了废物和污水的力量，以及我们如何利用这种非常丰富的数据来源，而这些数据正是由每个人每天每时每刻自然产生的”。

*

RAIN恒温箱公司的总部曾经是一个流浪人士收容所，如今容纳了多个实验室和工作间，我在二楼会议室里见到了希施贝格和他亲人的狗莫比。希施贝格告诉斯塔克，在收到一艘阿拉斯加渔船船主的咨询后，他正好在仔细研究海商法。这家公司对船上国际船员的污水检测很感兴趣，而海商法规定，虽然个别工人不能在海上进行检测，但他们的集体废物却可以。当他们靠岸时，任何阳性信号都会促使对他们进行后续检测。

希施贝格说，与大规模的个体检测相比，污水监测对传播趋势有更少偏见，因为每个人都会拉屎，监测可以从那些无症状或者无法获得医疗服务的人群中获取大量数据，否则这些数据就会被隐藏起来。希施贝格说，这种优势对塔科马市的一些很大程度上被种族隔离的社区或许非常关键。在整个美国，新型冠状病毒感染对非裔美国人、原住民和拉丁裔居民的杀伤力过大。后来的一项国际研究表明，累计死亡人数让美国男性的预期寿命缩短了两年多，是研究囊括的29个国家中缩短幅度最大的，这种惊人的缩短主要是因为劳动年龄段的男性死亡率较高。希施贝格说，从公平的角度来看，在服务水平低下的社区检测污水，可能会绕过缺乏资源的问题，带来更及时的警告。

莫比悄悄走过来让我摸它时，希施贝格说道，他还没有向政府官员推销他的非营利性实验室的环境监控的价值。但他至少已经获得了市政府在收集样本方面的帮助，并希望这个试点项目能帮助改变人们的想法。希施贝格是经验丰富的老手，他在多家分子生物学和诊断实验室工作过，曾和其他病毒猎手一起测试HIV和其他主要病原体。2002年首次出现的严重急性呼吸系统综合征（也叫SARS），他也参与了研究，他从中了解到，新冠病毒同样可能会被排进污水中。他和RAIN当时的科学发展负责人斯坦利·郎之万（Stanley Langevin）都引用了一项著名调查，在这项调查中，科学家将中国香港淘大花园公寓楼的SARS大暴发追溯到了存在缺陷的管道系统。研究人员确定，气溶胶化的粪便物质，通过地漏被传回了一户居民的浴室，然后进入附近的通风口，病毒从那里传播到了其他户。截至目前的研究表明，屎和污水中的新冠病毒颗粒的危害要小得多。尽管病毒RNA（核糖核酸）能在污水中持续存在，而且通过被污染的粪便传播的可能性也还没有排除，但研究人员尚未发现任何明确的证据表明这种病毒可以通过污水在人与人之间传播。

希施贝格对RAIN公司这种东拼西凑的DIY精神感到自豪，他们从零开始建造设备、翻新老旧的机器、培训学生成为相当机敏的人。"我们做的是蓝领生物技术。"他说。当这家非营利组织转向新型冠状病毒研究时，他的团队开发了自己的病毒RNA和抗体检测。前者依赖于一种机器驱动的超灵敏复制过程，被称为聚合酶链反应，也就是如今无处不在的PCR。这也是实验室用来诊断人是否感染新冠的那种检测。一旦研究人员对像新冠病毒这样的病毒的遗传物质进行了测序，他们就可以选择有代表性的基因或者遗传区域，并设计出小DNA片段，像尼龙搭扣那样粘在它们上面。它们被称为引物，这些引物让拷贝机器能大量制造出所选序列的多个副本。如果数量足够，拷贝过程就能确认病毒的存在，或者至少确认它的遗传物质的存在。因为新冠病毒使用单链RNA而不是双链DNA作为遗传密码，所以还有一个步骤是将RNA转换成DNA，以便PCR机器正确读取它的序列数据。

自从RAIN团队于5月中旬开始在塔科马的东T街位点进行测试以来，每周都有阳性结果（截至10月初的5个月时间里，它只带来了一个阴性结果）。在污水处理厂，灵活的工人提供了从大型沉淀池底部沉淀的污泥中提取的粪便样本，而斯塔克和市政雇员起初在城市的其他地方，通过对下水道中流动的污水采样进行检测。然后，在与郎之万讨论样本的脂质黏稠度时，出现了灵光乍现的关键一刻。研究人员意识到，病毒的脂质外壳很可能黏附在脂肪、油和油脂团块上，这些臭名昭著的FOG（即脂肪、油和油脂）会形成堵塞下水道的油脂块，它们常常让环卫工程师头疼。这些臭气熏天、令人生厌的小块可能像陷阱一样捉住并集中病毒碎片，郎之万认为他可以从这些污泥的拭子中获得比一升污水还要强的信号。

其他研究人员也得出了类似的结论。土木与环境工程师克丽丝塔·威金顿（Krista Wigginton）及其同事之前曾发现，其他被脂质包裹的病毒会粘在未经处理的污水中的固体上。威金顿与合作者亚历山德里亚·伯姆（Alexandria Boehm）领导的一个团队随后证实，新冠病毒在加利福尼亚帕洛阿尔托和圣何塞的污水样本中表现出了同样的行为。他们报告，相比于从液体进水中采集的样本，污水处理厂中沉淀的固体明显含有更多病毒颗粒。

我在RAIN恒温箱一楼的一张桌子旁和郎之万会合，听他说更多关于团队的工作。他同样是病毒学和疾病监测实验室的老手，他说，他已经追寻了20年的信号。郎之万指出了用于追踪新型冠状病毒感染的主要信号中的明显缺陷。他说，住院和死亡是进行疾病监测的两种最糟的方式，它们是终点，无法提供预警。意大利科学家拉罗莎和苏弗雷迪尼在向我解释她们的研究时，在幻灯片上提出了同样的观点，那张幻灯片有一个监测金字塔，报告的住院病例位于顶端，只占病例的一小部分，而环境探测工作则位于宽阔的底部。科学作家埃德·扬（Ed Yong）用另一种比喻来解释为什么美国在应对冠状病毒方面一再落后。"大流行病数据就像遥远恒星的光芒，记录着过去的事件，而不是当下的。这种滞后性将行动与后果相隔了足够时间，打破了我们对因果的直觉。制定政策的人最终只在为时已晚的情况下才采取行动。可预测的突发事件被错误地认为是无法预料的意外。"

1999年，作为科罗拉多柯林斯堡CDC实验室的研究员，郎之万扮演了一个重要角色，尝试为那年夏天纽约市出现的蚊子传播的西尼罗病毒寻找更积极的监测方法。他和同事将25种鸟类暴露在病毒感染的蚊子面前，从而表明，冠蓝鸦、拟八哥和乌鸦等雀形目是病毒传播循环的最大贡献者，让病毒一直传播。它们也因被蚊子叮咬而成了西尼罗病毒的受害者。但在死亡之前，它们的血液就像一个病毒库，更多蚊子可以因此感染。"我们追踪了蚊子，从而领先于人类中的发展曲线。然后，奇迹般地，当鸟类开始从天空中坠落时，这种新的信号就出现了。"郎之万回忆道。他的团队是最早推动将"死鸟"监测作为随后暴发的领先指标的团队之一。"它的预测能力之强令人惊讶。"他说。

我当时是《新闻日报》(*Newsday*)的科学记者，撰写了大量关于这种流行病的报道，我记得，官员希望公众协助报告这些患病的鸟类，许多读者也打电话告知我们这些病鸟的情况。2001年，最早的4只死乌鸦标志着长岛西尼罗病毒季的开始。像这样的环境信号是非侵入性的，它们易于收集，通常更不容易受到法规和政治的影响，郎之万说，“如果它们以正确的方式得到处理和解读，它们可能非常强大”。

郎之万和越来越多的研究人员相信，用环境信号追踪新型冠状病毒感染可能同样有效，但基于下水道的策略仍有局限性。尽管检测我们的屎，来找到穿肠而过的东西说得通，但鉴于通过我们下水道的其他所有东西，这种方法并非无懈可击的。从商业和工业场所流出的洗涤剂或者漂白剂都可以降解病毒颗粒，使信号减弱。那些收集了径流、生活污水和工业污水的综合下水道系统中的雨水也会稀释样本。在一天中的某些时候，淋浴、洗衣机和洗碗机同样如此。更高的温度会提高病毒RNA的分解率。一些患者会比其他人排出多得多的病毒。而且，在传播相对有限的时期，“是或否”的二元信号或许会指向最初出现或重现的暴发或者残留病毒库，但它在疫情高峰期则行不通，因为所有信号都会亮起。

随着2020年12月新冠病例的激增，明尼苏达副州级流行病学家理查德·丹尼拉（Richard Danila）还不相信有必要进行基于污水的流行病学研究。“这是浪费钱，浪费资源。到处都出现了病例，我不需要了解污水，”他说，而他也是这样做的，“我们在明尼苏达的每一个县，共87个县，都有病例。你不需要告诉我污水的情况。”也许在一个没有病例的地方需要。但其他情况下，这对他来说只是毫无意义的信息。然后，他把注意力集中在这个领域的关键问题上：纵然科学家发现了它，然后呢?“我的意思是，重要的是人，而不是污水。”他告诉我，基于污水的流行病学监测可能是一项不错的学术活动。但他需要证明它能带来什么好处。原则上，污水样本中新冠病毒颗粒的浓度应该能告诉你一些关于这个社区中新型冠状病毒感染的相对程度。但病毒是否能够被准确量化饱受争议。郎之万和其他一些研究人员坚持认为，存在太多变数了。他说，潜在的“超级传播者”的存在意味着，根据下水道中病毒浓度来估计病例数量的努力注定无法成功。波士顿地区和其他地方的早期估计数字变化很大，这似乎支持了他的观点。“我们并不一样。我们拉出的病毒量就不一样。”他说。

郎之万说，在没有大规模检测的情况下，深入到那些将废物从城市特定区域排出的较小的次级下水道，提供了必要的解决方案，可以找出大部分传播发生的地方。“是或否”的信号指出了吻合的新型冠状病毒感染热点地区，可以指导口罩和其他必要资源的分配，有助于让新病例的曲线转折向下，让当地社区有能力保护自己。RAIN团队已经开始将整个夏天都亮起信号的T街峡谷位点划分为更小的区域，看看他们是否可以从少至150户家庭中收集并检测污水样本。“我真的完全相信，污水处理系统是我们的信号，”他说，“这是我们得到的东西里最好的一种。”

通过从多个角度攻克同一个问题，研究工作出现了显著融合，迅速推动了科学的进步，并逐步剔除了剩余的变量。在密歇根，流行病学家凯文·巴克（Kevin Bakker）与工程师克丽丝塔·威金顿合作，在安阿伯和伊普西兰蒂的污水处理厂收集日常样本，目标是在该州建立一个新型冠状病毒感染预警系统。巴克最初对跟踪病毒感兴趣，比如呼吸道合胞病毒、诺如病毒、脊髓灰质炎病毒和肠道病毒D68，最后一种可能导致儿童出现类似脊髓灰质炎的瘫痪。威金顿一直专注于肠道病原体和冠状病毒研究，比如导致SARS和中东呼吸综合征（MERS）的病毒。他们二人和其他几十位研究人员，都转向了追踪新冠病毒这种冠状病毒。

巴克是一名数学建模师，他表示，他非常兴奋，来自多个检测点的数据或许有助于他和同事找出主要因素对社区的新型冠状病毒感染负担进行合理评估。因为污水处理厂的主要任务是净化流进的污水，处理厂已经收集了大量关于化学和物理条件的数据，比如水温和浊度。“如果我们有一堆来自不同地点的读数，我们就能更好地掌握未知参数是什么。”巴克说。他的团队还在与研究人员合作，更进一步了解感染者粪便中冠状病毒的起始浓度。但他们如何解释被其他污水或雨水稀释的屎，特别是在一个综合下水道系统中？

事实证明，我们在第一章就说过的辣椒轻斑驳病毒是一种很好的标记。虽然这种病毒最为人所知的是作为一种植物病原体，感染世界各地的辣椒、甜椒和五彩椒，但它在我们的屎中几乎无处不在，为我们的存在提供了一种非常有用的指标。我们在吃辣椒或者辣酱时摄入了这种病毒，它与食物一起通过消化系统，但在我们的屎中很容易探测出来（从没吃过辣椒或辣椒制品的人可能不会排出这种病毒，但在大多数社区中，辣椒迷的人数可能多得多）。辣椒轻斑驳病毒在动物粪便中相对罕见，却是目前在人类粪便中发现的最丰富的RNA病毒。贝克说，它在下水道或者污水处理厂进水中的相对浓度，可以帮助研究人员估计人类对整体流量的贡献。因此，这种病毒已被用作一种全球水道中的粪便污染的代理指标，也是食物或水体的潜在污染（这些污染由有害的肠道对应物引起）的警告——辣椒轻斑驳病毒在哪儿，其他肠道居民可能就在哪儿。

但这仍然留下了一个悬而未决的问题，那就是，如何解释我们不同的新冠病毒的排出率。40多年来，环境微生物学家伊恩·佩珀（Ian Pepper）一直在寻找污水和生物固体（从污水处理厂回收的有机物）中的微弱信号。佩珀作为亚利桑那大学水与能源可持续技术中心主任，领导了回收和净化水体以及检测环境中病毒、细菌和其他病原体的研究。2020年2月底，该中心公开表示它接受来自公用事业的污水样本，测试新冠病毒的迹象。与生物机器人公司一样，这家中心收到了数百份回复，开始处理远达纽约、佛罗里达和加拿大的样本。

不久之后，大学行政人员开始为学生设计一份复杂的秋季返校计划。佩珀领导着基于污水的流行病学团队。他的团队的任务是监控所有校园宿舍。和郎之万一样，他推断维修井是合理的选择。幸运的是，校园规划者设计了复杂的下水道系统，每个宿舍都能排入单独一条管道中。佩珀的团队在早上八点半从包括宿舍和学生会中心的20栋校园建筑中，对污水进行每周三次采样。

根据佩珀解释其他污水处理厂送来的样本数据得出的经验，他为大学设计了5个关注级别，从表示没有检测到病毒的0级，到反映出“极高”病毒浓度的4级。2020年8月24日，学生们回到了校园，佩珀的团队开始对污水采样。什么都没有。接着第二天，一个宿舍的信号亮起了。“尽管我们整个夏天都在为这件事做准备，但当它真正发生时，一切都乱了套。”佩珀回忆道。根据污水中的病毒浓度，研究团队决定检测宿舍中的每个人。这些检测发现了两例无症状病例，这些学生被转移到一个隔离地点，降低其他人的风险。

研究人员还决定重新检测污水，并在半小时的时间内，每5分钟从宿舍的流出物中采样。每个时间点的病毒浓度几乎都是一样的。“这验证了这样一种理论，那就是粪便中的病毒进入下水道后会扩散开来。”佩珀说。换句话说，简单一冲并不会让它们直奔污水处理厂。就像科学家之前在SARS中发现的那样，这些颗粒往往会在管道中反弹，并停留一段时间。

即使亚利桑那其他地方的病例数不断攀升，但亚利桑那大学的病例在9月中旬达到顶峰，随后下降，到11月底保持着相对平稳的态势。佩珀说，监测的成功正在改变大学和周围社区之间的动态。“在学期开始时，社区担心学生们会向社区传播这种疾病。好吧，我认为现在情况正好相反。”他说。

自第一份阳性结果以来，基于污水的测试持续亮起，佩珀估计，大学根据每个信号的位置进行后续测试，从而避免了另外80起疫情暴发。“因此，大学成功地一直开放，这是许多大学都没能做到的。”他说。他还补充道，这种有针对性的检测比持续检测每位学生要经济得多。

佩珀说，起初，当地流行病学家以礼貌的怀疑态度看待他的环境监测工作。但现在不会了。“屎不会说谎。如果污水中存在病毒，它就来自某个人。”团队很少遇到假阳性结果，而且与临床检测不同，每周的污水检测可以预测当地的病例负担是在增加、趋于平稳还是减少。当我们在2020年12月初交流时，佩珀说临床病例率一直相当低，但他担心来自图森市新阿瓜污水处理厂的读数，这里刚刚出现了迄今为止最高的病毒浓度之一。“阵亡将士纪念日、独立日、劳动节，还有现在感恩节，每次，在假日之后的一周，我们都会看到病毒浓度飙升。两周后，就会看到病例数激增。”

那么，有争议的问题是，污水监测是否能估计出真实的病例数量？佩珀说，宿舍提供了一个流行病学数据的宝库：它们是界定的社区，有已知的居民人数和身份，还有已知的有症状和无症状病例的数量。一道方程让他的团队能够根据污水中的病毒浓度、居民人数、平均粪便量和病毒排出率来预测传染性病例的数量。最后一个变量仍然是一个问题。但佩珀的团队已经知道了每个宿舍的病例数，它来自污水中高浓度的新冠病毒引发的后续测试。当然，一些感染的学生会比其他学生排出更多病毒。但在一个300人左右的群体中，高点和低点会综合到所谓的平均排出率中。“所以我们反推了一下排出率，发现每个宿舍的排出率几乎持平。”佩珀说。

基于对大学里偶然存在的一个特征明显的人群的侦察，团队能够利用平均排出率将病毒浓度与其他污水处理设施区域的总病例数联系在一起。地理信息和特定区域或邮区内的离散采样可以生成热图，根据预期的病例数量预测即将出现的热点。分析可以从报告的病例数中估计出未报告的病例数，其中绝大多数都是无症状的。

殊途同归，郎之万和佩珀都看到了重新分配公共卫生资源的巨大意义。大学宿舍案例中的原理提供的证据表明，同样的过程可以用来检测养老院、监狱、食品加工设施以及其他具备单独下水管道的建筑物或建筑群中的高危人群，就像脊髓灰质炎猎人在斯德哥尔摩医院所做的那样。

*

尤马沙漠农业卓越中心隶属于亚利桑那大学，主要由农业产业提供资金，这家中心专注于一个日益令人困扰的问题。一个拥有充足阳光，但受制于每年仅3英寸多降水量的地区，如何能继续种植大陆的大部分水果和蔬菜？亚利桑那西南部地区在冬季生产大约八到九成的北美绿叶蔬菜，比如生菜、菠菜和甘蓝。但新冠对农业工人的打击很大，对这个价值数十亿美元的行业构成了另一个重大威胁。当中心的执行主任保罗·布赖尔利（Paul Brierley）听说亚利桑那大学校园的成功经验之后，开始与佩珀合作，将基于污水的监测也带到了尤马县。

最初，布赖尔利和他的团队希望检测田间工人使用的可移动屋外厕所中的污水。但是热量和除臭化学品加在一起会让病毒迅速降解，降低了检测准确识别病毒的能力。他们没有放弃，认为这种监测可能对县里其他地方有用。在佩珀的协助下，他们在一次网络研讨会上提出了自己的观点，参加研讨会的代表来自市和县政府、农业社区、当地学校、公共卫生机构、尤马地区医疗中心、海军陆战队尤马航空站和美国陆军尤马试验场。网络研讨会结束后几分钟，一位县参事打电话表示了兴趣，参事委员会随后承诺为开发、装备和检测实验室配备人员提供22万美元。

布赖尔利和团队在2020年11月初准备就绪。他们没有把实验室的数据交给个别客户或卫生部门，而是成立了一个指导委员会，其中包括了来自许多最初听取他们推销的机构的代表，还有每个自治市的代表。布赖尔利说，这种协调意味着，如果他的团队获得任何意外的发现，委员会可以立即聚在一起。他们知道，只有当他们能迅速采取行动时，这种预警才有用。

尤马的枣派（DatePac）加工厂是世界上最大的蜜椰枣处理厂，这里的季节性劳动力通常在夏末收获时会达到1500多人的临时高峰。2020年，新冠将这一高峰限制在了450人，之后劳动力又回落到约200名工人的核心团队。这家工厂负责运营的高级副总裁胡安·古斯曼（Juan Guzman）告诉我，他和轮班主管已经在尽力保护他们的员工，他们主要是拉丁裔女性。但在新冠面前，他们只是在蒙着眼摸索。随后，他们听说了基于污水的监测的潜力。“当有人在这里告诉我，‘我可以给你一个数据点，那就是你的工厂里有人生病了，而你可以避免疫情暴发’。嗯，这是个不用动脑就能做出的决定，对吧？”

布赖尔利的团队开始每周两次对工厂的污水进行采样，就安排在第一班和第二班的休息时间之后。什么都没有。然后在感恩节后的一周，第一次出现了阳性结果。古斯曼回忆道，“一切都乱套了”。尤马县公共卫生服务区安排边境卫生区域中心在这家公司停车场的一辆面包车上，设置了一个移动检测点。经过初步检测和确认检测，4名员工的检测结果呈阳性。没有人出现任何症状。古斯曼让他们带薪回家，要求他们自我隔离。

由于剩下的工人已经被隔开，并戴上了口罩，卫生部门没有建议更多隔离措施，只是密切监测一切症状。“果然，没有其他人再检测出阳性。这很令人兴奋。”古斯曼说。当工人们意识到预防措施发挥了作用时，阳性检测中滋生的恐惧的涟漪也随之散去。没有人可以肯定地说，如果没发现这4个病例，又会发生什么，但布赖尔利认为，躲掉的疫情保住了很多人的圣诞节。员工们的反应是更加遵守戴口罩的规定，清洁人员注意到，不得不更频繁地补充肥皂和洗手液装置。

古斯曼说，当基于污水的监测在2021年2月再次发现1个无症状病例时，工人们争先恐后地要求接受检测。一个月后，工厂下发了新开发的新冠疫苗的自愿报名表。200名员工中只有10人没有立即报名。当有第二剂疫苗时，除了5名工人外，其他所有工人都同意接种疫苗。

保持员工的健康自然对企业是有利的。古斯曼告诉我，对于一个经常背负着全国最高失业率之一名号的农业县来说，他很自豪尤马县可能因为利用科学来保护它的劳动力而名声大噪。在整个大流行期间，美国也在努力做着同样的事情。下一次危机来临时能否建立起更有效的防御，可能在很大程度上取决于州和联邦政府是否愿意重新投资于降低风险的努力。

2020年9月，美国CDC启动了全国第一个基于污水的监测网络，该网络称作国家污水监测系统，为重新确立疾病监测的优先次序带来了希望。这个系统的仪表板包括一张全国数百个采样点的互动地图，按每个采样点的新冠病毒RNA相对水平的趋势进行颜色编码。环境微生物学家艾米·柯比（Amy Kirby）是监测系统的机构项目负责人，她说，从这些病毒水平计算出病例数仍是一项困难的工作。不过，对于一个广泛的监测网络来说，绝对数字并不重要，趋势才是关键。对新出现或者重新出现的病原体而言，标识它们进入了农村或城市下水道系统，可能会引发一连串的额外测试。

柯比说，CDC正帮助农村的公用事业单位获得他们所需的工具，来成为网络中的一部分。她希望扩大这个系统，囊括一些合作的部落民族。在大学、养老院、企业和监狱等设施层面的监测，可能会提供更多关于病毒热点的细节，但她提醒说，由于样本量较小，样本混合程度不高，信号噪声也可能比较高。不过，亚利桑那大学和其他学院的成功监测，突出了快速收集和检测，从而迅速采取行动的潜力。柯比说，CDC已经启动了一个现场检测项目，看它是否可以在全国20座监狱中复制成功的预警。如果是这样，这个项目可能有助于保护一个特别脆弱的人群。

由COVIDPoops19项目维护的全球监测点数据库，或许最能说明污水流行病学在近两年时间的快速主流化。到2022年1

月，近60个国家和270多所大学正在使用这种方法追踪新冠病毒。从长远来看，关键城市的污水处理厂可以作为大型网络中的主要哨兵；在底特律或者芝加哥这样的城市的阳性检测，可以促使地区的调查。凯文·巴克说："如果我们在其中一些城市检测，我们有培训和后勤服务能走出去，在密歇根或艾奥瓦的农村地区采样。"尤马作为一个主要的农业中心，地处与墨西哥交界的繁忙边界处，它也可能被定位成一个重要的哨兵节点。2022年初，来自传染性极强的新冠奥密克戎变异株的信号无处不在，在污水数据图表中出现了几乎垂直升高的"海啸"，密切追踪着指数式上升的病例数。但即使在那里，基于污水的确认似乎是显而易见的，仍有助于预示着浪潮在哪里，以及什么时候达到顶峰。

除了新冠病毒，柯比和其他CDC科学家还制定了一份监测愿望清单。她说，其中最重要的是耐抗生素病原体。这个网络在估计社区的食源性感染，比如大肠杆菌、沙门氏菌和诺如病毒的负担方面也可能被证明是有用的。患者通过腹泻和呕吐物排出大量微生物，但大多数人往往不需要看病就能康复，这意味着，现有的监测只能捕捉到一小部分病例。网络还可以帮助检测不为人知的新出现的病原体，比如耳念珠菌，这种真菌正在迅速成为全球健康威胁，并对多种抗真菌疗法产生抗性。柯比说，到目前为止，严重的病例主要局限在医院和养老院，让研究人员对这种真菌在社区中可能的潜伏程度一无所知。最受欢迎的危险病原体名单或许可以被一个检测板囊括，柯比说，机构希望在未来两年内推出这样的检测板。

更多威胁将来自药物和其他合成化学物质，以及从鸟类、蝙蝠、灵长类动物或者老鼠那里跳到我们身上的溢出疾病。生物安全专家珍妮·费尔（Jeanne Fair）解释道，全球变暖会破坏自然栖息地，感染的野生动物与人类更密切的接触，会增加溢出事件的风险。截至2020年，一个名为“预测”（PREDICT）的大流行预警项目，已经检测到约950种新的动物源的病毒，主要位于非洲和亚洲。这个项目于2009年启动，旨在让世界为未来的传染病暴发做好准备，但被特朗普政府关停了。

尽管新冠大流行带来了痛苦，但它可能创造了一个契机，进一步强化了持续合作和警惕的价值。也许这次暴发可以让全球达成共识，“让人们了解，这些确实是持续的问题”，郎之万告诉我。玛丽安娜·马图斯说，她希望生物机器人公司在新冠病毒方面的研究，可以成为应用的敲门砖，比如把它拓展到对阿片类药物使用的监测工作中。巴克说，他希望精炼的方法也能重新应用在脊髓灰质炎中，有效地回到帮助启动这一领域的疾病。“30年来，我们一直处于消灭它的边缘，我们需要最后的推力。”他说。

基于污水的流行病学通过证明自己，为更复杂的方法打开了大门，比如病毒元基因组学，在这一领域，科学家试图识别特定污水样本中所有的病毒基因，来检测新的病毒，并可能阻止未来的大流行。不过，为了取得成功，这种环境监测将需要与被监测的社区建立密切的关系，并建立信任。如果人们不知道为什么需要监测，它将被如何使用，以及如何让他们受益，那么他们可能就没那么愿意合作，更容易以恶意揣测，并相信虚假消息。

那么，最大的危险也许是我们学不到近在眼前的教训。我们知道，不去投资那些没什么吸引力但必要的基础设施和监测项目，会让我们对未来的威胁视而不见。我们知道，如果不抵制对科学和公共卫生的妖魔化，就会助长恐惧、不信任和虚假消息的有毒旋涡，从而增加死亡人数。屎可能不会撒谎，但人会。我们知道，如果不能正视并消除对我们中最脆弱群体的威胁，就会不可避免地延长所有人的痛苦。

在《魔鬼出没的世界》（*The Demon-Haunted World*）中，天文学家卡尔·萨根（Carl Sagan）和他的妻子、作家兼制片人安·德鲁伊安（Ann Druyan）为科学方法进行了高声辩护，并警告说情况将“重新回到迷信和黑暗中”。他们写道，美国的低能化“最显著地体现在了影响力巨大的媒体上实质性内容日显颓势、30秒的原声摘要（现在缩短到了10秒甚至更短）、最平庸的节目、轻信伪科学和迷信的介绍，但特别在于，一种对无知的庆祝”。这些话写于1995年，它有先见之明地预示了我们自作自受的大流行之痛。这么说似乎很合适，走出迷信、黑暗、无知和伪科学的路，至少在某种程度上，可能要穿过我们下水道最黑暗的角落，在那里，“油腻、讨厌、且黏糊糊的东西”可能会帮助我们及时注意到新的威胁，并对它们采取行动。它能起到任何作用吗？答案似乎也显而易见，那完全取决于我们。

第七章　缩影

这群约30名嘉海族女性来自马来西亚北部柏隆皇家公园一处偏远的村庄，她们在听到这个要求时，没止住笑声。在一张记录了这一时刻的照片中，其中两人捂着嘴，其他人则开怀笑着，她们显然是被逗乐了。马蒂尔德·普瓦耶（Mathilde Poyet）详细解释了她团队的研究项目的意图，这些女性在逐渐领会后，她发现她们的眼睛发生了变化。“某一刻，所有女人同时明白了我要什么，是屎。”普瓦耶告诉我。随之而来的是开怀大笑。“30个女人好像笑了10分钟。真是太赞了。”女人们都愿意捐赠。只是以前从来没有人向她们提出这样的要求。

在卢旺达最西部另一个小村庄里，普瓦耶向一群男性、女性和非常好奇的孩子进行了类似的推销，并告诉他们，只要他们需要，她可以回答任何问题。“村里的首领是位女性，她说，‘不，不，没关系。你在这里等着，我们会回来的’。”普瓦耶回忆道。一小时后，她得到了40份大便样本。这同样是一个令人难忘的按需拉屎的例子。

全球微生物组保护协会（Global Microbiome Conservancy）的共同创始人普瓦耶和马蒂厄·格鲁桑（Mathieu Groussin）在全世界十几个国家中，从城市和农村人口中寻求粪便捐赠，在各种肠道细菌谱系步了渡渡鸟和恐龙的后尘之前，分离并保存它们。科学家曾嘲笑过细菌可能灭绝的说法，而且我们明显缺乏魅力的微型生物群，并不像虎鲸或北极熊那样是受保护的典型物种。但最近的研究还是提出了微生物“灭绝事件”的恐惧，其中一些菌株开始从它们的生态位上消失。

“正如全球变暖、滥砍滥伐和环境污染让地球生态系统枯竭一般，加工食品的摄入和抗生素及消毒剂的滥用，也导致了人类相关细菌多样性的降低，”普瓦耶和格鲁桑在2020年的一篇社论中写道，“结果，一些与我们共同演化了几千年、代表了人类健康和历史的一个不可或缺的方面的偏利共生微生物，可能很快就要灭绝了。我们已经发现许多肠道细菌物种现在几乎只存在于非工业化的、与世隔绝的人口中，然而这些人，连同他们的生活方式和文化，也正受到全球化和气候变化的威胁。”

认识到世界上微生物多样性可能正在降低的同时，人们也发现了一些方法，来培养以前被认为无法在肠道挑剔的环境之外培养出的细菌。我最初把全球微生物组保护协会想象成一种人类微生物组的斯瓦尔巴全球种子库[①]，但普瓦耶和格鲁桑强调，他们的工作远不止是储存一个应对世界末日的保险库。他们正在积极培养团队从迄今访问过的15个国家的44个社区中分离出的细菌，它们代表了450个物种的超过10000个不同的细菌菌株。想想看，这更像是一座濒危微生物的小型避难所。

---

① 斯瓦尔巴全球种子库（Svalbard Global Seed Vault），位于北极的非营利储存库，用于保存全球的农作物的多样性。

我们发现，我们的内部生态系统的日渐受侵蚀，可能已经让我们付出了巨大的代价。我们已经看到，抗生素如何滥杀偏利共生和致病肠道微生物，这会增加我们对*C. diff*感染的易感性，而出生时缺乏某些微生物，可以预测哪些幼儿更容易患上哮喘和过敏。多项研究表明，在工业化程度较高的国家肠道微生物组的减少与更普遍的自身免疫疾病有关，并将肠道生态失调与糖尿病和肥胖等代谢紊乱的发展联系了起来。如果真的是这样，具有高度细菌多样性的日益罕见的微生物组可能提供线索，甚至带来药用化合物，帮助抵御我们的微生物枯竭带来的负面影响。换句话说，一些社区的肠道内容物可能代表了格外宝贵的自然资源。

不断扩大的潜在健康应用的名录带来了越来越挑衅的问题和困境，因为它创造了一种新的富人和穷人阶层。合适的屎能让你变瘦或快乐吗？它能减缓衰老的过程吗？《南方公园》（*South Park*）[①]中有一集叫《粪便窃贼》，它讽刺了我们的明星文化，剧情想象粪便移植成了青春和健康的源泉，变得相当令人向往，以至于小镇上的一些成年人召集男孩们去偷屎。在DIY移植出现灾难性的错误后，凯尔找到了著名的美国国家橄榄球联盟四分卫汤姆·布雷迪（Tom Brady）的无价“美琅脂”（这里准确地引用了《沙丘》）[②]力挽狂澜，布雷迪在书柜后面的一间密室里保存着一瓶瓶、一罐罐、一桶桶他自己的大便。

① 美国成人讽刺动画，主角是四位男孩，包括后文提到的凯尔。

② 美琅脂是弗兰克·赫伯特的科幻小说《沙丘》中的一种香料，也是一种核心的经济和政治资源，它由小说中的“沙虫”排泄物在特定条件下形成。——译注加编注

在现实生活中，伦敦一家名为维克多·温德珍品、美术与自然历史博物馆（Viktor Wynd Museum of Curiosities， Fine Art & Natural History）的商店，因为在古董柜中展示了歌星凯莉·米诺格（Kylie Minogue）和艾米·怀恩豪斯（Amy Winehouse）的（未经证实）屎，而登上了一个又一个头条新闻。事实证明，用年轻、强壮或者美丽的人的粪便制作的美容产品，有很长的历史先例。在《屎的历史》中，多米尼克·拉波特引用了两份18世纪的文件，它们描述了将年轻健壮男性的粪便作为一种抗衰老的美容霜使用。拉波特本人似乎有点难以置信，且表示怀疑，但仍旧尽职尽责地转述了几则轶事。“在某些情况下，习俗甚至严格要求用胎粪，也就是‘刚出生的婴儿的分泌物’。在其他情况下，一个人会被聘来，专门负责为女士提供补给。”他写道。这种上了一个台阶的泥浆面膜可能看起来有点不靠谱，但别忘了，用日本树莺的屎制成的面部护理一直很流行。就像它的名字“莺之粉”（うぐいすの粉）[①]一样，这种护理对我来说看上去相当无趣，但依旧在亚马逊网站上大受赞赏。

鉴于流行文化宣称的“优屎”不断商品化，而像美国这样的富裕国家明显缺乏微生物多样性，这让我们成了最贫困、也可能是最需要帮助的国家，这相当讽刺。屎，又一次颠覆了我们对什么是正常和什么有价值的概念。粪便微生物区系移植曾经是被揶揄的最后补救措施，可以说，它在推动这种重新评价的方面产生了巨大的影响。2001年，当开放生物组公司的联合

① うぐいす在日语中也指声音好听或歌喉好的人，うぐいすの粉也是日本艺伎用于保养的面膜。——编注

创始人马克·史密斯再次和我聊天时，他已经是芬奇治疗公司的首席执行官，这是一家位于马萨诸塞萨默维尔的生物技术初创公司。FMT除了对患者产生变革性影响，还挑战了关于人类的终点和我们内部微生物居民的起点的想法。对史密斯来说，对人类健康采取更生态化的方法的转变，甚至让人怀疑何以为人的意义。他想，也许我们是由许多物种共存于一处而构成的一种超级生物?

在《我包罗万象》（*I Contain Multitudes*）中，埃德·扬同样思考了我们与内在定植者的关系，它们中绝大多数都是无害的。“最糟的情况是，它们是乘客或者搭顺风车的，”他写道，“而在最好的情况下，它们就成了我们身体的无价之宝，它们并非生命的掠夺者，而是生命的守护者。它们就像一个隐藏的器官那般行事，和胃或者眼睛同等重要，但它们由数万亿个挤成一团的单个细胞组成，而不是一个联合体。”很难在“我们”和“它们”之间划出一道简单的分界线，其中许多微生物帮着我们消化食物、合成维生素、调节我们的免疫系统，并阻止致命的病原体。这些重要的作用反过来又提出了这样的问题，那就是，多样化的微生物组可能以重要的方式帮助我们的祖先，比如，帮助他们消化更多种类的食物，或者防止更多被误导的自身免疫攻击，而它们随着某些细菌物种的明显消亡也逐渐消失了。从这个角度来说，许多研究人员对我们自身的内部丛林采取保护主义态度，或许也不足为奇了。

栖居在任何一个人的肠道中数以千计的潜在细菌物种中，美国和其他工业化国家的大多数人现在可能拥有50到200个物种。普瓦耶说，与非工业化人口的精确比较可能很棘手，因为后者拥有的微生物组中前所未知的物种比例相当高。然而，从她和格鲁桑研究的样本来看，生活在非工业化国家的农村人口体内的微生物组的遗传多样性，差不多是工业化人口体内的两倍。从迄今发表的少数几个对过去微生物组的重建研究来看，估计的多样性还要更高。

如果医学的一个新兴目标是支持整个微生物社群的稳健性，而不是仅仅关注针对个别威胁的单一分子，那么我们的角色可能类似于史密斯所说的“微生物组的护林员”。我们不仅是照看自己的内部花园，也将成为整个种子供应的守护者。巡逻、保护并偶尔重新平衡一个强大、但也复杂而脆弱的生态系统，帮助保持其中许多部分拥有继续为我们的共同利益而工作的能力。

*

为了真正掌握我们中的许多人缺少的东西，了解我们中的一些人仍然拥有的力量或许有所助益。在美国这样的工业化社会里，像乔·蒂姆这样不寻常之人仍然可以被称为超级捐赠者，因为他们有能力通过FMT治愈数百甚至数千名*C. diff*患者。同样的技术已经展示出了对其他细菌感染的希望，包括医院里另一种致命的祸害，被称为耐万古霉素肠球菌（vancomycin-resistant enterococci, VRE）。随着FMT试验的不断扩展，希望解决更多的问题，健康微生物组的价值也在不断扩大。

芬奇治疗公司以及几家类似的公司一样，都是为了开发以肠道微生物组为基础的疗法而成立的。总的来说，这家初创公司正在为5种适应证[1]测试4种产品。其中一种叫CP101，基本上是一种用于治疗复发性*C. diff*感染的单一供体FMT，但采用了药片形式，让芬奇治疗公司能根据每次治疗提供的活菌总量来规范剂量。CP101在一项大型II期临床试验中表现良好，接近于通过结肠镜进行FMT的治愈率，并且在公司的发展规划中走得最远。史密斯告诉我："我认为这一切都与我们的论点契合，那就是，在口服胶囊中提供完整的微生物群落，应该与通过结肠镜进行的效果非常接近，希望这对所有人来说都更容易。"

更令人惊讶的是，芬奇治疗公司将这种CP101产品列为治愈慢性乙型肝炎病毒感染的潜在治疗方法。接触这种病毒的成年人很少会发展成慢性疾病，除非是那些免疫功能低下的人，他们无法将病毒完全清除出感染的肝细胞中。然而，出于不完全清楚的原因，大约90%的在出生前后立即接触病毒的婴儿，会发展成终身的慢性乙型肝炎感染。全世界有3亿人是这种病毒的携带者，这个数字令人瞠目结舌，这些人罹患肝癌和肝硬化的风险比一般人要高。

持续服用一些药，就能抑制慢性感染，但无法将乙肝病毒从根深蒂固的储藏库中根除。每周注射干扰素可以提供通常由免疫系统释放的强效蛋白质，从而抵御感染，这是为数不多能将病毒扫除的疗法之一。但在这个过程中，干扰素可能带来一

---

① 药物适用于某种疾病症状的范围。

系列严重的副作用。2015年，中国台湾和中国大陆的研究人员进行了一项颇具影响力的研究并发现，完善的微生物组可能提供第三种治疗方案。科学家发现，和人类一样，肠道微生物组不成熟的年轻小鼠，基本上无法清除病毒，而年长的小鼠则相当迅速地清除了病毒。最能说明问题的是，给予广谱抗生素，肠道微生物组多样性严重降低的成年小鼠，会变得更易感慢性乙型肝炎感染，就像它们还是年轻小鼠时那样。研究人员发现，发育中的免疫系统似乎依赖于一类被称为Toll样受体的蛋白质，它有助于免疫系统衡量是否要对潜在的威胁进行压制或放松。其中一种Toll样受体可能会让免疫系统对乙型肝炎病毒过度容忍，直到肠道微生物组开始发挥作用，并帮助击倒病毒。

史密斯说，在与*C. diff*的对抗中，健康的微生物组中有大量的功能冗余。“很多不同的细菌都能战胜*C. diff*。”他说。这意味着，个别菌株并没有整个社区的健康和多样性重要，正如我在自己的肠道中发现的那样。但是，对抗衡慢性乙型肝炎而言，新研究指向了一种更具体的防御机制。慢性感染的患者有一个遭到破坏的微生物组，这可能是病毒关闭了部分免疫反应，以及肠道微生物组失调的后果。在中国和印度进行的三项小型临床试验支持了不断发展的假设，那就是，来自健康成人捐赠者的FMT或许可以恢复微生物组—免疫系统的反馈回路，将病毒从慢性感染的患者体内清除。史密斯回忆道：“我们说，‘嘿，我们实际上有一种产品可以提供这些完整的微生物群落’。”于是芬奇治疗公司也开始测试CP101对慢性乙型肝炎的效果。

研究人员一面开发“菌多力量大”的方法——这种方法旨在取代患者体内的致病性杂菌，或者恢复免疫系统将这类杂菌扫除的能力，一面也在钻研寻找一些菌群的种子，更有针对性地对抗复杂病症，比如结肠炎。这与发现长春花或海绵中的化合物可以对抗癌症没什么两样。但在这里，药物发现的新领域存在于我们自己体内。在2015年一项令人印象深刻的研究中，加拿大的医生和研究人员报告了有史以来第一个治疗溃疡性结肠炎的FMT双盲随机对照试验的结果。（这也是当时针对任何疾病的最大规模的FMT试验。）加拿大团队招募了6名捐赠者，通过粪便灌肠向38位患者每周提供一次“货”，总共持续了6周，并向37名患者组成的对照组进行水灌肠，持续时间相同。研究人员和患者都不知道他们所用的是真正的FMT还是安慰剂。

起初，与安慰剂相比，这种疗法似乎并没有提供任何明显的优势。一个评审委员会在它规划的招募期中途破坏了试验成功的机会，并以“无用”为由提前终止了它。不过，委员会允许最后一组已加入的患者继续试验。就在这时，一位FMT捐赠者开始弥补失去的时间。最初，这项试验招募了两位健康志愿者供应，但“捐赠者B”在让两位患者进入缓解期后，却不得不中断了4个月（由于抗生素处方）。另有4位捐献者填补了空缺，但收效甚微，直到捐献者B重新加入，并在审查委员会反对前成了唯一的提供者。而在最后一批患者中，捐赠者B让另外5个人进入了缓解期，并取得了39%的总成功率，这比其他所有捐赠者的成功率加起来还要高4倍。与另一位经常使用的捐赠者A相比，这位志愿者的肠道微生物组具有明显的不同，而且更为多样化，捐赠者A没能帮助任何一位患者。即使在因抗生素处方而中断后，捐赠者B似乎也有其他捐赠者所没有的东西。

这一启示帮助明确了一个诱人的新想法，它曾经只被模糊地想象过。还有多少“捐赠者B”可能存在？其他病症是否也有专属的救世主？如果研究人员确认了某些个体或社区拥有某种东西，他们的屎或许能被提炼成个性化的治疗药物。最近，在两次双盲安慰剂对照试验后，关于FMT是否能改善肠易激综合征的症状的结果相互矛盾，挪威的研究人员完全依赖一位捐赠者的捐赠，那是一位36岁的健康男子。第三次试验显然迎来了它的魅力，虽然只有不到四分之一的患者在接受自己的粪便后有所改善，但超过四分之三的患者在接受了捐赠者一盎司粪便后都有了好转。而对于那些接受了2盎司液体黄金的患者来说，差不多九成的人有了改善。

一项新的探索正在进行，它想确认，我们（也许只有我们中的少数人）体内的边界，能否揭示出被现代同质化的趋势掩盖的医学奇迹。史密斯告诉我，溃疡性结肠炎的试验结果启发了芬奇治疗公司和它的合作者日本武田制药公司（Takeda Pharmaceutical Company），他们通过识别并分离超级捐赠者罕见的“超能力”，尝试了一种开发实验性疗法的新途径。传统药物开发需要检测大量分子来确认有没有什么是有效的，而与这种筛选问题不同的是，研究人员已经从使用FMT治疗溃疡性结肠炎的临床试验中了解到，确实有些东西在起效。为了缩小搜索范围，芬奇治疗公司和武田公司对12项研究进行了梳理，并将目标锁定在了捐献者B的细菌菌株和其他一些菌株上，它们都被用在了对治疗有反应的患者身上，却没有用在那些治疗无效的患者身上。公司的科学家收集了包含细菌的捐赠者粪便样本，在实验室中培养它们，并进行了更多测试，从而了解它们是否拥有具有前景的机制，并且可以被开发成一种干预性药物。史密斯说，从1000多位溃疡性结肠炎患者的综合数据集中，公司选择了一系列有希望的细菌菌株。结果便是FIN-524，它后来改名为TAK-524，每一剂药都含有来自每种细菌的一定量的活性细胞。这两家公司用同样的方法制造了FIN-525，那是一种针对克罗恩病的相关治疗方法。

史密斯说，如果TAK-524最终起了作用，这种生物药物针对溃疡性结肠炎的活性可能是因为，来自细菌菌株组合的复杂代谢物混合在一起发挥了作用。史密斯将这种治疗方法比作一种可植入设备，它可以将分子的混合物直接送到患者肠道。他解释道："我们不需要提供那些代谢物，也不用想办法让它们在所属的上皮而不是其他地方释放；我们只要有能真正为我们做这些事情的细菌。"这种策略利用了肠道细菌在数百万年中与我们共同演化的优势，它们会在需要的地方卸货。史密斯说，如果未来的研究发现有一组特定的代谢物在推动这一过程，研究人员或许能仅仅通过调整这些细菌制造商的剂量，来提高代谢物的浓度。

然而，这种方法仍然没有解决明尼苏达大学亚历山大·寇拉斯在第三章中阐述的基本问题：绝大多数西方捐赠者可能没有合适的东西，或者至少不再有合适的东西，来治疗与西方生活方式最相关的各种疫症。如果真正健康的人相当少，那么拥有格外完整的肠道微生物组的真正健康的人，可能更是凤毛麟角。

*

在全世界现存的人口中，巴西北部和委内瑞拉南部的雅诺玛米（Yanomami）部落的一个村庄，拥有迄今为止报告的最多样化的微生物组。原住民雅诺玛米人过着半游牧的狩猎-采集生活，他们生活在亚马孙偏远的村庄中，其中大多数人几乎不与外界交流。2008年，一架军用直升机在委内瑞拉亚马孙州发现了一个先前从未被发现的与世隔绝的村庄，次年，一组医疗队和他们取得了联系。这个团队包括了来自其他雅诺玛米社区的卫生工作者，他们从近三分之二的村民身上采集了微生物组样本，包括28人的口腔和前臂拭子，以及12人的粪便样本。卫生工作者随后为儿童接种了麻疹和流感疫苗，并用抗生素治疗感染。

DNA测序显示，村民的粪便和皮肤微生物组，比科学家研究的其他所有人群都更多样化。对于微生物生态学家玛丽亚·格洛丽亚·多明格斯·贝略（Maria Gloria Dominguez Bello）和来自各国的团队同事［其中包括医生兼微生物学家马丁·布莱泽（Martin Blaser），也就是她的丈夫］来说，这些粪便样本提供了一个关于偏利共生微生物的信息宝库，这些微生物已经与我们一起演化了几千年，提供了大量有用的基因。“从某种意义上说，他们的微生物就是活化石。粪便样本绝对是独一无二的，也是无价之宝。”布莱泽在他的著作《消失的微生物》（*Missing Microbes*）中回忆道。特别是粪便微生物的多样性甩开了来自美国的对照组一大截，并轻松超过了其他两个更偏向城市生活方式过渡的群体的多样性——分别是马拉维农村地区和委内瑞拉南部的两个瓜希沃村庄。

尽管抗生素、加工食品和城市生活方式在世界各地无处不在，但雅诺玛米人仍旧设法保留了一种持续了数千年的生活方式。村民用箭从其他雅诺玛米群体那里换取砍刀、罐头和衣物。他们在丛林中采集野生香蕉和季节性水果、大蕉、棕榈芯和木薯。他们狩猎鸟类、青蛙、小型哺乳动物、蟹和鱼类，偶尔也以西貒、猴子和貘的肉为补充。

村民们的内脏中也保留了一份非凡的微生物档案，比如他们有在其他人群中已经变得越来越罕见的螺杆菌属、螺旋体属和普雷沃菌属的细菌。反过来，这些各样的微生物通过它们的基因编码，提供了大量的功能，例如代谢来自蛋白质的氨基酸，合成核黄素等维生素。出乎意料的是，尽管这个村庄先前并没有用过抗生素，但它们也提供了许多抗生素抗性的基因，这就带来了问题，这个社区集体的“抗性基因组”中的这类基因是如何扩散并维持的。贝略和同事认为，如果这些基因的出现与任何抗生素无关，那么确定这种抗性基因组的特征，对于设计并利用一些新型抗生素——它们不会遭遇已存在的对抗措施——就非常重要。

我们已经知道，吃下纤维和发酵食物可以迅速转变微生物组。不过在2016年，斯坦福大学的埃里卡·桑嫩伯格和贾斯廷·桑嫩伯格提出，我们在西方人口的肠道中能重新获得的东西可能很有限，至少单凭我们自己就是如此。他们的小鼠研究题为《饮食诱发的肠道微生物区系化合物经历数代后的灭绝》（Diet-Induced Extinction in the Gut Microbiota Compounds over Generations），首先证明了一种低植物纤维的饮食（啮齿动物的肠道细菌能以这种植物纤维为食）逐渐侵蚀了它们的微生物多样性。鉴于我们已经了解了我们破坏微生物组的能力，这样的结论不足为奇。如果桑嫩伯格夫妇和同事让小鼠恢复富含纤维的饮食，其中包括各种植物，他们就能在一代的时间里扭转多样性的下降。同样地，鉴于人们在以植物为基础的饮食中看到了这种快速转变，这也不足为奇。但问题是，如果研究人员让小鼠连续几代时间保持同样的低纤维饮食，这些啮齿动物就会逐渐失去越来越多的肠道细菌多样性，直到达到一个临界点，此时，仅靠更好的饮食并不足以恢复损失。相反，研究人员不得不提供多样化的膳食纤维，同时通过粪便移植重新引入缺失的微生物。他们写道，他们通过扣留细菌的食物来源，将细菌物种逼入绝境，“它们被低效地传递到了下一代，在一个孤立的群体中，灭绝的风险增加了”。

这项研究可能有助于解释，为什么狩猎-采集者和农耕人口拥有如此高的肠道微生物组多样性，而更工业化人口在连续几代的时间里失去了许多细菌谱系。普瓦耶说，这种现象与一种生态学概念并无二致，那就是，树木越多样的森林，动物的种类就越多。复杂的食物分子招募来了细菌专家，后者掌握着分解食物分子所需的酶机制；这些消化的副产物反过来可以被其他类型的细菌专家加以利用，以此类推。格鲁桑说，你的主要食物越复杂，“能建立的物种网络就越复杂”。

从这个角度来说，一般西方饮食中惊人的多样性丧失，以及我们对长期以来作为其他文化饮食基础的传统食物的漠视，可能会带来负面的后果，这很有道理。由于免疫功能可能受到血糖、血压和胆固醇水平的影响，布鲁克林的营养师玛雅·费勒告诉我，公众早就应该重新评估完整的、加工最少但先前被低估了价值的食物，比如高纤维的豆类、小扁豆和木薯。“这是在说，我们吃下去的食物和那些此前不被重视的食物，实际上血糖指数更低，因而对我们的血糖更好，它们也是帮我们管理胆固醇代谢的东西，是帮助我们提高心血管健康的东西。”她说。高纤维的屎可能是一种更健康饮食的结果。

那么，雅诺玛米人富含纤维的粪便能否成为科学研究的宝贵资源？考虑到这个部落以及其他原住民社区遭受的营养不良和疾病，非法伐木、耕作和采矿获取其他资源的威胁，如果他们的高纤维粪便成了一种宝贵资源，这将意味着什么？2021年6月，巴西政府终于授权动用该国的联邦国家安全部队，帮助保护北部罗赖马州的雅诺玛米人，因为当时有超过两万名非法淘金者涌向此处。这些葡萄牙语中被称作“garimpeiros”（矿工）的人，一直在这个部落广阔的保留地上非法勘探黄金，用来从周围沉积物中结合并分离金颗粒的汞污染了河流，他们还会攻击雅诺玛米社区。淘金者带来了流感、疟疾和新型冠状病毒感染。2020年，三个雅诺玛米婴儿在巴西一家医院死于疑似新型冠状病毒感染，医疗官员将尸体埋在了附近的公墓里，让雅诺玛米家庭无法进行需要火化遗体的那种漫长的葬礼仪式，这更蒙上了一层悲剧的色彩。

在原住民群体中发现独一无二的微生物组刺激了一场科学淘金热，可能很快还有医学淘金热。如果我们开始设想自己是生产者，而不仅仅是消费者，这种心理转变可能有助于我们更好地理解我们在自然中的作用，并重新考虑我们自然产出的价值。但在偏远社区的副产物中进行生物勘探，并将他们的微生物群落视为潜在的药柜，会引起进一步开发的威胁。在这个陌生的领域，我们将需要设计新的方法，公平地评价和分享来自原住民群体的财富，而不是重蹈过去和现在殖民压迫的覆辙。

人类学家阿莉莎·巴德（Alyssa Bader）是钦西安人（Tsimshian）[①]，她与原住民社区合作，探索传统饮食如何帮助塑造口腔微生物组。她对古基因组学研究的伦理学也有着浓厚的兴趣，强调了知情同意，以及与可能受到科学项目影响的原住民群体密切合作的重要性。巴德指出，我们对微生物组最终可能揭示的一个人的健康、生活方式、祖先或者其他个人细节依然不甚了解。她说，清楚传达已知和未知的信息，可以帮助社区思考潜在的风险和益处。

有关基因组多样性及其可能引起的伦理问题，一个更令人瞠目的例子是最近对真实的化石的描述，那是来自美国犹他和墨西哥的岩棚中保存的粪化石。如果一些研究人员像扔飞盘那

① 生活在北美洲北太平洋沿岸的美洲原住民，主要分布在不列颠哥伦比亚和阿拉斯加。——编注

样轻率地扔掉了古老的屎，那么至少还有其他一些研究人员有够强的意识将它们藏起来。1929年到1931年间的某个时候收集到的有1500年历史的粪化石，可能来自犹他中东部一个被称为干旱西部洞穴（Arid West Cave）的地方，它们在一份被遗忘的档案中搁置了约90年，直到一组国际研究团队决定仔细研究一番。2021年发表的一项广泛的分析中，这些古老排泄物中的三块又有了从另外两处挖掘地点收集到的对应物。研究人员检测了来自犹他东南部旋镖岩屋（Boomerang Shelter）遗址的2000年前的粪化石，以前对这些屎的研究表明，洞穴居民吃的是富含玉米的食物。而在墨西哥杜兰戈州埃尔萨佩镇附近的一处遗址，1957年和1960年的考察队都发现了公元8世纪到10世纪初的粪化石。

研究人员总共检查了8块干的粪化石——一些科学家用术语称之为“古粪便”（paleofece）。就像欧洲广场的地面保护着下方中世纪和文艺复兴时期的沉积物一样，犹他和墨西哥悬崖边的浅洞和凹室，为史前的屎提供了保护，让它们免于雨水和其他加速分解的水分的影响。这些粪化石实际上保存得非常好，以至于科学家能提取足够的DNA来重建一个非凡的目录，它包含498个独立的微生物基因组。为了排除那些可能已经被现代DNA污染的基因组，研究人员利用了DNA随时间降解的事实，留下了仅209个基因组，它们展现出了与时间有关的损耗证据。科学家通过将剩余的序列与那些已知的微生物基因组进行比较，能够将203个基因组标记为疑似人类肠道微生物基因组。在它们之中，181个基因组高度损坏，表明它们是真正的古代肠道居民。

这些肠道微生物相当多样，这正是现代比较特别能说明问题的地方。基因组研究人员倾向于将世界分为两个主要群体，一类是拥有“工业化生活方式”的人，他们更少进行体育锻炼，通常服用抗生素，会吃以高脂、含精制糖和盐的加工食品为特征的西方饮食（比如芝士汉堡、奶昔和炸薯条），但从水果和蔬菜摄取的纤维很少。另一类拥有“非工业化生活方式”的人往往更活跃，接触的抗生素有限，并且会吃更多他们自己种植或者饲养的未经加工的食物。

正如预期的那样，与来自美国、丹麦和西班牙的工业样本相比，古代肠道微生物组与来自斐济、秘鲁、马达加斯加、坦桑尼亚和墨西哥农村地区的现代非工业样本具有更多共同点。例如，古代和现代的非工业微生物组都有更少用于降解黏蛋白（肠道内壁黏液中与碳水化合物结合的蛋白质）和褐藻胶（食品添加剂）的基因，这两种物质在工业社区很常见。但无论过去还是现在，非工业的微生物组都有更多基因编码帮助消化淀粉和糖原（基本上是葡萄糖分子的多分支链）的酶。这些化合物更能反映出富含基于植物的复合糖的饮食。古代和现代的非工业群体也带有更多螺旋体，这是一个瓶塞钻形状的古老细菌门，它们通常共生在昆虫内脏中，比如以木头为食的白蚁和蟑螂，在它们体内帮助分解纤维素。在人类中，这类微生物更多和梅毒、虱传回归热和蜱传莱姆病有关。不过，研究人员从屎的样本中发现，古代和现代的非工业社区都带有一种叫作产琥珀酸密螺旋体（*Treponema succinifaciens*）的无害螺旋体，这种螺旋体被认为通过白蚁和猪传给了人类，但在城市人口中几乎不存在。

在考古遗址中分离出的古代微生物基因组中，有近四成先前从未被科学家发现。与它们对应的现代基因组相比，古代基因组中的抗生素抗性基因少得多，特别是那些赋予抗四环素特性的基因。但它们确实包括了更多消化甲壳质[①]的酶的基因。通过对古代屎的显微镜分析，研究人员确定了饮食中包含了一些富含甲壳质的食物，比如蝗虫和蝉、蘑菇和玉米黑粉菌（这种真菌在墨西哥是一道佳肴，被称为“Huitlacoche”，加在汤和墨西哥粽中都格外美味）。

由于我们的饮食种类非常局限，实际上已经饿死了我们一部分内部居民。定期使用抗生素在很多情况下当然是救命之举，但这已经逼走了其他生物。在《消失的微生物》一书中，布莱泽认为，不恰当地使用抗生素已经成了我们内部生态系统的一场攸关存亡的危机，并助长了“现代瘟疫”，比如哮喘和溃疡性结肠炎，还有肥胖和儿童糖尿病。布莱泽的实验室和其他实验室的研究都表明，在早期童年中过度使用抗生素对长期健康的风险是最大的，此时，认知、免疫功能、微生物组和其他关键的系统正迅速发展。然而，正如他观察到的，工业化国家的孩子在20岁之前平均会接受17个疗程的抗生素治疗。

普瓦耶和格鲁桑说，对来自犹他和墨西哥的古代粪化石的研究显示的关于我们的细菌谱系的集体损失，他们毫不意外。

① 又称几丁质或壳多糖。

检查来自世界各地的其他古代样本，可以将这种损失放到一种更好的背景中去衡量。但是，这个新兴的研究领域也提出了一系列的伦理问题。举个例子，美国西南地区的原住民，将新发现的肠道细菌物种视为与他们过去的一种有形的联系。“我们是否可以认为，这些微生物是原住民群体的生物遗产的一部分？”普瓦耶和格鲁桑好奇，“原住民群体是否应该控制这种微生物遗传物质的使用和分享？在使用这种古老的DNA重建宿主及其微生物的共同迁徙的路线之前，我们是否应该与原住民群体协商？”

收集的粪化石并不受像《美国原住民墓葬保护与归还法》这样的美国法规的约束，但这项研究的作者写道，他们向与这些文物保持着密切文化联系的西南部落解释并讨论了他们的研究。即便如此，一些部落成员对科学家没有更早征求他们的意见而感到不满，其他研究人员则表示，由于这进入了一个灰色地带，不断发展的领域可能不得不考虑更深远的道德准则。

“我们拥有这种不断扩展的技术和创新，它让我们能够进入所有这些新的研究领域，比如人类微生物组，然后是古代微生物组，”巴德说，“而且我们知道，由于科学探索和创新的本质，研究总是会超前于伦理学。”她说，在这种快速变化的情景下，伦理方面的考量不应该是在清单上打勾，而要帮助科学家思考更大的图景。“研究人员并不是在实验室中隔绝工作。我们的工作具有真正的影响，甚至超出我们的想象。在这个更大的背景下，我们需要思考我们研究的作用，以及我们提出的问题和我们使用的方法。”例如，从不同群体中采集样本来提高代表性，还不足以让研究成为公平的、有道德的。巴德指出，研究人员并不一定保留对他们的样本的下游应用的控制权，包括药物开发和个性化医疗。她说，如果不努力仔细考虑它们出现的环境和文化背景，为什么它们会改变或消失，以及这可能对微生物组捐赠者产生怎样的影响，即使是保护“消失”的微生物池的努力，也可能充斥着伦理问题。科学家需要考虑与微生物有关的人群，并且理解，人类研究的伦理与微生物组研究的伦理紧密相关。“它们密不可分。”她说。

普瓦耶和格鲁桑坚持认为，将历史上未被充分代表的群体纳入自己的研究，是一个关键的社会正义问题。他们将自己的保护工作定位为拯救一种社区资源的努力，而这种资源正因为外部剥削而受到威胁，包括抗生素的滥用、原住民土地的蓄意破坏以及人为因素的气候变化的破坏性影响。普瓦耶说，微生物组的采集绝大多数集中在工业化人口里没那么多样的细菌群落，探究微生物组与健康和疾病的联系的研究也是如此；这意味着，像基于微生物组的 *C. diff* 疗法这样的科学和医学进步，往往是针对这些得以深入研究的群体。“绝对没有证据表明，它们会对来自非工业化群体的感染艰难梭菌患者起效。”格鲁桑补充道。他们认为，将代表性不足的群体纳入研究对于一些方面至关重要：在开发生物医学干预措施时考虑到他们自身的微生物特征，以及防止进一步扩大医疗保健的不平等。

与各种各样的社区合作，也需要考虑到不同的价值观，保护协会与每个地方的合作者合作，建立起信任，让采集和同意过程不违背当地的习俗。至少到目前为止，对屎的强烈文化禁忌还不是问题，但一些社区出于对隐私的考虑，拒绝分享唾液样本。在《夜明》（*Undark*）杂志对收集原住民粪便的伦理学的探索中，记者凯瑟琳·J. 吴（Katherine J. Wu）与一位尼泊尔研究人员交谈，他告诉她，该国的拉乌特（Raute）族群“坚决反对”为一个单独的研究项目捐赠粪便样本。他说，死亡后，他们认为他们的身体，从他们身上出来的一切，以及他们的所属物，都应该回归土地。

格鲁桑说，对于捐赠者愿意捐赠的任何东西，适用于社区的同意书明确指出，他们仍然是他们的生物材料的完全所有者，包括所有提取的细菌和代谢物。捐赠者也可以要求归还或者销毁他们的捐赠。全球微生物组保护协会正在制定一个框架，说明如何与原主人公平地分享从捐赠物中获得的利益。分离细菌物种，并为它们建立生物库之后，保护协会已经开始将副本寄回到当地的合作者手中，以便每个国家都能保留下自己的微生物多样性的仓库。

从迄今为止对细菌样本进行的研究中，格鲁桑和普瓦耶发现，在一些非工业化社会，特别是狩猎-采集者的肠道中，纤维降解的基因正在进行高速交换。同时，在用抗生素治疗牲畜的牧民中，抗生素抗性基因的交换率也很高。抗生素抗性基因的自由交换，甚至在非工业化社会中也是如此，暗示了这个问题在全球的严重性。格鲁桑说，纤维降解的酶的交换是有意义的，因为能从新的碳源中收集能量的细菌，有机会能在新的生态位中定植。细菌酶的自由交换可能通过提高消化更复杂的植物纤维的能力，使它们的人类宿主同样受益。两者相辅相成。

*

由于早期的微生物组和粪便分析主要集中在较富裕国家的人身上，并且男性多于女性，因此，我们对正常或理想，甚至有价值的定义同样存在偏见。这类研究的历史和地理范围不断扩大，提供了一幅更完整的图景，从本质上颠覆了“正常”的概念。微生物多样性的减少可能是大多数工业化人口的默认情况，但现在越来越高的同质性则被广泛认为是一种缺陷，是导致布莱泽所说的“现代瘟疫”（比如哮喘、肥胖症以及溃疡性结肠炎）的潜在因素。如果按照历史标准判断，屎里面丰富的纤维和寄生虫的迹象可能是正常的，甚至值得拥有。古寄生虫学的研究证明了即使是历史上最富有的人也有虫，由此加强了寄生虫感染的正常性。“现在我们没有虫，实际上比他们有虫的事实更奇怪，”生物人类学家塔拉·西彭-罗宾斯告诉我，“我们因此是这方面的异类。我认为这有点酷。”说得好像一位真正的寄生虫爱好者。

有虫的屎为什么是好屎的问题带来了更多的复杂性。这些虫是寄生的，作为它们生存策略的一部分，它们会激活免疫系统的一个奇怪分支，被称为Th2途径。Th1是由细菌和病毒出发的全面的促炎症的分支，而Th2就像一个调光的开关，可以抑制免疫反应。对寄生虫进行火力全开的攻击会杀死它们，但在这个过程中会造成附带损害。共同演化的解决方案一直是一种暂时的权衡。西彭-罗宾斯说，Th2分支可以识别出寄生的存在，然后降低对它们的免疫反应。

对于通过粪便污染传播的常见寄生虫，比如鞭虫和巨型线虫，在饮食相对健康的儿童中，轻度到中度的感染不太可能导致严重的营养不良。然而，糟糕的饮食会加重慢性感染的后果，比如体重减轻和生长发育迟缓。西彭-罗宾斯说，钩虫可能更恶心，因为成虫会附着在小肠上并吸血，通过失血增加严重贫血的可能。寄生虫激活的调光开关似乎会对整个免疫系统产生作用，这意味着，感染了寄生虫的人反过来更容易感染细菌和病毒，对疫苗的反应也更小。这些经验同样延伸到了农业和园艺领域。古生物病理学家皮尔斯·米切尔说，一些寄生虫在土壤中持续存在，这强调了用恰当的堆肥生物固体来避免增加寄生虫感染负担的重要性。

另一方面，他告诉我："我们确实需要寄生虫和其他微生物在我们的肠道里，以一种绝佳的平衡方式来匹配我们已经演化出的那些微生物。否则，你最终只有一个单薄的、杂草丛生的、疲于应付的微生物组，这并不是我们习惯的情况。"换句话说，肠道寄生虫可能不完全是坏事。Th2分支抑制免疫的好处之一可能是降低与过敏和自身免疫病（比如溃疡性结肠炎和克罗恩病）有关的那种过度紧张的免疫反应。一种思路认为，如果没有肠道寄生虫的困扰，免疫系统也许更有可能过度反应，并转而攻击我们自身的细胞。这种假说似乎在厄瓜多尔的舒阿尔社区得到了证实，西彭-罗宾斯在那里研究了厌恶感，那里蠕虫感染很常见，而过敏和自身免疫病却很罕见。

寄生虫感染的另一个潜在好处是降低那种低级别的慢性炎症，研究已经发现了这类炎症与西方社会的肥胖、心血管疾病和代谢综合征之间越来越多的联系。西彭–罗宾斯通过测量舒阿尔儿童粪便样本中炎症的生物标志物水平发现，鞭虫感染与更低的肠道炎症水平相关。

想想肠道中蠕动的小动物可能介导的相当复杂的平衡行为。没有它们，你可能更高、更有活力，发育得更快。但是，你也可能变得更加肥胖，容易过敏、患上自身免疫病和心血管疾病。再想想，在人类历史的大部分时间里，寄生虫基本上是不可避免的。目前还不清楚，大部分调低免疫系统的情况是因为寄生虫劫持了免疫系统的调节机制，还是由于免疫系统在识别到寄生虫后实施了一些自我约束。“但无论如何，这几乎是双赢的，因为寄生虫可以在你的肠道中舒适地生活，你也不会真的竭尽所有资源来对抗它们，”西彭–罗宾斯说，“重要的是记住，当你谈论自然时，感染才是事情的常态。”

这种历史观一直是米切尔研究的一种核心特征，他试图理解人类几千年来携带的致病和共生生物。用他的话说，如果研究人员能够找出“在我们开始用抗生素和其他东西把它弄得一团糟之前”过去人口的微生物组，他和其他研究人员认为，我们可以通过完全恢复患者的健康微生物组所需的缺失细菌菌株，从而让粪便移植变得更为有效。从本质上讲，这是对我们内部生态系统的一次野化。但他说，真正了解什么是“完整的”或者“健康的”微生物组的唯一方法，可能就是把生活在成百上千年前的人的微生物组拼凑出来。

2020年，米切尔及其同事发表了对两处中世纪粪坑沉积物的广泛分析，其中一处位于耶路撒冷，另一处在拉脱维亚的里加。正如预期的那样，这些样本中充满了寄生虫，研究人员先前在耶路撒冷的坑厕中发现了6个不同物种，而在里加的坑厕中发现了4个。但坑厕沉积物也让研究人员能够重建两个前工业化人口的肠道微生物组。研究人员从坑厕土壤中发现的所有微生物中分离出了DNA，然后根据与已知土壤微生物的比较结果，使用排除法来确定哪些微生物可能出自粪便。

之前的大多数研究都是从个体身上重建微生物组，例如从现今秘鲁库斯科的一具木乃伊女性近千年的古粪便和结肠中重建出来。但米切尔说，他的研究团队的分析是首次在粪坑中进行的分析，它提供了一种原理性证明，那就是，科学家可以为一个社区（或者至少是那些经常使用相连的坑厕的人们）的更具代表性的微生物组进行同样的重建。“如果人们能做到这一点，追溯到史前时期，那么也许我们实际上可以找出理想的微生物组是什么。”他说。

耶路撒冷15世纪的粪坑可能被多个家庭使用，而14世纪的里加粪坑则有可能是公共使用的。尽管许多微生物DNA无疑会随着时间的推移而退化，但研究人员发现，居民的微生物组是一种混合体，显示出了与现代工业化人口以及狩猎-采集人口的相似性。例如，粪坑中丰富的双歧杆菌属代表是前者的特征，但在后者中则几乎或者完全没有。相反，正如我们看到的，在耶路撒冷和里加沉积物中发现的产琥珀酸密螺旋体，在狩猎-采集人口中含量丰富，但在更多的工业化人口中已经不见踪影。总的来说，中世纪的微生物组聚集在一个与所有现代来源都不一样的群组中。当然，在某时某处可能是理想、健康的或完整的微生物组，在另一个时间和地点或许就不是这样。米切尔的研究已经将独特的细菌和寄生虫疾病，与我们祖先在石器时代、青铜时代和铁器时代中不同的生活方式相匹配。同样的，1000多年前在墨西哥狩猎和采集食物的人的微生物组，或者中世纪在里加耕作的人的微生物组，不可能完全适应生活在西雅图的中年的我的肠道。如果能拼凑出来自太平洋西北地区杜瓦米许（Duwamish）或者皮阿拉普（Puyallup）居民的历史微生物组，或许更有用。但由于我的饮食习惯大不相同（而且相当不多样化），这些细菌酶中有许多可能与我选择的相对乏味的食物没有什么关系。未来的补充剂可能更多的是添加一些濒危或灭绝的物种，来帮助填补杂草丛生的肠道，而不会试图进行全面的历史重置。

用"有帮助的"寄生虫群体治疗人们可能更让人焦虑。"人们对健康细菌的概念相当满意，但他们对提供虫的想法则没那么开心，"米切尔说，"我认为，如果它们大到可以看到，就会有那种让人恶心的因素。而如果是包含一些细菌的酸奶，人们就能更好地应付它，不是吗？"确实如此。如果有这样的机会让内部生态系统变得更加丰富多彩，即使是米切尔也可能会犹豫不决。"我打算走给自己喂寄生虫的路吗？不，也许不会。"他说。

其他许多人也是如此。正如DIY粪便移植在被广泛接受之前一样，患有自身免疫病的人已经开始用钩虫和其他蠕虫进行自我治疗，由于存在许多未知因素以及潜在的附带损害，西彭-罗宾斯警告，不要在家自行手术。"理论上来说，虫会在某种程度上关闭你的免疫系统，"她说，"因此，如果你有免疫系统过度活跃的问题，那么服下它们，也就是服下虫，应该会有帮助。但问题在于，要弄清楚缩小范围到什么物种将是最有效的。”她说，到目前为止，检验这种想法为数不多的对照研究已经出现了非常矛盾的结果。理想情况下，像她这样的研究人员应该能分离出一种特定的寄生虫蛋白，它会触发削弱过度活跃的免疫系统，而不会带来与实际感染有关的负面的副作用。如果他们成功了，未来治疗溃疡性结肠炎或者克罗恩病的方法可能包括细菌和寄生虫的成分。

我们的肠道药箱甚至可能提供来自地球上最多样化、最丰富的生命形式的治疗方法。《强菌天敌》（*The Perfect Predator*）详细讲述了一则非凡的故事，流行病学家兼HIV专家斯蒂芬妮·斯特拉思迪（Steffanie Strathdee）如何将心理学家托马斯·帕特森（Thomas Patterson），也就是她的丈夫，从2015年在埃及感染的一种耐多药的超级细菌中救了回来。在抗生素不起作用后，她疯狂地寻找治疗相当严重的鲍氏不动杆菌（*Acinetobacter baumannii*）感染的方法，这让她发现了噬菌体理论，这一理论认为，每一种细菌都有合适的能杀死它的病毒捕食者。还记得第一章中那些微小的噬菌体病毒吗？它们就像一群恐狼攻击长角野牛一样联手对付细菌。它们对我们无害，但每一种噬菌体都已经演化到了可以感染特定的细菌物种，甚至可能是个别的菌株。与其他药物不同，噬菌体可以在体内繁殖，并在击中目标后迅速被免疫系统清除。而找到这些病毒的最佳地点之一就是下水道，那里存在着大量潜在的猎物。

噬菌体疗法的研究已经有一个多世纪的历史，并在东欧打下了良好的基础。然而，在美国，随着抗生素崭露头角，噬菌体疗法逐渐失宠，沦为了研究的边缘领域（听起来很熟悉吧?）。随着耐抗生素的超级细菌不断发展，构成了越来越大的威胁，将杀死细菌的病毒作为一种独立或者组合的策略再次得到了关注。斯特拉思迪在昏迷的丈夫逐渐迈向死亡时，说服了得克萨斯农工大学和马里兰弗雷德里克的美国海军医学研究中心生物防御研究管理局的研究人员加入了她的研究。

得克萨斯农工大学的团队从污水处理厂收集了样本，并从污泥中分离出两种有潜力的噬菌体，作为构建一种有效的噬菌体鸡尾酒的努力的一部分。得克萨斯的科学家在检测了他们的候选噬菌体后［其中包括来自圣地亚哥的一家名为安普利噬菌体（AmpliPhi）的生物技术公司的一种噬菌体］，他们选择了4种对超级细菌菌株最有潜力的噬菌体，并将它们送往圣地亚哥州立大学进行纯化。帕特森在加州大学圣地亚哥分校的医生随后通过连接到他腹腔的三根导管，将纯化后的病毒输送到他体内。

海军医学研究中心的实验室一度面临关闭那里的噬菌体项目，而它也送来了自己的4种有潜力的噬菌体鸡尾酒，所有这些都是从未经处理的污水中分离出来的。在首次输液36小时后，圣地亚哥医疗团队开始静脉注射第二套鸡尾酒。此后，帕特森很快开始好转，但接着他的细菌感染开始对噬菌体产生耐药性。海军实验室因此调整了它的鸡尾酒配方，通过添加另一种从污水中分离出来的噬菌体来对抗变异的细菌。在接受了新配方的治疗后，帕特森终于清除了他的感染。在患病8个半月后，他已经健康到可以出院了。

没有人可以明确地说是消灭细菌的噬菌体救了他的生命，其他药物可能也有所帮助。但这一病例刺激推动了临床试验，正式测试用这种微小的病毒屠杀世界上日益增加的超级细菌的潜力。即使噬菌体疗法证明了自己的能力，监管机构也必须从根本上改变他们对病毒的看法，让这种抗菌方法成为主流。每种噬菌体鸡尾酒都必须根据患者的感染源量身定制，这是个性化医疗的缩影，但在现有标准下也是一场监管的噩梦。但与粪便移植一样，这个成功的故事适时提醒了人们，超越标准或正常的考量多么具有启示意义。

什么有价值？我们对什么是正常、什么是理想的感觉，长期以来一直通过一种西方的视角过滤而来。尽管有汤姆·布雷迪的屎，但大便有办法剥去我们重新标榜成理想的外衣。综观历史，在高纤维饮食的推动下，更频繁、更大量的产出，更多样化的微生物组，以及更混乱的肠道感染组合——寄生虫、病毒和细菌生活在一起，即使并不总是和谐——都是默认的，是常态而非例外，是事物融合的方式。相对较短的抗生素和加工食品的时代，从根本上改变了人类的微生物组，事实证明，它是一种偏差，而且让我们付出了相当大的代价。

尽管存在组织上的障碍以及伦理方面的挑战，一些最具前景的医学研究途径并不在名人和运动员带着光环的肠道中，而是在匿名捐赠者和农村村民的一块块屎里，连同那些寄生虫之类的东西。这些卑微的物质可以警告我们有害微生物的激增，看起来，它们同样可能掌握着逆转其他微生物持续下降造成的伤害的关键。

第八章　来　源

黛安娜·谷口–丹尼斯（Diane Taniguchi-Dennis）还记得在夏威夷拉海纳的海边长大的事，毛伊岛的火山土壤在大雨过后将水变成浅红色。在她十几岁时，她的家人有时不得不把水烧开，或者在缺水而停水的情况下勉强应付。“就是没有足够的水来支持这片地区的发展。”她说。居民常常谈论暴雨径流与岛上珊瑚礁的命运之间的联系。她也记得污水污染的威胁，比如她位于郊区的家的粪坑出了故障，以及社区终于在1975年开设了第一家污水处理厂。谷口–丹尼斯目睹了水、土地、空气和人的命运是如何交织在一起的，还有改善饮用水供应和污水处理的发展弧线是如何加强这些相互联系的。她对水的记忆，无论好坏，都帮助塑造了她的未来。“所有这一切，环境和环境中的问题，都成了我小时候以及我渴望做的事情中一个非常重要的部分，”她这样告诉我，“作为20世纪70年代末的一个小毛孩，我想解决世界上的环境问题。”

谷口–丹尼斯学习了土木与环境工程专业，如今作为清洁水务公司（Clean Water Services）的首席执行官，完全投身于创建健康的网络以及强调资源的循环利用事业。这家俄勒冈第二大水资源管理公司经营着4家污水处理厂，为60多万人提供服务，大部分位于波特兰西的华盛顿县。在她的领导下，她利用自己的环境伦理和理念，推动着科学技术与自然力量更好地结合。一个旨在保护这一地区水资源的精密系统，正通过改造另一种自然资源——屎来创造可再生能源，这再合适不过了。

在重新思考我们的丢弃文化时，我们既要在制造经久耐用的东西上更深思熟虑，也要在重新使用现有材料的方面更有创意。多年来，我们只关心如何丢弃我们不再需要的东西。现在，谷口-丹尼斯说，“我们需要一种升级再造的思维方式”。全球变暖只会增加这种紧迫性。在对气候变化日趋增加的担忧中，可再生的风能、太阳能和地热发电看起来比以往任何时候都更有吸引力。但化石燃料的其他可再生替代品和升级再造的主要例子，就在我们身边。在人类的胃肠系统中，我们以生物质和气体的形式制造着可输出的能源，作为消化食物的副产物，或者更准确地说，我们的微生物居民会这么做。

1949年的一项名为《人类结肠排泄物的量和组成》（The Quantity and Composition of Human Colonic Flatus）的经典研究发现，20位丹麦志愿者在不吃甘蓝的情况下，他们的屁主要由氮气、氢气、二氧化碳和氧气等气体组成。有些人还会产生微量硫化氢，这种气体闻起来就像臭鸡蛋，往往会让房间里的人都不见了踪影。而在结肠深处无氧的地方，我们中约有30%—60%的人体内寄居着我们称为产甲烷菌的古菌微生物。当其他微生物发酵碳水化合物时，这些专家利用氢气和二氧化碳等基本构件，形成无色无味的甲烷，也就是天然气的主要成分。对于一些沼气制造商来说，生物甲烷占到了每次喷发的近三分之一。YouTube上的多位整蛊者已经用那些“高温气胀”（pyroflatulence，没错，这就是点燃一个屁的术语。没错，易燃的氢气可能对短暂的燃烧起了作用。也没错，消防员警告，这种派对特技是个危险的糟糕主意）的视频证实，他们体内住着丰富的产甲烷菌。

不是所有人都是天然气制造商，但我们所有人都会制造原材料，当这些原材料在模仿人类肠道无氧条件、且含有产甲烷菌的巨大的消化缸中结合时，就能安全地制造出惊人的量。一些历史记载表明，亚述人早在公元前10世纪就率先了解了我们的内在能源的潜力，那时，他们用可燃的沼气烧洗澡水。其他资料表明，固体废物的厌氧消化可能在古代中国同样提供了能源。第一个有据可查的生物质沼气池出现在19世纪中期的印度和新西兰。在19世纪90年代的英国埃克塞特，一处下水道污泥沼气池为路灯供电。80年后，在20世纪70年代能源危机期间，当高昂的油价刺激人们重新寻找可行的替代品时，沼气生产在全世界获得了强劲势头。

我们内在的生物质和风能或许不像其他资源那般耀眼。但在2015年的一份报告中，联合国大学水、环境与健康研究所估计，如果世界能够捕获并重新利用人们的集体产出，仅仅人类产生的沼气的理论价值就能达到每年95亿美元。甲烷是导致全球变暖最强效的温室气体之一，但源自植物的、从残羹剩饭和屎等有机废物中捕获并经过净化的生物甲烷（有时被称为可再生天然气）被广泛认为是能够产生碳中和的甚至更好的能源。它燃烧时仍然会向大气中释放碳，但这个量大致会被植物（在它们死亡和腐烂前）吸收的大气碳抵消。富含甲烷的沼气还有一个好处是可以取代化石燃料，成为可再生的电力或热能来源，或者作为烹饪、工业或运输燃料。

剩余的粪便污泥则可以液化成生物燃料，或者干燥后转化为极好的烹饪和加热型煤，也叫生物炭，从而让那些本可能被砍倒做成炭或柴火的树木逃过一劫，减缓森林砍伐。事实上，联合国的报告表明，沼气生产后剩余的总固体可以产生超过一亿磅的生物炭。在缺氧或少氧的情况下加热有机物，可以制成类似炭的型煤，本质上与你在碧然德活性炭滤水器中看到的富碳材料是一样的。屎拯救生命的潜力，似乎包括将我们从气候变化的致命轨迹中拯救出来。共同推动全世界屎的重复利用，同时可以缓解世界上一些最严重的卫生危机，包括约17亿人根本无法使用厕所的危机。

这些英雄事迹看上去可能有点夸张，但你可以想想正在完善的针对屎的废物发电技术，它同样可以应用于我们充足的食物和庭院废物、农业残余、肥料和其他被忽视的燃料来源。世界沼气协会2019年的一份报告估计，地球只抓住了这种巨大潜力的2%。报告计算出，通过产生可再生能源，加上避免森林砍伐、作物燃烧、填埋和牲畜废物的排放，提升厌氧消化来产生沼气，可以使全球温室气体的排放降低10%—13%，这相当惊人。

清洁水务公司的升级再造项目的一部分，就是关注如何通过重新利用污水处理厂的天敌来加速沼气的生产，也就是那些可能堵塞下水道的油脂块（没错，就是那些能吸引新冠病毒颗粒的脂肪团块）。这些臭名昭著的FOG通常是黄油、蛋黄酱、食用油、培根油和其他餐馆隔油池中的食物废物的混合，它们定期会被送往填埋场，避免油脂块的堵塞。但事实证明，产气的微生物能在这些充满能量的废物中茁壮成长。

2020年9月一个极其令人印象深刻的周末，我前去旁观了FOG的再利用过程，那天，波特兰东南地平线上的灰和尘让城市如《沙丘》里的场景一般。在热浪、猛烈而危险的狂风和极度干旱条件的推动下，整个西海岸被大火点燃了，天空中横亘的黑色伤痕让人深感震惊。西方，傍晚夕阳散发出诡异的橙红光芒，烟霾遮蔽了远处的树木。一位行人注意到我在住的小屋附近拍照。“很美，不是吗?”她问。我点了点头，心想，烟霾、灰尘和污染往往让落日变得最美。第二天晚上，我带了一捆6瓶天启牌IPA啤酒[①]来到一位朋友的后院，我们紧张地笑谈着这不安的一年中的又一次灾难。

但周围的景物正是一个完美的例子，说明为什么我们应该关心我们从何处获得能源。加利福尼亚北部数以万计的消费者因为抢占式停电而没有电用，这种停电是为了降低特别容易发生火灾地区的公用事业线路的负荷。俄勒冈在过去几年里由干旱转为洪水模式，野火烧焦了图拉丁河流域的部分地区，迫使华盛顿县的居民撤离（东部和南部的大火最终将烧毁该州100多万英亩的土地）。谷口-丹尼斯说，与气候变化有关的极端情况越来越多，这格外表明需要设计出能够应付巨大变化的更有弹性的系统。她回忆道，她曾在与一群公用事业主管的谈话中

① 一种流行的美国西北式的印度淡色艾尔（India Pale Ale）啤酒。

阐述了这一现状。“我说：‘我们必须从根本上认识到，我们的生物组正在发生变化，因为人类现在是生物组的一部分。’”换句话说，我们已经帮助创造出了条件，而这些条件正导致我们身边日益增加的不稳定性。

将我们不需要的物质转化为更绿色的能源和燃料来源，从而减少甚至扭转不稳定的局面，这需要大量的买入。但现代的“屎发电”策略已经建立在几个世纪之久的历史先例之上，并且正加速发展。到2015年，单是中国就有数千万个生产沼气的家庭式沼气池，以及超过110000个更大型的系统。德国是欧洲的先锋，也是世界上第二大沼气厂配置国，截至2017年，这里已经建设了近11000家沼气厂。污水处理厂似乎已经成了我的常规旅游目的地（嘿，有些人喜欢过山车，也有人见了污泥池拔不动腿），它们也提供了这种转变的绝佳案例。对于这些处理厂的处理过程，曾经的理解是将我们作为消费者的损害降到最低，而它正被重新想象成扩大我们作为生产者效用的一种手段。事实上，一些倡导者已经开始称它们是“资源回收”设施。我们是这些资源的来源，它们是可以成为热、电或生物甲烷的气体，可以成为加热型煤、堆肥或者肥料的固体，以及可以变成生物燃料或清洁水的液体。

在俄勒冈西部交错的温带森林、农场和郊外住宅区中，清洁水务公司负责保护83英里长的图拉丁河的安全。这个名字在卡拉普扬的原住民阿塔莱阿（Atfalati）部落的语言中被翻译成“懒河”，这些原住民生活在这里，并在上游的砂岩上雕刻了岩画。这条河从海岸山脉的一个泉眼向东流入波特兰郊区，为上游源头附近约20万俄勒冈人提供着饮用水，并在流入更大的威拉米特河之前，接收着来自华盛顿县四家污水处理厂的排放。这些处理厂平均每天排放约6600万加仑的处理后的水。大部分水回到了图拉丁河，它与来自上游大坝的水一道，构成了河流三分之二的缓慢的水流，这在干燥的夏季至关重要。替换的水让河水不停流动。它赐予了环境生命。

我想亲眼看看，所以我徒步穿过图拉丁河国家野生动物保护区，这是位于主要大都市区的少数几个保护区之一。夏末令人愉悦的一天，要不是风和远处缥缈的烟，这一天和其他日子似乎没什么不同，只有其他少数游客外出探险，保护区似乎异常安静，甚至连鸟儿好像也屏住了呼吸。我走了大约一英里，穿过成片的树林和一片阳光明媚的开阔草地，来到观景台，俯瞰一片看起来相当干燥的修复湿地。在冬春，这里是自然界水净化系统的一部分，可以在污染物到达河流之前筛选并汇集，再过滤和分解许多污染物。但经过一个极度干热的夏季，这片地方已经成了一片草地。我在其他地方徘徊，看着缓慢流动的图拉丁河。一块牌子上写着："河流是保护区的生命之源。"

大多数较新的污水处理厂都从湿地、河流和自然的其他地方汲取了一些水净化步骤的灵感。在模仿香蒲、灯心草和芦苇效果的大型滤网去除那些较大的碎片，并用重力帮助去除砂砾之后，沉淀池就像天然池塘一样，让一些较重的有机物沉底。过滤器通常包含细沙和粗沙，作为减少藻类、化学物质和有害微生物的有效方法。起泡器在需要时向水中注入氧气，重新创造出水流过岩石和巨石时会出现的湍流和掺气现象。而在先进的处理厂中心，有益微生物是真正的明星，它们咀嚼着有机废物和养分，将它们分解。一些水箱被充满了氧气，促进好氧细菌的生长，其他水箱的氧气则被抽空了，从而利于厌氧菌的繁殖，这些厌氧菌在氧气存在的条件下就无法生存。

位于俄勒冈泰格德的达勒姆水资源回收设施距离这片保护区约5英里，那里的一个沼气发电系统可以产生60%的甲烷和40%的二氧化碳的混合物。为了增加那里的热能和发电量，设施已经特别好地利用起了那些通常被填埋的FOG废物。这家厂从餐馆的隔油池中收集废物，并将它直接引入两个沼气池，帮助喂养微生物。“把它直接投入沼气池，可以让产生的气体量增加一倍甚至两倍。”首席工程师彼得·肖尔（Peter Schauer）这样告诉我。正如人们所知的那样，这种共同消化的过程就像用高热量的糖果来补充微生物的正餐。“或者也可以说是强效可卡因。”高级工程师帕特·奥尔（Pat Orr）打趣道。

当我和一小队人马从处理厂走向接收FOG的大楼时，奥尔说这更偏向于一种嗅觉体验。

“哦，真的吗？”我问。

“嗯，你会发现的，”奥尔说，咧嘴一笑，“或者说是气味。”

在室内，加热、研磨和再循环的元件让一大池子东西保持温暖，进行良好的混合，这样液体就不会凝固，也不会堵塞那些将它送进沼气池的进料管道。一块滤网帮助捕捉那些从餐馆的隔油池中误入的银器。它闻起来……嗯……就像变质的油脂。不是很浓烈，但你的衣服往往会沾上那种气味。奥尔说，起初最大的挑战之一是在送来过量的FOG和周末交货量不足之间维持一种令人满意的中间值。他说，微生物会适应更油腻的食物，“接着你就夺走了他们所有的糖”。处理厂开始给司机提供奖励，让他们的交货量保持均匀，但在新冠大流行期间，许多餐馆歇业了，交货量直线下降。

当系统正常运转时，它的两台发动机都由满负荷的沼气供给，奥尔说，处理厂提供了自身电力需求的约三分之二，大部分来自发动机，小部分来自现场的太阳能电池板阵列。从发动机中回收的热量反过来又为处理厂提供了约九成的热水需求，包括微生物沼气池、工人的淋浴和其他加热系统。没有储存又无法被发动机利用的沼气不得不被点燃。在其他一些处理厂，多余的气体会定期被烧掉。

在达勒姆处理厂的混合气体中加入FOG，增加了这里产量的可变性，但附近的一个圆顶形建筑就像油门踏板，让系统保持同步，奥尔称为存储泡。当气体产量增加，体积膨胀到储存泡里的内衬时，发动机会全力以赴为发电机提供动力。当气体量减少，内衬瘪下去时，发动机就会关闭。“将我们的用量与产量匹配，这是一种非常简洁的方式。”奥尔说。他指了指附近的一座火炬烟囱。“你看不到任何东西从那里冒出来。我们用我们产的每一立方英尺天然气。”完全没有多余的气体？我问。连一个老鼠的屁都没有，他笑着回答道。

*

类似的升级再造创新有可能从根本上改变几十年来几乎一

成不变的处理方式。在美国，我们的屎仍有约22%会被埋掉，这么做意味着用卡车或火车将它们运往巨大的填埋场。2018年，一列停滞的“屎列车”负责将1000万磅处理过的垃圾从纽约运往阿拉巴马，它散发出令人作呕的臭味引起了轩然大波，让人们开始关注在（通常数百英里之外的）乡村填埋场处理城市垃圾的做法。沿海社区被阻止向海洋倾倒污水，现在他们开始发现，内陆地区也不想接收它。

在仍在接收垃圾的填埋场，高浓度的有机和无机化合物会在渗透的雨水帮助下，从污水和其他分解的物质中沥滤出来，如果没有恰当的收集和处理，就会污染周围的土地和水。在人类肠道中产生沼气的厌氧消化，在腐烂物之中也会产生填埋气体，它会缓慢蔓延到地面。2019年，固体废物填埋场占到了美国所有人类相关的甲烷气体排放的15%，相当于2000多万辆汽车行驶一整年释放的温室气体。与达勒姆设施利用它产生的所有沼气不同，填埋场的经营者往往会烧掉逸出的甲烷，就像世界各地成千上万的石油生产地会燃烧多余的天然气一样。我喜欢把它想成一场巨大的“高温气胀”，它毫无必要地将数亿吨温室气体送入了大气。尽管新冠大流行导致2020年经济放缓，但全球二氧化碳和甲烷排放量依旧跃升。甲烷的飙升是研究人员1983年开始记录以来最大幅度的一次。

更先进的填埋场正回收并利用这些气体，而不是任其逸出。华盛顿州克利基塔特县的一家大型填埋场每天要处理1200多万磅垃圾，它产生的可再生天然气足以满足19000户家庭的暖气炉、厨房灶和热水器的日常需求。几乎所有人都同意，将垃圾转化成天然气是件好事。但在罗斯福地区填埋场的垃圾中，只有大约25%—30%是能产生甲烷的有机物，这意味着，改善堆肥和回收的努力最终会挤掉天然气的供应。

我们通过燃烧来处理其余16%的屎。为了完全烧尽，干燥污泥所需的能量往往比它产生的能量还要多。产生的灰烬也许只有原先体积的十分之一，不带病原体，但仍然需要处置或者重新利用，并且焚烧仍会向大气中释放二氧化碳。一些工程师已经证明，通过一种叫作热解的高温无氧过程，有可能将屎变成联合国报告中提到的类似炭的型煤。

在肯尼亚，政府于2018年禁止在所有公共和社区森林中砍伐树木、采伐木材，从而控制森林砍伐，这种砍伐主要归咎于生产那些用于烹饪和取暖的煤球。但由于执法能力有限，并且几乎没有替代品，炭的生产仍在继续。专注于环境卫生的肯尼亚公司圣能源（Sanergy）和圣卫生（Sanivation）都在用屎制作燃料型煤，作为一种更绿色的选择。圣能源公司将从城市厕所收集来的生物质作为原料，供给一家饲养黑水虻幼虫的大农场。一种被称为虫粪的幼虫副产物可以被烧焦，并压制成型煤。而圣卫生公司则利用大型抛物面镜作为太阳能集中器，将人类粪便和来自花圃的玫瑰花废物干燥，并转化成另一种形式的燃料型煤。晒干的过程节约了成本，但它同样限制了一次可以转化多少屎。据公司估计，每吨产生的型煤可以替代22棵原本会被砍伐作为柴火或炭的树。

除了摸得着的产物，这些努力还可能带来一些溢出效益。圣能源公司的员工希拉·基布图（Sheila Kibuthu）告诉我，这项运动有助于人们进一步认识到他们的废物，并思考如何回收更多废物，或者减少产生。可能需要各种策略的组合才能最大限度地发挥它们的潜力，但有一点很明确：拉完屎后，我们再也不能像之前那样了。

*

截至2017年，美国是世界上最大的石油生产国，也是最大的出口国之一，年温室气体排放量仅次于中国。但一项来自挪威的及时的进口，提出了扩大我们自己沼气生产的另一种策略。在华盛顿特区，由特区水务公司（DC Water）运营的“蓝原设施”，被誉为世界上最大的先进污水处理厂，为大约230万居民服务。这里的下水道系统通过1800英里的管道收集污水，这些管道在华盛顿特区和周边地区蜿蜒伸展，并将污水引向位于该区西南部的处理厂。这个系统的很大一部分，也就是“波托马克截流系统”，输送着来自马里兰和弗吉尼亚各一个县的污水。当我在一个寒冷多云的冬季早晨见到处理厂的资源回收主任克里斯·皮奥特（Chris Peot）时，他说，还有更大的区，但蓝原采用了最严格的处理程序。这座占地153英亩的设施，平均每天要处理约3亿加仑的污水，但在流量高峰期有能力处理多达10亿加仑。

皮奥特作为一名自诩想要拯救世界的“极客工程师”，很乐意深入介绍这家机构的水处理过程的细节。与大多数美国公用事业公司不同，特区水务公司允许它的技术团队在国外寻找生物沼气池，用于清洁和减少污水中的有机物，并在此过程中产生沼气。通过爱尔兰都柏林一家新翻修的处理厂，团队发现了一个看似完美的选择，那是由挪威阿斯克尔的一家公司生产的系统，名为“卡姆比”。“卡姆比”设备专门用于热水解，它利用极高的热量，接着还有突然的压强差，让污水中的细菌细胞破裂并杀死它们。2015年，蓝原设施安装了4套这样的设备，这是全世界最大规模的一次安装。

污水处理厂往往有自己独特的设计亮点，每套“卡姆比”设备中的8个不锈钢水箱由一系列人行通道和巨大的管道相连接，成了一种令人印象深刻的焦点。第一个水箱是打浆池，它彻底混合并预热进入的浆液，其中大约85%是液体，15%是固体，让它略微低于水的沸点。泵将混合物送入6个反应池。在任何时候都有两个在填充，两个在加热，还有两个正在排空。当它们装满并密封时，这些反应器在338华氏度的温度下，以每平方英寸90磅（或者说约6倍海平面正常大气压）的压强将废物炖至少20分钟。

皮奥特说，这些反应器就像由计算机控制的超大高压锅，由锅炉提供蒸汽热量。彻底煮熟的浆液随后倒入一个更短但更宽的闪蒸池。随着一个阀门打开，强大的压强突然下降到正常的大气条件下，巨大的压强差让微生物细胞爆裂开来。消灭那些在高温下存活的病原体的奖励是，细胞释放的养分立即可供其他饥饿的微生物食用。皮奥特说，如果我吃了一袋干斑豆，我的胃没法很好地消化它们。但是如果我先把豆子放进高压锅，热量和压强帮助下的分解让我很容易就能用叉子捣碎它们。

压强释放也会释出大量蒸汽，这些蒸汽可以回馈到打浆池中，帮助预热下一批进入的污泥。流出的消毒过的微生物浆一旦冷却，就会成为在4个巨大的混凝土沼气池中安家的其他细菌和产甲烷古菌微生物的理想食物来源。这些80英尺高的沼气池看起来像宽大的平顶筒仓。它们总共可以容纳大约1520万加仑污泥，足以填满23个奥林匹克标准游泳池。皮奥特说，蓝原处理厂最初从弗吉尼亚亚历山大的一家同类处理厂中获得了古菌株，这个过程类似于从一团来源可靠的酸面团起子开始发酵。在三周的时间里，无氧池内的细菌和古菌以爆裂的微生物细胞释放的有机物为食，有效地产生出沼气作为它们代谢的副产物。

在处理厂附近的天然气大楼里，捕获的沼气被除去了水分和一些化学污染物，接着被压缩。当气体在发电厂中燃烧时，会转动三个大小相当于喷气式发动机的涡轮，不过在这种情况下，涡轮将甲烷转化成电和热。在最初几年的运行中，这个过程产生的电量相当于处理厂大约四分之一的电力需求，并有可能将产量增加到处理厂用电量的三分之一左右。

古菌的进食狂欢过后，类似巧克力牛奶的液体从沼气池中流出，进入一栋脱水建筑，在那里，带式压滤机挤出了大部分的水分。你可以把它们想象成一系列巨大的擀面杖，压在一条循环的传送带上。从另一端出来的狠狠挤压过的有机物，是处理过程中的潮湿且没有病原体的副产物，它在业界被称为生物固体，是一种理想的土壤改良剂。“不存在什么废物，只有被浪费的资源。”皮奥特告诉我，他重复着这一行业中的一种常见说法。处理厂不再需要添加石灰来减少病原体，并用它在运送到农场或者回收项目之前来稳定有机物。通过降低生物质并消除致病的微生物，这一系统为处理厂节省了数百万美元的化学品和运输成本。我们走过卡车装载生物固体的海湾，特区水务公司的公关经理帕梅拉·穆林（Pamela Mooring）回忆起脱水大楼曾经多么让她反胃。“它曾是一栋臭气熏天的建筑。”她说。我参观的那天，它的气味更像一座农场，有一股淡淡的氨味。

由于气体生产的成功，蓝原后来增加了一个新的除氮过程，称作厌氧氨氧化（anaerobic ammonium oxidation），或简称anammox。荷兰代尔夫特理工大学的研究人员利用20世纪90年代在污水污泥中发现的细菌开发出了这个过程。这些微生物具有非同寻常的能力，能在完全缺氧的情况下将有问题的铵与硝酸盐或亚硝酸盐化合物结合，形成氮气。皮奥特说，如果小规模试验证实了这种除氮的捷径，它将为蓝原节省更多能源。

对我们许多人而言，去除氮和磷，还有病原体和细颗粒的处理过程带来的最显著的影响或许是我们看不到的。水华[①]、浑水、死鱼。但随着每秒约3500加仑的水流回波托马克河，一些变化已经开始引起人们的注意。“离开处理厂的东西比河水干净多了。”皮奥特说。知情的钓鱼客将他们的船停在排水流入波托马克河的地点附近，特别是在钓鱼比赛期间。清澈的水让鲈鱼更容易看见饵，从而获得更大的丰收。这是一则没那么

① 水体中藻类大量增殖使水体变色的生态现象，通常是水体富营养化的标志。——编注

神秘的提示，皮奥特笑着说。鹰有时飞过，也许是在寻找自己的猎物，工人们在处理厂这一带看见了更多赤狐和土拨鼠。

*

转变的行为，也就是变废为宝或者反过来，在世界各地的民间传说和神话中都有突出的一席之地。一只青蛙或者一头野兽成了一位王子。夏威夷传说中变形的库普阿（kupua）是一个像毛伊（Māui）一样的半神，它看上去是一个“异常强大且美丽，或者丑陋而可怕”的人。一位慈祥的日本老妇人变成了一个可怕的山姥，也就是一位帮助旅行者，然后又想要吃掉他们的山中女巫。在挪威同样如此，流传着一个“丑陋、干瘪的红眼老人”的故事，他曾住在奥斯陆郊区的一座山脚下。正如作家彼得·克里斯滕·阿斯比约森讲述的那样，这个被称为埃克伯格国王的巨魔与他更有魅力的妻子，还有他们的地下仆人合谋，从附近的人家中偷走品行端正、美丽漂亮的孩子，用他们自己卑鄙丑陋的孩子调包取代。根据西蒙·罗伊·休斯的英译本，巨魔国王和王后特别热衷于摆脱那些他们自己产生的后代，那些“长着大头、红眼睛，又贪得无厌的、无可救药的尖叫者”。

当我壮起胆子进入隐藏在同一座山（当地人称之为埃克伯格高森）地下的贝克拉格污水处理厂时，我看到了19世纪民间故事的反转。这些洞穴如今收集着奥斯陆没人要的人类废物，并将它替换为良性气体，即使不是传统意义上美丽的气体。每当有人在奥斯陆冲厕所时，一些收集到的废物就会被转化成沼气，当时，来自贝克拉格的净化气体为这座城市所有的垃圾车和大约15%的闪亮的红色和绿色公交车供电。

屎到电的转变可能有助于解决如何让沼气的益处在公众面前更显而易见的问题。随着工程师拓展变废为能源的方法，斯堪的纳维亚半岛，也就是这片拥有巨魔、宜家、阿巴合唱团和舒适的“hygge”待客之道的土地，[①]已经成了一处展示这些方法的巨大潜力之所。杰夫和我在前往斯德哥尔摩参加2016年欧洲歌唱大赛（欧耶!）的途中，在穿越挪威中部的一周之旅的尾声时，我们向东驶向奥斯陆。我们摇下租来的车的车窗，品味这反常的温暖天气（5月居然有68华氏度!），闻到了春天里农场的熟悉味道，没穿衣服的农民在田里浇着肥。奥斯陆也满是郁金香和晒日光浴的人。我们参观了光亮的白色歌剧院，它似乎从奥斯陆峡湾中升起，这个长长的湾将首都与北海相连，我们还漫步在维格兰雕塑公园，欣赏着雕塑家古斯塔夫·维格兰（Gustav Vigeland）创作的令人惊叹的古怪裸体雕像系列。接着，当温度开始攀升到类似七月的70华氏度时，我在第二天早上的大部分时间里，在一个负有盛名的巨怪洞穴中度过，那里就是贝克拉格处理厂的所在。

贝瓦斯（BEVAS）是为奥斯陆市运营贝克拉格的公司，这家公司的项目经理凯瑟琳·克乔斯·菲弗（Kathrine Kjos Five）在处理厂的大门口见到了我，露出了愉悦的笑容。她用她那几乎无可挑剔的英语告诉我，没什么游客会来这里。当地学校有

① 阿巴合唱团，瑞典著名流行乐团；Hygge，丹麦和挪威语中的“舒适、惬意、满足”，许多人认为这是北欧特有的一种生活态度，这个词在其他语言中很难找到对应。

时会派旅游团，幼儿园的孩子们似乎很喜欢参观，克乔斯·菲弗说，但十二三岁的孩子往往就会相当清楚地表示他们的厌恶。她把我带到二楼的一间小会议室里，进行了简短的参观前介绍。荧光黄和黑色相间的安全外套挂在门边衣架上，而一罐蓝色的丹麦曲奇诱人地摆在会议桌上。在我对面的墙上，5张用彩球覆盖的彩色照片展示着处理厂大型沉淀池所在的地下洞穴的全景和特写。也许这不是你典型的风景摄影题材，但它是一种莫名令人信服的声明，告诉人们污水处理的确可以被提升为一种艺术形式。

即使在这里，这也是一段艰难之旅。直到20世纪初，在当时还叫克里斯蒂安尼亚[①]的城市中，大多数家庭都在后院或后楼梯井设有厕所。挪威的部分地区虽然现在配备了下水道或化粪池系统，但仍然缺乏全面的污水处理设施。相反，一些较小的社区仅仅会过滤掉较大的杂物，然后再利用深邃的峡湾冲走并稀释其余杂物。不过，奥斯陆峡湾的地理环境让它对未经处理的废物格外敏感。来自北海的水通过一个漏斗结构进入西边更大的双叶型内峡湾[②]构成的盆地，这个漏斗最浅的地方还不到65英尺深，被称为德勒巴克海槛。

在地图上，内水道就像一对静止的翅膀，奥斯陆从较短的东翼底端展开。在1963年该市的第一座污水处理厂开始运营之前，“奥斯陆峡湾是个可怕的地方”，克乔斯·菲弗说。飙升的

① 挪威首都奥斯陆旧称。

② 高纬地带古冰川作用留下陡而深的冰槽谷，被海水淹没形成了细长的深海湾，即为峡湾。——编注

氮磷水平滋生了水华，这个过程被称为富营养化，它耗尽了溶解氧，也扼杀了其他海洋生物，形成大规模的死区。同样的过程在世界各地都在发生，比如就在离我家不远的华盛顿湖，在伊利湖、墨西哥湾、波托马克河和切萨皮克湾，还有哥本哈根的富勒湖和波罗的海，以及许多其他地方。

20世纪60年代到70年代初，科学家终于将破坏性的水华与淡水和沿海环境中的营养激增——它们来自农业和水产养殖业（包括粪肥、合成肥料和鱼食）、工业径流和未经处理的污水排放——联系了起来。1970年左右，在内奥斯陆峡湾的氮和磷的水平达到顶峰后，政府对处理后流出物的要求越发严格，这有助于逐步扭转污染。

追加的环境法规有助于推动更多可持续的解决方案。挪威在2009年禁止填埋可生物降解的垃圾从而剔除了另一种处理屎的方式，同时投资垃圾焚烧发电厂，将该国的垃圾用来烧水——这可以为家庭供热、供电并提供工业用的蒸汽。但焚烧也有其自身的缺点。讽刺的是，邻国瑞典拥有自己消耗燃料的焚烧炉，当瑞典开始争夺垃圾时，挪威开始面临着垃圾短缺的问题，迫使这里的一些发电厂从英国和其他地方进口垃圾。位于奥斯陆郊区的富腾奥斯陆供热（Fortum Oslo Varme）焚烧炉是这片大都市地区最大的温室气体排放源之一，作为一个成功的试点项目的一部分，它证明了它可以用化学溶剂捕获废气中的部分碳排放。一个实际项目将捕获其高达90%的二氧化碳，以及一家水泥厂约一半的排放量，并将它们贮藏在北海底一处油气田下面的砂岩层中。不过，这个雄心勃勃的长船项目

（Longship Project）并不便宜，预计成本将接近30亿美元。

换句话说，有环境意识的废物处理面临着巨大成本，这可以为重新利用屎提供巨大的动力。当然，挪威在过去50年里从油气出口中获取了大量财富，批评者并没有忽视这一矛盾。在2021年接受《声音》（*Vox*）采访时，位于奥斯陆的挪威国际气候研究中心的石油政策专家巴德·拉恩（Bård Lahn）这样说："自从气候变化变得越加重要，挪威就有了广泛的政治共识，认为国家应该解决这个问题。但与此同时，我们仍然是世界上最大的化石燃料出口国之一，我们正加剧我们想要解决的问题。"作为消费国，挪威实际上从水力发电中得到了国内大部分电力。

在埃克伯格高森地下挖掘出的多个岩洞，恰如其分地象征着挪威既是气候变化的助推者，又是主导者的复杂地位。港口一个石油集散站附近的独立洞穴，为该国五大石油公司外加挪威政府储存汽油、柴油和煤油。就在南边，贝克拉格的洞穴展示了先进的技术，用来降低燃烧这些化石燃料而造成的影响。

为了参观洞穴，我和克乔斯·菲弗戴上了橙色头盔，走下一段楼梯，来到一条在岩石中凿出的长隧道，它将我们引向处理厂深处。在我们左边，一条直径55英寸的灰褐色管道正在将洁净的水急速送往奥斯陆峡湾。在隧道的远端，通过另一扇门，她向我展示了进水口，管道将未经处理的污水引入工厂，滤网过滤出较大的碎片，然后是较小的砂砾。"你在过滤器里发现过的最奇怪的东西是什么？"我问，她有一个现成的答案。她的一位同事曾发现了一副假牙，处理厂经理在报纸上刊登了公告，只是为了好玩。后来真有个人来认领。更常见的情况是，过滤器会收集到不小心滑入公共落水管的卫生棉条、避孕套、棉签和洗脸巾。有时他们会在大雨后发现淹死的老鼠，还有一次，发现了一条小蛇（在挪威被称为“虫子”）。

克乔斯·菲弗和我走了几步，来到一处狭长的水池，这是三个初沉池中的一个，我看到了一个白色救生圈，上面系着红带子，很有帮助地贴在围栏上。“我们从来没有用过它，但它能让人冷静下来。”她笑着说。我突然想到了《欢乐糖果屋》（*Willy Wonka & the Chocolate Factory*）[①]中奥古斯都·格鲁普掉进巧克力河的情景。第二组三个水池可以通过金属格的步道进入，同样配备了一个救生圈。污水在这些水池里混合，污泥沉到底部，油腻的FOG则漂在顶上，可以定期撇去，降低堵塞的风险。

对于微生物辅助的废物消化，贝克拉格用到了被称为生物池的活性污泥池。上部的曝气[②]通常会让污水呈现出液态黑巧克力的外观和稠度（又是威利·旺卡！）。但当天早些时候的一次临时停电，让固体漂到了顶部，让外壳呈现出了截然不同的外观。“它看起来像巧克力蛋糕。”克乔斯·菲弗说。尽管有稠度的问题，这里的水箱利用全球氮循环的核心部分，从自然中借鉴了重要的另一页。像碳和磷一样，氮从一种形式到另一种

① 罗尔德·达尔的奇幻小说，曾于1971年改编成同名电影，并于2005年再度改编为电影《查理和巧克力工厂》，下文中的威利·旺卡则是“巧克力工厂”的所有者。
② 废水处理工艺名称，指的是用向水中充气或机械搅动等方法增加水与空气的接触面积的流程。——编注

形式不停循环。在这种情况下，氮从主导我们大气的气体，循环到动植物可以用来构建叶绿素、DNA和氨基酸等结构的有机形式，然后变成在腐烂物质中占主导地位的形式，再经过连续的转换，最终转化回大气中的气体。

这个循环中的两步，也就是硝化—反硝化，帮助处理厂除去那些多余的氮——它来自进入处理厂的尿液、粪便、肥料、食品加工废物、工业溶剂和其他来源——并防止这些氮被释放后引发藻类的过度生长。“如果我们不在这里做，它就会在峡湾中发生。”克乔斯·菲弗说。值得注意的是，专家已经想出了如何利用所谓的硝化细菌和反硝化细菌的细菌专家，在同一个水箱里完成整个除氮过程。比如华盛顿特区的蓝原厂使用的anammox工艺这样的捷径，进一步提高了除氮的效率。

至于贝克拉格的剩余污泥，来自初沉池和活性污泥池的管道将它输送到浓缩池中，在那里，带式过滤器排出一些水，离心机就像洗衣机的旋转那样再拧出一些水。然后，浓缩后的污泥被送往两个大型消化池，在那里，厌氧细菌和产甲烷古菌在两周的时间里将它消化，并产生沼气。一个气体升级系统可以去除二氧化碳、刺鼻的硫化氢和其他污染物。保存在轨道车大小的水池里的金属瓶，储存着几乎纯净的生物甲烷。每个水池上都写着绿色的“Biogas”（沼气）字样，还用一朵红色的花点缀着i上部的那个点。这就是为奥斯陆的一些市政车辆提供动力的燃料。

产生气体的消化过程还有一个关键的好处，那就是，它可以杀死污泥中绝大多数病原体。当它抵达终点时，更干净、更浓稠、且营养丰富的物质顺着斜槽滑入等在下面的卡车。克乔斯·菲弗说，农民会打电话来要这种东西，就像我在挪威中部的田野里看到的那些农民一样，他们对施粪肥的好处有了更深入的了解，并习惯了废物再利用的想法。对他们来说，这似乎并没有那么恶心。

升级后的贝克拉格污水处理厂于2000年启用，这里每天处理来自城市东半部和几个较小的自治市的约2600万加仑污水。一家名为维亚斯（VEAS）的大型处理厂负责处理来自城市西半部和相邻自治市的污水。根据挪威政府的委托以及欧盟的指令，这两家处理厂在将水送入奥斯陆峡湾前，必须除去九成的磷、七成的氮以及七成的可降解有机物。为了跟上奥斯陆地区蓬勃扩张的人口，市里已经开始扩建贝克拉格污水处理厂，在森林覆盖的埃克伯格高森山坡上进一步爆破。根据一项将处理厂的处理能力提高近一倍的计划，在花岗片麻岩中借助控制爆破进行挖掘，沉闷的轰隆声经常打断克乔斯·菲弗的工作日。

长期投资也正得到回报。截至2012年，贝克拉格和维亚斯处理厂的成功让该市开始沿着内峡湾开放实际的游泳区，包括歌剧院附近相当受欢迎的瑟伦加海水浴场游泳码头。除了干净的水和沼气，污水处理厂每年还创造了成千上万吨的干污泥肥料，产生了多余的能源，它们可以被重新利用，降低能源需求。事实上，贝克拉格处理厂在产能方面是净正值，也就是说，它每年生产的能源超过了消耗。奥斯陆承诺，到2030年，这里相对于2009年的温室气体排放水平将降低95%，这种能源盈余已经成为其中一项关键资产。

从奥斯陆出发，我们乘火车前往斯德哥尔摩，参加欧洲歌唱大赛。如果我们在6年前从瑞典东岸的韦斯特维克出发，可以乘坐一列核载54名乘客的火车前往斯德哥尔摩南部的林雪平，这列火车被昵称为沼气火车阿曼达。它的燃料来源是沼气，它产自一家污水处理厂和一个单独的厌氧消化池中发酵的来自当地屠宰场的牛脂肪、血液、器官和内脏。如果我们在6年后进行同样的奥斯陆到斯德哥尔摩的旅行，就可以跳上全世界第一批沼气供能的国际公共汽车之一，这些公共汽车用过度冷却的液体生物甲烷作为燃料。然后我们可以在斯德哥尔摩转乘公交，这座城市在2018年成了世界上第一个将化石燃料从它整个陆上公共交通系统中移除的首都。所有火车和电车都由可再生的电力驱动，而公共汽车则由生物柴油、沼气或乙醇供能。正如挪威在提高沼气生产和推广电动汽车方面成了全世界的领军国家一样，邻国瑞典在应用沼气和其他生物燃料改造本国的交通系统方面可以说是无人能及的。瑞典已经承诺，到2030年，所有道路车辆将不再使用化石燃料，其中相当比例的必要沼气将由污水处理厂的厌氧消化池提供。为了满足激增的需求，研究人员提出，将厨余和庭院垃圾与污水污泥共同消化，这可以让瑞典的沼气产量提高4倍。

其他地方的需求同样在增加。如果我们现在去英国旅行，就可以乘坐布里斯托、雷丁和诺丁汉等城市中越来越多的生物燃料公共汽车。环境计算虽然是粗略估计，但它表明，那里的生物燃料公共汽车与柴油公共汽车相比，可能会降低多达84%的温室气体排放。新版本的公共汽车可以降低更多危险的空气颗粒物排放。这意味着城市的空气污染更低了。

如果丹麦再次举办欧洲歌唱大赛，那里的游客可能会促成一种更惊人的交通选择。丹麦科技大学的研究人员已经开发出了一种电化学方法，将污水和其他来源的沼气转化为喷气燃料[①]。一些计算表明，丹麦可以从它的沼气供应中制造出足够的燃料，填满丹麦机场每架飞机的油箱，而且只比目前的成本高出25%。想象一下，如果他们把清晨的航班称为“屎之晨航”，会有多大的宣传效果。该“屎”的早班机。

另一种被称为水热液化的技术，在利用污水和残羹剩饭制造石油基的原油替代品方面显示出了相当大的潜力。太平洋西北国家实验室的化学工程师贾斯廷·比林（Justin Billing）告诉我，他和其他科学家主要专注于将这种生物原油精炼成燃料，用于近期内最不可能电气化的运输方式，比如货柜船和飞机。比林和他的同事最初用养殖的微藻类作为生物燃料的来源进行了实验，直到他们发现，来自污水处理厂的初级污泥几乎同样有效。有了许多污水处理厂付钱来处理的原料，污水变油的经济效益突然变得能和化石燃料有得一拼了。

水热液化的过程类似于发生在特区水务公司蓝原处理厂的高压锅水箱中的情况。只不过在这种情况下，热液反应器内的极端热量和压强，模拟了将海洋沉积物中的动植物压缩成石油的地质过程，所有这些都以大约15分钟的极高速度进行。在被称为冷凝的第二步中，溶解的分子重新连成碳链，形成了生物

① 航空涡轮发动机的专用燃料，广泛用于喷气式飞机。——编注

原油的主链。比林告诉我，“这差不多就像魔法一样，我们在实验室里有几桶人类废物，然后经过一天的反应，它就成了生物原油产品”。如果扩大生产规模，实验室估计这种生物原油可以被提炼成相当于汽油的产品，成本略高于每加仑3美元。

比林说，与标准柴油相比，火车和公共汽车的生物柴油可以减少60%—70%的温室气体排放。计算的一部分包括加热水热反应器，以及太平洋西北国家实验室开发的一项单独的技术——电催化氧化燃料回收系统，它可以有效去除污染物，并产生氢，为自身的运作提供燃料。这一过程有机会让生物原油的提炼实现碳中和。在加拿大，温哥华都会区正使用水热液化技术，在与安纳西斯岛污水处理厂相连的设施中制造生物原油。随后，当地的一家炼油厂会把这种油转化成生物燃料，为任何类型的生物质送入反应器并转化为替代性的运输燃料奠定了基础。

甚至连天空也不是一种限制了。空间科学家已经尝试将人类的屎及其衍生物，转化为火箭燃料等星际必需品。生物原油被提炼成火箭燃料的能力意味着，没有理由认为“太空便便”无法帮助未来的宇宙飞船……呃……点火升空。农业和生物工程师普拉塔普·普拉曼纳帕里（Pratap Pullammanappallil）的实验室已经设计了一个系统，它可以将宇航员的粪便每天转换成多达77加仑的生物甲烷。通过厌氧消化过程产生的甲烷气体，与污水处理厂使用的不一样，可以帮助推动宇宙飞船返回地球，而副产物水可以被重新利用，或者被分解成氧和氢。一种令人厌恶的低级物品，可能从根本上被改造成一台奇迹的引擎，这多么了不起啊。

*

在挪威民间故事的原版结局中，当埃克伯格国王再也无法忍受伴随着1814年瑞典–挪威战争前奏而来的“枪声和怒吼”时，偷窃优秀而善良的孩子的行为显然已经结束。鼓声、枪炮声和雷电般的马车晃动着他的房子，墙上的银器咯咯作响。于是，他把整个家，连同他的牛群，都搬到了西部康斯伯格他兄弟的地方。奥斯陆附近的当地人仍然报告说“不乏头脑简单的年轻人”，但至少他们不能再责怪埃克伯格的地下仆人了。如今，人们可以想象，山丘深处的爆破加剧了全球废物变能源倡议的更友好的竞争，几乎可以肯定的是，这只暴躁的红眼巨怪永远不会再回来了。

我发现，资源回收处理厂已经成了转型的引擎。当我对他们的工作表示兴趣时，俄勒冈达勒姆处理厂的工程师面露喜色，高兴地说起了沼气发电以外的多种功能，甚至是在剧烈的自然灾害中。在处理厂边缘，我看到了砂石组成的滤网是如何容纳其他微生物的，这些微生物就像天然的除臭剂，让处理厂的嗅觉体验不至于飘到邻近的一所高中那里。奥尔说，一台工业洗涤器需要“大量化学品”来中和难闻的空气。肖尔补充道：“而且它仍然无法除去一些最肮脏的东西。”从我的角度看，4台现场生物过滤器中的一台，看起来更像是一大箱石头。不过，在多孔的碎石场之下，几英尺高的潮湿砂土为微生物提供了理想的环境，让它们能够以硫化氢和其他通过岩石逼出来的气体为食，茁壮成长。凛冽的风将过滤后的空气吹向我，我什么也闻不到。“诀窍是什么都不做。让小家伙们做所有的事。”奥尔说。

我后来想到，所有沼气、生物燃料和生物过滤器的应用，可能已经部分解决了本杰明·富兰克林（Benjamin Franklin）在1780年提出的一个问题。富兰克林在那年写给布鲁塞尔皇家学院的一封信中，嘲笑学院的智力竞赛包含一个基于数学的问题，他认为这个问题没有实际价值。因此，这位可敬的政治家兼作家提出了自己的谦逊建议，设置另一个奖项问题：“发现一些有益健康且不会让人厌恶的药，与我们普通的食物或酱汁混合，让我们身体自然排出的气体不仅让人不讨厌，还能像香水一样惬意。”

的确，沼气池的产出可能不会达到香水的水平，而且除臭是在后端进行的。但我想，富兰克林会对一大箱砂石让难闻的空气变得更令人愉悦的能力印象深刻。我非常肯定，这位避雷针、双光眼镜和富兰克林炉的发明者会发现，旋转巨大的涡轮，为公共汽车和火箭提供燃料，以及用一个充满气体的大气泡来调节发动机，是“我们身体自然排出的气体”的相当实际的应用。

谷口-丹尼斯说，清洁水务公司正在探索是否有更多的沼气可以通过发电机转化为能源，或者转化为生物甲烷，作为工业或运输应用的天然气的替代品。这些气体必须洗涤去除二氧化碳和其他杂质，让它“可以被管道输送”，她说，“但我们能做一件多么美好的事情，这不仅是发电，而是真正创造一种天然气体的沼气”。也许这不算是美的标准定义，但用一系列有用的、可再生的精美产品，代替那些不受欢迎的、不讨喜的人类废物，的确是一种了不起的改造。

第九章　催化剂

大约1.7万年前，一片约3000英尺厚的巨大冰盖埋住了我们的前院。它盖住了现今从我们街道以北几个街区的山脊线，一直到华盛顿湖西岸的土地。它覆盖着西雅图和整个普吉特海湾，以及从奥林匹克山到喀斯喀特山脉60英里宽的范围。

随后，科迪勒拉冰盖的普吉特瓣面开始融化并后退，在过去250万年里，至少有7次冰雪入侵到华盛顿西部，这是距今最近的一次。随着冰川瓣的进退，冰块在我们的房子下方雕凿出了这片地区最大的湖泊，还有一系列独特的山脊和山谷，每当下雪时，这些山脊和山谷就折磨着西雅图的司机们。这里的冰碛沉积物为我们带来了相对年轻的多砂砾的砂壤土，位于非常多砂砾的砂壤土之上。随着冰雪退去，熊、狼和野猫都回来了。一系列植物和树木也回到此地，在斜坡上定植，形成一片森林，其中充满了圆叶槭和西部红雪松，还有常绿的美洲越橘和刺羽耳蕨。

这是杜瓦米许人的传统土地，在海岸赛利希（Coast Salish）原住民说的卢绍锡德语中，杜瓦米许人也叫“Dx^{w}dəw?abš”。关于他们村庄的考古记录可以追溯到一万多年前，当时“北风南风”[1]等古代故事中描述的冰期已经开始消退，让位给了温和的沿海气候，温和多雨的冬季和干燥凉爽的夏季为这样的气候增色不少。杜瓦米许人收获了太平洋鲱、美洲大树莓、银鲑和克美莲的茎。整理自考古调查和老人们的回忆的传统食物来源清单包括了近300种动植物。

当我在2021年初浏览这份名单时，震惊地发现，单是我们院子里就至少有15种这样的可食用植物和树木。“bubx̌əd”是我们认为史前模样的杂草的马尾草。“k̓ayuk̓ayu”和“ƛ̓aqa”是本地熊果和沙龙白珠树的植物的浆果，这些植物被我们重新引进，但仅仅作为观赏性的地被植物而受到重视。“čəbidac”是北美黄杉，它们娇嫩的树梢可以泡水做成柑橘味的茶。

2020年3月，当一位庭院设计师和他的团队加上了两堵黄灰色砖砌成的挡土墙，并平整了前院里一直被我们忽视的大部分土地时，杰夫和我还没有想到这些本地植物。我们在后院的一个建筑项目中存下了一大堆多砂砾的砂壤土。这些填土，还有上面4英寸的深棕色堆肥，刚好可以让前院变得平整。我们新的墙末端是一组楼梯，还有一条弯曲的步道，它们取代了原本剥落的混凝土，我们开玩笑说，这是我们家西海岸版本的布鲁克林门阶。

这些墙还为两个朝东的梯台式花园创造了空间。我们决定在下层种上对蝴蝶和蜜蜂友好的草本植物和观赏植物，而在上层尝试种菜。在邻居的帮助下，我们开始改造我们房子后面荒

① 美洲原住民口口相传的民间故事，讲述了寒冷的北风与暖湿的南风的对决故事。

废的城市地役权下的第三块地，那里能完全沐浴在午后的阳光中。新冠正席卷西雅图地区，园艺项目似乎是一种很好的方式，缓解我们的紧张情绪，让我们在城市封锁期间关注一些积极的事情，甚至可以种出我们自己的食物。

我注意到的第一件事是所有知更鸟。我们前院里那层新的庭院垃圾堆肥中的蠕虫和昆虫，似乎填饱了这些每天光临的访客的肚子。4月，我们开始种植甜豆、火葱和法国早餐小萝卜，还有红罗马生菜——这是三个花园里十几种蔬菜和观赏品种中的第一个。对初次试手的城市园丁来说，从种子开始或从头开始种这么多活物也许不太明智，但这么做的好处是，一定会有东西长出来。我们注意到，两只乌鸦已经开始在我们房子前面的电话线上晃悠，观察我们的进展。杰夫给它们取名斑斑和鸡仔。

大约在同一时间，我发现了我确信是完美的覆盖物，它可以给我们的年轻植物带来健康的动力。自1976年以来，当地一家名为锯末供应（Sawdust Supply）的树皮和园林改造供应商一直从金县[①]的三家污水处理厂采购有机生物固体。生物固体是我们之前刚了解到的污水处理过程的副产物，主要由微生物消化的屎、其他有机碎屑、细菌和砂土混合而成。县里的处理厂每年产生约13万湿吨这种富含营养的物质。

金县在加热到人体温度的大桶中处理那些固体废物。在20—30天的时间里，厌氧微生物在模仿人类肠道消化的步骤中，

① 西雅图是该县的县府所在地。——编注

大肆享受那些有机物质，并杀死了大多数病原体。“这完全是个生物过程，来自我们自己体内的微生物彻底分解了这些材料。”该县堆肥项目经理阿什莉·米赫勒（Ashley Mihle）告诉我。如果一个消化池由于微生物不平衡而“生病”了，工程师可以用来自健康、平衡的池中的微生物重新填充，重置菌群，这差不多就是粪便微生物区系移植。之后，一台离心机将水拧出来，留下米赫勒所说的“成块的橡皮泥材料”。

该县通过这种材料已经100%回收了固体废物，并将它变成了土壤改良产品。像我在挪威、华盛顿特区和俄勒冈参观的污水处理厂一样，金县也将这里的部分污水转化为沼气，在这里用于产生热能、电能、生物甲烷和液体生物燃料。从填埋场或焚烧炉中转移出数千卡车的有机产出，并将它们重新引入这一地区的土壤中，这帮助包括污水处理单位在内的县级部门在2016年实现了碳中和。

县里在悄悄生产了近40年土壤产品后，于2012年开始将有机物打造成品牌“路普”（Loop）。它的口号是“让你的土循环起来”。“路普”被美国环境保护署（EPA）指定为B类生物固体产品，这意味着致病的病原体已经大大减少，但未必完全清除了，它不能用在城市草坪或花园等公共区域。在土壤上撒上这种产品后，农民和其他收货人必须让人畜远离至少30天，让剩余的绝大多数病原体在自然暴露于阳光、热量和竞争性微生物的情况下死亡。这个过程通常需要几个星期。“路普”颜色很深，呈海绵状，闻起来有点硫磺和氨的气味。“实际上，我觉得它很好闻。也许不是每个人都同意，但它是一种泥土的气味。”米赫勒说。通常“路普”还含有闪闪发光的鸟粪石颗粒，这是污水处理过程中沉淀出来的磷酸铵镁矿物的一个别致的名字。这种效果就像在巧克力蛋糕的混合物中看到闪光一样。每年，金县生产约4000辆卡车的闪闪发光的“路普”。其中近80%用于旱地麦田和华盛顿州东部的其他农业用地。还有20%左右则用来帮助修复森林土壤。

“路普”剩下的那一点交给了锯末供应公司，这家公司将“路普”与当地锯木厂的锯末废物以1∶3的比例进行堆肥——这个过程称为好氧消化——我想要的就是这个。与有机物的厌氧消化不同，在厌氧消化过程中，古菌会释放含有甲烷的沼气作为副产物，而在堆肥过程中，细菌和真菌的好氧消化则会释放热量、水和一点二氧化碳。连续数周，随着温度在蒸汽堆中飙升，类似巴氏杀菌的缓慢过程有效地清除了病原体，但过多热量也会杀死有益微生物，并破坏堆肥过程。锯末供应公司为它受欢迎的混合物找到了理想点，并获得了A类生物固体的认证，这标志着它甚至可以安全地用在家庭园艺和庭院设计中。

在将混合物加工处理一年后，这家公司将一种被称为“格罗科”（GroCo）的富含营养的土壤改良剂分发给地区商店，这些商店又将它卖给忠实的粉丝群体。理论上来说，我可以为堆肥贡献多年。不过，要想给我们自己的花园准备一些，我必须抓紧时间了。这家公司的老板最近去世了，他的家人正在关闭这家有着108年历史、深受人们喜爱的机构，它的口号是“现在就用树皮，否则一直锄你的杂草”。我想这是一种略有刺激性但强效的植物食品，现在只剩几袋60磅规格了，于是我跳上我的斯巴鲁，出发去找我自己的回收屎。

*

如果我生活在17世纪初的日本，农民可能会上门收集我的产出。更确切地说，他们在江户市（现东京）派出雇佣的代理人，挨家挨户地搜寻一种相当有价值的商品，它的价格非常可观。农民称这种珍贵的材料为“下肥”（シモゴエ），字面意思就是“来自人的底下的肥料”。由于有机会获得一些额外收入，出租房屋的房东甚至会要求得到他们租客定期存下的下肥。经济学家田岛夏与（Kayo Tajima）写道，下肥成了遍布城市周边的农业村庄的主要肥料来源之一。

科学记者汤毅红（Ziya Tong）在她的作品《真实泡沫》（*The Reality Bubble*）中描述了这种人的“粪便肥料”（night soil）如何摇身一变成了一些企业家丰厚的利润。“如果楼里的租户数量减少，房东可能提高他们的租金，因为随着排泄物减少，业主的收入就减少了，经营房产的利润也会下降。作为一项通过私人代理而不是政府管理的业务，下肥的价格由房东决定，这导致了与农民之间的冲突，农民的肥料经常被高价挖走。”而农民也明白，并不是所有屎都一样。“也有好屎和坏屎。有钱人的大便自然很臭，但它也更贵。据农民说，由于有钱人的饮食更多样化，这让他们的粪便包含更好的营养成分。”汤这样写道。到了19世纪，顶级屎的价格已经飙升到相当之高，偷它们的人甚至可能会被送进监狱。

田岛写道，城市居民是周围村庄种植的新鲜农产品的主要消费者，也是肥料的主要生产者，从而形成了一个相互依赖的循环，带来了其他意想不到的好处。“将人类排泄物带出城市的做法被认为对预防大流行病有很大帮助。”她写到，“虽然用人的粪肥土种植食物，会带来口腔感染或水传播疾病的风险，但彻底煮熟食物和饮用开水（或茶）的习惯，让这种风险降到了最低。”

类似的做法在全世界比比皆是。古代中国江南地区同样以繁荣的粪便肥料贸易闻名。在南美洲，亚马孙地区遍布着Terra Preta de Índio，也就是亚马孙黑土。研究人员认为，这些异常肥沃的土壤是2500年前到500年前由原住民创造的，他们将自己的粪便和其他有机废物，比如鸡粪和死鱼，与植物衍生的生物炭混合，来滋养林地花园。一些科学家认为，亚马孙沉积物的碳含量远远高于周围的土壤，这是有意创造的。其他人则认为，这种有机混合物可能是将生物炭作为除臭剂添加到废物沉积中的一种副作用。

无论如何，生物炭专家汉斯-彼得·施密特（Hans-Peter Schmidt）写道，将腐烂的有机材料与天然木炭的那种极多孔和巨大的表面积混合，激活了它独特的能力，让它像海绵一样吸收水和溶解的养分，同时为土壤微生物提供无数生态位。事实证明，生物炭可以成为一种非常稳定的肥力补充。它还擅长结合带正电荷的离子，比如氨和铵，让它们更容易被植物和土壤微生物利用，而不容易从土壤中析出。

克里斯·道蒂和同事研究的更新世巨动物群的集群灭绝，对南美洲的打击最大。这些陆地巨兽分配养分的能力被大幅削弱，此外它们基本上无法作为牲畜或驮畜被人类利用。施密特写道，相反，原住民社区依靠“本土的野生水果、小型动物和鱼类，或者林地花园的园艺来满足他们的食物需求”。在缺少牲畜粪肥的情况下，“广大人群的消化道”提供了大部分必要的有机肥料。这种早期形式的地球工程，创造了丰富且持久的腐殖质层，也就是一种稳定的有机材料，让土壤变黑，并为其中的微生物居民提供了食物，这极大地提高了土壤肥力，同时稳步提高着产量。施密特和其他研究人员现在认为，这种复杂的、劳动密集型的系统，将养分循环与混合种植各种作物结合在一起，有助于养活曾经被认为不可能的大量人口。从本质上来说，亚马孙地区支持了一个自我施肥的花园城市网络。

几个世纪后，我们正面临着令人生畏的农业危机组合。表土流失、干旱、洪水和铺天盖地的蝗虫吞噬了农作物。最近的预测表明，世界正走向严重的粮食短缺，并因全球变暖而恶化。我们需要协同努力，来养活地球上的每一个人，更不用说对我们的食品安全系统进行重大改革了。基因修饰和农业增效可能有助于提高作物产量，但我们的丢弃文化每年浪费了超过10亿吨食物，并拒绝使用几个世纪以来一直用于种植作物的成熟且丰富的人类废物肥料。为了纠正我们的方向，我们需要说服彼此（还有我们自己），在我们和自然、我们的身体以及我们利用的自然资源之间不存在二元性。我们可以建立一种循环经济，通过明智而安全地使用我们的废物来滋养生命，让我们成为我们食物的食物。如果这看起来很激进，那只是因为我们忘记或者忽略了我们自己的历史。

在一片又一片大陆上，我们的祖先明白一则普适的真理：好屎会让事物生长。然而，在欧洲和北美洲的大部分地区，将人类粪便作为肥料的概念包含着一段更具冲突的过往，它标志着接受、反感和文化失忆的周期，正如多米尼克·拉波特的《屎的历史》提醒我们的那样。在19世纪的伦敦和纽约，处理粪便肥料离不开报酬丰厚的工作人员的服务，他们在夜间工作，让城市中那些不受欢迎的废物隔绝在人们视野之外。其中一些最终被运到了农场，比如“掏粪工”或者“清洁工”的运输工作帮助巩固了田地，这些田地则支持了欧洲中世纪城镇。但通常情况下，这些废物就被倾倒在了距离最近的水中。

有关公共卫生的错误观点加速了人屎从农场进入溪流、河流和海湾的速度。在《死亡地图》中，史蒂芬·约翰逊讲述了大行其道的瘴气理论如何将霍乱归咎于恶臭的空气，并在伦敦引发了一场灾难性的公共卫生运动，它加速了泰晤士河的污染。1848年的一项格外具有影响力的法律被讽刺地命名为《消除公害与预防传染病法》（Nuisances Removal and Contagious Diseases Prevention Act），它以创造更好的卫生条件为名义，命令将成千上万个污水池的内容物排进河中。“如果所有气味都是疾病，如果伦敦的健康危机完全归咎于污染的空气，那么，为摆脱瘴气弥漫的房屋和街道所做的任何努力都是值得的，即使这意味着将泰晤士河变成一条臭水沟。”约翰逊写道。在一连串破坏毁灭性的霍乱流行之后，1858年夏天的炎热天气让城市中充斥着恶臭，它来自那些倾倒在河里的垃圾和工业废物。被称为“大恶臭”的事件最终促使议会投入资金建设一个全面的下水道系统。

综观历史，粪便引起了强烈的反感，但同样激发了将废物作为肥料再利用的传道式的狂热，它们吸引了各自的支持者和反对者。在维多利亚时代的英国，记者和改革倡导者亨利·梅休（Henry Mayhew）热情洋溢地描述了潜在的经济收益和生活的良性循环。在法国，卫生学家和重农主义者（后者认为农业是国家财富的唯一来源）的另一项运动，吸引了像哲学家皮埃尔·勒鲁（Pierre Leroux）这样积极奋发的乐观主义者，勒鲁认为，国家资助的人类废物再利用可以帮助终结贫困。在一次伦敦之行中，勒鲁甚至乐于制作他自己的土，他显然是用这些土来种植青豆。他的成分清单是：

来自泰晤士河的河沙，捣碎成细沙
碎炭
来自炉膛的煤灰
碎砖
尿
排泄物

拉波特在书中讽刺了勒鲁的浮夸的描述和论点，但引用了他的一段话，表明这位优秀的哲学家至少可能理解了循环经济的本质：“根据自然法则，每个人都既是生产者，也是消费者，如果他消费，他就生产。”

我不准备在自家的园艺上走那么远。但我对来自锯末供应公司的湿润的巧克力棕的块状物相当好奇，我可能在生产它的过程中也扮演了一个小角色。我把鼻子凑近一个袋子，闻到了一股淡淡的木质气味，还有一些丰富的底层层次。我非常惊讶，深吸了几口。我不知道自己在期待什么，但堆肥已经完成了它的工作，它没有硫，也不含氨，而我幸运地从园艺商店抢购到的四袋“格罗科”，很快就被我后来买的覆盖物的刺鼻的树皮气味所淹没。

我把一袋“格罗科”送给了邻居朋友，并让他们观察这对他们那些攀缘茎类的豆子、番茄以及树莓的影响。然后，在接下来的几周里，我把剩余的几袋分批施在了我们自己的花园里，一部分作为堆肥，一部分作为土壤之上的覆盖物，控制杂草并保持水分。到5月中旬，我们已经为豌豆装了两个棚架，并在前面的花园上层种满了28行新植物，包括生菜、芝麻菜和羽衣甘蓝，还有黄洋葱和大蒜。好奇的路人会问我们在做什么，他们似乎既困惑又欣喜。一个在人行道上就能一览无余的菜园子，在邻里之间还是件新鲜事儿。

在后面的花园里，我们种植了喜阳光的蔬菜，比如墨西哥青辣椒和名叫“血腥屠夫”“黑王子”“亚曼拿橙”和“粉红伯克利扎染”的番茄品种。我们之前尝试过种番茄，邻居好心的妇人只是笑着摇摇头。她们告诉我们，在西雅图没人能种出好番茄。而我们在这里，双手插进湿润的土壤，在大流行中种着菜，乐呵呵地碰碰运气。在5月的最后一天，我们庆祝了我们第一份花园沙拉，那是几片绿色和紫色的生菜、长叶莴苣和野生的田园蔬菜的叶子，配上几朵粉红色的细香葱花。在6月初，我拔出了第一批红宝石般的小萝卜，这些小宝石仿佛光彩夺目。

*

对于肯尼亚的花园和农场，总部设在内罗毕的圣能源公司采取了一种更间接的策略，重新利用居民的屎来滋养他们的植物。这家公司利用以屎为食的蝇类幼虫，制造燃料型煤，从而解决森林砍伐的问题，它还专门为缺乏传统下水道系统的城市地区提供卫生服务，安全地收集并运输污水。2011年，它开始在首都周围的非正式居所区安装“新鲜生活厕所”。在这些浅蓝色的建筑中，无水蹲厕将尿液和粪便排入单独的收集室，然后就能被运走。到2021年底，圣能源公司已经安置了超过3600个厕所，作为特许经营模式的一部分，公司向肯尼亚企业家出售单个厕所。这家公司的另一个部门，也就是废物管理服务，用小型卡车在狭窄的街道上穿梭，清空厕所，并将废物转移到一个中央处理厂。在两项类似的服务中，圣能源公司负责清空坑厕和家中蹲厕。这种集装箱式的卫生设施，正如它的名字一样，可以为其他难以到达的社区提供服务。

圣能源公司的代表希拉·基布图告诉我，公司的处理厂如何从收集的废物中制造出多种农业产品，从而让内罗毕相对低成本的集装箱式卫生设施更具经济吸引力。例如圣能源公司将食物和农场废物与从厕所和坑厕中提取到的粪便混合，作为它的黑水虻大型农场的原料。这些蝇类通常在牲畜和腐烂的物质周围盘桓，在它们短暂的几周成年期里，几乎什么都不吃。另一方面，它们贪婪的幼虫具有独特的能力，能将吃下的生物质转化为脂肪和蛋白质，而且是大量脂肪和蛋白质。这些扭动着身体大快朵颐的幼虫储存了大量蛋白质，可以占到它们干体重的40%或者更多，相当惊人。“我们喂养着一个非常、非常大规模的蝇群，”基布图说，“事实上，我们得到的排泄物几乎不够用。”

喜欢屎的幼虫反过来形成了动物饲料补充剂等产品的交叉点。圣能源公司收获了幼虫，对它们进行巴氏消毒，并卖给磨坊主，将它们磨成含有蛋白质的饲料，用于养殖的鱼、家禽和猪，还有狗和鸟这样的宠物。这种蛋白质补充剂可以取代鱼粉，而大多数鱼粉都是以不可持续的方式从非洲大湖之一的维多利亚湖中用一种叫作欧美纳的小鱼制成的。鱼粉的季节性短缺迫使磨坊主进口更昂贵的蛋白质来源，比如大豆。一个由再利用的废物带来的本土来源，可以帮助解决一个主要的农业问题，并促进粮食生产。一些研究人员发现，与传统饲料相比，基于幼虫的蛋白质可以提高鸡的产蛋量，也能让养殖的罗非鱼和鲶鱼体重增加。

当黑水虻的幼虫大快朵颐时，它们会制造出被称为虫粪的副产物，从而将复杂的生物质转化为更简单的形式。“所以它差不多是预分解。”基布图说。圣能源公司已经用虫粪制作了燃料型煤，虫粪还可以与富含钙和镁的石灰，以及食物和农场废物混合，形成另一种肥料。基布图说，这种有机混合物可以为土壤（特别是土壤微生物）提供植物专用合成肥料所不能提供的营养，从而解决土壤肥力下降和作物产量下降的根本问题。对于提高肯尼亚重要但受威胁的玉米等作物的产量，蝇类可能带来了意想不到的盟友。内罗毕国际昆虫生理学和生态学中心的一项研究发现，在28个昆虫物种中，黑水虻的幼虫为减轻贫困和消除粮食不安全的可持续发展提供了最佳解决方案。

越来越多美国城市已经采取了一种更直接的方法，将生物固体变成土壤改良剂。但就在几十年前，人类粪肥差不多是一种秘密的地下商品，需要私下交换。“它是隐蔽的，没有人谈论它。”米赫勒说。经过处理的生物固体可能会出现在一辆没有标识的卡车上，停在一位被说服接收它们的农民的田里，而且往往不要钱。“现在已经有了这样的转变，人们为这种宝贵的资源和商品而自豪，给它标了价，把它放在一辆卡车上，车身上说明了它是什么。”她说。好吧，差不多是这样。一辆标有“回收屎！”的平板挂车或许还是有点让人反感，但“路普”品牌已经用一种更有视觉吸引力、也更温和幽默的方式，让人们更容易接受它。

就在南部，塔科马有自己非常受欢迎的基于生物固体的产品——“塔格”（TAGRO，“塔科马种植”的简称）。高温干燥过程可以杀死所有病原体，这意味着，这种被指定为A类的土壤改良剂可以在家庭园艺中使用。密尔沃基[①]自1926年起就开始销售它的基于生物固体的颗粒——“肥沟污肥”。在特区水务公司，克里斯·皮奥特告诉我，公司自有品牌“布鲁姆”（Bloom）是为了向“路普”致敬而命名的，但这种不含病原体的产品的应用范围更广，就像“塔格”一样。“布鲁姆”的口

① 美国威斯康星州城市。——编注

号是“好的土壤，更好的地球”，当我在他办公室里闻了一袋时，它闻起来确实像肥沃的土壤，有刺激性但并不难闻。在华盛顿特区的一个好处是，公司与美国铸印局合作，已经试验将“布鲁姆”与剪碎的护照和钞票混合，比如旧20美元纸钞。皮奥特说，碎纸片是土壤微生物的优质碳源，因为印墨是植物性的，所以效果很好。“我们在这里所做的就是加速自然的进程。”也许还能证明，堆肥中真的有钱。

当然，我们的产出包含的内容远不止这些。因为我们从饮食、药物和环境中吸收了锌、镍、钼和硒等许多种矿物质，我们也会把它们拉出来。在少量的情况下，这些矿物质是有益的植物养分。但对于那些使用综合下水道（通过同一套管道输送污水、雨水径流和工业废物）的社区来说，一些污水中的矿物则来自浓度更高的土壤沉积或者化学来源。砷出现在地质构造中，也存在于杀虫剂里。汞可能从电池和补牙的填料中释出，镉来自颜料和太阳能电池。铅可以从旧管道中沥出来，铜则会从新管道中浸出。药品和个人护理产品中的化学物质也是如此。根据待处理的污水的来源，其中的成分可以说明当地人口、基础设施和污染等问题。如果一些化学物质或矿物的浓度过高，也会给希望回收固体废物的城市带来麻烦。

当我第一次与生物固体和堆肥安全领域最知名的研究人员之一萨莉·布朗（Sally Brown）交流时，她正在她西雅图的厨房里做格兰诺拉麦片[1]，有燕麦、腰果、葵花籽、南瓜籽、椰

① 一种流行的美式早餐。

子、红糖、枫糖浆、黄油和花生油。几十年来，烹饪一直是她生活的一个核心部分，她开玩笑说，她的最高成就之一是1981年在纽约苏豪熟食店担任主厨时，为演员沃伦·比蒂（Warren Beatty）做了法国吐司。

布朗希望通过从城市周边的卡车农场运送当地种植的农产品，来加强纽约大都市与农业的联系。与16世纪的江户不同，纽约没有堆肥的食物残渣的回流来为农场施肥，更不用说生物固体了。不过有一个历史先例。19世纪中期，纽约市的一家公司收集了一桶桶的废物，制成干粪砖作为肥料出售，帮助东北部的休耕农场恢复生机。但到了19世纪末，该市在建立并扩大下水道系统后，将大部分下水道污泥倾倒进了大西洋（并以种种方式继续，直到1992年美国国会最终制止）。不过，当她翻阅一本名为《生物循环》（*BioCycle*）的晦涩杂志时，布朗意识到，很多人都在谈论更绿色的可能性。她找到了自己的使命，并于1990年进入马里兰大学研究生院学习，帮助美国农业部制定了最初一些有关生物固体安全和质量的法规。

布朗研究了铅和镉这样的污染金属，如何与含有人类废物制成的堆肥的土壤相互作用。“镉是个大问题，因为如果人们摄入了含有过多镉的食物，就会生病甚至死亡，特别是在他们的饮食习惯不好的情况下。”她说。不过，她的研究表明，生物固体使镉和铅等金属更不可能被植物吸收。“因此，生物固体实际上是在保护你免受金属的伤害。”但这是如何做到的呢？研究表明，生物固体的矿物成分可以物理地结合其他金属。举个例子，在污水处理的过程中，铁、铝和锰这样的矿物会形成黏土，这些黏土在各种隐匿的角落有很大的表面积，它们有点像尼龙搭扣，可以抓住其他金属。生物固体还含有大量锌，它既是植物必需的养分，又是元素周期表上有毒的镉的近亲。当有得选的时候，植物绝大部分都喜欢锌。“因此，如果你有足够的锌，就能减少植物吸收镉，”布朗说，“我没有关注生物固体作为金属进入食物链的一个点，反而意识到了，哦天哪，你可以用它来保护受污染地点的食物链。”

同样的一般原则也适用于铅。生物固体添加了与金属结合的稳定分子，基本上将它“锁定”在了土壤中，让植物无法以它为食。布朗和其他研究人员发现，这种技术可以帮助清除地面的污染，而不用把大量被铅污染的土壤挖空并拖走。她将这种机制比作给你的冰箱门上挂把锁，阻止你拿一桶冰激凌。“如果你不吃冰箱里的冰激凌，就不会从中获得脂肪。”她说。

除了对安全问题的研究，布朗的工作重点还有研究（像“路普”这样的）生物固体如何实际上帮助提高了一些食物的营养含量。她的实验室和金县的一项计划中的研究合作，将检验土壤健康与羽衣甘蓝、唐莴苣、胡萝卜和西兰花的产量和营养成分之间的联系，这些植物都种在用“格罗科”“塔格”和华盛顿门罗监狱的囚犯产生的食物残渣堆肥修复的地块上。米赫勒说，原住民社区种植的许多本地植物的微量营养素浓度，远远高于我们如今所吃的食物。土壤健康似乎至少说明了其中某些差异，联合研究项目正调查将我们自己的有机物送回土壤中，是否有助于恢复土壤的部分耕作性，或者土壤对作物生长的适宜程度。

如果真是如此，这项研究可以促进食物种植去殖民化的努力，布鲁克林的营养师玛雅·费勒向我描述了这一点，她认为这是一种重申本土食物的方式，从本质上来说，这些食物是完整的，加工程度很低。“它们都是那些传家宝品种，那些营养最丰富的品种，天然地属于慢食类食物，对我们非常好。”她说。羽衣甘蓝叶就是个很好的例子。即使是鳄梨也是如此，这种水果如今在时髦的咖啡馆和注重健康的食谱中无处不在，但在美国主流社会“发现”这种拉丁裔、非裔和原住民社区长期以来作为历史和文化的一部分所珍视的水果的优点之前，它们也曾经被贬低为高脂和不健康的代表。

现代无机肥料没有提供这类植物所需的全套常量和微量营养素，而是倾向于关注少数基本元素，最常见的包括氮、磷和钾。由于浓度很高，无机肥料给植物带来了快速提升，如果农民或园丁不小心用量过多，就会成为一种灼伤。最佳比例取决于当地的土壤条件和植物的喜好，比如对于华盛顿西部的草坪，专家可能建议三份氮、一份磷和两份钾。对于一些蔬菜和一年生植物，1∶1∶1的均衡比例更好。而对于这一地区的树木和灌木，通常只要氮就够了。

*

对于首次从自然中提取氮的古代农民来说，海鸟粪看起来绝对像个奇迹。考古学家弗朗西斯卡·桑塔纳-萨格雷多（Francisca Santana-Sagredo）和同事发现，智利北部出了名的干旱的阿塔卡马沙漠（有时被科学家用作火星的替身）中的社区，在1000多年前用海鸟粪肥种出了一系列令人印象深刻的作物。有了从沿海以高氮的鱼为食的鹈鹕、鲣鸟和鸬鹚群中拖来的珍贵的“白金”，极端的沙漠环境中也能开花结果——苋菜和藜麦、红辣椒和爆米花，还有玉米、南瓜和豆类。

后来，在阿塔卡马沙漠中发现的一种天然肥料，为海鸟粪提供了丰富的替代物，那就是发白的矿物硝酸钠的沉积物，它也被称为钙质层或者硝石。但接着一种新氮源出现了，它可以说是“凭空”而来的。德国化学家弗里茨·哈伯（Fritz Haber）和卡尔·博施（Carl Bosch）于20世纪初开发出了一种被称为哈伯-博施工艺的合成方法，它被广泛誉为一次技术上的胜利。哈伯发现，在高温高压以及催化剂存在的条件下，来自地球大气的平平无奇的氮气将与氢结合，形成氨。用人工合成的捷径取代自然的氮循环，开启了以氨为基础的肥料（比如硝酸铵）的新时代，这类肥料迅速取代了被严密保护的隐秘的富氮矿藏和海鸟粪沉积。正如环境记者伊丽莎白·科尔伯特（Elizabeth Kolbert）所写的，“据说哈伯已经发现了如何将空气变成面包”。这位化学家因其独创性而获得了诺贝尔奖，尽管他的名誉也因另一个项目而永远留下了污点，在那个项目中，他开发了有毒的氯气，并在第一次世界大战期间监督德军在比利时前线的部署。

尽管哈伯-博施工艺已经改变了全球农业，但一些污点也玷污了它的声誉。大多数氮肥工厂如今都是从天然气中获取氢的成分，但还有一些化工厂仍然从气化煤或者石油焦中获取氢。一种流行的观点指责，以氨为基础的化肥生产，比其他任何一种化学生产反应都排放出了更多温室气体。在土壤表面，无机肥料可以形成一个壳，阻碍水被吸收进下层。而在土壤中，基于硝酸铵的肥料中带负电的硝酸盐离子往往很难黏附在黏土或者腐殖质颗粒上，也就是说它更容易溶于水，可以轻易地在土壤中移动。

后两个属性有助于解释，为什么雨水或灌溉可以浸出添加的养分，并将多余的肥料冲进附近的雨水沟、溪流和其他水体。过量的氮会让土壤酸化，污染地下水。磷的爆发可能引发爆发性的水华，在这种情况下，植物会阻挡射入的阳光，并耗尽水中可用的氧气，扼杀其他水生动植物。由此产生的死区给从华盛顿湖、墨西哥湾到奥斯陆峡湾的各种环境带来了巨大的灾难。

制造商通常从天然矿藏中获取无机肥料所用的磷和钾，但正如克里斯·道蒂和其他人警告的那样，可得的磷储存已开始逐渐清空，情况也因土壤侵蚀造成的日益枯竭而更加恶化。道蒂和其他研究人员提出了"峰值磷"的恐惧，或者说是一个逐渐逼近的世界各地出现严重短缺的时代，这可能会让食品安全问题明显恶化。道蒂的研究描述了巨动物群和其他长途迁徙的动物，如何在更新世期间充当世界上主要的磷传播者；在后续研究中，道蒂和两位同事一同提出了一项新策略，帮助减缓这种元素的流失。他们认为，建立一个全球贸易和回收计划，可以让各国通过恢复"天然磷泵"，也就是保护野生动物的栖息地，部分实现回收目标。他们写道："通过恢复鲸、海鸟、溯河产卵的鱼类、植食动物、腐食动物和滤食动物的野生种群，我们可以加强整个生态系统对磷的留存。”

另一种策略是从我们扔掉的东西中回收更多磷。在这种情况下，污水处理厂再次发挥了领导作用。2008年，俄勒冈的清洁水务部门与不列颠哥伦比亚大学的衍生企业奥斯塔［Ostara，女神奥斯塔最早出现在德国民俗学家雅各布·格林于1835年出版的《德国神话》(*Deutsche Mythologie*) 中，它与肥沃、更新和农业周期的春季开始有关］合作，在北美开设了第一家营养物回收的商业设施。俄勒冈的设施基本上是从污水中提取磷，并将它转化为肥料颗粒，由奥斯塔公司卖回给农场和苗圃。管理这一项目的运营分析师布雷特·莱尼（Brett Laney）说：“我们正在清除一些有价值的东西，它们往往会被送入海洋，或者被浪费掉。”在我了解达勒姆水资源回收设施的沼气生产过程的同一天，莱尼带我参观了这处设施的磷提取过程。从一种我没有想到的角度来看，这两种资源的提取密切相关。

大多数污水处理厂不仅饱受那些可能堵塞管道的FOG油脂块的困扰，还被那些闪闪发光的鸟粪石折磨着。这种矿物可以从污水中沉淀下来，并在这些管道的内部形成一种类似混凝土的堆积，被称为结垢。在莱尼展示和介绍的过程中，他拿起了一块看上去像白灰色陶瓷的大碎片。这是一块半英寸厚的鸟粪石，必须用一种叫作柠檬酸的植物基化合物才能从管道中弄下来，柠檬酸会降低pH值，促进矿物溶解。如果做不到这一点，工人就不得不用凿子对一些管道进行除垢。

在碎片旁边，莱尼给我看了一个特百惠盒子，里面装了一点沙子。我用手指拈了一点，想仔细看看。不，是与沙子混在一起的亮闪闪的东西。莱尼说，在显微镜下，鸟粪石是一种三角形晶体，砂砾会沉淀在那些将生物固体转化为沼气的生物消化器的角落里。鸟粪石会减缓它们工作的速度，并给生物固体增加不必要的体积。鸟粪石在这些消化器中毫无作用，还会拉低它们的效率，为了尽量减少它在消化器中的量，工厂开始在肥料中最大限度地利用它。

“所以你想要没那么闪亮的屎。”我说。

“没错。”

伊利·奥康纳（Ely O’Connor）是带领我参观的一位通信专家，她忍不住了。“这是愚人金！”她这样说。

趁着鸟粪石还没有让人头痛，将它转化成宝贵的肥料，这就好像将FOG作为细菌食物再利用，来提高生物消化的效率一样。作为处理鸟粪石“变废为宝”过程的第一部分，达勒姆设施已经利用了另一组被称为多磷酸盐积累生物的微生物专家的独特能力。当在有氧条件下生长时，这些细菌可以被诱导在进食时吸收大量磷和镁，并将它们贮藏在细胞内。但当转为厌氧生长条件时，莱尼说，这些细菌就开始将矿物释放回水中。释出了一些货物后，微生物会继续向产生沼气的消化池前进，而捕获到的磷和镁则被送往现场的肥料工厂。

不过，这不是你知道的那种典型肥料。原料通过靠近底部的管道，流入一个漏斗状大桶。富含矿物的水和添加的镁从一侧进入。另一侧则是由离心机排出的铵和充满磷的水，这些离心机已将消化过的污泥旋转甩干，同时还有一种苛性化合物来提高pH值。这些管道送来了形成更多鸟粪石所需的基本构件，而更高的pH值促使它们从溶液中沉淀下来。这种被指责为令人讨厌的结垢堆积的矿物在这里被有意形成，并积聚在大量微小的种子上。这些被称为造粒的鸟粪石种子，吸引着一层又一层的矿物来到周围。一旦它们长到合适的大小，就可以被收获、干燥并装袋，成为类似一堆珍珠那样的产品。而清洁水务公司也将其中一些混合到自家生产的用于花卉、蔬菜和草坪的颗粒肥料中。

莱尼让我查看了两个装着成品珍珠的塑料罐，其中最小的颗粒直径还没有针尖大。这家处理厂生产的珍珠有4种尺寸，越小越好，它可以让施肥效率最大化。每颗珍珠含有28%的磷酸盐、10%的镁和5%的氮。这似乎是很高比例的磷酸盐，的确如此，但这种肥料还有另一个特点，让它具有一种非同寻常的优势。这些珍珠极难溶于水，这意味着，矿物不容易被雨水冲走。这种物理特性阻止了无机肥料常出现的那种渗进和流入溪水和河流的现象出现。相反，随着时间推移，珍珠会慢慢释出它们的养分。还记得高pH值如何让鸟粪石从溶液中沉淀下来吗？低pH值则可以开始将矿物重新溶于水中。当植物的根需要更多磷等养分时，它们会释放一种化合物，降低周围土壤的pH值。这种化合物正是柠檬酸，也就是处理厂用作除垢剂的那种东西。换句话说，肥料珍珠对植物发出的“喂我”的自然信号做出反应，在根部引导土壤pH值下降时释放更多矿物。

作为更完善的植物食物，像粪肥和海鸟粪这样的有机肥料，通常能提供更全面的养分，但浓度较低，时间跨度也更长。这是因为土壤中的细菌和真菌需要时间来进一步分解有机物，并将养分转化为植物可用的无机形式。这些肥料有时被称为“缓释”版本，它们也倾向于更紧密地黏附在土壤颗粒上，这意味着它们不会轻易被冲走。

虽然“路普”的作用很像有机肥料，但严格来说它叫作土壤改良剂。当其中的矿物养分喂养植物时，它的有机物质则会喂养微生物，并调节土壤。米赫勒告诉我，作为富碳物质，“路普”可以在土壤中封存更多的碳，从而有效地降低排放。在其中养分的帮助下，生长的植物可以从地球上吸走更多碳，并从大气中吸入更多二氧化碳，将它们储存在植物体内，进一步提高碳汇。作为一种肥料的替代品，“路普”可以取代那些用来制造合成氨的化石燃料密集型工艺。

当与锯末混合形成“格罗科”时，“路普”就成了一种浓度没那么高、但用途更广泛的施肥肥料和土壤改良堆肥。微生物可以处理氮和其他养分，同时喂养那些有益的昆虫和蠕虫，这些昆虫和蠕虫在泥土中钻挖，保持泥土通气。腐烂的堆肥形成的有机腐殖质在物理上和化学上都改变了土壤，它通过将颗粒结合成更大的团块，让土壤结构松散，并创造出更多沟槽、小袋和孔隙，存住水、空气和养分。“因此每当下雨的时候，水就会流入土壤，而不是穿过它。”米赫勒说。这种更高的持水能力有助于减少径流。

像“路普”“布鲁姆”和“塔格”这样的产品，凭借有机物质和矿物的混合，已经帮助表土贫化的受损土地恢复了生机。它们已经控制了侵蚀。当应用在林地上时，它们提高了木材的生长速率，带来更快的收获。金县与三所大学和一个农业家庭的两代人合作，在华盛顿州的东北部进行农业研究已超过25年。米赫勒回忆道，在春天的一场暴风雪后，她走过一系列实验地块，对它们之间的差异深感震惊。她说，使用合成肥料的地块，往往比那些未经处理的土壤更硬、更脆，而使用“路普”的地块则感觉更松软。“出奇地容易看到并感觉到。”她说。随着新一轮的雪来临，三片实验地块的差异甚至更明显了。她说，一台摄像机显示，使用生物固体的地块上的雪融化得最快，也许是因为土壤由于微生物活动的增加而更温暖了。这些结果促使该县及其研究合作者对“路普”如何改变土壤中的微生物群落进行了一系列新的研究。

到了2020年6月底，我们自己的花园欣欣向荣。我们收获了甜甜的甜脆豆，我们从藤上摘下来吃，还有淀粉含量较高的紫荚豌豆，它们沾在我们的牙和舌头上。这么多豆子，我开玩笑地说，这些藤蔓就像一辆蔬菜小丑车。我发现，小萝卜的叶子几乎和它们相当美味的根一样好吃，而且每次只要从生菜和长叶莴苣的植株上剪下几片外叶，随着它们继续长高，新的叶子就会不停地从中间冒出来。

几只东部棉尾兔发现了菠菜和香芹菜，但对生菜却视而不见，我给邻居和一家当地的食物银行[①]拿了多袋。羽衣甘蓝开始蓬勃，西红柿藤蔓长到了近4英尺高。我们的辣椒、芹菜和小茴香看起来生机勃勃，邻居说，他们的植物也在茁壮成长。邻居的孩子们停下脚步咬着细香葱花和巧克力薄荷，勇敢一点

① 收集食物捐赠给贫困人群的公益项目。

的孩子则会试试豌豆花。

我们看到附近的动植物开始发生变化。被兔子啃掉的香芹菜加倍长回来了，这是一个补偿性生长的绝佳案例，我完全没料到。我们的芝麻菜和苦苣已经开始开花，似乎是一个苦涩的错误，直到我看到蜜蜂和熊蜂成群地围在它们浅紫色、黄色和白色的花那里。我们差点连根拔起的这些不受控的绿叶，和我们专门为蜂类准备的薰衣草和紫锥花一样，成了一片吸引蜂的地方。

我们开始几乎每天都吃沙拉，还发现黑王子番茄是我们尝过的最好吃的番茄。我们讨论了我们的食物来自哪里、我们喜欢什么，还有我们可能用的不同做法。邻居们送来了大丽花球茎和刺羽耳蕨，我们聚集在一起聊天，或者会在我们花园的墙边和楼梯上喝上一杯，放松一下。在新冠大流行中，我们的院子已经成了一个客厅、一间厨房，还有与我们周围邻居的一种令人欣喜的联系。

*

亲眼看见“路普”和“塔格”的优势的农民和园丁，往往是这些产品最热心的崇拜者。米赫勒和她的同事称它们是“屎冠军”，至少在他们内部是这样。“我觉得公众的看法已经发生了巨大的转变。这是我最乐观的一件事。”她说。同样地，布朗说，和她聊天的人似乎越来越明白，人类废物可以是一种资源。当然，有人依旧不愿意听到或者谈论它。“而且你知道吗？有三倍于此的人大概是‘呃……真的吗？好吧，我试试！’”

她说。

也不是所有人都支持。例如，2019年《卫报》(*The Guardian*) 上的一篇文章指责使用“有毒的污水污泥”是一项危害公共健康的赚钱计划，其中废物管理行业已“将污泥重新包装成肥料，并将它塞入国家的食物链中”。这是一种令人沮丧的想法：我们被污染得相当绝望，以至于从我们身体里出来的东西现在必须被烧掉或者埋掉，而不能得到重新利用。但是，除了研究表明经过适当处理的生物固体有助于受到污染的土地恢复，这种说法还忽略了一种现实，那就是令人担忧的化学物质、我们创造的那些化学物质，几乎无处不在。没错，它们在我们的身体和土壤中，但也在水和空气里，在我们每天使用的牙膏、除草剂、防腐剂、不粘锅和不易发臭袜中。

近期的一些报告表明，“永远的化学物质”，也就是那些用在消防泡沫、锅和牙线等产品中的许多种多氟和全氟烷基物质(PFAS)，已经渗透进了含水层、水井和用作肥料的生物固体中。一些生物固体中极高的含量可能与通过综合污水处理系统污染了废物的工业来源有关，这导致了更多审查，以及限制生物固体作为肥料使用的努力。不过，这些“永远的化学物质”同样出现在一些用食品包装制成的堆肥中，促使人们呼吁禁止它们的原始来源，比如一些可堆肥的纸制品的涂层。

降低长期风险需要深思熟虑的对话，去讨论我们是否能够不再使用有毒物质及如何实现，并对有毒物质进行更多检测，从而了解它们的影响。将工业废物转为单独处理，可能需要被当作一个长期的安全问题来考虑，以取代为了短期效率而将它们与我们的屎混在一起。我们的一些土壤和生物固体遭到了污染，正是因为它们离那些产生危险化合物的工业场地相当近。关闭这些化学物质的源头、清理主要的污染源并非易事，但将有助于最大限度地减缓它们继续蔓延。由于生物固体存在的潜在风险，它比其他来源的堆肥和肥料更常被检测是否存在金属和化学品，这意味着我们更容易听说它们的情况，因为它们已经成了实际上的环境指标。“我的意思是，我们有几十年的数据。”米赫勒告诉我。一些实验、计算和风险评估手段已经用于为其他改良剂设定质量和安全的阈值，比如食物垃圾堆肥和牛粪。

对于用作肥料或堆肥的生物固体，美国环境保护署规定了9种金属的安全限值，而欧盟则规定了6种（在已经实施规定的地方，欧洲标准更严格，除了铅的阈值格外高）。与其他生物固体一样，“路普”每个月都要接受测试，确保它的金属浓度不超标。到目前为止要求很容易达到。金县还对“路普”进行了另外9种金属检测，并对与一系列粪便相关的细菌病原体、寄生虫和病毒进行检测。

该县委托进行的另一项风险分析，总结了这一地区的农民、园丁、徒步旅行者或儿童要接触多少年的生物固体或用生物固体制成的堆肥，才会接触到等同于日常暴露的11种药品和个人护理产品（比如洗手液）中其他化学品的量。举个例子，一位典型的使用生物固体的农民，在23309年后摄入的阿奇霉素，可能等同于吃下一片抗生素，对一位园丁来说则是965819年。同样的分析发现，没有证据表明，用生物固体施肥的小麦吸收了这11种化合物中的任何一种。随着人们越来越关注环境中无处不在的微塑料，金县和其他处理厂的经营者也开始对它们进行检测。

布朗和其他科学家进行的研究有助于缓解对塔科马等社区土壤污染的担忧。近一个世纪以来，该市的一家冶金厂从矿藏中分离出铜，并让它周围的土壤受到铅和砷的污染。在冶金的废物造成的酸性环境中，铅更容易从土壤颗粒中释放出来，变得更具流动性，可被植物利用。生物固体提高了土壤的pH值，并增加了结合金属的分子，可以帮助将这些金属锁住。添加的磷可以选择性地取代有毒的砷，让植物优先摄取磷。研究表明，和"路普"一样，塔科马的"塔格"中重金属含量很低，足以稀释城市土壤中的重金属浓度。堪萨斯州立大学的一名农学学生对塔科马和西雅图的两座被砷和铅污染的花园土壤分别进行了检测，作为他博士论文的一部分，研究得出的结论是，用生物固体处理它们可以帮助提高园艺的安全性。

污水处理机构已经学会了如何破局。他们发现，有些人永远不会被事实动摇。然而，其他一些最初的怀疑者已经被自己所见的结果说服了。2020年10月初的一个温暖的下午，我在塔科马的一座社区花园里见到了克丽丝滕·麦基弗（Kristen McIvor），那时远处野火的烟霾刚刚散去。麦基弗戴着一个活泼的黄色口罩，上面装饰着蜜蜂，这与1英亩花园里散布各处的十几组向日葵相得益彰。其他色块同样装饰着这块地，有深紫色的葡萄和大丽花、粉色的金鸡菊、深红色的番茄、充满活力的绿色洋葱叶，还有其他我无法一眼认出的蔬菜。照顾这座花园的居民，毗邻着该市天鹅河公园和赛利希社区的混合收入住宅，是县里最多样化的一批居民。麦基弗说，他们主要来自东南亚、东欧和非洲北部，说着7种语言。将他们联系在一起的土壤是他们个人贡献的东西，这似乎再合适不过了。

"塔格"已开发出了几种针对园艺和农业的混合物。最受欢迎的是一种盆栽土混合物，其中包含生物固体、锯末和老化的树皮。在21世纪的头十年里，麦基弗作为布朗实验室的一名研究生，对城市食品生产和食品共享很有兴趣，并将她的研究重点放在了使用土壤产品在塔科马创建一个社区园艺项目上。当她开始研究这些有机物时，就有了一个惊人的发现："哦天哪，说起在土壤贫瘠的地区或者任何地方种植花木，这是最棒的东西。这就像园艺懒人包。"盆栽土效果太好了，甚至让麦基弗和同事在碎石停车场之上建造出了即时花园。甚至还有一种用于绿色屋顶的"塔格"混合物，以及该州大麻行业的一些种植者用到的另一种混合物，那是一种名副其实的"盆到麻"[①]的介质。

随着麦基弗的学术研究的进展，她在"塔格"设施工作，并开始组织支持政策改变，来提高社区的健康水平。2010年，政府支持的皮尔斯保护区启动了一项名为"丰收皮尔斯县"的新项目，麦基弗出任项目主任。十年后，她已经监督了80多座社区花园和一处食物森林的开放。每座花园都由园丁自己打理，他们制定了自己的规则和章程。这家组织一直谨慎地提供

① pot-to-pot，pot既有"盆"的意思，也有"大麻"的意思。

免费土壤运送的选项，要么是“塔格”，要么是一种更传统的由庭院垃圾制成的堆肥。麦基弗说，只有少部分人选择了后者。许多犹豫不决的园丁很快就被那些示范说服，它们表明被忽视的城市土地很快就能变成一座丰盛的菜园。

自2012年起，“丰收皮尔斯县”的“分享丰收项目”已经向食物银行分发了超过14万磅的园艺产品。在一些更有雄心的地方，包括一个从美国军队的刘易斯-麦科德联合基地和一个前英特尔园区大量吸收成员的园艺团队，已经试验了温室、太阳能热水、智能手机应用程序和其他方法，能在生长季中抢得先机，并最大限度地提高他们的捐赠。“大多数人和我说起他们喜欢社区花园的什么方面时，并没有在说番茄，或是有了更多蔬菜。”麦基弗说。一些人确实在为自己家寻求更高的食品安全，但大多数人则希望在补充饮食的同时，做一些好玩的事情，认识他们的邻居。换句话说，健康的土壤可以在地下和地上同时构建社区。当不同群体一同工作时，有些摩擦是可以理解的，但园艺为不习惯民主决策的群体提供了宝贵的经验，无论情况有多混乱。她说，在户外活动，身体力行，与食物和自然产生联系，相当治愈。

对一些园丁来说，心爱的地块已经成了他们生活中不可或缺的一部分。2015年，当塔科马社区学院的一座社区花园受到一个建设项目的威胁时，《塔科马新闻论坛报》（*Tacoma News-Tribune*）的一位专栏作家拍摄了一段视频，记录下了一位每天打理菜地的园丁萝萨·尼基波鲁克（Roza Nichiporuk）的痛苦。当被问及她对这一消息的反应时，一位翻译和园丁同事代表尼基波鲁克回答道：“她以为自己有了……得了心脏病。太难过了。她三个晚上都没睡着。”

“如果你没法拥有一座花园，你会怎么做？”

“她说，‘我会死的’。”

采访他们的记者不敢相信自己的耳朵，笑了起来。“不会，不会，这不是真的！”

两位女士笑了。但翻译传达了尼基波鲁克深深的依恋：“她在这里，每天来两三次。我早晚，有时白天都能看见她。她努力劳作。她爱这里。这是她的生活。”麦基弗和“丰收皮尔斯县”能够进行干预并制订一种治理结构，确保花园保持完整。

项目在建立伙伴关系的方面表现出色，包括与塔科马-皮尔斯县卫生局的东区家庭支持中心建立了合作，这家中心的客户大多是拉丁裔。麦基弗和我在一座邻近的小型社区花园停下了脚步。那里的大部分作物已经收获了，但我发现了一些玉米、黏果酸浆和南瓜。她指了指一堆未使用的“塔格”，我们都把手伸了进去。它就像温度略高且松散的泥土。散发着一股淡淡的氨味。随着时间的推移，大部分气味已经散去。

麦基弗还有其他东西要给我看。从小型社区花园的成功中，中心主任和一群核心园丁开始为山下一块狭长的空地的用处集思广益，它在一个光秃秃的公园的另一侧用围栏圈出了一亩半的地，有大量入侵的喜马拉雅黑莓和蜘蛛网。在曾经属于皮阿拉普部落、现在归塔科马公立学校所有的土地上，来自皮阿拉普部落的园丁与一群来自墨西哥的普雷佩查人（Purépecha）合作。原住民群体希望有一处空间，让人们了解殖民前的食物和传统药物、植物。希望有一个地方，可以将这些皮阿拉普和卢绍锡德语的单词教给他们的孩子，包括那些在皮阿拉普部落的格兰德维尤早教中心的孩子。他们正在重新播种他们的语言、智慧、价值观还有文化。“我觉得这座花园是我们在过去十年间所学到的一切的巅峰。”麦基弗说。

每组团队的6名园丁一同参与了一个传统医学课程，并在大流行来临时刚刚完成了他们的第一节课，因此减缓了项目发展的势头。即便如此，我们还是看到了其中一位普雷佩查园丁种植的两种不同的南瓜，它们被称为“Purhu”。我们还看到了成片鲜艳的橙色，那是他种植的金盏花，也就是“apátsicua”，为了迎接亡灵节的到来。在这个墨西哥节日里，每家每户都会悼念和缅怀他们逝去的亲人，金盏花鲜艳的花瓣和香味会吸引灵魂回来探望他们的亲属。在园丁破土之前，花园已经受到了保佑，但两组团队都认为有必要再举行一次清理仪式，清除几十年来积累在这片土地上的负能量。

其他项目也在紧锣密鼓地进行。尽管新冠大流行让预算紧缩，米赫勒说，金县希望在三家处理厂中的一家启动一个小规模的堆肥试点，判断它是否有能力达到气味控制和其他空气质量标准。米赫勒说，如果试点成功了，她可以设想未来与较小的处理设施合作，将它们自己的生物固体带到一处区域性设施中，转化为对花园很安全的堆肥，而不用再将它运到遥远的填埋场里。米赫勒认为，当地生产的堆肥可以通过帮助填补城市食物沙漠，并扩大绿色空间，促进公平和社会正义。

废物再利用显然无法解决所有问题，但我惊叹于它是如何成为一种催化剂，将这么多人聚在一起。在我们自己的院子里，杰夫和我为一些鸡毛蒜皮的事情争吵不休，比如怎么修剪蕨类，要不要种更多辣椒，还有“哦天啊，你为什么要把它放那里？”。我们为自己在园艺方面的失败感到惭愧，为这精疲力竭的一年里损失越来越大而哀嚎。在2020年的选举日，我不知道还能做什么，便开始种那一百多朵郁金香中的第一朵。

但好屎会让事物生长。在春天，郁金香为邻居上演了一场惊艳的演出，它们有粉红色、薰衣草色、深紫色和双粉白色的，与桂竹香、杜鹃花和马醉木精致的春叶相映成趣。几乎所有东西好像都像野草一样生长着，包括那些真正的野草，它们也占据了一些蔬菜苗床。

也许我们会缩减一点粮食作物，鉴于我们的新项目是在侧院的一个斜面上，就在一棵红雪松和两棵花旗松的下面，倒也无妨。随着时间的推移，土壤被严重侵蚀，留下了一片荒芜的土地，周围有一些我们试图培育的本地植物，还有一些我们不断击退的入侵植物。在整平了一部分斜坡，并加入更好的土壤和堆肥后，我们开始挑选更多本地植物来填补空隙，有常绿越橘和显脉十大功劳，还有红花醋栗、垂花葱、硬叶鸢尾、道格拉斯绣线菊和总序鹿药。

这一次，我认识到了完美的堆肥可以给我们的新植物带来健康的动力。不过，为了得到一些“塔格”，我必须抓紧时间了。分销中心很快就会午休关门，我想在周末的园艺活动之前弄几袋略带刺激性但强效的植物大餐。于是我跳上我的斯巴鲁，出发去找别人的回收屎。

第十章 赏金

一个晴朗的九月傍晚，我在邻居家的野餐桌前庆祝了一个凑合的十月节[①]。他们拿来了一盘绿橄榄、曼彻格奶酪和肝酱，我则带了冰镇的四罐装的啤酒、评判记分卡，还有用来清洁口腔的椒盐卷饼。这次活动我带的是一种浅蓝色啤酒罐，每罐上都醒目地标有“纯净水酿造”，装着16盎司的手工酿造的艾尔啤酒，是一家独特的酿酒公司酿造的。罐子上写着“质量而非历史”，海狸的插图旁边还写着“坝儿棒”（Dam good）。这些啤酒的确不赖，其中一款美国淡色艾尔在我们的业余评分中击败了一款淡混合啤酒夺冠。

如果不是因为我们正在参与一项紧急的水资源保护工作，晚上的试饮可能很平淡。每个啤酒罐上的附加文字解释道，啤酒是用“100%纯回收水”酿造的。侧面的一些小字提供了额外的背景：“（1）所有水以前都被用过，今后还会被使用。（2）用地球上最纯净的水酿造。（3）洁净的水比你想象的更近。”

在这种情况下，洁净的水来自俄勒冈清洁水务的公用事业公司处理过的排放废水，然后经过三步净化过程。这个示范项

① 十月节（Oktoberfest），又称慕尼黑啤酒节，德国最大的啤酒节，通常在每年的九月底至十月初举行。——编注

目的循环水相当洁净，以至于酿酒师需要将矿物质添加到水中，才能复刻出著名酿酒城市的水，比如用特伦特河畔伯顿的水来酿制深色伯顿艾尔，或者用慕尼黑的水酿制的棕色黑啤，或者用捷克比尔森的水酿造的淡色比尔森啤酒。公用事业公司的政府和公共事务经理马克·乔克斯（Mark Jockers）告诉我："酿酒师是水质专家，他们真的无法相信会有这样一块白板。"起初，水务监管部门也不太相信。当它于2014年启动时，这个酿酒项目未能获得俄勒冈环境质量部的许可，他们没法用净化后的污水作为原始材料。项目能否改用紧邻处理厂污水排放点下游的图拉丁河的水进行净化？"现在监管机构说，'哦，当然！那没关系'，"乔克斯回忆说，"我们称之为失忆之水：一旦你把排出物，清洁的废水，排进水体中，它就再次神奇地成了水。但如果你不把它排进水体中，那么，哦天啊，它就像核废料，对吧？人们对这东西太焦虑了。"

显然，动画中的驯鹿也是如此。在我们家最受欢迎的迪士尼电影之一《冰雪奇缘2》（*Frozen II*）中，驯鹿斯文在小溪边喝水时，雪人奥拉夫分享了他的许多琐事之一，但这次他把一则科学神话与一则真理结合在了一起。首先是神话："水有记忆。"事实上，它没有。水不知道它之前里面有什么，也不知道它以前在哪里。这很好，因为奥拉夫传授智慧的第二部分被广泛认为是对的："组成你我的水，在我们之前至少经历过4个人或动物。"斯文听了赶紧把水吐了出来。

估计一个水分子经历过多少生物有点棘手，但研究表明，的确，我们体内的水曾出现在其他多个生物体内。但由于它没有记忆，每次重新利用时都会被擦拭干净，只留下H_2O中两个氢原子和一个氧原子。科学家认为，地球上所有的水最初都是由宇宙气体云、太空尘埃或陨石播种到地球的，这些东西在数十亿年前提供了必要的氢和氧。从那时起，这颗星球上的水循环一直是一个利用与再利用的连续闭环。

《大干渴》（*The Big Thirst*）一书的作者查尔斯·费希曼（Charles Fishman）在接受美国国家公共电台采访时解释了这一核心信息：

> 因此，地球上所有的水，包括你的依云水瓶里的水、你水杯里的水，还有你用来煮一锅意大利面的水，所有这些水都有43亿年或44亿年的历史。没有水在地球上被创造，也没有水在地球上被破坏。这意味着，一切关于污水再利用的辩论都有点蠢，因为我们如今得到的所有水，已经被一次又一次地利用了。你喝的每一口水，你煮的每一壶咖啡，都是恐龙的尿，因为它们都流经过霸王龙或迷惑龙的肾脏很多很多次，因为我们拥有的所有水，都是我们曾经拥有的水。

在更短的时间尺度上，下游城市经常重复利用流经上游邻居的肾脏的河水，这些水随后经过处理再排放回河里。

我们这些有幸喝到洁净的自来水的人，通常不会被迫考虑水是从哪里来的，也不用和我们自己的厌恶斗争。我们没必要这么做，就像我们通常不会考虑，我们用来发酵食物和饮料的细菌和酵母菌株，有多少也通过了我们祖先或其他动物的肠道。像我们排出的其他东西一样，它们同样可以被重新利用。事实上，科学家和工程师正从自然中汲取经验，证明我们如何能安全地回收饮用水和那些发酵食物和益生菌食品的起子培养物。净化并再次利用我们吃喝的副产物，可以帮助缓解因全球变暖和污染而日益严峻的饮用水短缺问题，并解决那些因卫生条件差和食品不安全而加剧的营养缺乏问题。做到这两点的主要限制并非技术上的，而就像驯鹿斯文所说的那样，它是心理上的。

想想一种新的福沃特香肠的奇特案例，那是一种用腌制猪肉和脂肪制成的地中海风味的香肠。专业的品尝者一致认为，由西班牙赫罗纳农业食品研究和技术研究所的研究人员手工制作的特殊版本格外美味。但这种食品并没有吸引任何一家公司对它商业化的兴趣。问题似乎来自用于发酵肉并赋予它那种辛辣味道的细菌的来源，它来自婴儿的屎。这项名为《从婴儿粪便中分离的乳酸菌，作为发酵香肠的潜在益生菌起子培养物的特征》（Characterization of Lactic Acid Bacteria Isolated from Infant Faeces as Potential Probiotic Starter Cultures for Fermented Sausages）的研究，即使没有吸引到热切的香肠制造商，自然也会引起人们的注意。

为什么在发酵过程中用这样一种非同寻常的来源？婴儿的屎中除了含有大量生物标记物，还有异常丰富的益生菌乳酸菌和双歧杆菌物种，它们与酸奶的关系更为广泛。这家研究所的研究人员从43名健康婴儿的脏尿布中分离并培养了细菌，并尝试各种组合，了解哪种细菌的效果可能最好。接着这些微生物以添加到猪肉中的碳水化合物为食，产生了作为副产物的防腐剂乳酸。研究人员推断，这种发酵过程可以将香肠变成另一种益生菌食品。不过，为了发挥作用，这些微生物需要在人类肠道的酸性之旅中生存下来。食品科学家因此专注于那些已经存在于我们的肠道中，并且相对容易获得的物种（正如我们所知，婴儿的屎是很容易得到的）。如果最终产品算不上成功，但这个过程有助于证实我们内部发酵剂的内在价值。

基于同样的理由，北卡罗来纳维克森林大学的研究人员开发了一种由10种乳酸菌和肠球菌菌株组成的益生菌“鸡尾酒”，他们同样从婴儿的脏尿布上收集到了这些菌株。把这种婴儿尿布的混合物喂给小鼠时，它提高了啮齿动物的短链脂肪酸的产量，而短链脂肪酸恰恰对健康肠道至关重要。益生菌的科学仍然处于刚刚起步的阶段，许多健康声明经不起检验。但一些新出现的结果表明，从健康婴儿身上提取的细菌，可以作为益生菌来帮助成年人，这可能为一个全新的特色食品系列打开了大门。

然而，当我们听到水和微生物培养物如何从我们的屎中被回收时，我们遇到了同样的认知偏差，这让我们无法重新想象一种一直以来和疾病挂钩的物质，怎么就成了一种药或者土壤改良剂。乔克斯说，和食物一样，关于我们可能会接受的再生水形式的问题，成了一种对厌恶的苏斯博士[①]式的探索。“你会把它加进啤酒里喝吗？你会把它加进伏特加汤力酒里喝吗？你

① 美国著名儿童作家。

会把它当水喝吗？你会把它加进婴儿配方奶粉里喝吗?”他说，即使是科学家，也可能在最后一个问题上犹豫不决，尽管他们在理智上都清楚那是一样的水。多座城市已经在第三个问题上挣扎，因为那些反对“从厕所到水龙头”的再生水项目的人，利用厌恶和污名的力量，压过了那些对益处的解释和安全的保证，讽刺的是，他们其中还包括米勒啤酒公司。在澳大利亚，反对者称这种行为是“啜饮污水”。

这种意料之外的后果让倡导者措手不及，在20世纪90年代和21世纪，它们搅黄了多个再生水项目。加利福尼亚圣盖博谷的计划失败了，那里的一家米勒啤酒厂在拟议的地下水补给系统的下游取水。“他们不希望有人说他们的啤酒是用厕所的水造的，利用这种潜在的污名对付他们。”奥兰治县水务区的总经理迈克·马库斯（Mike Markus）告诉我。尽管项目有调整，将对啤酒厂下游的地下水进行补给，但计划依旧没能成功。在洛杉矶，东谷水循环项目在2001年的市长竞选中成了被踢来踢去的政治皮球。一条管道和一家处理厂已经落成，将处理后的水作为饮用水送入圣费尔南多谷的入渗池。但在运行仅仅几天后，政治上的压力就让这个价值5500万美元的项目戛然而止。在圣地亚哥，一些反对者错误地声称，有问题的水主要被送往贫困社区，这也帮助扼杀了那里的一个循环利用项目。

清洁水务公司起初关注的是第一个问题：你会把它加进啤酒里喝吗？与米勒啤酒公司相反，这家公司打赌人们说会。他们的确如此，但乔克斯指出，深思熟虑的公共关系战略对它的成功至关重要。尽管将水重新用于酿造啤酒的新颖性获得了大量初期宣传，但公司要求得到命名权。这家公司否决了一些更丰富多彩的提议，比如“松软大便淡色艾尔”“我尿IPA”和“棕鳟艾尔”之后，“纯净水酿造”成了这款啤酒的概括称呼。

我发现，成人饮料[①]的普及可能是突破心理防线的秘密武器。用循环水酿造啤酒和烈性酒，意味着孩子没有在喝它，而且酿造和蒸馏的过程都能杀死病原体。在斯德哥尔摩，酿酒师们制作了PU：REST比尔森啤酒，作为一种吸引眼球的新奇产品。在柏林，他们酿造了“再利用啤酒”。而在圣地亚哥，一家啤酒厂推出了“全循环淡色艾尔”。到了2015年初，俄勒冈清洁水务公司已经获得了州政府的许可，允许它向一个名为俄勒冈酿酒俱乐部的自酿协会的成员分发他们回收的高度净化的污水。这个项目大获成功，到2020年，公司和多个合作伙伴计划迈出关键的另一步，将再生水分配给12家商业酿酒商，小批量生产他们自家的啤酒，作为波特兰年度俄勒冈酿酒节的一部分。新冠大流行让这场活动化为泡影，俄勒冈酿酒俱乐部因此举办了另一场自酿啤酒的比赛，而我和我的邻居们试喝的四罐装啤酒就是比赛剩下来的产品。

珍·麦克波兰（Jenn McPoland）酿出了获胜的美国淡色艾尔（也是我们非官方的十月节冠军），她在2006年的俄勒冈酿酒俱乐部的聚会上结识了她丈夫。此后，他们在波特兰的车库里安了一个10加仑的酿造系统、一台步入式冷库，还有11个水龙头。“邻居们真的很喜欢我们。”她笑着告诉我。麦克波兰

① 即含酒精饮料。——编注

通过自酿俱乐部了解到了“纯净水酿造”的再利用项目，并从一开始就几乎每年都参赛。“归根结底，以前都是恐龙尿，对吧？”她说。这则趣闻显然引起了人们的共鸣。

也许是因为他们所在的圈子，但麦克波兰说，她和她的丈夫都没有听到任何关于他们用再生水酿造啤酒的反驳。“在大多数时候，当我们谈到这个问题时，大家对我们所做的事情都很兴奋，”她说，“每个人都喜欢啤酒。”在一个被昵称为“啤瓦纳”（Beervana）[①]的城市，很难反驳她的观点，而且她和丈夫用一种像大黄柏林白啤和墨西哥巧克力黑啤等东西的混合，让朋友和评委赞不绝口。在她2020年的获奖作品中，她从慕尼黑的水的特征开始，然后尝试添加更多盐来“刺激”啤酒花。她把它称为“咸婊子淡色啤酒”。

麦克波兰告诉我，她认为让家庭酿酒师用循环水制作啤酒是一个绝妙的主意，因为有机会开启一场本不会发生的对话。“最重要的是，人们都很好奇。”她说。满足这种好奇心，也许还有对带着余香的淡色啤酒的渴望，创造了一个独特的机会，让这些啤酒爱好者同行了解更多信息。为了让我们摆脱讨厌的因素，“人类需要一种体验”，清洁水务公司的首席执行官黛安娜·谷口–丹尼斯也认同这一点。“你可以和他们聊天，可以尝试教育他们，但喝下去水的实际行动，或者边喝啤酒边进行一场安全的对话有一些好处。事实上，当我们去到那些我们担心水质有问题的国家时，我们会怎么做？我们就喝啤酒，对吧？”

① 波特兰的昵称，因为那里有各种各样的啤酒。

我们这样的做法已经有几千年的历史了，就像用发酵保存食物一样，水也可以通过啤酒或葡萄酒保存。

事实上，用人类废物制成的啤酒至少有一个历史先例，它来自公元7世纪，位于如今的厄瓜多尔。在基多国际机场出土的墓穴中，考古学家发现了为来世准备的祭品，包括曾经装满了由发酵玉米制成的奇恰的陶罐。值得注意的是，生物学家哈维尔·卡瓦哈尔·巴里加（Javier Carvajal Barriga）从罐子内壁刮下了细胞，并诱导细胞再生，使有活力的酵母复活了。复活的1350岁的细胞中，没有一个是普通的酿酒酵母。相反，他发现它们与念珠酵母菌株的关系最为密切，这些菌株在人类唾液和粪便中，并且更经常与感染联系在一起。换句话说，人类衍生的酵母可能帮助启动了古老的奇恰的发酵过程，随后它们便被不断升高的酒精浓度杀死了。另一个转折点是，厄瓜多尔的酵母与中国台湾发现的一个菌株相同。来自世界各地考古遗址中的与人类相关的酵母，或许是人类迁移的另一个标志，它们为波利尼西亚和南美洲之间潜在的跨太平洋路线提供了更多证据。

不过，了解我们与发酵微生物的共同演化，或者纯净水的循环重生是一回事，而亲口品尝食物或水又是另外一回事了。谷口-丹尼斯描述了在水务行业会议上如何利用手工伏特加和一条跃起的鲑鱼冰雕进行了重复利用的展示，两样东西都是用再生水制作的。乔克斯说，如果清洁水务公司通过展示这里的净化设备有能力一直达到安全标准，从而赢得监管机构的支持，那么示范项目就可以拓展到其他特殊功能的饮料中，比如咖啡和康普茶。

由于整个净化系统是便携式的，这个项目也扩大了它的地理范围。在俄勒冈福里斯特格罗夫的公用事业设施里，运营分析师AJ约翰斯（AJ Johns）带我参观了他的“宝贝”，那是一个名为“纯净水车”的公交车大小的小型装置。这种“车轮上最干净的水”自2019年首次亮相以来，已经在多个城市巡回展出。每到一站，拖车一侧的门和巨大的遮阳窗就会打开，展示出它的三个步骤的净化系统。在拖车的后面，一只海狸似乎总结了驯鹿斯文的话：“水：太珍贵了，不能只用一次。”

约翰斯穿着一件“纯净水酿造”的蓝T恤，戴着一顶绿色的约翰·迪尔棒球帽，在泵和电机的轰鸣声中，向我讲述了这个过程。从我们在第八章中了解到的精心处理的污水中，有一小部分从正常路径转移到了图拉丁河，通过一个砂滤器的管道去除一些剩余颗粒。然后，它被导入纯净水车，并被送到了一个圆柱形的有机玻璃储存池中。棕灰色的水让人联想到你可能在池塘里看见的东西，一个泵将这些水送入一个更窄的侧缸中，里面装满了空心纤维，每根都像一大束头发。每根纤维中的小孔都能捕获微生物和较大的分子，同时能让水分子像吸管中的苏打水一样被吸走。“它所做的被称为尺寸排阻，差不多就是阻止任何比小孔更大的东西通过，”约翰斯说，“因此，它将去除颗粒物、细菌、原生生物和病毒。”这种装置使用的技术和背包客的水过滤器是一样的，“只不过类似工业规模”。

过滤后的水现在是暗黄色的，在一小簇填满了反渗透膜的白色柱子里流向下一步净化。在渗透过程中，水分子穿过一个部分可渗透的膜，使两侧的溶液浓度相等。科学课上经常用食物色素来演示这个概念：虽然染料最初集中在膜的一侧，但渗透作用最终会平衡两边的颜色。反渗透反而增加了压力，故意创造一种不平衡：高压泵迫使水分子流到膜的另一侧，而原生生物、细菌、病毒、较大的盐类和有机化合物（比如药物）仍被困在近侧，这里成了越来越浓的溶液。反渗透还能有效地去除PFAS家族的“永远的化学物质”，它们在地下水、井水和我们自己的体液中无处不在（其他饮用水再利用项目已经使用臭氧和活性炭去除较大的PFAS化合物和其他污染物）。

同样的一般概念可以用于海水淡化，尽管它的高盐含量意味着，反渗透过程通常需要高压强，从而需要相当大的能量来维持膜一侧的盐水和另一侧的无盐水。除了防止海洋生物被吸入进水管，以及妥善地处理浓缩卤水的挑战之外，想要回收相同量的水，现有的海水淡化厂需要的能源是再生水厂的三倍。

在纯净水车的最后一步处理中，近乎清洁的水会通过一个装着两种协同作用的净化剂的水平管道。首先是紫外线，它穿透细菌膜和病毒外壳，破坏它们内部的DNA，阻止任何病原体复制。紫外线撕开化学键，有效地分解有机小分子，比如1，4-二氧杂环己烷，这是一种工业溶剂中的可能的致癌物，还有NDMA，也是一种可能的致癌物，会出现在烤肉和烘焙咖啡等烧焦的食物中，也曾用于火箭的液体燃料。还有最后的致命一击，紫外线轰击过氧化氢，也就是第二种净化剂，产生一种被称为羟基自由基的高活性分子，它们会攻击和降解其他有机化合物。“当水流出时，我们已经去除了任何一种有机物、可能存在的重金属还有病原体。”约翰斯说。

晶莹剔透的纯净水通过软管，以每分钟约5加仑的速度从一个白色桶的边缘涌出，如果不算定期停机清洗和维护的时间的话，每天的量可达7200加仑。“就像我们喜欢说的，那是地球上最纯净的水，就在那里。”乔克斯说。事实上，它是如此纯净，以至于它本身并不是一种理想的饮用水源。根据渗透原理，被剥夺了一切的饮用水比你细胞中的微咸的水更稀。为了恢复细胞外和细胞内浓度的平衡，水会流入你的细胞，并稀释出电解质，就像蒸馏水一样，换句话说，它能有效地从你体内拽出一些矿物质。循环水需要如此纯净吗？乔克斯承认，这个过程或许矫枉过正了，但要让监管机构和公众对再生水满意，公司要同时解决安全和心理的问题。

2016年，亚利桑那大学的微生物学家伊恩·佩珀及其同事，与多个公共和私人团体合作，赢得了由非营利组织亚利桑那社区基金会赞助的水创新挑战赛。作为他们获胜作品的一部分，团队创建了自己的便携式水处理系统，放在一辆半挂车后面在全州范围内巡回展出。与俄勒冈的“纯净水酿造”项目类似，研究人员将循环水提供给当地的小啤酒厂，并在一次全国会议上举办了啤酒品尝比赛。经过亚利桑那州环境质量部的认证，证明水里不含病原体和其他污染物，团队还分发了一些瓶装水样品。事实证明，啤酒更受欢迎。“你可以对水进行处理，让它得到净化，但当你问别人，他们想喝这种水吗？不，他们不想，”佩珀告诉我，“但如果你用它来酿啤酒，你问一个人，‘想要些免费的啤酒吗？’答案是肯定的。”

最终的接受程度可能取决于三个主要因素，分别是对水的描述方式、人们对处理水的了解程度，还有他们对水的供应商的信任程度。举个例子，澳大利亚的研究人员发现，被告知淡化水或循环水的生产过程的人，明显更有可能愿意用它。关于选择合适词语的初步建议来自一项水行业的委托研究，由顾问琳达·麦克弗森（Linda Macpherson）和保罗·斯洛维奇（Paul Slovic）受托进行。除了赤裸裸的厌恶，斯洛维奇和其他研究人员先前已经证明，污名可以来自更微妙的情感，或者说是一种“情感的低声细语”。麦克弗森和斯洛维奇发现，像污水和废水这样的污名化词汇，往往会阻碍人们接受水的再利用，而像“纯净”这样的词汇则通常会增强人们的接受度。在介绍他们的结果时，麦克弗森责备这个行业使用的教育材料“和保险单中难懂的条文一样”。她补充道，互动式参观和有趣的学习经历，有助于动摇那些心智不定的人，但少数真正因水的再次利用感到不舒服的人往往不会改变他们的想法，即使有了更多信息也是如此。就像那些坚决反对将生物固体用于堆肥和肥料的人一样，一些再生水的反对者似乎永远不会被说服。

曾在幼儿中进行“狗屎”实验的厌恶专家保罗·罗津同样研究了美国成年人对水的再次利用的态度。在进行简单的讲解之后，他的研究询问了美国五个主要城市中在火车站或其他公共场所等待的约2700名成年人一个问题：“你愿意喝经过认证的安全的循环水吗？”13%的受访者说他们不愿意，49%说愿意，剩下的38%表示不确定（但假设是可以被说服的）。然后，调查通过他们一系列苏西博士式的问题，评估他们是否愿意尝试14种不同的水，从未经处理的污水到瓶装泉水。鉴于我们已经知道了我们的行为免疫系统会专注于避免那些感知到的危险，几乎普遍拒绝前者而接受后者就不足为奇了。不过，在拒绝认证的安全循环水的13%的人中，即使是“经过煮沸足以消灭所有微生物，然后被蒸馏，最后冷凝并收集为纯净水的污水”，也没能动摇其中的绝大多数。

一则被称为“传染的神奇法则”的心理学概念认为，只要两样东西打了交道，它们就会在一个人的脑海中永远联系在一起。换句话说，罗津和他的同事解释道，“任何东西只要接触到令人厌恶的东西，就会变得令人厌恶”。被视作“物质传染”的污染物可以通过清洗或者净化它所接触的东西来中和，但“精神传染”仍会留下不可磨灭的污点，无论你如何努力擦洗都是徒劳。罗津和他的同事总结说，对少数人来说，污水污染可能就像一种精神传染，无论如何劝说或净化，都无法说服他们去尝试。

在某种程度上，即使是顽固的反对者也可能被迫回心转意。在地球上所有的水中，只有不到3%是以淡水的形式存在的，其中大部分还被封存在了冰川和极地冰盖中。在撒哈拉以南非洲、中东、澳大利亚和美国西南部等地区，最近的干旱周期因全球变暖而恶化，加剧了人们对未来日益减少的淡水供应的担忧。根据《自然·气候变化》上的一项研究估计，在下个世纪内，全世界高达44%的含水层将受到气候变化带来的降雨量减少的威胁。从其他地区进口的必要性已经让城市与城市之间开始竞争，并助长了一种紧迫感，特别是围绕美国科罗拉多河和格兰德河等被过度利用的河流的公平分配问题。

在这种情况下，污水再利用已经成了经济增长和地方自治的问题。城市或许无法控制降雨量，也没法控制融化进河流和水库的雪量，但他们总会产生污水。如果贬损之词和反对意见扼杀了以往的再生水项目，那么纯粹的必要性可能有助于它们恢复活力。“好吧，最重要的是克服讨厌因素的事情，你知道那是什么吗？是缺水。”佩珀说。

*

水是生命不可或缺的。发酵食物和益生菌食品可能有所助益，但它们有多大的必要性？发酵专家罗伯特·哈特金斯告诉我，营养科学领域的一个大问题是，在幼儿时期过后，益生菌是不是——或者应不应该是——微生物组的重要组成部分，又或者，它们只是在吃完酸奶、辛奇或者康普茶之后的一些临时居民。“随着你的年龄增长，你开始失去一些双歧杆菌，它们是你的微生物组中相对较小的组成部分。”他说。

一种观点认为，我们只是因为年龄增长而放弃了对微生物的需求，另一种观点则认为，细菌的枯竭是西方饮食和生活方式的证据。经常吃富含乳酸菌的发酵食物的成年人，也会通过屎排出乳酸菌，这说明微生物在肠道中生长和繁殖。但在间隔三四天之后，它们存在的证据几乎就完全消失了。“所以它们会很快被冲洗掉。它们不是一直存在的。它们不会建立居住地。”哈特金斯说。即便如此，他将这些“近共生”的细菌比作长期访客，它们可以通过它们的代谢物、蛋白质和对其他微生物的影响带来好处。在我的例子中，我每天喝的酸奶中的乳酸菌嗜热链球菌确实出现在了我的屎里，但我日常服用的益生菌补充剂中的乳双歧杆菌（*Bifidobacterium lactis*）和其他物种却没有。

哈特金斯和同事追踪了传统发酵食物中使用的多种微生物的谱系，并得出结论，许多微生物可能来自我们祖先或者其他动物的肠道。也许一只动物在一颗甘蓝植物附近拉了屎，它的一些微生物适应了这个新的生态位，并帮助甘蓝转化为德国酸泡菜。例如，嗜热链球菌是导致链球菌性喉炎的化脓性链球菌（*Streptococcus pyogenes*）和导致肺炎的肺炎链球菌（*Streptococcus pneumoniae*）的近亲，但当它们慢慢适应牛奶中的生活时，似乎就失去了自身的毒力基因。

吹捧某些肠道微生物对抵御身体或精神疾病的好处的科学论文可以追溯到一个多世纪以前。但早期的支持者背负着自体中毒的包袱，这是肠道中毒的一种模糊而笼统的术语，它最初主要把便秘作为罪魁祸首，并催生了我们在第五章所见的一系列伪科学疗法。不过，在巴斯德的疾病细菌理论为这种中毒提供了更好的解释之后，研究人员开始提出肠道内容可能影响身体其他部分的其他方式。在20世纪初，法国儿科医生亨利·蒂西耶（Henry Tissier）报告了“好细菌”是一种成功的疗法，他从母乳喂养的健康婴儿的粪便中收集并提纯了细菌，然后喂给腹泻的婴儿一勺。蒂西耶将他们的康复和肠道菌群的恢复联系了起来。他从母乳喂养的婴儿体内分离出来的“好”的微生物之一，如今被称为两歧双歧杆菌（*Bifidobacterium bifidum*），这是人体中最常见的益生菌之一（尽管在成人体内没那么常见）。

俄国微生物学家伊利亚·梅契尼可夫（Elie Metchnikoff）是另一位热衷于研究我们肠道微生物的人。梅契尼可夫是1908年诺贝尔生理学或医学奖得主，因为他发现了被称为吞噬作用的免疫防御和维护系统，专门的免疫细胞会吞噬细菌和残渣。他还假设，与年龄有关的衰退可能是由某些肠道微生物的中毒引起的，这是对自体中毒概念的一种更现代的转变。不过，他认为感染或中毒激发了基本功能调节的吞噬细胞，加速了组织恶化。“正如他的免疫理论一样，他心爱的吞噬细胞再次被赋予了一种明星的地位，但惊人的是，它们不再是英雄，而成了反派，”科学记者卢巴·维坎斯基（Luba Vikhanski）在她所著的梅契尼可夫的传记中写道，“在他看来，衰老是强者和弱者细胞之间的一种达尔文式的斗争。”

梅契尼可夫成了洁癖，他敦促听众避免生食，并指导他们如何保持无菌的状态。但在他了解到保加利亚酸奶及其与经常喝酸奶的百岁老人之间所谓联系之后，萌生出了一种新的想法。他提出了一种由乳酸菌保加利亚乳杆菌（*Lactobacillus bulgaricus*）制成的发酵牛奶的预防性饮食，作为一种“以微生物对抗微生物”的方式，阻止那些他认为导致了衰老的有害肠道细菌。据说梅契尼可夫每天都喝酸牛奶，他的饮食习惯至少在一段时间内受到了公众的欢迎，但他关于一些肠道微生物对健康有益的更大想法，花了几十年时间才受到关注，并积累了令人信服的证据。

尽管发酵食物在过去十年间越来越受欢迎，但哈特金斯提醒说，除了酸奶和培养的乳制品之外，几乎没有对其他食物进行过随机对照试验。他说，虽然其他食物可能含有益生菌类的微生物，但这个称呼仅限于那些已经被明确证实具有临床益处的活性微生物。大多数研究集中在酸奶的潜在健康益处上，这主要是因为，研究人员可以更容易地控制和随机化哪些细菌培养物被加进去或者去掉了。迄今为止的研究结果表明，酸奶对心脏病、血压、2型糖尿病和某些癌症具有一定的预防作用，哈特金斯表示他发现这相当有说服力。即便如此，研究还没有完全区分出因果关系和相关关系，这意味着，发酵微生物或许积极推动了健康效应，或者仅仅是搭上了“顺风车”，而那是被其他东西推动的。

然而，经常饮用酸奶，它已展示出了另一种更深远的潜力，那就是降低儿童腹泻病的发病率和严重程度，正如蒂西耶的研究首次提出的那样。在世界各地，腹泻是5岁以下儿童死亡的第二大原因，通常是由于严重脱水和液体流失，或者极端的细菌感染。在荷兰，研究人员开始调查一种被称为鼠李糖乳杆菌yoba 2012（*Lactobacillus rhamnosus* yoba 2012）的细菌菌株的止泻潜力，这是一种经过充分研究的益生菌鼠李糖乳杆菌GG（*Lactobacillus rhamnosus* GG）的无商标版本，后者在1985年首次从一位健康成年人的粪便中分离出来。非营利组织的联合创始人雷姆科·科特（Remco Kort）和他的高中同学威尔伯特·西贝斯玛（Wilbert Sybesma）在一同喝酒时萌生了为发展中国家生产益生菌饮品的想法，这再恰当不过了，他们将鼠李糖乳杆菌作为最佳候选者。科特和西贝斯玛与其他科学家合作，决定将他们的无商标版本的细菌菌株与第二种微生物，也就是嗜热链球菌C106混合，后者是从一种手工制作的爱尔兰奶酪中分离得来的，能够有效地将牛奶发酵成一种益生菌酸奶饮料。这种双菌株起子培养物让鼠李糖菌株在牛奶中更有效地生长，并创造出了一种被合作者称为“优巴”（Yoba）的益生菌发酵饮料。这种起子培养物还可以用大豆、小麦、高粱、粟、玉米甚至猴面包树的果子制作出发酵饮料，然后由乳制品合作社或者个人经销商销售。

非营利组织生命优巴（Yoba for Life）将“优巴”宣传成一种廉价而高效的方法，可以帮助抵御儿童呼吸道感染（比如普通感冒）、平衡肠道微生物组，并降低轮状病毒有关的腹泻的强度，缩短这种腹泻的持续时间。并非每项分析都对这种东西的健康益处得出了相同的结论，鼠李糖乳杆菌已在一些试验中失败了。例如，就其本身而言，它在治疗现有的*C. diff*感染方面的表现并不比安慰剂更好。但其他一些研究支持它对轮状病毒腹泻、肠易激综合征、尿路感染和特应性皮炎等疾病的有效性。生命优巴组织自2009年成立以来，已经帮助向非洲和亚洲的10多个国家分发了这种起子培养物。哈特金斯说，他并不是完全客观的，因为他与生命优巴组织附属的研究人员合著了一些研究。但是乳酸菌已经证明它们有能力削弱其他病原体的立足之处，包括肠道沙门氏菌（*Salmonella enteritidis*）、李斯特菌（*Listeria monocytogenes*）和大肠杆菌，哈特金斯说，使用当地制作的发酵食物改善人们的健康，他觉得这是一种很好的方法。

没有一种益生菌可以做到所有事情。但研究的激增已经开始建立一个更坚实的证据基础，比如发现其他益生菌配方可能做到“优巴”饮料做不到的事情，并帮助降低与抗生素或*C. diff*感染有关的腹泻风险。对30多项随机试验的系统回顾发现，在使用抗生素的同时为研究参与者提供益生菌，能让他们发生*C. diff*相关的腹泻的风险平均降低六成。各种配方，比如布拉氏酵母菌（*Saccharomyces boulardii*）或者细菌菌株嗜酸乳杆菌（*Lactobacillus acidophilus*），加上干酪乳杆菌（*Lactobacillus casei*），能产生明显的保护作用。在我身上，研究表明，即使我的屎里仅仅含有我通过酸奶和胶囊（后者同时含有嗜酸乳杆菌和干酪乳杆菌）摄入的非永久性细菌菌株的部分证据，它们仍然可能帮助我抵御已经在我的肠道中定居的*C. diff*细菌的影响。

加拿大的拜奥克（Bio-K+）公司在自家的益生菌产品中用了三种专利细菌菌株，包括它原创的发酵牛奶饮料。法国微生物学家弗朗索瓦–玛丽·吕凯（François-Marie Luquet）最初于1960年从人类肠道培养物中分离出了这些乳酸菌。“我们给了它们一个栖身之地。它们为我们提供了健康益处。”一篇公司博客解释道。也许是为了安抚那些谨慎的人，这篇博客明确指出，尽管这些细菌最初是从人身上分离出来的，但“我们不再从人身上收集它们了，它们也不包含任何人类副产物”。像其他现代生产商一样，拜奥克公司在接近先前环境的人工条件下培养它的细菌菌株。那么，它们被重新摄入时能做什么？公司的科学家和魁北克国家科学研究院的研究人员进行的实验室实验表明，三种菌株的拜奥克混合物，特别擅长通过独立的乳酸依赖性和非依赖的机制来抑制*C. diff*。这些结果可能有助于解释，在一项针对中国上海的住院患者进行的随机双盲安慰剂对照试验中，这种益生菌在预防抗生素相关的腹泻和*C. diff*相关的腹泻方面的一些显著效果。

除了更知名的乳酸菌，研究人员正在探索其他“下一代”益生菌的潜力，比如嗜黏蛋白阿克曼菌（*Akkermansia muciniphila*），我的肠道显然缺乏这种益生菌，但它可以消化肠道黏液中的黏蛋白，并能加强肠道内壁。另一种候选细菌是普拉梭菌，它在我的肠道菌群中占到了13%以上，但在克罗恩病患者体内却没有。脆弱拟杆菌（*Bacteroides fragilis*）和狄氏副拟杆菌（*Parabacteroides distasonis*）在我的肠道菌群中各占不到2%，它们可能提供了一种更复杂的“杰基尔和海德”式的权衡。虽然它们中的一些菌株已被标记为机会致病菌，但其他菌株正成为可以添加进食物的潜在益生菌。

回想一下，斯坦福大学的埃里卡·桑嫩伯格和贾斯廷·桑嫩伯格领导的一项令人大开眼界的研究表明，富含发酵食物的饮食可以重塑肠道微生物组，带来相当高的微生物多样性。正如我们看到的，更高的多样性本身未必是更健康的决定因素。但桑嫩伯格夫妇的研究发现，在这种情况下，发酵食物对身体具有一种镇静作用，更少地激活多种类型的免疫细胞，降低多种炎症标志物。他们总结说：“发酵食物在对抗工业化社会中普遍存在的微生物组多样性降低和炎症增加方面可能颇具价值。”这项研究的一个重要建议是，如果借助微生物改造食品的饮食进行适当的调节，我们自己的肠道可以产生我们自己的调节剂。

事实上，哈特金斯已经将他实验室收集的粪便样本作为其他益生菌的潜在来源进行开采。他说，一种方法是给志愿者喂下那些能够滋养其地方性益生菌群落的益生菌食物，“然后开采另一端出来的东西”。将一种促进健康的微生物与它喜欢的食物来源一起重新引入，这种组合被称为合生元，可以产生“完美的匹配”，让它们最大程度地提高对身体的影响，并带来个性化的益生菌。“因为别忘了，很多摄入益生菌或益生元的人，是我们所说的无应答者，也就是说，益生元并没有改变他们的微生物组，”哈特金斯说，“而且可能是他们没有合适的微生物，所以这就是我们这样做的原因：好吧，如果你没有合适的微生物来应答，我们就把它给你。”

那么，你会以一根福沃特香肠，还是一杯酸奶，或者发酵牛奶的形式吃下它？益生菌得益于人们普遍接受一个代表着“有益生命”的名字，而时间已经模糊了许多重新利用的细菌发酵剂的历史。从这个角度来说，一个仅仅列出所含物种的产品标签，或许比重复使用的水更容易兜售出去。

*

一些公共关系方面的努力试图掩盖循环水的起源。其他人则采取了相反的做法，明确指出所有水基本上都是“从厕所到水龙头”，也就是恐龙尿的那种劝说路线。罗津和他的合作者说得更直白，他们总结了一位地质学家同事的计算结果：“要在欧洲喝杯水，那就不可能不摄入至少几个经过了阿道夫·希特勒体内的水分子！”正如他们后来指出的那样，说服人们相信所有水都是被污染的，“可能会带来一些个人危机，但生存的欲望大概会占据主导地位”。

作为地球循环经济的一种延续，将再生水正常化，可能是一种比较温和的方式来动摇那些拒不让步的人。罗津和同事写道，从“新奇到日常熟悉”的转变可能会降低人们对威胁的感知。重新注入含水层或者被允许渗入水库的那些完全被处理过的水，可以说比它接触到的那些东西还要干净，将它重新引入自然水源并没有提供进一步的物理净化。但罗津和同事发现了一种潜在的心理优势，他们提出：“将处理过的污水重新引入自然系统，有可能起到‘精神净化’的作用，抹消使用者对洁净的水与污水来源之间的历史联系。”换句话说，强调“自然”的纯洁性，至少可以洗去一些污点。

应该很难找到比新加坡公用事业局在2003年引入“新生水”（NEWater）时更积极的宣传活动了。这个城市国家的政府将再生水工作视作国家安全问题，因为新加坡的人口密度高、土地稀缺，这些条件限制了这里收集并储存雨水的能力。为了弥补这块短板，1965年从马来西亚独立出来时的一系列水务协议允许新加坡在2061年前从马来西亚的柔佛州进口水。但自2000年以来，由于价格争端以及柔佛州水储备的波动，这些协议一直是这两个邻国之间摩擦的根源。“新生水”已经成为新加坡“四个国家水龙头”水安全战略中越来越重要的一部分，截至2018年，它满足了总需求的约40%。处理后的污水经过了与纯净水车相同的基本净化步骤，但规模却大得多。

“新生水”在净化后，被指定为饮用水并流进水库，在那里与收集的雨水混合。混合后的水接着被送往新加坡的水厂，在那里再次得到处理，然后通过管道送到整个城市的水龙头中。随之而来的公共关系宣传轰炸被广泛誉为一个成功的故事，包括一个全方位的推广活动，建造一座受欢迎的“新生水”游客中心，并将污水重新命名为“使用过的水”，而将污水处理厂重新称为“再生水厂”。不过，与美国和澳大利亚不同的是，新加坡政府不必和激烈的政治反对派斗争。正如美国国家研究委员会在2012年的一本关于污水再次使用潜力的书中指出的，“国内没有反对‘新生水’项目，很难说是因为成功的游客中心、积极的新闻报道、文化差异、限制公民言论的国家政策，还是所有这些因素加在一起”。

在美国可不可以做类似的事情？事实上，它已经做了。加利福尼亚的一个大型再生水项目表明，广泛的宣传和教育工作，与间接的重新利用相结合，可以带来正常化和精神净化的效果，从而削弱反对的声音。自2008年起，加利福尼亚芳泉谷的奥兰治县水务区地下水补给系统一直是全世界间接再利用的冠军，它甚至比新加坡的项目还要大。这片水务区净化了邻近的污水处理厂处理后的二级出水，并将再生水通过14英里的管道泵入入渗池。在一个月左右的时间里，这些水会渗入一片大型地下含水层，在那里与地下水混合。在离海岸更近的地方，这片区域正将再生水直接注入地下，创造出一个淡水脊，作为一道防止污染的海水涌入的屏障。2018年，奥兰治县的设施创造了世界纪录，它在一天内回收了超过1亿加仑污水。在目前的峰值容量下，地下水补给系统可以让足够的水流回地下，满足约85万人的需求。

这个处理系统遵循着通用微滤、反渗透和紫外线促成的氧化过程，和纯净水车一样。独立的建筑容纳了连续的净化步骤，所有步骤都由大型蓝色管道相连。当我在2021年10月参观奥兰治县的处理厂时，一片新扩建的部分正在建设中。水务区估计，当它在2023年完工时，最高产出将达到每天约1.3亿加仑再生水，或者说足够约100万人使用的水。[①]巨大的规模也有助于提高效率。在进入处理厂的污水中，隔壁的水补给厂可以回收大约80%的污水。“如果你有必要的设备、时间、钱、努力和技术，那么一切都可以成为资源，但我们并没有觉得我们在做什么特别革命性的事情。”水务区的运营执行主任梅于尔·帕特尔（Mehul Patel）告诉我。他说，重新思考我们如何能将以为的废物转化为资源绝非易事，“但这绝对是可行的”。

水务区总经理迈克·马库斯说，奥兰治县的公用事业公司基本上就是一个地下水批发商，它的任务也是保护圣安娜河的水流。这意味着与该县的19个零售水机构（它们共计为250万人服务）进行谈判，确定他们可以通过市政水井从地下水盆地、河流以及其他进口水源中抽取多少水。马库斯说，干旱让计算更复杂了。降雨时，它更多地以猛烈的风暴形式出现，削弱了县里有效收集并储存雨水的能力。和其他一年中大部分时间都是干涸的区域河流不同，单凭上游城市将它们处理过的污

① 根据奥兰治县当地媒体2023年4月14日的一份报道，再生水的这一产量目标已经实现，参见https://www.ocregister.com/2023/04/14/the-worlds-biggest-water-recycling-facility-gets-bigger-in-oc/。——编注

水排入其中，圣安娜河也一直有水。下游的奥兰治县社区随后重新收集并处理河水，作为他们自己供水的一部分。不过，超过75%的零售机构的水来自地下水。马库斯说，补充地下水盆地的循环水，提供了高度可靠的供水，因为县里永远都有污水。“它可以说是一种不受干旱影响的水源。”

尽管不可否认的是，为了获取这类资源而建造的基础设施代价高昂，但它却解决了水务区的邻居——奥兰治县卫生区面临的另一个问题。模拟表明，在风暴事件的高峰期，需要第二条出水管才能将水安全地排入海洋，因为此时的进水污水量正急剧上升。但在这个人口稠密的县，建造这条管道的费用很高，而且在后勤方面也颇具挑战。相反，卫生区把那些原本要花的钱用在了一座扩建的再生水厂上，让它可以应付那些处理后的污水。这一合作协议成了地下水补给系统的起源，并帮助支付了这个项目一半的资本成本。

还有其他难关需要考虑。当水务区和卫生区在1997年开始勾勒他们的联合项目时，最初便要雇一位外展顾问。通过一次次的会议，项目获得了当地政府、环保组织、医疗界和所有19家将会使用这些水的供水零售机构的支持。项目规划人员会见了该县相当大的越南和拉丁裔社区的成员。一个宣讲团招募了工程师和其他工作人员，他们在十年内总共进行了1200多次演讲。马库斯说，与邻近地区不同的是，奥兰治县的地下水补给系统最终没有遭到有组织的反对。

为了确保再生水的安全，这处设施检测了400多种化合物的存在（其中116种是区域水质控制委员会要求的）。马库斯告诉我，在这处设施的整个历史中，它所释放的净化水从未超过任何一种化合物的允许限度。另一方面，市政水井则经常要和化学污染作斗争，包括一些从奥兰治县同一处地下含水层中抽取的水。仅仅是过量的PFAS化合物，就让该县200口井中的近三分之一被迫关闭了。“人们只是不了解把水送到他们家所需的基础设施。”马库斯说。不过，在水务区委托进行的民意调查中，受访者认为，水务区的工作做得更好，在水的问题上比县参事委员会更可信。他说，也许人们倾向于认为有水是理所当然的，但这种信任可以帮助建立对再生利用工作的支持，确保长期可靠的当地供水。

奥兰治县的设施自从首次亮相起，一直在定期接待参观团，让人们能亲眼看到净化步骤的科学和规模。地下水补给系统的项目经理桑迪·斯科特-罗伯茨（Sandy Scott-Roberts）带我深入参观了现有的园区和部分完成的扩建。在宽敞的反渗透建筑和一台紫外线净化装置（一组装满了你在日光浴床里看到的那种灯的钢罐）之间，斯科特-罗伯茨把我带到了一个有三个打开的水龙头的三个不锈钢水池。中间的水龙头正向池中注入经过微滤处理的淡黄色的水。这种水有时被称作“紫管”，或者三级处理水，它不含大多数病原体和大型污染物，但还没有经过反渗透的步骤。在它的右边，一个装满咖啡色水的水池形成了清晰的对比。她说，这种浓缩水里都是被反渗透膜去除的污染物。而在左边，第三个水龙头正向水池中注入完全透明的水，这些水已经通过了膜，接着又经过了紫外线净化器。斯科特-罗伯茨从一个取水口中取出了两杯水，进行一次即兴品尝。

“可能有大约95%的人会这么做。”马库斯早些时候告诉我。之前的参观无疑很有帮助。大家都知道他还会让那些坚持不喝的人难堪，让他们至少尝一口。斯科特-罗伯茨没必要刺激我。也许是视觉上的对比，但与那些有颜色的水相比，清澈的水看起来相当诱人。“干杯！”我们笑着说。我们举杯碰了碰，便喝了起来。“那么接下来的问题是，它味道如何？”斯科特-罗伯茨问我。“尝起来像水一样。”我回答道，因为事先已经看到杯子上的蓝字写着，“尝起来像水一样……因为它就是水！”但这是真的。没有一丝盐或者其他矿物质，完全没有味道。宛如一块白板。

斯科特-罗伯茨解释说，这种水几乎和蒸馏水一样，其中溶解的固体浓度可能是大多自来水的十分之一，这种浓度太低了，以至于它可能腐蚀其他含矿物的表面。“如果你把蒸馏水滴在混凝土上，它就会开始吸取混凝土中的钙。”她说。同样的，大量饮用蒸馏水也会开始从我的细胞中吸取钙和其他矿物质。为了保护这里的设备，处理厂除去了一些酸化的二氧化碳，并重新添加了一些石灰，提高pH值和溶解固体的水平，这与麦克波兰和其他酿酒商为匹配城市水质所做的事情没什么区别。

奥兰治县的处理厂从现有和扩建的基础设施中受益匪浅：邻近的污水处理厂输送来处理后的排放，多个入渗池通过其他管道接受再生水厂的产出。而且，这片地区有一个巨大的地下水盆地，它能容纳渗入的水。不过，它在攻克技术壁垒以及克服心理障碍方面的成功，在整个地区掀起了波澜。其他公用事业公司在进行规划，或者重新开启那些之前因反对而搁置的计划时，这里就成了可以参考的先例。圣克拉拉、蒙特利、洛杉矶和圣地亚哥等城市都在规划或建造新的再生水系统。圣地亚哥的系统将把再生污水通过管道输送到地表水库中。洛杉矶希望建立一个系统，让奥兰治县的系统相形见绌。

对于世界上缺乏昂贵基础设施的地区，再生水和卫生解决方案或许需要在很大程度上自给自足。对于人类废物的直接回收，最具希望的策略之一是一套名为杰尼基欧姆尼处理器（Janicki Omni Processor）的装置，它是基于17世纪的蒸汽机技术，将它重新利用在21世纪的环境中。托马斯·萨维里（Thomas Savery）的蒸汽泵最初是为了从矿井中排水，自1698年问世以来，蒸汽机便已经以某种形式存在了。随后的改进提高了发动机的效率，并扩大了它的应用范围，它可以从井中汲水，接着取代了马匹为锯木厂提供动力，然后开始为棉花厂、羊毛厂和面粉厂提供动力，随后驱动机车和农业设备。受比尔及梅林达·盖茨基金会的委托，华盛顿州一家名为杰尼基生物能（Janicki Bioenergy）的公司［后来改名为塞德龙科技公司（Sedron Technologies）］进一步扩大了应用清单，包括了废物焚化炉、蒸汽发电厂和水过滤系统的组合。它的原型机欧姆尼处理器在18个月内建成了，它在一个基本可自我维持的循环中，可以将生物固体转化为灭菌的灰烬、可再生电力和清洁的水。“我们并没有真正发明什么。”机械工程师贾斯廷·布朗（Justin Brown）告诉我，“我们采用了非常成熟的现有技术，将它整合到一起。”

自2014年起，布朗一直在研究欧姆尼处理器，他说，最初的计划是在公司的工厂对原型机进行初步试验。但它的效果太好了，盖茨基金会由此决定，如果在实地进行初步试验会更有意义。因此，塞德龙科技公司在2015年将这台设备运往塞内加尔的达喀尔，在那里开始处理该市约三分之一的固体废物，测试这一策略能否提供一种可行的卫生解决方案。从化粪池或坑厕用卡车运来处理器的湿污泥首先被晒干，将污水减少到约50%的固体量。一家小型污水处理厂会处理这些固体干燥时渗出的黑水。为了将污泥转化为一种有用的燃料，一条传送带将它送入欧姆尼处理器的干燥管，它将生物质煮沸，除掉大部分剩余的水。从生物质释放的蒸发蒸汽通过一个过滤系统，然后又被冷凝回纯净的蒸馏水。然后，一台净化装置可以将水送入进一步的处理步骤，直到它满足饮用水的国际安全标准。

干燥的生物质在一个燃烧室中燃烧，将燃料转化为灭菌的灰烬。在相邻的锅炉中，猛烈的热量将生物固体蒸发的水变成高温高压的蒸汽，它让蒸汽发动机运转。这台发动机将排出的蒸汽送回，从而加热最初的污泥烘干机，并转动发电机，产生足够电力为整台处理器供电。“完整的想象是它能独立于电网。”布朗说。最初，这台装置需要某种形式的启动电力，比如现场发电机。“但是当你达到稳定状态时，处理厂就会产生足够电力自给自足，”他说，“而且在大多数情况下，还有余量可用，具体取决于材料有多湿。”

2021年，在我与布朗交谈前不久，最后一个集装箱已经启程前往达喀尔东北部的沿海村庄蒂瓦万颇尔。当它抵达那里时，工人们将开始在海滩附近安装第二台欧姆尼处理器。一旦投入使用，这个完整模型的占地面积将和一个标准尺寸的篮球场大致相同。据估计，这座小型发电厂将能处理超过6.6万磅粪便污泥，每天产生约1850加仑的清洁水。不过，鉴于在华盛顿很难找到具有代表性的污泥，这个模型很难做到。布朗说，发展中国家的污水中无机物含量往往要高得多，因为从坑厕或化粪池收集并被运来处理的污水会被砂土、泥土和其他颗粒污染。更高的无机物含量会让生物固体的能量更低，“因为里面有大量东西无法燃烧了”。由于纤维会吸收更多水，并增加生物固体的整体体积，它在屎中的相对丰度也会影响燃烧效率，但布朗和其他工程师还没有研究基于饮食的差异。

其他独立模拟表明，这种实际规模的装置所预估的处理25万人的废物的能力可能太低了。布朗说，他怀疑真正的极限可能是50万人以上。事实上，新装置可能存在容量缺口，它在塞内加尔的运营商德维克卫生计划（Delvic Sanitation Initiatives）将需要用其他生物质来填补，比如食品和农业废物。布朗希望优于预期的能力将为更多固体废物收集提供动力，从而改善地区的卫生状况。至于剩余的灰烬，德维克卫生公司的初步研究和市场分析表明，将它与堆肥混合，可以提高土壤改良的特性。另外，灰烬可以作为砂浆和混凝土混合物的添加剂用于建筑。

厌恶的力量在这里同样造成了阻碍。在2015年宣传欧姆尼处理器潜力的视频中，比尔·盖茨（Bill Gates）右手拿着一个罐头瓶，公司首席执行官彼得·杰尼基（Peter Janicki）用机器上的一个龙头往瓶里装水。就在5分钟前，这些再生水还是粪便污泥。盖茨在观众的掌声中喝了一口。他表示“这是水”，然后笑了起来。

“这台处理器不仅让人类废物远离饮用水，它还会把废物变成一种在市场上具有真正价值的商品，”他在随后一篇博客中写道，“这就是那句老话的终极写照：彼之砒霜，吾之蜜糖。”盖茨可能由机器的工程学研究说服了自己，他认为再生水既安全，又有很高的价值，但事实证明了说服公众是一件难得多的事。与其说是一次技术的成功揭幕，不如说是贬义的“从厕所到水龙头”反复出现在对宣传视频的多篇媒体报道中。《比尔·盖茨喝下了几分钟前还是人类粪便的水》，一个标题写道。《比尔·盖茨喝了人类大便制成的水》，另一个标题这样写。在《吉米·法伦今夜秀》中，盖茨俏皮地骗法伦喝下了“屎水”，之后法伦摔倒在地，假装作呕。“味道真不错！”他最后说，但他建议盖茨需要改个名字。

当布朗告诉家人朋友他的工作内容时，甚至也遇到了一些阻力。“他们中的一些人说：‘呃，这太恶心了。我可不想喝以前是屎的水。’”他回忆道。正如雪人奥拉夫提醒我们的那样，作为地球持续循环的一部分，他们几乎肯定已经喝过这样的水了。“归根结底，我们所做的只是加快了这个过程。”布朗说。从化学和安全的角度来看，检测已经证实，欧姆尼处理器的再生水和自然的水没有区别，甚至比它更好。然而，5分钟的转变虽然是一项技术上的壮举，但可能太快了，无法消除那种非理性却根深蒂固的信念，认为水在某种程度上仍然被污染了。就像粪便移植一样，我们可能需要一些分离和抽象的层次，模糊它的过去。“也许这些额外的步骤只是从根本上对它的心理学有必要。”布朗说。

尽管人们抱有非洲社区会接受再生饮用水的崇高想法，但类似的现象在大西洋彼岸上演了。布朗说，塞内加尔公众热情地接受了欧姆尼处理器，尽管他质疑它的一些能力是否在最初的营销宣传中被夸大了，这些宣传让人联想到了一台可以完全取代污水处理厂的“神奇机器”。“我认为很多局限没有得到很好的传达。”他说。尽管这种技术被大力宣传为从人类废物中创造清洁饮用水的有效途径，但试点项目的再利用计划遇到了一些激烈的阻力。就像在美国一样，对许多达喀尔居民来说，恶心因素似乎是一种难以克服的难关。指责比尔·盖茨把塞内加尔人当作“小白鼠”的错误信息增加了阻力。“因此，实际规模的装置将不会制造饮用水，尽管它在技术上完全能够做到这一点。”布朗说。至少在初期，清洁水将被用于商业和工业用途。

*

如果研究人员要说服公众相信追求一种更自然的循环经济的安全性和必要性，也许太空的恶劣环境有助于我们了解，在一个封闭的循环中可以并且应该做什么。国际空间站上的宇航员已经在使用一个生物反应器系统，将尿液、汗水和多余的水分回收成饮用水。这并不完全是《沙丘》中合身的蒸馏服在严酷的沙漠星球厄拉科斯上收集并回收宝贵的体液的现实生活版本。但弗兰克·赫伯特的科幻小说看起来越来越有预见性了。对于在太空中急速飞行的金属仓，或者未来火星殖民地的封闭系统，研究人员如今正将他们的注意力转向如何将宇航员的屎被类似的过程回收成为有用的产品，就像我们在第八章中的所见。

用于航天器的生物燃料将是无价之宝。但是给宇航员的燃料呢？为了帮助我们勇敢地迈向无人涉足之地，环境工程师丽莎·斯坦伯格（Lisa Steinberg）和宾夕法尼亚州立大学天体生物学研究中心主任克里斯托弗·豪斯（Christopher House），用一台小型微生物反应器破解了再利用的难题，这台反应器就像一个人工胃，将宇航员的屎和尿分解成甲烷气体和乙酸盐。他们的废物处理-食物生成综合系统的原型机的灵感部分来自水族箱过滤器，其中的甲烷气体可以促进一批单独的可食用细菌的生长，产生一种米白色的"微生物黏稠物"，与用酿酒酵母制作的马麦酱或者维吉麦酱没什么两样。这种富含蛋白质的黏稠物本身可能不会赢得任何烹饪奖项。但它解决了如何在太空中清洁且安全地将废物处理与食品生产分离的问题，至少在原理上是这样的。在这个包含两步的过程中，由古菌微生物产生的甲烷成了一类细菌的食物来源，而这种细菌又成了人类的食物来源。间接再利用策略如果行得通，就可以帮助宇航员在进入深空的长期任务中维持生命，同时向地球上的工程师展示如何种植富含蛋白质的食物，并且更有效地处理有机废物。

为了测试他们的厌氧消化方案的潜力，研究人员向他们的反应器投入了添加了模拟宇航员屎的合成污水浆（斯坦伯格告诉我，他们用了狗粮、纤维素、甘油和盐的混合物）。厌氧反应器本质上是一个微缩版本的污水处理厂产甲烷池。不过在这种情况下，豪斯和斯坦伯格在他们的迷你反应器中装入了1英寸大小的塑料球，它们通常被用在水族馆过滤器中。在球的表面，他们允许两种细菌菌株形成生物膜。一种细菌将废物发酵成脂肪酸和乙酸，另一种则将脂肪转化成生物甲烷。在模拟废物通过反应器循环后，研究人员计算出，他们的系统去除了约97%的有机物。

这就留下了一个问题，要如何利用甲烷的副产物来种植食物。“我偶然发现了一些20世纪80年代的研究，当时他们在用天然气种植荚膜甲基球菌（*Methylococcus capsulatus*），这是一种嗜甲烷微生物，并将它用于动物饲料，因为它的蛋白质含量非常高。这种喜好甲烷的不寻常的细菌物种，最初是从英国巴斯的罗马温泉中分离出来的，似乎是他们反应器的第二部分的理想候选。

虽然这种细菌还没有被批准用于人类摄入，但总部位于加利福尼亚的卡莉斯塔能源公司（Calysta Energy）买下了这项技术的专利，并已经大规模生产了一种蛋白质餐，它主要由在充满甲烷的发酵桶中生长的甲基球菌制成。这家公司将干燥的细菌颗粒作为牲畜、鱼类和宠物的食物来源进行销售，并作为鱼粉和大豆浓缩物等资源密集型蛋白质来源的可持续替代品，就像肯尼亚的圣能源公司那样。卡莉斯塔能源公司声称，它的生产过程不占据农业用地，只用极少的水，但它已经与石化公司的分支机构英国石油风险投资公司合作，后者正在为自己的天然气（比如微生物原料）寻找新市场。

当然，我们已经看到，如果是由沼气制成，甲烷是一种更加可持续的燃料。甲基球菌也不是在深空中生长的食物的唯一潜在候选。豪斯和斯坦伯格的单独测试找到了其他竞争者，比如一种能在高pH值的溶液中生长的细菌物种，以及另一种能承受华氏158度高温的物种。工程师马克·布伦纳（Mark Blenner）采取了类似的做法，他的实验用宇航员的屎、尿以及呼出的二氧化碳，作为基因工程酵母的起始食物储备。然后，这种酵母可以被加工成食物、维生素或塑料材料。

清洁能源技术专家迈克尔·韦伯（Michael Webber）则在一家微藻生物精炼厂中进行了实验，利用多余的天然气制造基于藻类的蛋白质。韦伯说，在航天器狭小的空间里，必须要有富有想象力的解决方案，一个由两个部分组成的反应器，将废物流转化为食物非常有意义。“思考这个问题的一种方式是闭合废物管理的循环，把你的废物变成有价值的资源，”他说，“只有当你没有想法的时候，才叫废物。”

再一次，这些太空时代的研究项目背后的经验和技术，可以为我们这个世界面临的越来越多的挑战提供一些关键的解决方案。美国国家航天局的环境科学家约翰·霍根（John Hogan）告诉我：“我们开始用的一些材料的回收方式比其他材料更容易想得到。”不过，维持人类的生命意味着重复使用必要的水和营养，而在小型航天器的闭合循环中，下游可以迅速成为上游，它让这些必要的关联变得相当清晰。霍根说，弄清如何从人类产生的废物中安全有效地提取有价值的分子，并将它们转化为可再利用的、甚至可食用的形式，可以在遥远的地方，还有那些离家更近的地方“结出美味的果子”。

尽管面临这些挑战，布朗表示，他对欧姆尼处理器的整体体验，让他对处理器改善卫生并将废物转化为价值的能力感到“难以置信的乐观”。在数字时代，我们已经习惯了那些初创企业，它们几乎在一夜之间开发出了技术，并迅速从销售流行产品中攫取了巨大价值。他说，基础设施的运作水平远远比不上。“让工业硬件密集型技术实现规模化，需要大量时间、大量资金。这不是一种消费者产品。”

发展中国家可能对“跃进式”技术更加开放，比如用移动电话代替固定电话，或者用太阳能电池板代替传统电网，只要它们符合文化价值观就可以。他说，但考虑到前期成本，没有一个地方愿意在一项未经测试的新应用上冒险投入公共资金。在经过一段时间的验证之前，这种技术可能需要联邦基础设施拨款、开发银行或者盖茨基金会这样的非政府组织的支持。但如果做得好，像欧姆尼处理器这样的装置，可以从电力、水和灰烬的产出中带来长期的销售。布朗说，考虑到污水处理的能源密集型需求，仅仅实现收支平衡就会是一种令人振奋的进步。

布朗说，塞德龙科技公司希望在塞内加尔和非洲西部其他地方安装更多欧姆尼处理器。这家公司根据与盖茨基金会的合同开发了这项技术，盖茨基金会也正与其他持有许可证的公司合作，在印度和中国将技术商业化。同时，塞德龙还开发了另一项名为“瓦科”（Varcor）的技术，它可能最终会取代露天污泥烘干机。这种机器需要一个外部电源，但可以利用热蒸发和水蒸气压缩产生洁净的水、可用作燃料或土壤改良剂的干燥固体，以及可重新用作肥料的液氨。

除了考虑我们可以在缺乏基础设施的地方进行建设，我们可能还需要重新思考，如何利用我们已有的基础设施。环境工程师戴维·塞德拉克（David Sedlak）正越来越多地关注那些仍在使用下水道作为处理设施的行业。在2020年的一篇评论文章《保护污水流域》（Protecting the sewershed）中，他和同事萨沙·哈里斯–洛维特（Sasha Harris-Lovett）提出，将污水作为饮用水的潜在来源，需要以我们思考流域和流入其中的东西的方式来思考“污水流域”。他告诉我，让人们接受从“污水流域”里出来的东西需要合法化。这也是让公众摆脱对其他陌生的新技术的最初怀疑的过程，无论是蒸汽机还是商用航空飞行都是如此，而加利福尼亚已经为合法化的力量提供了一种重要的示范。塞德拉克说，为了让合法化发挥作用，公众需要信任负责监管新技术的机构，认识到新技术提供的好处，然后熟悉这个过程。

我想到，产生促进健康的水和食物的努力正在互相学习。益生菌领域已经开始用支持健康声明所需的严格科学为它有效的营销背书，而长期以来建立在合理科学基础上的再生水工作，也因更加注重营销而得以推动。正如家庭酿酒师珍·麦克波兰告诉我的，“人们谈论得越多，接受它的人就越多”。归根结底，克服我们心理障碍的秘诀可能是揭开存在于我们所有人和其他生物体内的自然循环过程的神秘面纱，展示我们如何能安全地利用它，有时真的是在水龙头上利用它。

第十一章 慰藉

我从石灰石的岩架上走下一个生锈的泳池梯，调整了我的面罩和呼吸管，跳进了一片格外清澈而鲜亮的蓝色海湾，这里并不像它的名字暗示的那般。我原以为古巴的猪湾可能会更浑浊，也更神秘，或者留下了更多战火纷飞的痕迹，或者更能让人想到它在历史上的动荡的位置。1961年，美国支持的古巴流亡者企图推翻菲德尔·卡斯特罗（Fidel Castro）共产主义政府，发动了一次失败的入侵；历史课本上那片迷雾重重的海湾，那次入侵的地理背景，却像艺术家的调色板一样向着地平线延伸开来。首先是石灰石绘出的知更鸟蛋蓝，接着，在海底下降与海湾相接的地方，一种土耳其蓝过渡成了海军蓝。

第一批珊瑚出现在离岸边不到10码的地方，点礁[①]起初就像从白沙中升起的草木丛生的小型堡垒，每一处都有自己的调色板，有脑珊瑚和绿鹦鲷，还有黄色管状海绵和蓝刺尾鱼。从海滩小镇普拉亚拉尔加出发，开一辆1954年产的雪佛兰贝莱尔只要很短车程就能到这里，这里的珊瑚礁已经失去了一些较大的掠食者，这是由于在海湾更远处的过度捕捞。但每一片点礁

① 规模较小、点状的分散或孤立的生物礁石。

都有很多中小型鱼类。我踢了几下脚蹼，这些点礁越来越近，直到它们变得像低矮的小山一样，然后消失在深蓝色的水中。就在海底急剧下降的地方之外，我看到了一群游过的巴氏若鲹。

在海边方向过来的高速公路对面，一个名叫鱼洞（Cueva de los Peces）的被淹没的岩洞，看起来就像一个天然游泳池，掩盖了一道狭窄却相当深的水下峡谷。这里的石灰岩洞穴和礁石连接着一个沿海栖息地系统，它从红树林沼泽延伸到更深的海洋。就在西边，广阔的扎巴沼泽是整个加勒比地区最大、也是生物多样性最高的湿地。在那里的两次观鸟之旅中，杰夫和我看到了很多罕见的生物，比如“小不点儿”蜂鸟，还有濒临灭绝的扎巴鹪鹩。在东部更远的地方，有一个不太容易到达的水下仙境被称为女王花园国家公园，也就是Jardines de la Reina，那里生活着大量鲨鱼、海龟，还有灰熊那么大的伊氏石斑鱼。这个由礁石、低岛和红树林组成的群岛几乎从未遭到破坏，以至于一些游客称之为“加勒比皇冠上的宝石”。

人们可能很容易把女王花园当作自然界的一处绚丽的怪胎，由于它远离大陆，这里的生态系统基本完好无损。但研究人员已经记录了沿海湿地和许多近岸礁的令人惊讶的良好条件，比如猪湾和古巴南岸的其他地方。珊瑚专家达里娅·西西利亚诺（Daria Siciliano）告诉我，古巴广泛的礁石为珊瑚幼虫和其他居民提供了庇护，它们可能会搭上盛行洋流，帮助北方枯竭的种群重新生长。从佛罗里达礁岛群到澳大利亚的大堡礁，在世界各地的珊瑚生病和死亡的坏消息接连不断的情况下，这里的礁则相对健康，成了一个罕见的亮点。

不同之处究竟在哪里？广受诟病的美国贸易禁运，也就是古巴人口中的“禁运”，抑制了伤害海洋环境的大规模开发和相关污染，但同时也阻碍了这里得到外国的贷款和技术，而它们或许有助于古巴的环境研究和管理能力。古巴已经将这里近四分之一的浅海域划为保护公园和保护区，但批评人士认为，政府的保护记录在执行时并不完善。但广为流传的故事是关于流入古巴土壤的东西的突变，如何深刻地改变了流入海洋的东西。

在猪湾这样的地方，科学家将环境恢复与经济灾害联系在了一起。20世纪90年代初，苏联解体中断了古巴的合成肥料、杀虫剂、汽油、农用设备和食品的定期运输。由于美国的贸易禁运切断了其他供应路线，古巴的渔业和甘蔗产业都崩溃了。被遗弃的拖拉机在田间生了锈。海鲜捕获量、无机肥料的用量以及农业生产量都急剧下降。随后的痛苦岁月被古巴人称为“特殊时期”，当时，缺乏资本和化学物质带来了影响较小的农业方法，许多农场成了有机农场，虽然更多是迫不得已，而非主动选择。从1961年到1989年的高峰期，古巴的无机肥使用量增加了近800%，达到了世界上最高的施氮率。然后，洪水变成了涓涓细流，到2000年，该国无机肥的平均使用量已经回落到高峰期的五分之一左右，其中大部分被指定用于甘蔗生产。

在过去的30年间，古巴提供了一个令人信服的例子，那就是，当我们允许自然痊愈时，什么是可能的。回忆一下，降雨可以将肥料冲入排水渠道，它们在溪水和河流流入海洋的过程中注入其中。养分污染会引发浮游植物和有害藻类的爆发性增长。除了其他一些后果之外，藻类的过度生长可以占领珊瑚礁，并在藻类死亡和腐烂时夺走海洋中的氧气，形成了研究人员在世界各地记录下的死区。一份关于加勒比珊瑚礁的现状和趋势的报告表明，自1970年以来，来自陆地和海洋的威胁已经抹去了这片地区半数以上的珊瑚。然而，在古巴，覆盖珊瑚礁的活珊瑚的下降在20世纪90年代中期却开始逆转。随着富含磷和氮的径流的急剧下降，古巴的珊瑚和沿海湿地逐步回升。数据很有限，但这种恢复与健康的关键指标，比如与鹦嘴鱼的上升大致吻合，鹦嘴鱼会吃藻类，帮助预防珊瑚的主要竞争对手过度生长。

当然，作为环境恢复的糟糕交换条件的，是经济灾难和普遍的困难。古巴海洋生物学家乔治·安古洛-巴尔德斯（Jorge Angulo-Valdés）承认，那里的保护失败可能会给整个地区带来经济的连锁影响。“但是我们仍然要谋生。我们的人民依旧需要食物。”他说。不过，古巴的意外实验表明了一种深思熟虑的前进方式。如果我们把环境保护看作与我们自身的福祉存在必然联系的事物，而不是一种相互竞争的利益，那么我们能不能同时改善两者？而更好地应用我们自己的副产物，可能有助于我们通过恢复性的做法实现这一目标，从而提高食品安全、减轻自然灾害，甚至修复污染？

这样的情况下，屎可能再次成了一种宝贵的资产。我们已经看到，如果不小心处理，它是如何让我们生病并且污染环境的。但我们也知道，如果管理得当，它可以治愈不平衡的肠道生态系统。为什么它不能帮助陷入困境的土地和水域完成同样的事情？在猪湾游荡时让我感到惊讶的那些绚丽的珊瑚礁，提出了另一个充满希望的问题：如果这一切都可以通过为自然提供空间和时间来治愈，那么如果我们积极帮助它恢复，又可能会有什么样的结果呢？

加拿大锡谢尔特矿提供了一个令人信服的例子，说明了如何重新滋养一个伤痕累累或贫瘠的空间，让它恢复健康。这里是北美最大的砂砾矿之一，开采出了颇受欢迎的水泥砂土，它位于不列颠哥伦比亚省南部海岸的锡谢尔特第一民族（shíshálh Nation）[①]的传统领地内。开采和加工砂土会留下一些残留，也就是被称为细粒的残余物。加拿大咨询公司西尔维斯环境公司（SYLVIS Environmental）的高级环境科学家约翰·莱弗里（John Lavery）说，这些无菌的细粒甚至不会长出蒲公英。莱弗里与工业和城市残余打交道超过20年了。他告诉我："这是一种异类玩具岛[②]。"西尔维斯公司专门为它们寻找新的用途，包括灰烬、木材和食物垃圾，还有纸浆和纸张加工、采矿和污水处理产生的那些残余物。

西尔维斯公司与矿的拥有者里海·汉森材料公司（Lehigh Hanson Materials）签订了合同，制定了一种"买一赠一"的复垦计划，将重新利用我们自己的残余物，也就是屎，为无菌的细粒残余物找到新用途。这种策略是为了降低重型设备和粉碎

① 加拿大境内一些原住民民族的通称。
② 异类玩具岛，有美国及加拿大制作的一档同名圣诞节卡通特辑，意指和环境格格不入，不被接受。

岩石的声音，保护露天矿下面的锡谢尔特镇的景观，并最终创造一种功能性的土壤系统，可以滋养快速生长的杨树，后者是一种有价值的经济作物。锡谢尔特和这片地区的其他两个城镇提供的生物固体来自他们的污水处理厂。其中一些生物质形成了土堤或土脊，来降低声音，并将矿隐藏在人们的视线之外，同时稳定了种植着本地禾本科植物和其他植被的斜坡。西尔维斯公司还将生物固体和来自当地工厂的纸浆和造纸污泥与细粒混合，为两处杨树种植园创造了土壤基础，而更多的生物固体则用于提供定期注入的肥料。“然后，我们就让生态系统进行它的工作。”莱弗里说。他估计，这个项目在高峰期覆盖了大约100英亩。

此后，土壤中发育出了健康的菌根，也就是与植物根系形成共生关系的真菌。它吸引了大大小小的无脊椎动物和土壤细菌，它们帮助碳和养分在土壤中移动，并进入根部。“我们从无菌砂料和细粒开始，最后在这些空间里形成了土壤。”莱弗里说。他认为，一个可能需要几百年甚至一千年才能从细粒中发展出的过程，在不到20年的时间内就完成了。锡谢尔特原住民随后取得了杨树种植园的所有权，并收获了成熟的树木。

项目结束后，地区企业家开始为其他残余物寻找长期用途。2010年，锡谢尔特第一民族成员亚伦·乔（Aaron Joe）在矿区的边界开设了萨利希土壤公司（Salish Soils）。作为公司雄心勃勃的回收组合的一部分，它创造了三种主要的堆肥，包括从居民和商业食物垃圾中获得的，从地区鲑鱼和虹鳟养殖场的血液和内脏还有其他残留物中得到的，以及从参与矿山复垦的两家污水处理厂交付的人类生物固体中得到的堆肥，它们可以用于不同的混合物。“在萨利希土壤公司，我们相信自然的可再生精神，”公司网站说，“我们通过赋予人们权力来尊重土壤，同时治愈土地，我们收集、接收废物资源，并用它们堆肥，制成高质量的有机物。”我们的副产物可以帮助大自然痊愈，这是原住民社区流传了几个世纪的经验。

西尔维斯公司同样扩大了范围。在阿尔伯塔省的两个相关项目中，它用生物固体来修复边缘的农田和一个停业的煤矿。不过，这家环境公司决定建立短周期、高密度的柳树种植园，而不是将复垦的土地恢复成更传统的农业用途。“我们为什么这么做？好吧，因为我们想不出有什么系统能给环境或社会带来更多回报了。”莱弗里说。这种策略利用生物固体，将可矿化的养分送回土壤中，从而提高土壤的质量，让它更适合植物生长，并最终提高生产力。接着，工人们种下每英亩6000至8000棵柳树苗（标准森林每英亩可能有80至160棵茎）。在地下，这些树木用它们的根系封存碳。在地上，它们为鸟类、啮齿动物和小型哺乳动物提供了家园，为这些地方带来更多物种。“我们因此开始看到定居于此的猛禽和捕食者，”莱弗里说，“柳树本身也是有蹄类动物的一种通用饲料，所以我们开始看到叉角羚、鹿和驼鹿。”最终的结果是该省的草原土地上形成了一种新的生态系统岛，这种生态学概念被称为岛屿生物地理学。

仅仅三年之后，这些树木就可以轮流收获，保留一些栖息地。“当你收获它们时，它们只是从底部长出一大堆新芽，”莱弗里说，“因此，当你收获地上的材料时，地下的根系仍然活着，只是单纯地把更多茎推高了。这有点像修剪一片巨大的木头草坪。”可再生的木质材料可以被磨碎，与生物固体混合，比如创造更多的堆肥，或作为能源和替代燃料的来源。我们的屎再次成了一位可靠的伙伴，这次是把柳树的生物质变成可再生的商品，同时帮助环境。在逐步淘汰化石燃料的过程中，莱弗里对在加拿大本土的油气生产基地实现碳封存感到格外兴奋。“我们正忙于在一个未来20到30年可能最需要它的地方启动可再生生物燃料和生物材料的经济。”他说。

*

在古巴，更直接的困难为一种更环保的农业形式提供了彻底变革的驱动力。一场由科学家、农民和活动家组成的运动，开始促进并扩大基于农业生态学的替代方案。“这为他们成为在岛上扩大这种农业的领导者打开了政治局面。”佛蒙特加勒比研究所执行主任玛加丽塔·费尔南德斯（Margarita Fernandez）这样告诉我。这种概念强调的方法包括作物轮作和多样性、有机堆肥、地表覆盖物和生物害虫控制。

古巴对食物进口的依赖程度，是该国有机和农业生态实验的支持者和反对者之间一个激烈的争论焦点。食物短缺在全岛很常见，在新冠大流行期间，这种情况更为恶化。但2016年我在西部城镇维尼亚莱斯遇到的古巴农民劳尔·雷耶斯·波萨达（Raúl Reyes Posada），为他的政府认证的有机农场采取的更加可持续、也更环保的方法感到自豪。农场小卖部里都是来自世界各地的游客留下的纪念品，他在这里指出了一些待售的精选产品，有新鲜的杧果、香蕉和菠萝，还有用回收水瓶装的咖啡豆、自制辣酱和手卷的雪茄。更刻意的农业方法让他和其他农民能够用更少的钱想方设法做到这些，这是在美国贸易禁运和多年经济停滞的背景下的一种不得已。为了规避不可靠的运输系统，被称为“有机庭园”（organopónicos）的城市农场开始在城市周边出现。

我突然想到，梅丽莎·梅耶（Melissa Meyer）的玫瑰岛农场位于华盛顿塔科马郊区的一片之前是马场的地方，它或许也可以被看作一个有机庭园。当我在2021年6月底见到她时，她正在给1英亩的爬架草本植物、花卉和菜圃浇水，迎接太平洋西北部即将到来的酷暑热浪。我们退到她家后面一把遮阳伞下的野餐桌边，用梅森罐[①]喝着水，对压抑的热浪连连摇头。就在几天后，西雅图-塔科马国际机场的气象站将记录下有史以来最热的一天，温度高达108华氏度。

梅耶以她长大的不列颠哥伦比亚北部的钦西安民族村庄拉克斯夸拉姆斯（Lax kw' alaams，意为“野玫瑰岛”）命名了她的示范农场。我拜访她的那天，她和家人在这片土地上待了整整一年。这已经从根本上改变了她。在加拿大，她经常和家人一起在斯基纳河钓鲑鱼，这带来了共享的收获，还有必要的维生素D和不饱和脂肪。当她搬到普吉特海湾地区时，她失去了这种随时可以得到鲑鱼的机会。“那么，与我的食物之间的可

① 一种通常用于保存食物的广口玻璃瓶，瓶口用螺纹盖密封。——编注

持续关系又是什么样子的呢?”她说。

梅耶通过一株一株地种植，正在建立一种新型的伙伴关系。她把沿海村庄的一些主要植物带进了她的新花园中，比如仍然在鲑鱼洄游的河边肆意生长的美洲大树莓，还有她丈夫喜欢的顶针莓。她的新农场周围的土地上以前可能也有鲑鱼洄游的河流，还有丰富的雪松和其他能遮阴的树木，为浆果和其他本地食物和药用植物提供了保护。所有成熟的北美黄杉都被砍倒了，只留下了一排树桩和一棵年轻的杉树。梅耶指着一棵本地云杉，它为院子的一部分提供了庇荫，还有在花园后入侵的月桂树篱边努力挣扎的一棵雪松。她说，这棵树通常与桤木一起生长，桤木的树冠可以保护雪松树苗不被烤焦。在异常炎热的天气里，年轻的雪松需要她的帮助才能存活下来，但她在附近看到的其他几棵雪松让她有理由保持乐观。

这里的景观和她所知道的不一样，也和以前的不同了。但这些遗留下来的东西说明，只需一点帮助，一种更健康的景观就可能重新出现。她种了一棵枫树，这是她希望重新引进的许多本地植物中的第一种。她说，仔细观察这片土地，就可以看到这里曾经有什么。“你可以知道谁想待在这里。”为这些树木创造一个社区，并在开始时为它们提供水和覆盖物，将有助于它们坚持下来，直到它们可以开始有所回报。她说，这些树成熟时，将有助于这片社区保持凉爽，并提供优质的栖息地。“简直太热了。我们的房子升温更快，然后我们又在浪费钱让它们降温。我的意思是，我们有天然的方法做到这一点，而且他们想待在这里。”

为了帮助它们回来，同时为她的家人提供食物和药物，梅耶采用了几种互补的园艺方法。一种被称为伴植，它利用某些植物在一起生长时可以相互提供帮助。树木可以为对高温敏感的植物和草本提供保护性的树冠。绿豆可以固定土壤中的氮，帮助玉米秆生长，而玉米秆则为绿豆提供了棚架。由于城市中的混凝土加剧了夏季的炎热，这些树木和植物需要一个社区才能茁壮成长。“我们单打独斗都不行。你知道，它们和我们没什么不同，”梅耶说，“在这里没有什么是独立生长的。每个人都有一个社区，所以我们想模拟这一点。”

另一种园艺策略是一种名叫“重返伊甸园”的免耕方法，由2011年的一部纪录片推广开来，但梅耶告诉我，这种方法同样起源于原住民的农业。这种方法利用大量木质覆盖物重建土壤，存住水分，并抑制杂草生长。由于梅耶家的大部分土地已经退化，她用塔科马基于生物固体的土壤改良剂“塔格”，在覆盖种植池之前添加进养分。梅耶说，这被称作“重返伊甸园”，因为它模仿了森林的作用。“森林是世界上第一大的土壤生成器，任何土地都需要约35年才能恢复成森林。它只是天然地想这么做。这种愈合已经建立起来了。”梅耶基本上是在复制森林的土壤生产以及对生物多样性的促进作用，同时鼓励本地生产者回到这里。在这样做的过程中，她展示了我们如何利用再生农业来超越现代耕作方法，帮助治愈环境。

我们慢慢绕着她的地走了一圈，她介绍了一些栽培植物和它们的用途。“我种了药，种了食物，也种了用来喂养授粉者的东西。”包括薰衣草、琉璃苣，还有小白菊。几个月后，梅耶就将开始一份草药医生的新工作，她希望在实践中用的许多药物就来自这些花园。她也能看到不属于这里的东西，比如月桂树篱已经成了白蝴蝶的繁殖地，很可能是菜粉蝶，它们的虫子正在攻击她的蔬菜。以前的马场一直长着根深蒂固的杂草，她正有计划地用油布将它们杀死。她会在一些土壤上施一层厚厚的堆肥，“就像森林一样”。整整一年的时间里，堆肥将在油布下发挥作用，为土壤提供滋养。让它休息并再生。

梅耶说，当我们尚未发现某些东西的有用性，或者忘了其他东西的价值时，语言很重要。“当我们称它废物时，就改变了我们与它的关系。”她说，将农耕带回她所在的塔科马市一隅并非易事，但同样令人兴奋，特别是它是如何“正在唤醒人们的智慧”。我表示这是在开垦土地和知识，梅耶温柔地纠正了我。有时，白人会说，他们在开垦生产性土地，而原住民的智慧一直都在那里，只是被抹去了。她认为，重申对知识的所有权，是一种更好的描述方式。

在中美洲，几个世纪以来，原住农民一直在实践可持续的永久农业的“米尔帕”系统（Milpa，它有时也称为玛雅森林花园），其中玉米、豆类和南瓜会种在一起，帮助彼此茁壮成长。对每块地来说，两段种植季之后会有8段休耕期，让土壤和森林再生，而不需要合成农药或肥料。这个系统与多年生灌木和遮阳的树木一起运作，最终在以前的种植地重新建立起森林。根据中美洲研究中心的研究，“只要这种轮作持续下去，不缩短休耕期，这个系统就可以无限期地维持下去”。梅耶说，这种知识体系一路向北传播。然后是北美部落的三姐妹作物，又是玉米、豆类和南瓜的相互支持。

梅耶用她的一些土地帮助维系皮阿拉普部落和普雷佩查移民之间的合作关系，这种合作关系是由丰收皮尔斯县的社区园艺项目培养出来的。其中一位普雷佩查农民在她的农场的一个角落里种下了他自家版本的“米尔帕”和三姐妹作物。梅耶还种了在这片地区其他具有深厚文化意义的本土蔬菜。玛卡，或者叫奥泽特马铃薯的淀粉含量很低，比其他马铃薯品种更健康。垂花葱经常生长在北美黄杉旁，几个世纪以来它一直是原住民的主食。她说，把其他黑人和原住民带到她的农场，是为了帮助他们记住这些知识，重申他们对这些知识的所有权。这些智慧往往没有被记录下来，它不需要被记录，因为是口口相传的。“所以就有了这种信息的研读，并记住属于你的东西。”她说。

梅耶在萨利希土壤公司看到了同样的动力。“我喜欢萨利希土壤公司的原因是，他没有做任何超出他的自然文化、他在土地上的自然存在方式的事情，”她说，“你在利用一种资源，那就是鲑鱼，并把它放回土地上，而如果我们没有打断这种自然循环，它自然就会回到那里。所以他在帮助它，而我喜欢这样。我喜欢这样。”回想一下，像鲑鱼这样的洄游鱼类，长期以来一直在河水和溪流中输送磷、氮和其他养分，而除了熊和鹰之外的一系列以鱼类为食的生物，也将其中一些养分传送到森林和草地上。一项研究发现，单是在俄勒冈和华盛顿，鲑鱼就直接或间接地支持了近140个动物物种，其中许多是陆生动物。现在我们是决定鲑鱼能否继续滋养土壤的主要因素。

梅耶觉得，参观过她的农场的黑人和原住农民，都接受了与自然合作而非对抗自然的想法。她说，为什么要以一种需要更多机器、更多肥料的方式费力种植食物？“我只是觉得，自然有一种非常美丽的模式。与它合作，就与它合作。它的一部分是唤醒人们的智慧，去发现‘哦，就是这样’，去暂停下来，放慢脚步，安静下来，阅读风景，并回到那种节奏中。”

在我自己的院子里，我正在读珍妮·奥德尔撰写的《如何“无所事事”》，当她描写她与以朋友相待的两只邻居乌鸦的互动时，我突然有种似曾相识的感觉。我抬头一看，斑斑和鸡仔就在那儿，停在屋前的电线上。它们在我们的院子这个舞台上主演了自己的自然纪录片，这是一种更加精心策划后的自然形式，但它拒绝停留在我们过去天真规定的范围内。在书中，奥德尔深入思考了我们传统认为的有价值或者有生产力的东西，还有花园和其他开放空间如何总是受到威胁，“因为它们‘生产’的东西无法被衡量或利用，甚至不能被轻易识别”，尽管附近的居民都很容易理解它们的巨大价值。她写道，在生态系统和我们关注的事情中，我们已经倾向于激进的单种栽培，那些不被认为是有用的，或者能被挪用的成分首先就会被淘汰。

“因为它是从一种对生命的错误理解出发的，认为生命是原子化的，是可优化的，这种有用性的观点没有认识到生态系统是一个有生命的整体，实际上需要其中所有的部分才能运作。”即使是一具动物尸体或者一坨屎，除了我们刻意赋予的东西，也都有它们的内在价值。自然并不关心我们是否好奇、是否厌恶，又或是不屑。这些有机物将继续喂养微生物、真菌、蝇类、甲虫，还有乌鸦这样的腐食动物。在我们允许的地方，植物和树木会在肥沃的地块上生长，循环往复。

我们自己的花园在生物固体的滋养下，提供了一种质朴的经验，那就是关注整体并允许它发挥功能。我们让生命获得更好的立足点，催化了一个新的生态系统的开端。而且引人注目的是，它已经做到了，但不是以我们设想的方式。通过提供丰富的养分，将原本由一片半死不活的草坪和一块被侵蚀的斜坡组成的贫瘠的单种栽培，转变成了由鲜花、蔬菜，还有本地和非本地的观赏植物构成的混合空间，自然接管了这里，开始编织自己的故事。一群可爱的家朱雀，身体红扑扑的，落在被我们忽视的羽衣甘蓝上，这些菜已经长成了4英尺高的茎和种荚组成的水母。我们放任它不管，觉得它不再有价值，然后这些家朱雀证明我们错了。我们失宠的芝麻菜和莙荙菜也开了花，然后我注意到，蜜蜂在它们的花周围嗡嗡盘旋，令人印象深刻。

我们附近东部棉尾兔的数量暴增，吞掉了我们的第二茬豌豆，似乎诱骗来了可能在山坡下筑洞的郊狼，让它们在失踪了几年之后重新现身。一只鼹鼠不顾我们精心划分的花园和草坪的边界，在这两个地方挖洞，直到我发现斑斑在一个花坛里愤怒地啄着土。然后我看到泥土在抖动。它正追着鼹鼠。乌鸦真的会猎杀鼹鼠吗？我想知道。第二天我就有了答案，我看到它在电线上，把一只勾在爪子上的小动物撕碎了，那是一只部分内脏被挖去了的鼹鼠。当一只胖乎乎的大鼠偷袭了为家朱雀准备的喂鸟器时，啮齿类动物把比分略微扳平了一点。

我们花了更多时间在院子里，在土地上，从而能看到更多在我们周围展开的迷你剧。奥德尔写道，观察和识别我们周围生命的能力，有助于我们欣赏它们和我们是如何彼此相连的。我们是积极的参与者，可以扮演某种角色。但如果我们插手了布景，自然毫无疑问地掌控了谁在导演这一切的话语权。

*

在更大的尺度上，与自然合作来帮助它再生的科学，让农学家和土壤科学家更好地了解我们回收的副产物如何能帮助农田和牧场，还能补充它们。例如，科罗拉多的各个城市都有数千英亩的农业用地。自1982年来，丹佛郊区利特尔顿和恩格尔伍德的南普拉特再生污水处理厂与科罗拉多州立大学的科学家合作，计算出在那里的土壤施加的处理后的生物固体的理想量。在大约160英亩的试验田上进行的长期研究项目，在物理、化学和生物的基础上测试了土壤对处理后的生物固体的反应。

根据多年的数据，土壤健康专家吉姆·伊波利托（Jim Ippolito）和同事给土地所有者提供了一个推荐的最佳点，它能平衡植物的氮需求和施用过多磷的潜在危害。麦田在每隔一年每英亩使用两三千吨蛋糕面糊一样的物质时，产量最佳。对于像柯林斯堡市那样的牧场，这个神奇数字是每十年每英亩5000吨。加得太少，你可能无法阻止牛、羊和其他草食动物造成的植物退化，这些草食动物往往比过去自由游荡的猛犸象和其他巨动物群更容易扎堆。加得太多，你可能会增加植物的生产力，但同时降低了物种多样性。伊波利托告诉我，过量的磷会破坏真菌群体和植物根系之间的关键联系，土壤中会变得有更多以细菌为主的群体。

他说，柯林斯堡对牧场采取了保守的方法，每十年每英亩施用一两吨生物固体。即便如此，这些肥料似乎给土地提供了动力，促进了蓝茎冰草和米草等更多可食用植物的生长，而不是像梨果仙人掌和仙人球这样不容易消化的物种。在现代版本的更新世草原上，这种方法基本上是在用我们自己的一些屎来补充没能充分散播的植食动物的屎。

在温度攀升到近80华氏度的两天后，10月中旬的一场“雷雪”风暴让我们没能参观那些城市拥有的牧场。取而代之的是，伊波利托和我在他的办公室里聊了他几十年来对生物固体的安全性和有效性的研究，以及他对生物炭潜力的相关研究。衡量对像土壤这样复杂的东西的所有影响不是一件简单的事。北卡罗来纳的土壤健康研究所是他的合作伙伴，它列出了18项主要指标和另外12项次要指标。

其中一项测试测量了一种叫作β-葡糖苷酶的微生物酶能多好地降解纤维素。这种复合糖和有机碳的来源为植物纤维和细胞壁提供了结构完整性，由葡萄糖长链构成。伊波利托说，在几个试验地块，早期结果表明，纤维素降解酶的活性有所提高，这是土壤中有机碳积累的前兆。人类多年来从土壤中获取养分之后，将一些养分还给土壤，正开始改善它的健康状况。

将不需要的残余转化成环境补救剂的其他方法，可能有助于变废为宝。坎迪斯·莱斯莉·阿卜杜勒-阿齐兹（Kandis Leslie Abdul-Aziz）是一位化学与环境工程师，对可持续发展抱有浓厚的兴趣，他曾尝试对一种叫作玉米秸的富碳废物进行升级改造，玉米秸是指收获后留下的叶子、穗轴和秆。美国生产的乙醇在很大程度上依赖于玉米秸，它取代了全国约10%的汽油。但是，关于环境效益是否大过成本的争论一直十分激烈。最近的一项研究表明，为了作为生物燃料而大量种植的玉米增加了水污染和温室气体排放。每年，仅在美国，玉米秸就占了大约2.5亿吨农业废物。“我们在美国产生的固体废物中，约有三分之一实际上是来自玉米收获。”阿卜杜勒-阿齐兹说。燃烧它们会将更多温室气体送入大气中。她的实验室正在研究如何将玉米秸的生物质转化为活性炭，它差不多就是经过处理的生物炭，从而最大限度地提高它过滤污染物的能力。碳化物质通常是粗颗粒的黑色粉末，可以通过高温、无氧的热解过程制成。另一种方法被称为水热碳化，将玉米秸与加压热水混合，来分解生物质，并将它转化为碳颗粒。

阿卜杜勒-阿齐兹说，为了激活碳，可以将它与强酸、苛碱，或者甚至和蒸汽混合，在它们的表面蚀刻出微小的孔隙。创造所有那些边边角角极大增加了表面积，将每一小块碳都转化成一块可以吸收污染物的迷你海绵。她和同事发现，他们用水热碳化法用玉米秸制成的活性炭，在吸收化合物香草醛的方面格外有效。你可能知道香草醛是香草豆荚的提取物，但它也是一种工业副产物，因此是其他环境污染物的一种有用的替身。当阿卜杜勒-阿齐兹和她的团队将添加了香草醛的水倒入由玉米秸制成的活性炭中时，他们的过滤器去除了98%的污染物。

正如活性炭可以由富含碳的玉米秸制成，它也可以由富含碳的柳枝稷草、锯末或者屎制成。这意味着我们的屎，被转化成活性炭的碎块，可以像工业规模的碧然德过滤器一样被用来去除其他污染物。环境工程师乔西·卡恩斯（Josh Kearns）已经开发并分享了一种简单的炉子的设计，这种炉子可以用有机材料（可能包括人类或动物的粪便）制造生物炭，并展示了DIY生物炭如何帮助过滤农村社区中水的污染物。这是一种终极循环，用转化的屎来处理屎。

它还能变得更好。“在我们制造出活性炭之后，可以在它的表面加一些东西，让它更加有效。”阿卜杜勒-阿齐兹说。添加一类称为氨基的含氮分子，可以让活性炭从空气中捕获二氧化碳。在表面添加铁纳米粒子，可以让活性炭磁化，这样一来，在它吸收了污染物（比如香草醛）之后，工程师就可以用磁铁从水中抽出这些碎片，就像捞出一堆铁屑一样。

活性炭作为环境洗涤器的另一项潜在应用可以追溯到数千年前。在公元前2世纪，罗马士兵和历史学家马尔库斯·加图（Marcus Cato，常被称为老加图）将一些积累下来的农业智慧正式归纳进他的《农业志》（*De agricultura*），这是现存最古老的完全用拉丁文撰写的作品。加图建议用鸽子、山羊、绵羊和牛的粪便为作物施肥。他囊括了一种早期的堆肥配方，指导读者用木柴制作的木炭作为一种土壤添加剂。他甚至描述了如何制作一个石灰窑，来生产那些能提高pH值的生石灰土壤添加剂。不过，他最吸引人的配方之一是为牛开具的兽医处方，“如果你有理由担心疾病”。作为一种预防措施，他建议采用以下组合：

三粒盐

三片月桂树叶

三片韭葱叶

三条韭葱穗

三颗大蒜

三粒香

三株萨宾草药

芸香的三片叶子

三棵泻根茎

三颗白豆

三块燃烧的煤

三品脱酒

对于迷信的罗马人来说，三的规则似乎有一种特殊的魔力，加图指导管理这种混合物的人，在准备和运送过程中要禁食并保持站立。尽管如此，酸性的酒（pH值通常在3到4之间）可能会在燃烧的煤，也就是炭的碎块上面腐蚀出孔隙，创造出早期版本的活性炭。

与草药、蔬菜和酒不同，活性炭在牛和人的消化道中旅行时相对保持不变。因为它的微小孔隙带负电，可以通过一个叫作吸附的过程，吸引带正电的气体、毒素和其他化合物，它们会黏附在活性炭多孔的表面。这意味着碳也可以吸收体内不需要的东西，通过屎有效地将它们清除。正因如此，活性炭是医院急诊室治疗药物过量的主要手段。同样的基本概念也适用于土壤和水：活性炭可以吸收重金属这样的物质，它们其中大部分带正电。这让我们想到了牛的打嗝和放屁。在全球范围内，我们的牲畜占人类引起的温室气体排放的14%以上。其中超过60%就来自牛肉和乳制品生产，包括它们在瘤胃和大肠中产生的甲烷气体，这些气体通过奶牛的嗳气[①]和气胀逃逸到大气中。像爱尔兰和丹麦这样的国家已经开始征收“奶牛气胀”税来降低排放，而爱尔兰的农民已经在海岸线上寻找海草，当喂给奶牛海草时，可以抑制它们的一部分排气。

另一种解决方案可能来自活性炭。在给澳大利亚昆士兰的一家商业乳制品牧场的180头奶牛喂食了粉末状的活性炭后，研究人员计算出，这种膳食补充剂让奶牛的甲烷排放量降低了惊人的30%—40%，二氧化碳排放量降低了10%。肠道微生物组测序显示，奶牛肠道中产甲烷的古菌种群也明显减少，而其他微生物物种则取而代之在增加。事实上，它们的每日产奶量还略有上升。

这些结果证实了之前由不同团队进行的实验室实验，在这些实验中，研究人员将生物炭添加到牛饲料中，并将混合物放在从牛的瘤胃提取的胃液中培养。这些体外研究表明，膳食补充剂可以减少超过10%的甲烷排放，而用6头公牛进行的一项小型现场试验报告显示，甲烷排放降低了10%—18%（一些研究表明，红藻和类似牛至的其他补充剂甚至可以做得更好）。生物炭降低甲烷的确切机制尚不清楚，也许它能吸附气体，或

① 反刍动物将瘤胃内食物发酵产生的气体通过口腔和鼻腔排出体外的过程。

者有利于从肠道中的甲烷生产者那里转移气体。但研究结果指出了另一种方式，那就是，经常被视为废物的生物质，可以成为一位强大的环境盟友。

*

对于某些形式的污染，研究人员已经设想在污水处理厂中加入一种提取过程，可以从再生水和生物固体中除去不需要的污染物，同时回收出有价值的金属。美国地质调查局的研究地质学家凯瑟琳·史密斯（Kathleen Smith）已经退休，而她在2015年的一次会议发言中，描述了在屎中发现的金、银、铂和其他贵金属的碎片，登上了头条新闻。这则消息迅速传开，带来了许多关于黄金如何被打造成戒指的笑话。还有不可避免的回报："告诉她，她是懂屎的头号人物！"史密斯回忆起这件事时仍然有点难为情。她现在可以一笑置之，但多年的科学研究成了一个笑点，还是有些尴尬。

她告诉我，她和同事已经尽可能地研究了元素周期表，钯、铜、锌、锡、铋、铅，史密斯都找到了。并非所有的金属都来自人类生物固体，因为污水处理厂处理着所有进入家庭和企业的下水道里的东西，而在综合污水处理系统中，还要加上工业排放和雨水排水。准确判断来源通常是不可能的，但城市基础设施经常以特定金属比例较高的形式留下它的痕迹。史密斯说，在扫描电子显微镜下，她的研究团队看到了小块的铋，她怀疑这些铋来自胃肠用铋。吉姆·伊波利托后来告诉我，房屋的铜管还留下了其他迹象。"铜管像其他任何东西一样，会随着时间的推移而破败，你就可以在生物固体中看到这种标志，”他说，“铜管是由焊料衔接在一起的，焊料中通常含有锌，所以你可以看到这种标志。”铅管会在污水中留下自己的痕迹，并带有水污染的警告，这是一个环境正义问题，它对低收入的有色人种社区产生了不相称的影响。

金可能来自牙齿填充材料、食物装饰，甚至是补充剂和医疗服务。为了测量它的浓度，史密斯和同事从几家污水处理厂收集了生物固体，包括科罗拉多矿带上的一些小城镇，然后对风干的样品进行辐照，给它们消毒。研究人员将这些碎片混合并研磨成粉末后，将它们送去进行两项独立分析。根据两次测量，史密斯估计金的浓度为百万分之一，类似于地下的贫矿。

史密斯一直面对着风凉话和讨厌的因素，它们甚至来自科学家同行，直到她退休。然而，其他工作表明，她确实发现了一些事情。2015年，环境工程师保罗·韦斯特霍夫（Paul Westerhoff）和同事发表了他们自己在下水道污泥中发现的元素清单。这项研究用了来自国家生物固体库的样本，这是美国环境保护署的国家污水污泥调查中一系列来自94家污水处理厂的样本，这个调查也有一个动听的名字叫NSSS。等一下，所以差不多存在一份国家屎档案？史密斯告诉我，确实如此，我设想了一个《夺宝奇兵》（*Raiders of the Lost Ark*）那样的政府仓库，里面装满了不同种类的宝藏。总之，韦斯特霍夫和他的合作者估计，对于一座百万人口的城市，每年可以从污水中提取到价值高达1300万美元的金属。这的确是一份宝藏。

作为一项原则证明，史密斯的团队用氰化物从生物固体样本中滤出了金，并回收了80%以上。当然，用毒药进行金属提取并不理想。一种更友好的金属滤出方案是用一种叫作硫代硫酸盐（有趣的是，它也是氰化物中毒的解毒剂）的普通肥料成分，从生物固体中回收超过半数的黄金。硫酸对铜和锌等金属有一种类似的回收率。史密斯说，专门从事金属提取的研究人员可能会设计出更好的办法。她试图为有机会能够相互学习的独立研究团队牵线搭桥，就好像一位“研究媒婆”，她笑着说，但这项工作必须由其他人继续下去。

日本长野县诹访市已经让人们看到了这种可能性，这里的金属电镀设施、精密加工公司和温泉，都可能导致污水中的金含量高于平均水平。2009年，一家污水处理厂从每吨灰烬中提取了不到4磅金。这比1858年科罗拉多淘金热的矿工所得的浓度要高得多，甚至超越了现代顶级金矿的水平。

那么，提取臭名昭著的“永远的化学物质”PFAS家族呢？这些持久、无处不在的化学物质相当容易溶于水，这意味着，它们可以随着地下水和污水流动。它们与蛋白质结合，意味着它们可以在我们体内进行生物累积，并随着我们的尿排出。环境和生态工程师琳达·李（Linda Lee）是将生物固体作为肥料再利用的强烈支持者，但她也明白污染的问题。她告诉我，如果可以防止PFAS化合物进入污水处理厂，它们就不会在堆肥的生物固体或者排放到河流的污水中出现。“我们需要把它们从我们的产物中剔除，不让它们再出现在我们的产物中，并阻止点污染源进入处理厂。”

环境科学家约翰·莱弗里指出，这种几乎无处不在的化学物质家族，在化妆品、服装和其他消费品中的浓度往往远高于在我们的污水中的浓度。“这就像生物固体中的任何东西：它是我们生活方式的指纹，当我们研究PFAS时，当我们研究化妆品、个人护理产品等微观成分时，它们是几十年来通过化学改善生活的指纹。”也许现在是时候重新思考这意味着什么了，他说。

弄清如何最好地切断源头需要时间和资源。对于那些已经流入环境中的永远的化学物质，李和同事正在研究活性炭的另一项应用，从而清除部分化学物质。他们通过将镍和铁的纳米颗粒附着在蚀刻的生物炭上已经证明，这可以在24小时内结合甚至破坏一些PFAS化合物。当这两种金属在中热下结合使用时，可以有效破坏紧密的碳氟键，正是这种键让PFAS化学物质在污水、生物固体和更广泛的环境中得以如此持久地存在。

没有一种过程能降解这个庞大且高度多样化的化学家族中的所有东西，但是，用镍和铁进行的实验燃起了人们的希望，期待化学反应的组合可以撬开许多化合物。“我们对这些颗粒相当兴奋，因为它们很有效。”李告诉我。在一项由美国环境保护署资助的合作中，她已经开始探索在污水处理厂利用两部分PFAS去污策略的潜力。这种方法将污水送过纳米过滤器的微小孔隙，然后再进行所谓的电化学氧化，这种反应会产生高活性的化学物种，攻击过滤器捕获的浓缩溶液中的污染物。如果成功，这种组合方法可能会明显降低生物固体和污水中PFAS水平，并消除扩大它们再利用的另一个障碍。

伊波利托同样探索了生物炭领域。他告诉我，他不太相信生物炭在改善土壤物理状况方面的效用，而是专注于它在修复前矿区重金属污染的土壤和清理其他污染热点方面的潜力。伊波利托正在处理两个美国环境保护署超级基金场地，一处位于俄勒冈，另一处在密苏里，在这里，生物炭已经成功吸附并锁住了金属污染物。用新的植物生长覆盖这些场地，有助于将污染物就地封存，防止它们迁移到邻近的土地或水体中。微小的碳海绵基本上把金属从溶液中拉了出来，并把它们捆住，所以它们也不会被植物吸收。

在另一项合作中，他与中国的科学家合作，在中国，估计有7%的可耕地受到了镉的污染。长期接触这种银蓝色金属会致癌，而摄入被镉污染的食物和水则会让骨骼变得脆弱，并随着时间推移损害肾脏和其他器官。更传统的再生方法并不奏效，因为较软的金属无法从它溶于水的形式中沉淀下来。不过，应用来自各种来源的富含碳的生物炭，可以提供一种清洁替代方法。通过对大约60种生物炭进行筛选，研究得到了4种有希望的镉修复候选物，但伊波利托还没有机会测试人屎制成的生物炭。

他说，他真正想做的是开启一项温室研究，看看生物炭是否能从受到污染的土壤中封存镉这样的金属，同时将养分重新加入土壤。他说，在两个超级基金场地，他和团队已经证明，生物炭对环境中的重金属有良好的封存作用。“这很好，但我手上的这些土壤缺乏养分，也没有微生物活动。”他说。在清除现场，他的团队通常通过添加生物炭来沉淀金属，加入石灰来提高pH值，并添加粪便或生物固体来补充养分，并刺激微生物生长。“但如果我们可以省掉这三种产品中的两种，而仅仅使用从生物固体中提取的生物炭呢?”他若有所思地说。

他的假设是，用屎制成的生物炭既能封存重金属，又能提供帮助改良土壤所需的养分。这是因为，无论生物质中最初含有哪些养分，在热解将它转化为生物炭后，往往都会留在原地。“木基材料，几乎没有任何营养价值。它主要是碳。”伊波利托解释道。不过，正如我们所见，人屎富含养分。它能发挥作用吗?伊波利托听上去很乐观。大量研究已经采用了牛粪制成生物炭。他说，热解前后粪便中的养分往往非常相似，而我们自己的排泄物应当也是如此。

他取回了两个密封袋，装着人屎制成的生物炭，这是在他的办公室和实验室里的许多盒子以及瓶瓶罐罐中的一小部分炭材料，这些材料来源广泛。它看起来就像被碾成小块的炭块。我深深吸了几下，什么气味都没有。所有挥发性有机化合物都在华氏五六百度的温度下被热解了。它们，连同它们的气味一起蒸发了。

*

在俄勒冈福里斯特格罗夫的费恩希尔湿地，汹涌的野火离我相当远，闻不到任何烟味，相反，它们就像夏末的风暴云，占据着南方的地平线，被我周围水生植物鲜艳的绿色所晕染。我在午后的热浪中沿着一条阴凉的人行道闲逛，听着小瀑布平静的水流声，和风吹拂着莎草的沙沙声。当我爬上石阶时，两条黑色的小蛇，好像是束带蛇，溜了下来。这个优雅的空间部分是精心规划的，部分是野生的，将日本疗愈花园的精髓与功能性的沼泽结合在了一起。在一侧，景观设计师栗栖宝一用巨石、松树和蓝云杉塑造了这个空间，两座精美的木桥在水面上微微拱起。在另一边，一只大白鹭在浅滩上摆好了姿势，一只幼年绿鹭一动不动地待在树桩上，伪装得很好。这是一处鸟类和人类的避难所和绿洲。

清洁水务公司的首席执行官黛安娜·谷口-丹尼斯说，许多游客无法想象，这处观鸟的区域热点和婚礼的热门地点，是一座污水处理厂自然水净化过程的一部分。她说，这里建造的处理湿地是福里斯特格罗夫工厂和图拉丁河之间的一座“生态桥梁”。几年前，自然将这处设施旁边的旧污水潟湖改造成了更漂亮的一片水潭和香蒲。人们来到这里散步，观赏聚集于此的鸟类。但香蒲已经成了一种单种栽培的植物，而且由于冬季被水淹没，即使是它们也在挣扎。谷口-丹尼斯想恢复退化的栖息地，创造一种混合空间，让人们能够理解为什么他们的选择很重要——他们选择向下水道里倾倒什么，选择支持什么样的基础设施。她想把夏威夷的“欧哈纳”（ohana）的概念，也就是家庭、亲属关系和相互联系，延伸到此处。疗愈花园可以帮助我们与自然重新建立联系，而湿地也可以将这种疗愈延伸到自然。

我参观的那天，约有500万加仑的水从清洁水务公司运营的两处资源回收设施流进了自然处理系统。在第一部分，有6英尺深的砾石床的大型矩形水池，为集中的细菌种群提供了栖息地，这些细菌自然降解了剩余的氨。然后，水从多个瀑布上倾泻而下，重新加入了氧气。通过一系列蜿蜒的湿地，本地植物吸收了氮、磷和其他养分。丰富的植被让水在流进河流的5天旅程中冷却了近4华氏度，保护了鲑鱼和其他野生动物免受更热的排放的影响。

作为极端改造的一部分，公司改变了旧池塘床的轮廓和高度，为喜欢浅水的物种创造了更好的栖息地。工人又增加了180根原木和树桩，为野生动物提供了其他空间，并种植了100多万株本地植物，重新创造出沼泽生态系统。然后他们让自然来“填空”，谷口-丹尼斯这样说。人类已经开始了恢复工作。“我们认为我们在控制它，对吗？”她说。但正如我在自家院子里发现的那样，自然接管并制订了一条新的路线。

人工冷却并从水中挤出更多氮和磷，需要一种成本更高的处理过程。“需要大量混凝土、钢铁和能源，才能运行这些自然运行的过程。”谷口-丹尼斯说。事实上，如果没有湿地，公司将花费大约两倍的成本来扩建污水处理设施，而它仍然缺乏冷却水的能力。这种混合方法用受自然启发的反应器来处理水，然后用自然本身完成这一过程，将城市系统与自然系统连接起来，创造了一种使两者同时受益的互利共生。“这是利用科学和技术，结合大自然的力量。”她说。既然谷口-丹尼斯已经看到了可能性，她对费恩希尔有着更大的梦想。“如果我们能在湿地内创造合适的生物多样性，它实际上放大了河流恢复健康和水体所需要的东西，那又会怎样？如果我们能创造出河流所需的正确类型的藻类呢？”举个例子，在湿地中播种一些有益的藻类物种，可能会增加河流中的溶氧量。污水处理的副产物被重新设想为一种工具，它不仅能降低污染，还积极地恢复湿地、河流，甚至整个生态系统。

我第一次与戴维·塞德拉克交流时，他正在参观加利福尼亚湾区的另一片不寻常的湿地。在他的团队的帮助下，圣洛伦佐的奥罗洛马卫生区进行了一项雄心勃勃的试验，以一个密集种植的水平底坡代替了垂直墙的形式，建起了防洪堤。该区希望，水平堤防可以同时承担多种功能，包括降低海平面上升带来的风暴潮的洪水风险，过滤卫生区处理后的排放来帮助改善旧金山湾的水质，并为这一地区的动植物恢复一些关键的湿地栖息地。而且，长满植被的坡或许可以实现所有这些目标，而只需传统的防洪方案的一小部分成本。

在海洋中，珊瑚礁可以帮助打断在风暴中袭来的海浪，缓解涌浪。健康的湿地同样可以，奥罗洛马项目正利用它的固有力量，在一个即将受到全球变暖影响越来越大的沿海社区增加更大的韧性。就像俄勒冈福里斯特格罗夫恢复的湿地一样，奥罗洛马斜坡也在利用沿海植被的自然能力，在水排入海洋之前进行过滤。从海湾开始，先是潮汐沼泽，然后是长达200多英尺、高达5英尺的内陆半咸水沼泽坡。那就是削减了涌入波浪的水平堤防。随后，土地再次向下倾斜，进入一个淡水盆地，那里接收了来自卫生区处理厂的处理后的污水和雨水。这个盆地或者说洼地中的水渗回沼泽，土壤中的微生物帮助过滤掉更多的氮，封存更多金属，并在水流入海湾的过程中分解更多有机化学物质。“如果你愿意，可以把它叫作抛光。”塞德拉克说。

作为项目的一部分，研究人员建立了4种土壤类型、植物物种和灌水率的不同象限，想找到清洁污水和创造可持续栖息地的最佳组合。柳树在过滤水的方面似乎比莎草和其他草地植物做得更好。塞德拉克说，他怀疑树强大的根搅动了土壤，创造了那种提高渗透性且帮助水流动的大孔。但令他们惊讶的是，他和同事发现，对于改善水质来说，植物的类型并不重要，重要的是污水流经沼泽的位置和速度。“如果你能让水在地下流动，它需要更长时间才能穿过斜坡，而且有更多的机会让微生物施展它们的魔法。”他说。事实上，这种系统在清除药物和抗生素方面具有奇效，它们恰恰是沿海水域中常见的问题。

为了保持地下的水流，研究人员调节了向洼地注入处理过的污水的速率。通常来讲，它通过堤防渗入其中，在3—7天的时间里抵达海湾。他们发现，最大限度地发挥自然过滤作用的关键，是用多孔砂砾与木屑混合，作为微生物的食物来源。另一种设计是贯穿湿地中心的类似小溪的长满植被的洼地，它提供了一种颇具吸引力的特征，但过滤效果相对比较差，因为大部分水流速度更快了，而且局限在表面。塞德拉克说，柳树可能没那么吸引人，但快速生长的树木可以吸收更多养分，也能吸收来自风暴的更多能量。他想，为了满足所有目标，也许树木可以与其他植物结合在一起，形成一处精心规划过的湿地，优化堤的强度和过滤能力，同时带来一个美观的栖息地。

与此同时，他的团队正在测试另一种策略，重点不是让更多污水通过过滤湿地，而是处理更浓缩的污水，就像我在奥兰治县地下水补给系统的不锈钢水池中看到的那种咖啡色卤水。

反渗透净化步骤后留下的浓缩物可能只有起始量的15%，其中充满了盐、养分和化学物质。所有这些都需要排到某个地方。在奥兰治县，它被送回了邻近的污水处理厂进行新一轮处理。但塞德拉克觉得，浓缩溶液可以通过一个种有植被的水平堤防进行过滤。它可能比正常的污水更咸，但盐度仍然只有海水盐度的一小部分，而且很容易能被适应沿海生活的湿地植物处理。

塞德拉克告诉我，尝试将水平堤防与沿海处理厂联系起来的想法在湾区的其他城市受到了关注。他在比利时也发现了一种类似的想法，那里的一位工程师已经开始用柳树床来过滤饮用水回收厂的反渗透步骤之后留下的浓缩养分。塞德拉克说："我个人很看好用这些有控制的自然系统，或者基于自然的系统，来提高水质。"公用事业传统上专注于灰色基础设施，比如混凝土箱和处理厂。但他看到了绿色基础设施的巨大潜力，它可以更便宜，同时对公众也更有吸引力。

它也可以出现在你最意想不到的地方，比如布鲁克林一处工业化程度很高的角落里的一家影视工作室的屋顶。绿点区曾是一个以波兰人为主的社区，我在这里住了8年，它的北面和东面毗邻纽顿溪，它有着不光彩的名声：美国污染最严重的水道之一。坐落在曾经一条小溪和盐沼岸边的多家炼油厂，造成了美国最大的地下溢油，到目前为止，估计有1300万加仑的石油已经被清除。从19世纪中期开始，从胶水和肥料，到铜和硫酸，其他几十家精炼厂向已经变成工业运河的溪流倾倒了更多毒素和溶剂。2010年，美国环境保护署将这条溪指定为超级基金场地，补救处理一些累积下的废物。

但化学污染只是溪流困境的一部分。每当纽约市的综合下水道系统无法承受暴雨时，排放管就会将未经处理的污水和雨水的混合物倒进城市水道中，防止它倒灌进城市街道。有时这还不够，比如在1913年7月的一场风暴中，下水道溢流淹没了8家中心区酒店和时代广场地铁站。时常发生的灾难在一个多世纪后带来了近乎超现实的头条新闻，比如2018年的这篇《请不要冲厕所。在下雨呢。》（“Please Don’t Flush the Toilet. It’s Raining.”）。随着更强烈的风暴定期袭击这座城市，从陈旧的系统中排出的污水，以及由此导致的溪流和其他水道中的细菌污染的激增，已经成了不可避免的灾祸。

位于4楼的纽顿溪联盟的办公室里，执行主任威利斯·埃尔金斯（Willis Elkins）向我展示了一张用颜色分类的地图，上面精确标出了所有排放口。他说，这条溪有一些最大的排放口。“不幸的是，这些排放口设置在了水路流动性最小的地方，它们差不多就是死胡同支流。”他说。其他排放口则受益于东河中更多自然水的流动。但由于纽顿溪几乎每一平方英寸都被人为重新塑造来满足城市的工业需求，它失去了冲洗和过滤，以及以其他方式协助城市的卫生需求的能力。换句话说，暴雨过后，纽约的大便往往会在水道中“徜徉”。

2002年，纽顿溪联盟成立，他们希望迫使污染者和政府清理这条溪流。埃尔金斯告诉我，这家非营利组织试图将环境正义与水质和基础设施的投资联系起来。联邦超级基金的程序虽然复杂且饱受争议，但已成功修复了铜污染，并在推进其他项目。但是，市和州政府为解决生物污染而提出的部分修复方案被证明更加有争议性。这项计划需要建立一条巨大的混凝土隧道，就像一座临时储存设施，用于储存未经处理的雨水和污水的混合物，直到绿点区的纽顿河污水处理厂有能力将它清理干净。根据提议，这条隧道在2042年建成后可能会降低六成左右的溢流。但联盟及其合作伙伴认为，那些计划是基于更早之前的可接受的细菌水平标准，以及2008年约翰·肯尼迪国际机场的“代表性”年降水量，这可能严重低估了30多年后的预期降水量。纽约市已经在经历更猛烈的暴雨。灰色基础设施虽然必要，但它本身可能不足以弥补数十年来的环境滥用和忽视。

不过，另一种补救措施正在萌发。为了防止一些雨水径流越来越多地进入下水道系统，该市正在遵从国家的指导，增加了透水路面、路边雨水花园和生态洼地，来帮助吸收雨水。当然，在这个有时被称为“混凝土丛林”的城市，透水的地面相当重要。埃尔金斯认为，市里可以更积极地让剩余的停车场变得透水，并将数英亩的屋顶改造成绿色堡垒。这些重新设计的屋顶基本上就是种植在防水膜之上的花园，可以成为这里的城市下水道基础设施的一个强大且可持续的部分，一种不需要再花20年时间来建设的绿色基础设施。“当然，所有这些额外好处，其中许多也是和气候变化息息相关的。”埃尔金斯说。绿色屋顶可以增加野生动物的栖息地，同时降低热浪期间冷却建筑物所需的能耗。它们还可以改善空气质量，同时减少城市热岛效应，这种效应已经导致一些富含混凝土和缺少树冠的社区变得酷热难耐了。

类似“划红线”[1]这样的种族主义政策被积极执行，加深了美国已经存在的隔离，同时还根除了某些降低热量的绿色植物，取而代之的则是吸收热量的沥青和混凝土，这对城市岛屿很不利。如今，这样的后果在全国各地城市的热图上可以清晰地看到深红色的斑点。2019年，一项针对巴尔的摩、华盛顿特区和弗吉尼亚里士满的城市热岛效应的研究发现，这三个城市中，最热和最冷的地方的夏季温差超过18华氏度。研究人员总结道，这些异常现象主要可以归结为土地覆盖模式：建筑物密集和吸热的表面往往会放大热量，而公园和开阔地带则会缓解热量。近期另一项针对108个城市地区的研究发现，曾经的划红线区域有94%一致地呈现出表面温度更热的特征。扭转这种趋势将需要积极的关注和持续的补救措施。不过，投资更多绿色屋顶可能是一个开始。

布伦达·苏希尔特（Brenda Suchilt）为纽顿溪联盟管理着百老汇舞台大楼的五处绿色屋顶，她带我到了“上层草地”，这是花园中最大的一个，然后来到更引人注目的“前院”。一条石板路蜿蜒地穿过一大片野花，中心有一颗玻璃圆球，反射着下午的阳光。这里有秋麒麟草和野草莓，还有帝王斑蝶的毛毛虫钟爱的乳草，以及蜜蜂爱的紫锥花。一只隼有时会停下来，埃尔金斯认为，它可能会在一颗巨大的厌氧消化器“蛋”上筑巢，这种消化器就在西南方向的庞大的污水处理厂将食物残渣和固体废物转化为沼气。我闻到了来自这处宏伟设施的淡

① 银行等机构拒绝为某些经济风险较高地区的人提供贷款或保险的政策。

淡的氨味，听到了卡车和挖掘机在回收中心搬运成堆的废金属的隆隆声。在这个绿色的小型群岛上，自然的绽放宛如神迹。

支付给绿点社区环境基金的和解金，帮助支付了这套示范屋顶的费用，并为类似的工作提供了先例。景观设计师玛尼·马若雷勒（Marni Majorelle）与纽顿溪联盟合作，选择了一些本地植物物种，它们耐旱，能在5英寸的土壤基质中撑过更干燥的时期，同时提供宝贵的栖息地。在溪边，这家非营利组织也用本地植物种出了其他绿色走廊。苏希尔特称它们为“授粉者之路”，它们有助于在生锈的金属和混凝土中编织出一个新兴的生态系统。她说，待成熟后，屋顶花园可以说比那些地面的花园更少需要维护，但她一直在关注秋麒麟草这样的更具侵略性的植物，以免它们排挤其他植物。苏希尔特注意到最近昆虫变少了，她为那些帝王斑蝶感到担心，它们在前几年夏天数量要更多。她回忆起2018年看到15只帝王斑蝶在屋顶前院掠过时体验到的那种目眩的感觉。她说，看着它们，“是我认为我经历过的最神奇的事情”。我沿着石头路继续走，同样感到一阵激动，那里有一只帝王斑蝶在花丛中飞舞。还是有一些传粉者回来了。

在纽顿溪，同样的事情也在缓慢地发生着。埃尔金斯在定期乘坐独木舟和皮划艇出游时，亲眼见证了一些变化。“小溪比一百年来的任何时刻都要干净。”他说。氧气水平正在提高，让水更适合野生动物生活。细菌污染物水平依旧很高，但一些生命正回到重新引入的缓冲区、自然裂隙和创造的空间中。这里有鳗和鲎，还有蛤蜊和贻贝在一些模拟海潮水坑的三角形开口中。甚至在一些地方还有牡蛎。自然正在寻找一种出路。

我想在这个难以置信的屋顶绿洲上多待一会儿，但埃尔金斯告诉我，溪水正处于低潮，他觉得我会喜欢一条最近完工的自然步道，它沿着溪流穿过这片社区的一部分。我差点儿错过了这个不起眼的入口，然后发现自己正走在一条茂盛的走廊上，它穿过重工业区，跨过小溪，然后与溪流方向平行。这是一处几乎藏起来的小型绿色缓冲区，但还是一个缓冲区。在某处，一排长长的混凝土台阶从水中升起，最低的一阶上有三角形的海潮水坑的开口。我果然在许多开口里看见了贻贝，还有一只死螃蟹混在其中，但其他地方也有活的。这里长出了一点石莼，还有许多藻类。这段步道简直就是人们梦寐以求的，它提供了一种视角，告诉人们有朝一日一种更自然的环境可能是什么样子。生命，有些是被播种于此，有些是自己回来的，已经找到了一个立足点。

在我参观屋顶花园和纽顿溪的三天后，亨利飓风的残余给我上了一堂关于自然力量的更令人清醒的课。在36个小时里，中央公园和布鲁克林部分地区的降雨量超过8英寸，如果扩展到整座城，这种水量相当于420多亿加仑。正如《纽约时报》对这场洪水的概述提醒读者的，该市的综合下水道系统被设计为每天处理不到40亿加仑的水，或者在暴雨期间可能达到60亿加仑。超过这个极限的污水和所有的东西，都注定要流入港口。不到两周后，艾达飓风的残余被证明更具破坏性。仿佛天空在为埃尔金斯有关灰色下水道基础设施不足的抱怨加上自己的感叹号。

不过，看到纽顿溪中的生命无论如何都坚持了下来，让我想起了古巴珊瑚礁的恢复。2015年，古巴和美国的一个联合研究探险队，从一处古巴珊瑚中收集了第一个长芯。就像树木的生长年轮一样，一个不断扩大的珊瑚能在群落的碳酸钙骨架的连续层中记录下当地的情况。加入探险队的达里娅·西西利亚诺说，珊瑚基本上能捕捉到几百年之久的环境条件，包括气候的波动。科学家将一台手持风钻连接到一个潜水氧气瓶上，在古巴海岸和女王花园之间的安娜玛丽亚湾的一处巨大的明星珊瑚中提取了一个长芯。这个时间胶囊直径有咖啡杯那么大，长和扫帚差不多，囊括了可以追溯到18世纪末期的生长层。

西西利亚诺的实验室最初提取了关于水温和盐度的信息来重建历史气候。在后续阶段，实验室已经开始使用最先进的质谱仪（类似一台灵敏的分子秤）来分析困在碳酸钙中微量的氮，并捕捉渗入海湾的氮的数量和质量的趋势。根据两种同位素，也就是元素稳定的变体的比率，这项技术可以区分污水、有机肥料和合成物质等氮源。通过比较肥料水平的波动与海洋条件和珊瑚的年度生长带，这项研究可能有助于巩固其他科学家在世界各地的样本中所记录的污染水平与珊瑚礁状况之间可能的关联。

西西利亚诺强调，要明确回答影响较小的耕作方法如何减少了古巴流入海洋环境的化学肥料，并改善这些生态系统的健康状况，还要对其他关键地点的珊瑚进行更多分析。不过，更强大的美国—古巴关系有助于解决陆上和海上的后续合作需求，这有可能提高整个加勒比和其他地区的珊瑚礁管理和恢复。

环境科学家简·卢布琴科（Jane Lubchenco）是美国国家海洋和大气管理局的前局长，她把海洋作为一个单一实体来谈论。“现实是，它们是彼此相连的，只有一片海洋，”她在2020年的一次线上会议上说，“海洋连接着我们，而不是分割了我们。”她说，起初，我们认为海洋太大了，以至于它根本不可能被搞砸。接下来，随着问题的增加，比如珊瑚退化、渔业失败、死区和日益严重的污染，第二种同样错误的说法是，海洋已经毫无希望地枯竭并被破坏，它根本无法修复了。“这都是悲观情绪，完全悲观的情绪。”卢布琴科说。把海洋看作一位受害者。

但我们可以转变成一种新的说法，将它作为一种解决方案。卢布琴科曾就如何实现这一目标，向一个由14位世界领导人组成的团队提出建议，它被称为海洋委员会。委员会报告建议，减少碳排放和改善食品不安全现状的一种方法是，从海洋中获取更多蛋白质。报告中一项惊人的发现是，海洋可以持续地提供比现在多6倍的食物，主要是以双壳类的形式，比如贻贝和牡蛎。卢布琴科指出，虽然为新冠刺激计划分配的大量资金都集中在陆地活动和基础设施上，但对海洋的关注同样可以成为一种全球经济的主要驱动力。她说，援助沿海社区和保护贝类水产养殖的一种方法是投资更好的污水处理基础设施，并不再“将海洋视作垃圾场”。

如果你接受卢布琴科的这种新的说法，那就是，海洋对我们的健康、福祉和繁荣太重要了，以至于它“大到不可忽视”，那么，倡导者和公用事业正寻找新的方法来清洁最终排入那里的水，也说得通了。珊瑚专家正在考虑如何保护这一地区奇观的健康，它吸引着来到古巴的游客，并可能在其他地方重新孕育海洋生物。美国的商业贝类养殖者越来越关注全球变暖、农业径流以及化粪池系统和直管渗漏进沿海水域造成的污染，他们正在推广堆肥厕所这样的替代方案。在华盛顿州，2021年破纪录的热浪烧焦了梅丽莎·梅耶的塔科马农场，这场热浪也在极端的低潮中真的把贝类“水煮”了，导致数以亿计的双壳类死亡。一位目击者说，那闻起来就像一场烤蛤蜊的室外宴会。

我们可以期待播种的贝类农场和补充的蔬菜农场来帮助养活地球。珊瑚礁和植被覆盖的堤防有助于破坏风暴波，并让我们与自然重新建立联系。恢复的森林和重新种植植被的矿区可以重塑景观。绿色屋顶可以冷却空气，同时吸走风暴中的雨水，防止下水道被淹。如果我们把自然看成是一位盟友，而不是竞争对手，明智地使用一种我们供应充足的工具来帮助这个联盟，就是有意义的。

残酷的热浪席卷而来的10周后，我们在华盛顿的科拉半岛上有意举办了一场烤蛤蜊的室外宴会，庆祝劳动节的长假周末。第二天，我与杰夫和朋友们在低潮时沿着海滩散步，海滩上散落着许多死掉的太平洋海胆，它们在脚下嘎吱作响。但在水不深且出奇温暖的凯斯湾的水中，当我涉水来到水及膝盖的地方，成千上万的健康黑色海胆依然在从沙子中倾斜而出。一位当地居民正在检查一笼子的牡蛎苗。他估计，他已经在热浪中损失了约四分之一。但当我们经过时，钻进沙子深处的马蛤和陆蛤向我们吐出了小水柱。“我们还在这里”，它们发出了这样的信号。在它们的人类邻居的一点帮助下，这些生物可能会回报我们，也帮助确保我们自身的生存。

第十二章 推力

想象一下，你是一个生活在另一个版本的当代人类世中的城市工人。你的家和办公大楼高度接近300英尺——鉴于它们主要由人造木材制成，这可并非易事。这些建筑可以从太阳、风能或者地下热能中获取自己的能量。它们可以从屋顶雨水中收集自己的水，种出自己的绿叶植物。而当你在建筑里拉屎的时候呢？好吧，这就是事情变得有趣的地方。

一栋活的建筑，一栋与大自然合作的建筑，最大限度地发挥自然光、太阳能、新鲜空气、可持续木材和雨水的潜力，在不久之前可能看起来还像是乌托邦式的虚构。但由可再生资源（比如层压木材）制成的摩天大楼已在世界各地涌现。2019年，挪威的米约萨湖之塔成了全世界最高的木构建筑，其中有办公室、公寓、一家酒店和一家餐厅，共18层。一些媒体称之为木造大楼。到了2022年，约有30栋建筑得到了一项名为“活建筑挑战”的独立运动的全面认证，这项运动推动了建筑业尝试在创造完全可持续的空间的方面能走多远，这种空间不仅对环境有益，同时也有利于生活在其中的居民的健康。这些建筑的寿命相当于一棵树，主要由太阳照明，并且不包括一长串有毒材料的“红名单”，比如汞、聚氯乙烯、甲醛和仿激素的化合物。在西雅图，一个名为布利特中心的6层实验性建筑在2013年开业时被称为世界上最自给自足的办公大楼。而在随之而来的许多公众参观中，游客无一例外地要求参观一间卫生间。

比起其他几乎所有特征，布利特中心的卫生间似乎在都市人中引起了一种无法抗拒的好奇。他们想知道它的24个堆肥马桶会不会散发臭味。它们不会，这让几乎所有去过屋外厕所的人都感到惊讶（我曾帮我父亲建过一个屋外厕所，我可以证明，气味控制往往是个持续的问题）。作为这座价值3250万美元的活建筑的众多功能之一，它采用了一种古老的想法，并把它更新成21世纪的版本，建筑内部的发泡厕所和10台相连的好氧堆肥器将白领的产出作为微生物和虫子的输入。最终产物，至少在原则上，不仅是可以让花园和环境恢复项目的土壤变得肥沃的堆肥，还是一种令人羡慕的资产——独立，它对于一座位于大城市中心的现代建筑而言几乎是不可想象的。

在西方世界的大部分地区，广泛的电网和下水道连接都是城市生活的正常部分，电力沿着一个错综复杂的网络，从发电厂传送到输电和配电线路，同时，我们也将我们不需要的输出通过长达数英里的管道急速传送。污水处理厂将继续成为必要的资源回收厂。但如果与此同时，我们能创建一个适应性更强、更灵活的系统，为具有自己的能源生产和副产物回收系统的建筑腾出空间，让这些建筑不再对那些受到日益严重的自然灾害威胁的老化的基础设施施加压力，又会怎么样呢？

我知道你在想什么。堆肥厕所，你当真？是的，当真。除了以屎为燃料的火箭飞船这样的奇特创新，和可能创造出更多显而易见的价值的淘金热，也许真正的进步可以用看似简单的堆肥厕所的扩张衡量。我喜欢把它想成书记员巴托比[①]和简·爱[②]的爱情结晶：宣布它“宁愿不”做后工业化资本主义所期望的事情，然后实现自身独立，并分享财富。它可能不是重新获得屎的价值的完美载体，但它在现代的化身并不需要彻底改变我们的行为，只要我们愿意重新思考，什么是正常，什么有价值，以及什么是可能的。

丹尼斯·海耶斯（Denis Hayes）是布利特基金会的主席和首席执行官，正是这个基金会建造了布利特中心。海耶斯说，所有人都想知道，要让建筑的自给自足发挥作用，需要哪些行为上的改变。“事实证明，没多少。”他说。诚然，大楼有一个漂亮的玻璃楼梯，在那里可以看到全景，来奖励那些爬楼梯而不坐电梯的人（海耶斯曾称它为“无法抗拒的楼梯”）。大楼租户也知道在晚上关上灯和电脑来节约能源，但主要是建筑师、工程师和建筑商采购了最节能的灯和电脑，并在他们周围创造了一种可持续的环境。“你不是在改变行为。你只是让人们在一种不同的媒介中运作。”海耶斯说。

华盛顿大学综合设计中心的教育和推广专家黛博拉·西格勒（Deborah Sigler）已经带着无数人参观了布利特中心，那里的设计实验室占据了二楼的部分区域。她在参观过程中鼓励她的访客去一间卫生间，检查一下并去闻一闻看起来相当正常的厕所。“我觉得他们总是很惊喜，他们也很好奇，嘿，它去哪

① 赫尔曼·麦尔维尔同名小说中的主人公，常以一句“我宁愿不”回应一切。
② 夏洛蒂·勃朗特同名小说中的主人公，是坚强、自立又不屈服于现实的女性人物代表。

儿了?”西格勒说。所以他们都会到地下室亲眼看看。固体物质最终被装在10个浅蓝色的“菲尼克斯”堆肥箱中，每个都有一个小棚子那么大，而从堆肥中沥滤出的尿液和水，也就是渗滤液，则装在4个容器中，每个容器可以处理400加仑。

一个合适配备的堆肥箱有三分之二的容量装着松木刨花，就是那种你可能用来给仓鼠当垫子的材料，但它们要够大才能防止结块。富含碳的膨胀剂为那种成了三部分堆肥的东西增加了结构。箱子包含三个堆叠的空腔，每个腔室里都有一个连接的手摇柄，它能转动旋转的耙齿来搅拌内容物，并引导它们向下走。随着有机物的积累和分解，它逐渐从顶部移动到中间，再到底部。一些堆肥器，就像布利特这里的堆肥器，加入了红蚯蚓帮助分解［它们有时被称为粪虫，也就是赤子爱胜蚓(*Eisenia fetida*)，每天可以吃掉自身一半体重的东西］。只要有足够的时间，木屑、屎和卫生纸都会分解成稳定的泥土堆肥，可以通过底部的门取出。

西格勒说，一家名为麦克尼尔化粪池服务（McNel Septic Service）的公司在箱子装满时负责收集堆肥的生物固体，但平均每两年才需要一次。鉴于我们的屎约有四分之三是水，也许这不该特别令人惊讶。除去大部分水，剩下的质量就会变得相对致密。在他们的第一次清除工作时，麦克尼尔的工人并不确定会发生什么，他们穿上了防护服，用西格勒的话说，“准备好了战斗”。当他们打开底部的开口，开始铲出潮湿、腐烂的木屑，接着最终铲出来那些闻起来像土壤的深色有机物时，防护服就脱下来了。

定期清除未必让人心旷神怡，但它通常只要用铲子、手推车和一辆够大的皮卡，将这些物质拉到锯末供应公司，混合在它自己的堆肥中。没错，正是这家树皮和景观供应商，将金县的“路普”生物固体转化成了我在自家菜园用的那种人们渴望的“格罗科”土壤改良剂的。布利特中心基本上就是在生产同样的起始材料，只不过规模更小，时间更长。

每隔4个月左右，同一家化粪池服务机构就会将液体渗滤液泵入一辆油罐车，将它送到金县运营的一处好氧处理设施。在过滤并用紫外线处理富含营养的水，杀灭病原体后，县里的工作人员将它用于一处名为切努克弯的自然区域的恢复项目，这片区域包括59英亩的林地、湿地和前牧场，坐落在斯诺夸尔米河的一道弯上。这个野生动物栖息地包括一个切努克鲑鱼的主要产卵地。西格勒很高兴这些液体最终不会进入普吉特海湾，如果经过污水处理厂的处理，它们会流向那里。

批评者担心堆肥厕所的安全、成本和维护问题。但几乎所有的人都同意，基于水的卫生设施要低效得多。想想我们通常用来冲厕所的被处理达到饮用水的标准，然后在我们每次按下冲水杆的时候就立刻被污染。“这是犯罪。”西格勒说。布利特中心使用的可饮用的水大约只有一栋典型办公大楼的十五分之一到二十分之一，这主要是由于它的无水马桶。

将装满虫子和屎的箱子纳入代表未来愿景的建筑中，是一种无声的反叛。但是，我们的未来、我们的星球和我们的经济生存，全都取决于我们是否愿意负责任地处理我们自己的大便。长期以来，我们不是扩散者，而是集中者，从一些地方消耗资源，而在其他地方堆积相当大量的资源，这种堆积造成了新的问题。海耶斯指出，我们甚至将牲畜集中到具有破坏性的“牛城”，将曾经分散在整个草原生态系统中的周期性养分变成了洪水，这些供水造成了发臭的污水湖。

我们也在向大城市聚集，需要具有创造性且灵活的方法，比如基于集装箱的卫生设施和改造的厕所，才能安全地处理所有的人类粪便。这些经验并不仅仅适用于遥远的地方，也不是只适用于屎。即使在西雅图，一辆辆箱式卡车驱车320英里，将市里的垃圾运往俄勒冈北部的一个垃圾填埋场。“日复一日。这简直太他妈疯狂了。而所有这些都有价值。”海耶斯说。我们不是在分配财富，只是把我们的问题堆到一个新的地方。

接纳堆肥厕所的概念，意味着接受进步将来自与自然的合作，并重视那些未必迷人或性感，但却坚实而实用的事物。我们生活在一颗世事无常的星球上，这颗星球一直在腐烂、重组，并重塑自身。生命的一点一滴，包括人体，其实都是借来的，一切都会在完结后回到系统中被重新利用。死亡、分解，甚至丑陋，都是美丽绽放的必要条件。也许堆肥厕所并不合你的心意。但在我们选择居住的地方，它们可以改善卫生条件、控制水，并创造价值，恢复环境，赋予独立。事实上，在全世界许多地方，基于传统下水道连接的规则和城市规划，或许不再有意义了。

像其他许多西方国家一样，美国通过它数量不足且摇摇欲坠的基础设施积累了大量债务。2021年，美国土木工程师协会给该国的污水处理基础设施打出了D+的评级。老化的管道和临近正常寿命的处理厂的衰落，正因为人口向大都市的转移而变得日益复杂，这些大都市将被迫接纳国家污水处理需求的更大一部分。

美国学校在基础设施的成绩单上的得分并没有更高，部分原因是长期放置在过度拥挤的校园边缘的数以万计的可移动教室。全国超过三分之一的公立学校依赖着可移动教室。这些“临时”建筑往往一点都不临时，美国土木工程师协会估计，令人震惊的是，45%的建筑状况不佳或一般。西雅图建筑师斯泰茜·斯梅德利（Stacy Smedley）告诉我，这些装满孩子的“乙烯包装盒”是室内空气质量糟糕的罪魁祸首之一。它们大多缺乏足够的新鲜空气和日光，而且几乎都没有管道，这意味着孩子们必须去其他建筑或者便携式厕所才能上厕所。

在斯梅德利还是个小女孩的时候，她在俄勒冈克拉克马斯失去了她祖父的树林和她心爱的映衬着“绿色天空”树木，受此启发，同时充分听取了学生自己的意见，她帮助设计了更健康也更环保的学校和学习环境。在其中一处，也就是西雅图私立学校的一间科学教室里，三位导游等我的时候开始兴奋地谈论他们最喜欢的东西。五年级学生伊莎贝尔、伊莎贝尔和杰克互相补充，用兴高采烈且极其坦率的方式互相纠正，只有10岁和11岁的孩子才能做到这一点。我的这些年轻导游在一个用再生水灌溉的室外花园中和我见了面，他们在那里种了各种植物，比如用来绘画和做煎饼的越橘。然后我们来到室内，他们指着一面18英尺高的墙，上面覆盖着4种植物，帮助净化教室的空气，并处理用过的灰水。哇，还有室内溪流，它从屋顶上收集的雨水开始，然后通过沿途裸露的管道流下，穿过横跨地面的卵石底的混凝土通道，再进入两个蓄水池储存。

谁想解释一下堆肥厕所？两位伊莎贝尔都猛地举起了手。“我，我！这是我最喜欢的。”伊莎贝尔1号说，“我喜欢这个厕所。我做了一条关于它的视频。”我们走向了卫生间，女孩们立即打开了隐藏着马桶的两个堆肥废物储存箱的百叶橱门，进行了大揭秘。伊莎贝尔1号开始了演示模式，先是对着马桶做了个手势，“这是你上厕所的地方”，然后又指了指墙上的一个按钮，按下这个按钮后，就会把所有东西吸到大橱里的一个装置中（每次真空冲厕所大约要用1品脱雨水）。两位伊莎贝尔又进行了揭秘，猛地一下推开橱门。在一点提示下，伊莎贝尔1号告诉我，只要6个月，屎就会被转化成堆肥。那么，他们的家人对厕所做何反应？杰克和伊莎贝尔2号都说他们父母觉得这很酷。然而，伊莎贝尔1号则需要做更多说服工作。“当我第一次告诉我的祖母时，她很厌恶，说：‘你不允许吃花园里的食物。’”她耸了耸肩。“兔子屎可要臭多了。”

孩子们的科学老师茱莉·布利斯塔（Julie Blystad）表示，她惊讶于她的学生如何将活建筑的课程融入他们的生活。他们坚决支持回收利用。杰克已经告诉我，前一年教室用的能源超过了它应该要用的。监测它使用情况的五年级学生班级注意到了这一差距，并说服学校行政人员在相邻的两座建筑上增加了更多太阳能板。

2012年，斯梅德利从阿尔伯塔贾斯珀的一所公立学校的其他学童那里获得了灵感，这些孩子想要一间属于自己的活教室。根据她在设计贝尔奇学校科学建筑时学到的经验，斯梅德利和两位同事认为，他们可以将同样的原则推广到可移动教室。因此，他们成立了一个名为SEED的合作组织（SEED代表“每日可持续教育”）的非营利组织，并着手建造了他们自己的教室。当我前去参观他们的原型时，非常惊讶它的电路和管道是刻意暴露出来的，这样孩子们就可以看到它是如何工作的，比如水是如何从蓄水池流到用手动泵操控的水池，然后流到一堵种植了番茄和草药的活墙上。斯梅德利指了指我们上方的路线。“你基本上可以坐在这里，给他们讲整个故事。”她说。

这家非营利组织将这个原型卖给了西雅图珀金斯私立学校，用作它自己的科学教室，这是斯梅德利和她的联合创始人希望完成的“数百株绿色小芽”的第一个。当这个可移动教室运到时，一些孩子开始把卫生间的中心部件称为“魔法马桶”，它能把屎转化为现场花园的土壤。科学老师佐伊·达什（Zoë Dash）后来记录下了他们的热情：“他们不仅从堆肥厕所中学到了废物处理和分解的知识，还发现用时很令人激动，出乎意料的是，他们中的许多人想等到在我的课上才上厕所，就是为了能用将他们的废物变成养分丰富的土壤的厕所！”如果有一种讨厌因素需要克服，那么炫酷因素显然已经达到了目的。

*

蒙大拿怀特菲什的先进堆肥系统（Advanced Composting Systems）公司的老板格伦·纳尔逊（Gleen Nelson）告诉我，他自己对环保厕所的兴趣可以追溯到瑞典的一种无水模型，叫作倾斜堆肥室（Clivus Multrum）。这个相对简单的装置由发明家里卡德·林斯特伦（Rikard Lindström）于1939年首次建造，它用了两条斜槽，在林德斯特伦家族位于波罗的海的海滨房子里有效地堆肥屎和厨余垃圾。发明者将他的地下室系统命名为clivus，这个拉丁词的意思是“倾斜”，指的是混凝土收集室（后来改用玻璃纤维制成）倾斜的底部。在那里，一层泥煤苔、草和土壤开始了有氧堆肥过程，同时一个自然通风系统引导空气向下穿过厕所，进入室内，通过一根通风管将任何气味散去。一位朋友后来说服林斯特伦在他的发明的名字里加上了multrum，这是一个复合瑞典语单词，意思是“堆肥室”或“腐烂的地方”。

纳尔逊的父母从瑞典移民到美国后，他的母亲在一本瑞典杂志上看到了一篇关于这项发明的文章。这篇文章显然太吸引人了，以至于她决定要一个属于自己的倾斜堆肥室，并开始与林斯特伦通信。他们成了笔友，当纳尔逊和他妻子在20世纪70年代初开始环游欧洲的背包旅行时，他母亲强烈要求他们去拜访林斯特伦夫妇。他们确实去了，亲切的主人让他们在自家的海滨房子住了一星期。纳尔逊很快也迷上了这种瑞典厕所，回国后，他成了经销商，后来又成了堆肥厕所的设计师和制造商。纳尔逊的母亲也得到了一个，现在全世界已经安装了超过2万个。

但这还不够。纳尔逊想解决箱体设计中的缺陷，这些缺陷影响了堆肥的移动和沉淀，让清除有机物变得很麻烦。因此，他设计了“菲尼克斯堆肥厕所”（Phoenix Composting Toilet），并生产了三种尺寸的堆肥箱。西雅图的布利特中心收到了10个最大型号的，而他在自己的家里也安了一个。当我们交谈时，纳尔逊正在他家附设的两层温室里种植番茄和辣椒，它们都是蒙大拿北部花园的稀客。他的植物被照顾得很好，这很有帮助。他在一个长40英尺的种植床中，最初用木屑播种，定期将来自他的超低冲水厕所的堆肥放入其中，然后让混合物继续分解成肥沃的土壤。纳尔逊提醒道，对于住宅堆肥，自制的土壤不应该被认为不带病原体，这意味着它并不是种植洋葱和其他块根作物的理想选择。从本质上讲，它与布利特中心和一些污水处理厂生产的B类生物固体是一样的。

纳尔逊的客户中大约有四分之一是房主。我们谈话时，他的公司刚刚在犹他莫阿布的两栋经济适用房中安装了这种厕所，他建议，如果设计得当，这种价值6300美元的系统可能比化粪池系统更实惠。即便如此，他的销售量也就只有每年50到100套。我问他原因。意识欠缺？监管障碍？厌恶？不是，他说。在某种程度上，这似乎是一个文化推力的问题。“有一个堆肥厕所，你真的必须围绕它来设计一个家——它相当大。”

至少在美国，大多数建筑师和房屋建筑商还没有这种意识，很少有房主对这种仍是新奇的东西趋之若鹜，即使它的基本概念至少可以追溯到肥沃的亚马孙黑土，也就是由粪便、粪肥、食物以及生物炭组成的Terra Preta de Índio堆肥。1860年，亨利·穆勒（Henry Moule）牧师将这个概念搬到了室内，他的专利“土柜”是倾斜堆肥室、“菲尼克斯”和其他模型的早期先驱。这台装置只不过是个高大的金属桶，放在一个木制马桶下面，还有一个装满干土或泥炭的送料斗。拉一个手柄就可以释放出一点土或泥炭，盖在下面的新鲜沉积物上。穆勒是英国弗丁顿的一位教区牧师，他发现，这种天然覆盖物可以降低气味，也有助于屎的分解。满满一桶可以放在花园里继续分解的过程。

在19世纪60年代末引入美国后，一位热情的评论家写道，这种系统只要“少许”土，不然煤灰也行。“作者现在已经用了三年多穆勒系统了，有4个柜子一直在用，其中3个在房子里，1个在相邻的街上，他一点都不用准备土。家中生火设备的灰烬毫无成本，却提供了完全消毒的所需的所有材料。”据说，这位牧师是出于对公共卫生和环境的关注。1849年和1854年的霍乱流行，促使医生约翰·斯诺在伦敦苏活区进行了医学调查，1858年的大恶臭促使议会统一城市下水道系统，之后，穆勒确信化粪池是一种健康危害。他也不赞成较富裕的房主使用水冲厕所。根据一种说法，“他认为这污染了上帝的河海，是对上帝在排泄物中包含的养分的浪费，这些养分应该回归土壤中”。

在这方面，穆勒会发现自己与法国小说家维克多·雨果颇有默契。尽管《悲惨世界》（*Les Misérables*）语言华丽，但纳尔逊告诉我，他已经把这本书读了三遍，还看了这出戏两遍。有一段话让他记忆犹新。1862年，就在穆勒的发明问世几年后，雨果阐述了巴黎将自己的粪肥扔进海里的悲剧，尽管中国农民很早就知道了人类肥料的巨大价值。

任何鸟粪的肥效，都不及一座京城的垃圾肥。一座大都市，就是一个最大的肥源。利用城市给田野施肥，肯定会大获成功。如果说我们的黄金是粪土，那么反之，我们的粪土就是黄金。如何处理这黄金粪土呢？全部清除，倒入深渊。我们耗费大量的钱财，派船队去南极，搜集海燕和企鹅的粪便，却把手头不可估量的富源奉送给大海。世上的人畜肥如不流失到水中，而全部归还给土地，那么全世界就会丰衣足食了。护墙石角落这一堆堆垃圾、半夜在街道上颠簸的一车车淤泥、垃圾场的这些不堪入目的运载车、隐藏在铺路石下面恶臭的污泥流，你可知道这都是什么吗？这是鲜花盛开的牧场，是碧绿的青草，是百里香、麝香草、鼠尾草，是野味，是家畜，是傍晚饱食后哞哞叫的牛群，是散发清香的饲草，是黄灿灿的麦子，是你餐桌上的面包、你脉管中的血液，是健康，是欢乐，是生命。神秘的造物就是这样：大地沧海桑田，天空瞬息万变。①

对于新墨西哥的阿科马普韦布洛来说，这座城市是为了让这里的人们更接近天堂和雨云而建，在这里，大地沧海桑田意味着苜蓿、环境恢复和文化保护。在阿尔伯克基以西约一小时路程，天空之城坐落在367英尺高的砂岩方山上，据说这里是北美洲最古老的连续居住的聚落。这个土坯房组成的小村庄是阿科马普韦布洛的四个村庄之一，是阿科马人的祭祀中心，也

① 译文引自［法］维克多·雨果：《悲惨世界》，李玉民译，江苏凤凰文艺出版社2020年版。

是一处颇受欢迎的旅游目的地。天空之城17世纪堡垒式的圣埃斯特万德雷福音教堂，是由阿科马的男男女女还有儿童在西班牙征服者和牧师的残酷占领时期建造的，如今这里举办宗教仪式和节日，融合了天主教和原住民的影响。

这个村庄一直没有通水通电，除了几个仍在收集雨水的天然蓄水池，这里甚至没有活水。至于厕所，村民和游客使用几十个古老的屋外厕所和较新的可移动厕所，它们很多都在方山顶上，一些零星分布在教堂前的山坡上。阿科马普韦布洛公用事业管理局的无水堆肥系统操作员何塞·安东尼奥（Jose Antonio）告诉我，几个世纪以来，仅在教堂边就建了82个私人厕所，这为部落保护文化遗产的努力带来了环境和美学上的双重挑战。他解释道，几个世纪以来，一些屋外厕所里的东西一直渗入砂岩。岩石一旦饱和，就会开始剥落并失去强度，而部落决心不让他们的方山崩塌。

部落的环境部门决定建造一些配备了堆肥厕所的公共卫生间，作为一种解决方案。安东尼奥在一次会议上结识了纳尔逊，并听说了他的"菲尼克斯"堆肥厕所。他会对一个新项目感兴趣吗？于是，先进堆肥系统公司绕方山一圈建了12个太阳能卫生间，和村庄的灰泥外观很配，这是由州和联邦拨款资助的300万美元项目的一部分。这些两层楼的建筑总共容纳了62个厕所，它们被倒入下面的31个堆肥箱中。倾斜的屋顶装上了必不可少的太阳能电池板，并将雨水导入其他水箱中，供人们在面盆里重新使用。

这个简洁的解决方案仍然需要推广和教育，让每个人都参与。起初，一些居民不愿意放弃他们的私人厕所来支持更多公共厕所。“我们的社区需要一段时间来适应新东西。”安东尼奥说。从本质上来说，这种变化同样需要正常化和合法化，这对再生水的努力至关重要。最终，他和其他倡导者赢得了部落成员的支持。居民很喜欢他们不必亲自维护的新厕所，而且通风的结构也不会像封闭的屋外厕所和移动厕所那么热。“我们之所以把它们放在这里，是因为我们在考虑我们的未来、我们的孩子、我们的子孙。”安东尼奥提醒他们：“你知道，我们不希望阿科马因为方山饱和而倾覆。”在新厕所来到此地7年之后，他注意到一些厕所所在位置的砂岩发生了变化：植被重新生长出来，底层的岩石变干了。他说，方山正变回那种更熟悉的砂岩棕色。

每年四五月前后，安东尼奥都会清除一些堆肥物质，最多可能有450加仑。其中大部分最初会被送往附近的污水处理厂，但几年前，他与一位部落成员合作，用其中一些填补他的苜蓿田的秃点。农民告诉他，它有奇效。这位农民已经成了信徒，接下来要在玉米田里试着用一用。安东尼奥想，也许可以在其他水果蔬菜上进行更多的实地试验。但显而易见的是，堆肥是一种宝贵的资源，它应该留在社区里。在部落成功基础上，他去了西南地区的其他部落社区，教他们如何管理自己的堆肥厕所。他说，他花了三年时间才弄明白，也还在不断学习，但他已经成了这片地区的专家，并且正在传授他积累下来的知识。即便如此，他还是担心自己退休后谁会接手这项工作。

*

就算堆肥厕所还没有成为主流，它也早就有了强大的暗中支持。要知道，1994年由堆肥厕所先驱约瑟夫·詹金斯（Joseph Jenkins）自费出版的畅销书《人粪手册》（*The Humanure Handbook*）已经被译成了大约20种语言。詹金斯销售他自己手工制作的座椅式便桶座圈，他有时称之为“可爱厕所”。对一些人来说，它对环境的友好性是一种核心吸引力，对另一些人来说，它是简化废物处理过程的一种附带功能，可以实现没水没电的生活。堆肥厕所被不同政治派别广泛接受不无原因，它们已经成了一种意外的政治聚焦点，由不同的现代先锋组成的社群用它们来促进独立。当一些模型在国际厕所展览会上展出，其他模型也成了生存主义与末日博览会的一大亮点。在HappyPreppers.com网站上，一组12个B&M黑面包罐头的广告下方，对厕所优点的全面讨论以这样一种乐观的总结作为结尾：“一个堆肥厕所就是一个幸福的结局！你会对环境感觉更好，而且你会更好地做准备，以备不时之需。”

奇怪的是，一件粗犷的个人主义的大事，也成了新社区的催化剂。2014年，英国为期5天的格拉斯顿伯里音乐节开始在巨大的户外场地使用堆肥厕所。到2021年，这个流行音乐节已经用了1300多个堆肥厕所，系统地取代了被唾弃的塑料可移动厕所。这些厕所在每次拉屎之后都会撒上锯末，这些内容物在附近的一个农场合并和堆肥，然后重新分配给其他农民。在伦敦，在约5000位住在运河船上、无法使用下水道系统的人之中，有10%同样接受了堆肥厕所。对于这个更固定的社区来说，厕所为如何正确处理所有屎的问题提供了一个巧妙的答案，鉴于泰晤士河几个世纪以来一直又脏又臭，这个解决方案相当合适。

在阿姆斯特丹北部，德赛维尔的临时社区又向前迈进了一步。一组合作者团队煞费苦心地将一个严重污染的前船厂，改造成了一个住宅、商业和艺术社区，这些废弃的船屋装上了屋顶太阳能电池板和干式堆肥厕所。这个被建筑师称为“循环城市游乐场”的地方，已经成了闭合城市生产和消费之间循环的新想法的试验场。由于改造后的船屋不需要地基，也不用连接进城市下水道系统的管道，它们不会扰乱被污染的土壤，给了土地一个修复的机会。

这个“快闪式”社区在2014年夏天首次亮相，预计一直到2024年1月1日才会拆除，它由一个蜿蜒的竹栈桥相连，给游客带来了一种置身于一个被排水和重新长出植被的港口的印象。甚至植物也在改造中发挥了作用。总部设在阿姆斯特丹的德尔瓦景观建筑与城市设计公司（DELVA Landscape Architecture & Urbanism）和比利时根特大学的研究人员使用基于植物的无害化方法，也叫植物修复，帮助清理土壤中的重金属和多环芳烃等污染物。从船屋收集的堆肥，在一个可移动的翻滚式堆肥器中进一步处理，确保它的安全性，它有助于滋养植物。这个项目的另一个合作方、阿姆斯特丹的空间与物质设计工作室（space & matter design studio）介绍了过去的荒地的改造如何在项目结束后一直创造价值。这家公司的一位建筑师指出，这些船是基本上自给自足的元素，它们在离开后几乎不会留下任何痕迹，“这让土地更有价值、更具生物多样性，污染物也更少了”。

*

在试图更好地利用厕所解决全球环境卫生危机的过程中，同样的长久性价值概念也占据了重要的一席之地。根据联合国儿童基金会和世界卫生组织的联合报告，2020年，世界上近一半人口缺乏安全的卫生设施。在全世界缺乏功能性下水道系统的地区，从简陋的厕所或者坑厕中安全提取污水一直是一大难题，特别是在电力或冲洗用水有限的情况下（肯尼亚的圣能源和圣卫生已经开发了两种策略完成这一目标）。同一份报告估计，全世界仍有5%的人甚至没有基本的厕所，在田地、灌木丛和水体等户外空间排泄，尽管这个数字在过去20年间已经减半。

由比尔及梅琳达·盖茨基金会于2011年发起的厕所改造挑战赛，通过工程竞赛来解决卫生设施问题，比赛设计出能在没有电力或自来水的情况下安全处理污水的不依赖水电的容器。许多设计还提供了一种可再生资源，比如肥料、清洁水或电源，这可以鼓励在没有基本厕所的社区更广泛地使用它们。他们利用太阳能和微波能，像高压锅一样，或者使用更小版本的过滤膜，就像再生水厂用的那种一样。一群上进的工程师想出了如何用商用绞肉机将屎变成球团来燃烧。盖茨基金会资助的原型机采用了半气化的燃烧过程，类似于燃烧球团的炉子的那种工作方式。团队给它起了个绰号叫“屁塞”（Assifier）。

环境工程师卡尔·林登（Karl Linden）和同事带着他们称为“太阳炭”（Sol-Char）的原型机参加了厕所改造挑战赛。这种高热、低氧的热解技术产生的生物炭燃料，与废物处理中心产生的是一样的。但在这种情况下，转化发生在每一次沉淀后。“太阳炭”使用一块太阳能电池板和集中器来收集并聚焦阳光，使它成为高强度的能量，然后通过光纤电缆传输到厕所之外的一间房间里加热。热量能将水烧开。“一旦你把水弄出来，就可以开始烧焦有机物质，差不多就创造出了屎型煤。”林登说。在热解步骤之后，在生物炭的碎片中加入类似糖蜜这样的黏性胶结材料，就能产生燃料来源。

为了测试生物炭的能量，林登找到了理想的合作者卢皮塔·蒙托亚（Lupita Montoya），她是一位机械工程师兼空气质量专家，在科学和贫困的交叉领域进行研究。她最初对能源潜力和安全地再利用那些仍与疾病广泛相关的东西的能力感到兴奋。但她仍有一些担忧，那就是空气污染的可能。蒙托亚的实验室首先分别在570、840和1380华氏度的条件下热解了25位匿名志愿者的粪便，用来比较每一批所含的能量。在570华氏度下热解的粪便显然是最佳条件，它所含的能量与木材或烟煤制成的炭相当。

还有一个实际问题是，这个过程是否可以在一座城市和一个小村庄中复制。“如果你想确保这在当地完成，就要确认一下当地的资源。你不会想依赖从很远的地方送来的资源，因为这样做也有能源成本。”蒙托亚说。研究人员测试了容易找到的胶结剂，包括一种黏性植物淀粉和几种糖蜜和石灰的组合。用5%的淀粉粘合在一起的粪便型煤保留下了最大的能量，但那太脆了，从几英尺高的地方掉下来就会碎成渣。用20%的糖蜜和7%的石灰制成的型煤最坚固，但能量最低。含有10%淀粉的型煤提供了抗冲击性和能量的最佳组合，同样与炭型煤相当。

还有很多东西需要学习，但蒙托亚说，这项研究是必要的一步，向潜在用户展示燃料来源不需要适应一种截然不同的产品。“我们提出了这些伟大的技术理念，但它们与人们习惯的东西相去甚远。”她说，许多干预措施都失败了，因为它们采取的是一种技术专家的方法，而未必是一种全面的方法。一种新的资源想要被采纳，必须满足社区的需求，还有那里的文化背景。她还没能直接解决空气污染问题。但她希望人们可能会关注她的实验室的初步发现。联合国大学水、环境与健康研究所已经注意到了它，并在他们的数字运算中用到了这项研究的结论，计算出将世界上的污水转化为沼气和生物炭作为天然气和传统炭的替代品的理论价值。至少将这种潜力的一部分变为现实，可能有助于世界同时处理卫生问题和能源问题。

最后，林登的团队证明了他们的“太阳炭”厕所行得通（在2014年印度新德里的厕所展览会上，研究人员用屎炭型煤烤了花生，证明了它的潜力）。但是，对于在人口稠密的城市环境中维护并使用太阳能电池板和集中器的担忧，让它无法入选下一轮资助，无法实现量产的最终目标。即便如此，林登说，他的团队在捕捉、集中并转移高强度太阳能方面的创新，可以在其他一些应用中发挥作用，比如降低有关水消毒和脱盐的能源成本。

当然，大多数堆肥厕所用更简单的手段达到了同样的目的。两种策略都有空间吗？最终的测试可能在于社区是否想要它们，能否负担得起，还有能不能长期使用它们。尽管厕所竞赛中的其他竞争者已经出现在世界各地的现场试验中，并证明了他们自己的高科技概念也是可行的，但现实世界的效用需要时间来解决。即使有商业伙伴的投资，批评者也担心，改造的无水无电模型对广泛使用而言是否足够便宜。一种策略是将最好的创新结合成一个单一的、低成本的版本，盖茨基金会称之为第二代改造厕所。比尔·盖茨将厕所的热、能量和基于压力的技术比作没有大型浓缩咖啡机那么复杂的机械装置。从输入得到的输出是，用于冲洗的循环水、灰烬，还有每隔几天就可以清空并堆肥的巴氏灭菌屎的干饼。

盖茨基金会资助的另一种策略又绕回了一种更熟悉的设计，它直接与自然合作，那是由伦敦卫生与热带医学学院发明的堆肥系统，并由印度的TBF环境解决方案公司（TBF Environmental Solutions）进行商业化。它被称为价值350美元的“老虎厕所”（Tiger Toilet），是一种“跳背式”卫生设施的替代品。这种“一冲即弃”的装置上面是一个熟悉的蹲式厕所。地下的部分是一个桶或者箱，里头有赤子爱胜蚓，就是布利特中心的堆肥器里的那个爱好粪便的物种，它们躲在木屑或者椰子壳的垫层中，位于土壤和砾石排水层上方。当水透过这些层时，天然过滤器就会清洁这些水，而蚯蚓则会尽情享用这些屎，并将它转化为铸件，再转化为有价值的蚯蚓粪。截至2021年底，印度各地已经安装了4500多个厕所。

事实证明，农村社区可能是创造廉价、实用且广泛使用的堆肥厕所的关键。2021年6月，我去了明尼苏达北部的派恩里弗镇，参观了亨特公用事业集团（Hunt Utilities Group），这是一个占地70英亩的可持续生活实验室。合伙老板保罗·亨特（Paul Hunt）吃着混合蔬菜和水手派（差不多就是海鲜馅饼）的午餐告诉我，设计用于住宅的堆肥厕所的关键是，它必须既生态又经济，不仅要易于安装，还要易于维护。他曾仔细研究过《人粪手册》，实验室最初测试了一种简单的桶装方法。“所有我怀疑的东西，我们都进行了测试，他是对的，这东西有效。”亨特总结道。

但他很想知道，实验室能否设计出一个更方便用户的版本，它的维护成本低到可以用于经济适用房单位。因此，在大约6年前，员工西蒙·戈布尔（Simon Goble）带头在实验室的主要工作区——“实现商店”（Manifesting Shop）中心的一间胶合板房间里设计出了一个原型机。“它经过了多种方式的折磨测试。”亨特说。他表示它既经受住了盛宴，也熬过了饥荒。几年前的一场现场音乐会后，员工们把大约一百磅蔬菜扔进了旋转的堆肥箱（在我眼里它看起来很像一个改造过的儿童泳池）。亨特回忆说，接下来的两个星期里，它散发出了异味，但只有在你掀开封闭垃圾桶的胶合板箱盖时臭味才会困扰你。它已经被放入了木屑和赤子爱胜蚓（就像老虎厕所和布利特中心的堆肥箱一样），当戈布尔掀开盖子，指出它的特点时，我只闻到了淡淡的木头和泥土味。如果这个系统过于干燥，就会吸引飞蛾，但定期喷水可以让虫子回到表面来，它们在那里吃掉飞蛾卵。“大多数时候，当虫子们高兴时，那里就像一块肉饼，有无数虫子。”亨特说。最近，由于新冠大流行，这些小虫们被饿死了，因为很少有工作人员留在现场用厕所，他和戈布尔都没有看到最近的运动迹象。

戈布尔将这个系统自动化，这样撒布器可以均匀堆放，让桶每半小时轮换一次。在6年的使用中，他们一直没有清空它，并且两人都认为，它几乎不用维护。亨特推测，将这种系统纳入家庭可能仍需社区的努力，特别是，如果这种系统开始出现问题，邻里之间可以互相留意对方的系统，或者雇人代劳。

*

以有利于环境的方式，让社区资源的公平分配变成常态，这听起来像是在智囊团中进行的高高在上的讨论。在现实中，设计会被广泛使用的可持续系统，有时要考虑到我们拉屎时各种各样的特性和差异。布利特大楼有重力作用，将那里的粪便送到堆肥器中。但在它低矮的地下室里的系统，缺乏一种方法来平均分配废物，这意味着，一些常被使用的厕所，主要是几层楼的男卫生间，比其他不怎么被用到的厕所会更早地填满连接的堆肥箱，而且并不总是能让箱子里的有机物完全分解。正如我们所见，心理学在决定谁会在公共厕所排便方面可以发挥很大作用，西格勒说，大楼里的女性往往比男性更少用厕所。这意味着，那些偏向男性劳动力的办公室的厕所会更繁忙。

西格勒说，当布利特大楼满员时，大楼的二楼就成了类似大厅的地方，游客在那里等朋友或同事时经常会用卫生间。其他楼层的工作人员也会这么做。这意味着，二楼的厕所格外繁忙。但上厕所的人不会随便找一个厕所用。不会的，他们倾向于使用一个完全封闭的残障人士可用的隔间。为什么呢？与相邻的隔间不同，那里的隔板一直延伸到地面，也就是说，没人可以看到使用者的脚。换句话说，屎的羞耻感有效地将大楼里大量的沉积物通过特定楼层的特定厕所输送了出去。

这种现象给人留下了相当深刻的印象，以至于我从4个人那里听到了这个故事。建筑工程师马克·罗杰斯（Mark Rogers）证实，男人喜欢到封闭隔间里去。“他们往往会坐很长很长时间。”他说，最后几个字他拖得很长，所以我明白了这一切纯粹的含义。纳尔逊说，他听说有些工作人员在上厕所时，会在隔间里玩手机。

问题是，只要厕所被占用，就会依靠光敏传感器来分配泡沫作为冲洗剂。当一位工作人员称之为“拿铁效应”时，西格勒请他解释清楚。“他说：‘呃，你知道，如果你在马桶上坐的时间够长，这种发泡作用就会渗上来，碰到你的屁股。’我就在想，你在上面坐了多久？你要花多长时间来拉屎？”显然，是很长很长时间。海耶斯告诉我，湿厕纸会形成一道水坝，直到泡沫漫到了被吓到的逗留的人的“底盘”上。作为一项改进，纳尔逊的团队调整了占用传感器，它会在5分钟后停止发泡，但这种机制还是没能有效地冲走它应该冲走的一切。

还有其他一些问题。富含氮的尿液有时可以快速启动堆肥过程，一些热情的倡导者会在花园里添加“尿包”就是应用这个原理。没错，就是你认为的那样。但尿太多也未必是好事，在布利特的男卫生间里，繁忙的厕所向堆肥箱中倒进了太多尿素和氨，这可能会干扰微生物生长。由于大楼不是每一层都有拖把池，一些清洁工显然也把他们拖地的水倒进了厕所。一次特别糟糕的清空堆肥箱的任务可能和这些干扰有关，它释放出了一种明确的恶臭，一下让大楼里的人都跑了。还有一次，一种小型蝇类，可以叫它驼背蝇、蚤蝇、下水道蝇或者“棺材蝇”，在一个堆肥器中定居了。“哦天啊，这是场噩梦。”罗杰斯告诉我，他显然因为这件事受到了心理创伤。西格勒说，这些堆肥箱基本上创造了它们自己的小型生态系统。就像其他生态系统一样，它们也可能变得不平衡，为入侵者创造机会。

因此，这并不是一个顺风顺水的过程。但西格勒坚持认为，布利特中心的实验向公共卫生官员证明了，堆肥厕所可以安全且负责任地得到管理。讽刺的是，这项实验的最后一根稻草是在单一建筑规模下低效的处理。由于附近其他办公楼没有堆肥厕所，布利特公司支付了高昂的费用来抽出液体，并将它拖到近30英里之外。当西雅图锯末供应公司关门时，堆肥的固体不得不被拉到近70英里的地方才能负责地再利用。最后，海耶斯和同事计算出，环境成本大于收益，他们不情愿地终止了替代性厕所。“这栋建筑可以被认为是约100个不同的科学实验，其中许多是相互嵌套的，”他告诉我，“总的来说，它们都成功了，但这项实验没能成功。而我至少试着向我的董事会推销它了，如果所有事都成功了，我们只是走得不够远。”

但这并不是一次全然的失败。布利特中心的经验表明，比如，进步的政策可以和更巧妙的设计很好地结合。西格勒说，一种可以修正使用者是否以及如何使用公共厕所的差异的方法，是设立不分性别的卫生间。其他大型活建筑的设计师也从布利特的错误中吸取了教训，重新设计了他们的堆肥厕所系统，来提高效率，减少麻烦。在加利福尼亚萨克拉门托，“建筑连接SAC”（Arch Nexus SAC）单层的办公室里，一个由挪威人建造的系统将厕所里的垃圾利用真空吸走，浸软，然后抽到一根集合管中，它是一个配件，可以将流量平均分配到8个“菲尼克斯”堆肥箱中。纳尔逊解释说，一个阀门逐个打开每个堆肥箱，“所以每次冲厕所时，都会灌进下一个堆肥箱里”。波特兰的PAE活建筑的目标是持续500年，它采用了一个类似的系统，但有更多余地，它有18个真空冲洗的马桶，将它们的输出均匀地分配到5层楼内部的20个“菲尼克斯”堆肥箱中。在佐治亚理工学院位于亚特兰大的校园内，另一个活建筑设计团队采用了一个借鉴纳尔逊灵感的最新模型，也就是倾斜堆肥室。

解决来自多栋建筑物的堆肥的临界质量这个更大的问题，或许需要更长久的努力。在城市地区，更新的法规和激励措施允许采取协调的方法，可以有效地创建家庭和企业的合作生态区，两者共同产生供应稳定的养分丰富的堆肥。这些地区也许由几个城市街区组成，可以提供必要的规模。像麦克尼尔化粪池服务这样的运输商，可以将每栋建筑的B类产出送到当地的处理中心，就像西雅图的锯末供应公司一样。在那里，混合物可以与木屑进一步堆肥，通过太阳能的巴氏灭菌器加热，将它转化为不含病原体的土壤，它可以被当地政府认证为安全的A类堆肥。接着，它可以在当地重新分配。正如我们所看到的，美国大多数主要城市都有一种迫切的需求，希望恢复家附近的绿化并修复环境。

西格勒告诉我，她也有类似的幻想，希望附近其他建筑也会采用堆肥厕所，并创造一种成本效益更好的途径，它可能成为另一种处理服务，与城市路边回收和花园堆肥收集都不一样。我问纳尔逊这是否可行，他似乎很乐观。20世纪70年代他在北欧旅行时，注意到了许多高层公寓楼都有相邻的社区花园。他建议，在美国也为类似的东西腾出空间，包括为这些花园提供堆肥的专用设施，这将有助于优化我们的城市设计。

环境工程师戴维·塞德拉克认为，让这种生态区发挥作用的一个关键，是确定合适的规模，有效地将灰水和黑水分开处理并再次利用。又或者，这些区域可以在一个更紧凑的系统中处理所有东西，比如自动微滤膜生物反应器，它差不多就是一座小型污水处理厂。塞德拉克警告，还需要更多研究和开发，才能让水再利用系统变得足够方便用户，以便在住宅区投入使用。但是，新开发的项目中缺少现有的基础设施，可能反而提供了一种灵活性，来从头开始重新思考卫生系统。“当你有一座已建成的城市时，改造问题是相当大的，而我们投入下水道系统的资源让它真的很难被放弃掉。”他说。因此，真正的机会是在边缘城市和新开发的项目中，这类生态区或生态街区从一开始就可以被重新设想。

没有一种解决方案能在所有地方发挥作用，就像没有一种产品在所有地方都被需要或想要一样。不过，作为地球上最高产的“屎者”之一，我们还远没有发挥我们的潜力。随着可能的解决方案越来越多，乡镇和城市可能会采取一种混合方法，比如，在一些人口稠密的地区，用基于集装箱的卫生服务和欧姆尼处理器或者微滤膜生物反应器，处理运送到枢纽的大量垃圾，而在相连的住宅或商业区，则用堆肥厕所，这些地方产生的生物质可以在靠近源头的地方有效地收集并处理，再重新分配到附近的公园、农场或森林中。

塞德拉克和其他工程师畅想了一种更高效的循环经济：在污水被清洁和重新使用后，剩余杂质可以被纳入现有的路边回收项目。他在2018年写道：“代替昂贵的下水道网络，污水在处理过程中无法被转化为二氧化碳和水的盐和养分，将被烘干，并留在路边进行回收。”实质上，这是回收污水中的磷作为肥料再利用的规模缩小版。阿姆斯特丹的德赛维尔社区等地已经尝试使用鸟粪石反应器来回收尿液中的养分。

*

到了2020年底，布利特的堆肥实验分成两部分部署完，或者说分两次拆除。在第一个周六的清晨，来自麦克尼尔化粪池服务的工作人员来到这里，清空了地下室6个堆肥箱。公司老板肯·卡尔顿（Ken Carlton）告诉我，他不愿看到大楼从堆肥厕所变回了更标准的厕所，这意味着失去了一家相当有利可图的客户。即便如此，他说，业务正在蓬勃发展，仅仅在金县，估计有85000个化粪池系统。他忙到经常拒绝潜在的客户。西格勒也在那里见证了这一切，她带我去地下室，卡尔顿的工作人员正在那里处理两个堵塞的堆肥器，它们闻起来有点像弄脏的仓鼠笼。我们到达后不久，一位名叫柯克的工人向西格勒喊道，另一个堆肥箱里全是蚯蚓。

“啊！”她兴奋地大叫，我们急忙跑过去看。他说的没错，太多了，我可以看到它们在堆肥中蠕动，还有几只从底部的门那里掉了下来。蚯蚓的分布通常是有梯度的，上面最多，下面最少；它们倾向于去有屎的地方。这些虫子被喂得很好。“它们疯狂繁殖。”西格勒说，带着一丝敬畏。越来越多的虫子随着大便堆肥出来了，这对西格勒来说意味着，这个过程正按照它应有的方式运作，即使它还没有全部完成。她似乎非常高兴，但同时吐露自己很难过。这个房间一直是她在建筑参观中最喜欢的部分之一。

工人们继续与消化器中段顽固的刨花和屎结成的块作斗争。新冠打乱了大楼的正常节奏和堆肥箱的正常输入，混合物没有像应该的那样经常被搅动。西格勒后来告诉我，如果没有大楼里的住户，堆肥过程就会出问题，变得不平衡。“这些大便就像混凝土。”卡尔顿说。他走到虫子茁壮生长的箱子前，用水管对着它喷水，让剩余的物质松动。当他转向西格勒，手里拿着喷头时，他咧嘴笑了起来。“这就像结肠镜检查！”她也笑了。

水让气味明显变糟了，变得更辛辣，更刺鼻。柯克为卡尔顿打着手电筒。“这就是所有魔法发生的地方！”然后，他没有特别冲着谁就喊道，“这只是屎。”另一位工人仍在处理一个停滞的堆肥器。“有人需要在饮食中加上更多纤维！”他喊道，卡尔顿对我笑了笑。物质终于大块地脱出来，工作人员用蓝色手推车把它们运走。另一位工人站在梯子上，用水管从顶部向一个堆肥器洒水。“老板，我正努力清洗冰激凌机！”他开玩笑说，卡尔顿又笑了起来：“我从来没想过我会以做这种‘屎’为生。”他告诉我。回到小巷子里，当他的工人把油布固定在平板挂车上时，卡尔顿又多说了句：“这真他妈恶心！”但这是一种高利润的行当，他付给工人的工资是每小时50美元。“我早上洗澡，晚上洗澡，一路笑着去银行。”他说。

6个星期后，一个4人团队回来清空最后一个堆肥器。这次一切顺利，柯克把里面的东西都拖走了，它们都装进了一辆挂在白色福特F-350上的平板挂车。他们待了不到三个小时就全部走了，西格勒和我在一旁看着福特车右转，驶向高速公路。

事情本可以在那里结束，那是一家公益基金会，在一个自由的城市里，进行的一次代价高昂的一次性的好奇探索。但事情还没有结束，还远没有。布利特中心的经验将有助于修改并完善其他城市的活建筑的堆肥系统，其他游客在这些地方也会要求参观厕所，并惊讶于它们看起来多么正常。这并不都是一帆风顺的，但其他化粪池服务将帮助拖走其他全是虫子的物质堆，这些东西闻起来和看起来都不像起始材料。

2018年，珀金斯学校的科学侧楼成了第一个获得活建筑完整称号的可移动教室。对SEED合作组织而言，这种认可喜忧参半。在它的4间教室在美国两岸出现后，斯泰茜·斯梅德利和同事宣布，他们做出了艰难的决定，将这个项目无限期搁置。他们没有能力只靠自己继续下去，但他们将计划转为开放获取，在那些有着和树一样长的寿命的教室里，其他孩子也会争相使用帮助喂养花园的“魔法马桶”。

在阿科马普韦布洛，何塞·安东尼奥离开了他在公用事业管理局的职位，但他和其他守护者已经将他们的知识传给了下一代，其中一个人将回答另一群好奇的游客提出的问题。

在黏土小镇和现代木造大楼中，在翻新的船屋和活学校中，我们的集体力量意义重大。如果更多社区、更多城市和更多农村社区能够利用这种被忽视的惊人的能量来源，重新维护他们的尊严、他们的独立、他们的健康，还有他们的环境，那是多么诗情画意。一种更“屎”的未来，是一种愉悦的未来，比其他选项更简单、更家常，但也更有意义、更具革新精神，也更为乐观。

我们作为地球上占据主导地位的巨动物群，既有能力，也有责任恢复并拓宽与自然周期同步的价值圈，而不是取代、压制它们。屎并非我们需要的一切，但让我们开个头还是绰绰有余的。下肥、粪便肥料、人粪、黑土、黑金。有时，希望会以出乎意料的方式降临。我们现在就是快递员，把它们送到那些将会决定我们未来的景观中去。

致 谢

对于一本赞颂合作生产行为的书来说，首先感谢我亲爱的亲友再合适不过了。如果没有他们的支持和鼓励，《马桶里的黄金》一直就只是一点儿孤零零的想法。他们多年来毫不畏缩地听我喋喋不休，特意为我捐猪粪，分享他们自己有关婴儿和狗的大量产出的故事，还会发那些“想到了你”的感人信息，里面都是关于屎的奇怪故事链接。谢谢你们，你们太了解我了。

我的丈夫一直是我的人形辞典、兼职编辑、园丁伙伴，还有心爱厨师和旅行伴侣，他耐心地忍受我在度假时突然前往污水处理厂或者水再利用设施，让我在晚餐时讨论生物固体的细节。杰夫向我灌输了对观鸟的热爱，在大流行时和我们的乌鸦伙伴结为好友。他一直陪伴我走过每一步，给我空间和支持，让我在一个不稳定也不确定的时期，推进这样一个项目。我还要感谢拉斯和苏珊·戈德，他们是我们亲爱的朋友兼邻居，从一开始就是热情的啦啦队。他们耐心地读完了许多章节的早期稿件，帮我品尝了用循环水制作的啤酒，并应我的要求，在他们可爱的花园里试用了堆肥的生物固体。

使这一切成为可能的生态系统延伸到了我的许多科学和英文老师、教授，他们把我强烈的好奇心看作是一种特点，而不是缺点，他们鼓励我继续探索自然世界和文字世界。其中包括我在华盛顿大学的论文导师贝丝·特拉克斯勒，她给了我自由，让我成了一位非传统研究生，她完全理解，我想成为作家而不是研究者，这并不是弃我的职业生涯于不顾。在《新闻日报》，我的编辑和同事们指导并培养了我，给了我难以置信的机会发展我的技能，这是一位绿色记者梦寐以求的工作。克里西·贾尔斯是我的朋友，也是《马赛克》的编辑，他激发了我对这个"屎界"的深入研究，我为她写的第一个专题故事就是关于粪便移植的兴起。

从我在加州大学圣克鲁兹分校时期起，科学写作社区就一直是另一个鼓励的重要来源，我感到非常幸运，因为身边有如此慷慨、天赋异禀而鼓舞人心的同事。像科学投稿这样的支持团体支撑着我度过了不止一次地自我怀疑的至暗时刻。尤其感谢弗吉尼亚·格温和莉莎·格罗斯，他们是我的朋友，也是才华横溢的作家，对关键章节提供了一针见血的意见和建议。在西雅图，我深深感谢我的朋友、同为科学作家的迈克尔·布拉德伯里，他在这个项目上的帮助超乎想象。在三年多的时间里，我们作为责任伙伴定期见面，从寻找代理和出版商，到勾勒章节和打磨棘手的段落，我们在每一步上努力。

当然，如果不是霓虹文学的安娜·斯普鲁-拉蒂默，也就是我幽默而聪明绝顶的经纪人，她看到了一些别人没看到的东西，并帮助我把一个半成品的想法塑造成一个连贯的整体，

《马桶里的黄金》永远不会有出头之日。我一直很感谢曼迪·考德威尔，她是我在大中央出版社出色的编辑，一直用她的幽默和敏锐的指导，还有她非凡的能力，对需要编辑的部分既善意又锐利，让所有事情变得更好。杰奎琳·扬帮助我度过了出版过程中的许多曲折，莎拉·康登设计了一个华丽的图书封面，它完美地捕捉到了希望和转变的漩涡之美。我的一流校对员洛里·丹尼尔斯、汉娜·弗法罗和伊冯娜·麦格里维，他们既友好又全面地质疑每一则事实和论断，让我尽可能做到准确(但我本人对任何错误负责)。

最后，我想感谢那些作家，他们帮忙带来了许多故事，还有那些慷慨地与我分享他们自己的故事的科学家、医生、工程师、患者、倡导者和其他人。我无法将他们全部列进书中，但他们的言语和智慧，对我编织一个连贯的故事至关重要。关于我们内在宝藏和集体产出的许多发现，都是因为好奇和坚定的人们从未停止过寻找，从未停止提问，即使其他人认为这很恶心、毫无意义也毫无用处。这本书是对他们所有人的致敬。

引　用

第二章和第三章部分改写自《医学的肮脏秘密》（Medicine's Dirty Secret），由维康（Wellcome）于2014年4月28日首次发表在mosaicscience.com，在此以知识共享许可方式转载。

第二章部分改写自《霍乱时期的绝望爱情》（Desperate Love in a Time of Cholera），由维康于2014年4月28日首次发表在mosaicscience. com，在此以知识共享许可方式转载。

第十一章部分改写自《从农场到礁石》（Farm to Reef），首次发表于2018年5月8日的《传记》（*bioGraphic*，biographic.com）。

第十二章部分改写自《身处绿色学校革命》（Inside the Green Schools Revolution），由维康于2014年11月4日首次发表在mosaic-science.com，在此以知识共享许可方式转载。

阅读推荐

我的书只是粪便学研究中的沧海一粟。令人高兴的是，那些想深入研究的读者还可以阅读其他作品，它们研究了卫生、可持续发展和毫无羞耻感的屎的生产等互补性主题。以下是几本值得一读的作品。

George, Rose. *The Big Necessity: The Unmentionable World of Human Waste and Why It Matters*. New York: Picador, 2008.

Shafner, Shawn. *Know Your Shit: What Your Crap Is Telling You*. New York: Cider Mill Press, 2022.

Wald, Chelsea. *Pipe Dreams: The Urgent Global Quest to Transform the Toilet*. New York: Avid Reader, 2021.

Zeldovich, Lina. *The Other Dark Matter: The Science and Business of Turning Waste into Wealth and Health*. Chicago: University of Chicago Press, 2021.

参考文献

引　言

Balkawade, Nilesh Unmesh, and Mangala Ashok Shinde. "Study of Length of Umbilical Cord and Fetal Outcome: A Study of 1,000 Deliveries." *The Journal of Obstetrics and Gynecology of India* 62, no. 5 (2012): 520–525.

Berendes, David M., Patricia J. Yang, Amanda Lai, David Hu, and Joe Brown. "Estimation of Global Recoverable Human and Animal Faecal Biomass." *Nature Sustainability* 1, no. 11 (2018): 679–685.

Chaisson, Clara. "When It Rains, It Pours Raw Sewage into New York City's Waterways." *National Resources Defense Council.* December 12, 2017.

Daisley, Hubert, Arlene Rampersad, and Dawn Lisa Meyers. "Pulmonary Embolism Associated with the Act of Defecation. 'The Bed Pan Syndrome.'" *Journal of Lung, Pulmonary, & Respiratory Research* 5, no. 2 (2018): 74–75.

Doughty, Caitlin. *From Here to Eternity: Traveling the World to Find the Good Death.* New York: W.W. Norton, 2017.

FBI. "Unearthing Stories for 20 Years at the 'Body Farm.'" March 20, 2019.

Gomi, Tarō. *Everyone Poops.* Translated by Amanda Mayer Stinchecum. Brooklyn, New York: Kane/Miller, 1993.

Gupta, Ashish O., and John E. Wagner. "Umbilical Cord Blood Transplants: Current Status and Evolving Therapies." *Frontiers in Pediatrics* (2020): 629.

Hu, Winnie. "Please Don't Flush the Toilet. It's Raining." *New York Times.* March 2, 2018.

Ishiyama, Yusuke, Satoshi Hoshide, Hiroyuki Mizuno, and Kazuomi Kario. "Constipation-Induced Pressor Effects as Triggers for Cardiovascular Events." *The Journal of Clinical Hypertension* 21, no. 3 (2019): 421–425.

Laporte, Dominique. *History of Shit.* Translated by Nadia Benadbid and Rodolphe el-Khoury. Cambridge, Massachusetts: MIT Press, 2002.

Markel, Howard. "Elvis' Addiction Was the Perfect Prescription for an Early Death." *PBS News Hour.* August 16, 2018.

Meissner, Dirk. "Victoria No Longer Flushes Raw Sewage into Ocean After Area Opens Treatment Plant." *The Canadian Press.* January 9, 2021.

Mufson, Steven, and Brady Dennis. "In Irma's Wake, Millions of Gallons of Sewage and Wastewater Are Bubbling up across Florida." *The Washington Post.* September 15, 2017.

Nelson, Bryn. "Cord Blood Banking: What You Need to Know." *Mosaic.* March 27, 2017.

Nelson, Bryn. "Death Down to a Science/Experiments at 'Body Farm,'" *Newsday,* November 24, 2003.

Nelson, Bryn. "The Life-Saving Treatment That's Being Thrown in the Trash." *Mosaic*. March 27, 2017.

Niziolomski, J., J. Rickson, N. Marquez-Grant, and M. Pawlett. "Soil Science Related to Human Body After Death." School of Energy, Environment and Agrifood, Cranfield University [ebook], available at: http://www. thecorpseproject. net /wp-content/uploads/2016/06/Corpseand-Soils-literature-review-March-2016 .pdf (2016).

Odell, Jenny. *How to Do Nothing: Resisting the Attention Economy*. Brooklyn: Melville House, 2020.

Roach, Mary. *Gulp: Adventures on the Alimentary Canal*. New York: W.W. Norton, 2013.

Rose, C., Alison Parker, Bruce Jefferson, and Elise Cartmell. "The Characterization of Feces and Urine: A Review of the Literature to Inform Advanced Treatment Technology." *Critical Reviews in Environmental Science and Technology* 45, no. 17 (2015): 1827–1879.

Rytkheu, Yuri. *The Chukchi Bible*. Translated by Ilona Yazhbin Chavasse. Brooklyn, New York: Archipelago, 2011.

Smallwood, Karl. "Do People Really Defecate Directly after Death and, If So, How Often Does It Occur?" *TodayIFoundOut.com*. June 3, 2019.

Stuckey, Alex. "Harvey Caused Sewage Spills." *Houston Chronicle*. September 19, 2017.

Zeng, Qing, Lishan Lv, and Xifu Zheng. "Is Acquired Disgust More Difficult to Extinguish Than Acquired Fear? An Event-Related Potential Study." *Frontiers in Psychology* 12 (2021): 687779.

第一章

Achour, L., S. Nancey, D. Moussata, I. Graber, B. Messing, and B. Flourie. "Faecal Bacterial Mass and Energetic Losses in Healthy Humans and Patients with a Short Bowel Syndrome." *European Journal of Clinical Nutrition* 61, no. 2 (2007): 233–238.

Almeida, Alexandre, Alex L. Mitchell, Miguel Boland, Samuel C. Forster, Gregory B. Gloor, Aleksandra Tarkowska, Trevor D. Lawley, and Robert D. Finn. "A New Genomic Blueprint of the Human Gut Microbiota." *Nature* 568, no. 7753 (2019): 499–504.

Anderson, James W., Pat Baird, Richard H. Davis, Stefanie Ferreri, Mary Knudtson, Ashraf Koraym, Valerie Waters, and Christine L. Williams. "Health Benefits of Dietary Fiber." *Nutrition Reviews* 67, no. 4 (2009): 188–205.

ARTIS Micropia. "Sustainability with Microbes." Accessed April 20, 2022, https://www.micropia.nl/en/discover/stories/blog-lab-technician/sustainability-microbes/.

Bandaletova, Tatiana, Nina Bailey, Sheila A. Bingham, and Alexandre Loktionov. "Isolation of Exfoliated Colonocytes from Human Stool as a New Technique for Colonic Cytology." *Apmis* 110, no. 3 (2002): 239–246.

Banskota, Suhrid, Jean-Eric Ghia, and Waliul I. Khan. "Serotonin in the Gut: Blessing or a Curse." *Biochimie* 161 (2019): 56–64.

Barr, Wendy, and Andrew Smith. "Acute Diarrhea in Adults." *American Family Physician* 89, no. 3 (2014): 180–189.

Beaumont, William. *Experiments and Observations on the Gastric Juice, and the Physiology of Digestion.* Plattsburgh: F.P. Allen, 1833.

Ben-Amor, Kaouther, Hans Heilig, Hauke Smidt, Elaine E. Vaughan, Tjakko Abee, and Willem M. de Vos. "Genetic Diversity of Viable, Injured, and Dead Fecal Bacteria Assessed by Fluorescence-Activated Cell Sorting and 16S rRNA Gene Analysis." *Applied and Environmental Microbiology* 71, no. 8 (2005): 4679–4689.

Berendes, David M., Patricia J. Yang, Amanda Lai, David Hu, and Joe Brown. "Estimation of Global Recoverable Human and Animal Faecal Biomass." *Nature Sustainability* 1, no. 11 (2018): 679–685.

Berstad, Arnold, Jan Raa, and Jørgen Valeur. "Indole–the Scent of a Healthy 'Inner Soil.'" *Microbial Ecology in Health and Disease* 26, no. 1 (2015): 27997.

Berstad, Arnold, Jan Raa, Tore Midtvedt, and Jørgen Valeur. "Probiotic Lactic Acid Bacteria–the Fledgling Cuckoos of the Gut?" *Microbial Ecology in Health and Disease* 27, no. 1 (2016): 31557.

Betts, J. Gordon, Kelly A. Young, James A. Wise, Eddie Johnson, Brandon Poe, Dean H. Kruse, Oksana Korol, Jody E. Johnson, Mark Womble, and Peter DeSaix. "Chemical Digestion and Absorption: A Closer Look" In *Anatomy and Physiology.* OpenStax, 2013.

Bhattacharya, Sudip, Vijay Kumar Chattu, and Amarjeet Singh. "Health Promotion and Prevention of Bowel Disorders through Toilet Designs: A Myth or Reality?" *Journal of Education and Health Promotion* 8 (2019).

Boback, Scott M., Christian L. Cox, Brian D. Ott, Rachel Carmody, Richard W. Wrangham, and Stephen M. Secor. "Cooking and Grinding Reduces the Cost of Meat Digestion." *Comparative Biochemistry and Physiology Part A: Molecular & Integrative Physiology* 148, no. 3 (2007): 651–656.

Bohlin, Johan, Erik Dahlin, Julia Dreja, Bodil Roth, Olle Ekberg, and Bodil Ohlsson. "Longer Colonic Transit Time Is Associated with Laxative and Drug Use, Lifestyle Factors, and Symptoms of Constipation." *Acta Radiologica Open* 7, no. 10 (2018): 2058460118807232.

Breidt, Fred, Roger F. McFeeters, Ilenys Perez-Diaz, and Cherl-Ho Lee. "Fermented Vegetables." In *Food Microbiology: Fundamentals and Frontiers.* 841–855. ASM Press, 2012.

Carding, Simon R., Nadine Davis, and L. J. A. P. Hoyles. "The Human Intestinal Virome in Health and Disease." *Alimentary Pharmacology & Therapeutics* 46, no. 9 (2017): 800–815.

Carpenter, Siri. "That Gut Feeling." *Monitor on Psychology*, 43, no. 8 (2012): 50.

Chandel, Dinesh S., Gheorghe T. Braileanu, June-Home J. Chen, Hegang H. Chen, and Pinaki Panigrahi. "Live Colonocytes in Newborn Stool: Surrogates for Evaluation of Gut Physiology and Disease Pathogenesis." *Pediatric Research* 70, no. 2 (2011): 153–158.

Chapkin, Robert S., Chen Zhao, Ivan Ivanov, Laurie A. Davidson, Jennifer S. Goldsby, Joanne R. Lupton, Rose Ann Mathai et al. "Noninvasive Stool-Based Detection of

Infant Gastrointestinal Development Using Gene Expression Profiles from Exfoliated Epithelial Cells." *American Journal of Physiology-Gastrointestinal and Liver Physiology* 298, no. 5 (2010): G582-G589.

Chen, Tingting, Wenmin Long, Chenhong Zhang, Shuang Liu, Liping Zhao, and Bruce R. Hamaker. "Fiber-Utilizing Capacity Varies in *Prevotella*-vVersus *Bacteroides*-Dominated Gut Microbiota." *Scientific Reports* 7, no. 1 (2017): 1–7.

Compound Chemistry. "The Chemistry of the Odour of Decomposition." October 30, 2014. https://www.compoundchem.com/2014/10/30/decompositionodour/.

Cummings, J. H., W. Branch, D. J. A. Jenkins, D. A. T. Southgate, Helen Houston, and W. P. T. James. "Colonic Response to Dietary Fibre from Carrot, Cabbage, Apple, Bran, and Guar Gum." *The Lancet* 311, no. 8054 (1978): 5–9.

Dalrymple, George H., and Oron L. Bass. "The Diet of the Florida Panther in Everglades National Park, Florida." *Bulletin—Florida Museum of Natural History.* 39, No. 5 (1996): 173–193.

DeGruttola, Arianna K., Daren Low, Atsushi Mizoguchi, and Emiko Mizoguchi. "Current Understanding of Dysbiosis in Disease in Human and Animal Models." *Inflammatory Bowel Diseases* 22, no. 5 (2016): 1137–1150.

Degen, L. P., and S. F. Phillips. "Variability of Gastrointestinal Transit in Healthy Women and Men." *Gut* 39, no. 2 (1996): 299–305.

Doughty, Christopher E., Joe Roman, Søren Faurby, Adam Wolf, Alifa Haque, Elisabeth S. Bakker, Yadvinder Malhi, John B. Dunning, and Jens-Christian Svenning. "Global Nutrient Transport in a World of Giants." *Proceedings of the National Academy of Sciences* 113, no. 4 (2016): 868–873.

Elias-Oliveira, Jefferson, Jefferson Antônio Leite, Ítalo Sousa Pereira, Jhefferson Barbosa Guimarães, Gabriel Martins da Costa Manso, João Santana Silva, Rita Cássia Tostes, and Daniela Carlos. "NLR and Intestinal Dysbiosis-Associated Inflammatory Illness: Drivers or Dampers?" *Frontiers in Immunology* 11 (2020): 1810.

Enders, Giulia. *Gut: The Inside Story of Our Body's Most Underrated Organ (Revised Edition).* Vancouver: Greystone Books Ltd, 2018.

Eschner, Kat. "This Man's Gunshot Wound Gave Scientists a Window into Digestion." *Smithsonian.* June 6, 2017.

Faith, J. Tyler, and Todd A. Surovell. "Synchronous Extinction of North America's Pleistocene Mammals." *Proceedings of the National Academy of Sciences* 106, no. 49 (2009): 20641–20645.

Ferreira, Becky. "Another Thing a Triceratops Shares with an Elephant." *New York Times.* January 8, 2021.

Figueirido, Borja, Juan A. Pérez-Claros, Vanessa Torregrosa, Alberto Martín-Serra, and Paul Palmqvist. "Demythologizing *Arctodus Simus*, the 'Short-Faced' Long-Legged and Predaceous Bear That Never Was." *Journal of Vertebrate Paleontology* 30, no. 1 (2010): 262–75.

Flint, Harry J., Karen P. Scott, Sylvia H. Duncan, Petra Louis, and Evelyne Forano. "Microbial Degradation of Complex Carbohydrates in the Gut." *Gut Microbes* 3, no. 4 (2012): 289–306.

Forget, Ph, Maarten Sinaasappel, Jan Bouquet, N. E. P. Deutz, and C. Smeets. "Fecal Polyamine Concentration in Children with and without Nutrient Malabsorption." *Journal of Pediatric Gastroenterology and Nutrition* 24, no. 3 (1997): 285–288.

Garner, Catherine E., Stephen Smith, Ben de Lacy Costello, Paul White, Robert Spencer, Chris SJ Probert, and Norman M. Ratcliffem. "Volatile Organic Compounds from Feces and Their Potential for Diagnosis of Gastrointestinal Disease." *The FASEB Journal* 21, no. 8 (2007): 1675–1688.

Gensollen, Thomas, Shankar S. Iyer, Dennis L. Kasper, and Richard S. Blumberg. "How Colonization by Microbiota in Early Life Shapes the Immune System." *Science* 352, no. 6285 (2016): 539–544.

Giridharadas, Anand. "The American Dream is Now in Denmark." *The.Ink*. February 23, 2021.

Gonzalez, Liara M., Adam J. Moeser, and Anthony T. Blikslager. "Porcine Models of Digestive Disease: The Future of Large Animal Translational Research." *Translational Research* 166, no. 1 (2015): 12–27.

Grant, Bethan. "How Fast Are Your Bowels? Take the Sweetcorn Test to Find out!" *ERIC*, 2012. Accessed April 20, 2022, https://www.eric.org.uk/blog/how-fast-are-your-bowels-take-the-sweetcorn-test-to-find-out.

Guinane, Caitriona M., and Paul D. Cotter. "Role of the Gut Microbiota in Health and Chronic Gastrointestinal Disease: Understanding a Hidden Metabolic Organ." *Therapeutic Advances in Gastroenterology* 6, no. 4 (2013): 295–308.

Hartley, Louise, Michael D. May, Emma Loveman, Jill L. Colquitt, and Karen Rees. "Dietary Fibre for the Primary Prevention of Cardiovascular Disease." *Cochrane Database of Systematic Reviews* 1 (2016).

Hu, Xiu, Xiangying Wei, Jie Ling, and Jianjun Chen. "Cobalt: An Essential Micronutrient for Plant Growth?" *Frontiers in Plant Science*. 12 (2021): 768523.

Hylla, Silke, Andrea Gostner, Gerda Dusel, Horst Anger, Hans-P. Bartram, Stefan U. Christl, Heinrich Kasper, and Wolfgang Scheppach. "Effects of Resistant Starch on the Colon in Healthy Volunteers: Possible Implications for Cancer Prevention." *The American Journal of Clinical Nutrition* 67, no. 1 (1998): 136–142.

Iqbal, Jahangir, and M. Mahmood Hussain. "Intestinal Lipid Absorption." *American Journal of Physiology-Endocrinology and Metabolism* 296, no. 6 (2009): E1183-E1194.

Iyengar, Vasantha, George P. Albaugh, Althaf Lohani, and Padmanabhan P. Nair. "Human Stools as a Source of Viable Colonic Epithelial Cells." *The FASEB Journal* 5, no. 13 (1991): 2856–2859.

Johnson, Jon. "Why is Pooping so Pleasurable?" *Medical News Today*. February 26, 2021.

Khan, Shahnawaz Umer, Mohammad Ashraf Pal, Sarfaraz Ahmad Wani, and Mir Salahuddin. "Effect of Different Coagulants at Varying Strengths on the Quality of Paneer Made from Reconstituted Milk." *Journal of Food Science and Technology* 51, no. 3 (2014): 565–570.

Kiela, Pawel R., and Fayez K. Ghishan. "Physiology of Intestinal Absorption and Secretion." *Best Practice & Research Clinical Gastroenterology* 30, no. 2 (2016): 145–159.

Kim, Young Sun, and Nayoung Kim. "Sex-Gender Differences in Irritable Bowel Syndrome." *Journal of Neurogastroenterology and Motility* 24, no. 4 (2018): 544.

Kimmerer, Robin Wall. *Braiding Sweetgrass: Indigenous Wisdom, Scientific Knowledge and the Teachings of Plants.* Minneapolis: Milkweed Editions, 2013.

Kwon, Diana. "Scientists Question Discovery of New Human Salivary Gland." *The Scientist.* January 12, 2021.

Lamont, Richard J., and Howard F. Jenkinson. *Oral Microbiology at a Glance.* Vol. 38. John Wiley & Sons, 2010.

Lee, Jae Soung, Seok-Young Kim, Yoon Shik Chun, Young-Jin Chun, Seung Yong Shin, Chang Hwan Choi, and Hyung-Kyoon Choi. "Characteristics of Fecal Metabolic Profiles in Patients with Irritable Bowel Syndrome with Predominant Diarrhea Investigated Using 1H-NMR Coupled with Multivariate Statistical Analysis." *Neurogastroenterology & Motility* 32, no. 6 (2020): e13830.

Leffingwell, John C. "Olfaction—Update No. 5." *Leffingwell Reports* 2, No. 1 (2002): 1–34.

Levitt, Michael D., and William C. Duane. "Floating Stools—Flatus Versus Fat." *New England Journal of Medicine* 286, no. 18 (1972): 973–975.

Liang, Guanxiang, and Frederic D. Bushman. "The Human Virome: Assembly, Composition and Host Interactions." *Nature Reviews Microbiology* 19, no. 8 (2021): 514–527.

Lineback, Paul E. "The Development of the Spiral Coil in the Large Intestine of the Pig." *American Journal of Anatomy* 20, no. 3 (1916): 483–503.

Lurie-Weinberger, Mor N., and Uri Gophna. "Archaea in and on the Human Body: Health Implications and Future Directions." *PLoS Pathogens* 11, no. 6 (2015): e1004833.

Magnúsdóttir, Stefanía, Dmitry Ravcheev, Valérie de Crécy-Lagard, and Ines Thiele. "Systematic Genome Assessment of B-Vitamin Biosynthesis Suggests Co-Operation Among Gut Microbes." *Frontiers in Genetics* 6 (2015): 148.

Malhi, Yadvinder, Christopher E. Doughty, Mauro Galetti, Felisa A. Smith, Jens-Christian Svenning, and John W. Terborgh. "Megafauna and Ecosystem Function from the Pleistocene to the Anthropocene." *Proceedings of the National Academy of Sciences* 113, no. 4 (2016): 838–846.

Marco, Maria L., Dustin Heeney, Sylvie Binda, Christopher J. Cifelli, Paul D. Cotter, Benoit Foligné, Michael Gänzle et al. "Health Benefits of Fermented Foods: Microbiota and Beyond." *Current Opinion in Biotechnology* 44 (2017): 94–102.

Matheus, Paul Edward. *Paleoecology and Ecomorphology of the Giant Short-Faced Bear in Eastern Beringia.* Doctoral thesis, University of Alaska Fairbanks, 1997.

Mayo Clinic. "Stool DNA Test." Accessed April 20, 2022, https://www.mayoclinic.org/tests-procedures/stool-dna-test/about/pac-20385153.

Meek, Walter. "The Beginnings of American Physiology." *Annals of Medical History* 10, no. 2 (1928): 111–125.

Moore, J. G., L. D. Jessop, and D. N. Osborne. "Gas-Chromatographic and Mass-Spectrometric Analysis of the Odor of Human Feces." *Gastroenterology* 93, no. 6 (1987): 1321–1329.

Mukhopadhya, Indrani, Jonathan P. Segal, Simon R. Carding, Ailsa L. Hart, and Georgina L. Hold. "The Gut Virome: the 'Missing Link' between Gut Bacteria and Host Immunity?" *Therapeutic Advances in Gastroenterology* 12 (2019): 1756284819836620.

Muñoz-Esparza, Nelly C., M. Luz Latorre-Moratalla, Oriol Comas-Basté, Natalia Toro-Funes, M. Teresa Veciana-Nogués, and M. Carmen Vidal-Carou. "Polyamines in Food." *Frontiers in Nutrition* 6 (2019): 108.

Mushegian, A. R. "Are There 10^{31} Virus Particles on Earth, or More, or Fewer?" *Journal of Bacteriology* 202, no. 9 (2020): e00052-20.

Nakamura, Atsuo, Takushi Ooga, and Mitsuharu Matsumoto. "Intestinal Luminal Putrescine is Produced by Collective Biosynthetic Pathways of the Commensal Microbiome." *Gut Microbes* 10, no. 2 (2019): 159–171.

Nelson, Bryn. "Life System That Relies on Guano." *Newsday.* November 27, 2001.

Nightingale, J., and Jeremy M. Woodward. "Guidelines for Management of Patients with a Short Bowel." *Gut* 55, no. suppl 4 (2006): iv1-iv12.

Nijhuis, Michelle. *Beloved Beasts: Fighting for Life in an Age of Extinction.* New York: W.W. Norton, 2021.

Niziolomski, J., J. Rickson, N. Marquez-Grant, and M. Pawlett. "Soil Science Related to Human Body after Death." The Corpse Project, 2016.

Nkamga, Vanessa Demonfort, Bernard Henrissat, and Michel Drancourt. "Archaea: Essential Inhabitants of the Human Digestive Microbiota." *Human Microbiome Journal* 3 (2017): 1–8.

Oliphant, Kaitlyn, and Emma Allen-Vercoe. "Macronutrient metabolism by the human gut microbiome: major fermentation by-products and their impact on host health." *Microbiome* 7, no. 1 (2019): 1–15.

Parvez, S., Karim A. Malik, S. Ah Kang, and H-Y. Kim. "Probiotics and their Fermented Food Products Are Beneficial for Health." *Journal of Applied Microbiology* 100, no. 6 (2006): 1171–1185.

Paytan, Adina, and Karen McLaughlin. "The Oceanic Phosphorus Cycle." *Chemical Reviews* 107, no. 2 (2007): 563–576.

Peñuelas, Josep, and Jordi Sardans. "The Global Nitrogen-Phosphorus Imbalance." *Science* 375, no. 6578 (2022): 266–267.

Phillips, Jodi, Jane G. Muir, Anne Birkett, Zhong X. Lu, Gwyn P. Jones, Kerin O'Dea, and Graeme P. Young. "Effect of Resistant Starch on Fecal Bulk and Fermentation-Dependent Events in Humans." *The American Journal of Clinical Nutrition* 62, no. 1 (1995): 121–130.

Pokusaeva, Karina, Gerald F. Fitzgerald, and Douwe van Sinderen. "Carbohydrate Metabolism in Bifidobacteria." *Genes & Nutrition* 6, no. 3 (2011): 285–306.

Prasad, Kedar N., and Stephen C. Bondy. "Dietary Fibers and their Fermented Short-Chain Fatty Acids in Prevention of Human Diseases." *Bioactive Carbohydrates and Dietary Fibre* 17 (2019): 100170.

Price, Catherine. "Probing the Mysteries of Human Digestion." *Distillations.* August 13, 2018.

Prout, William. "III. On the Nature of the Acid and Saline Matters Usually Existing in the Stomachs of Animals." *Philosophical Transactions of the Royal Society of London* 114 (1824): 45–49.

Purwantini, Endang, Trudy Torto-Alalibo, Jane Lomax, João C. Setubal, Brett M. Tyler, and Biswarup Mukhopadhyay. "Genetic Resources for Methane Production from Biomass Described with the Gene Ontology." *Frontiers in Microbiology* 5 (2014): 634.

Raimondi, Stefano, Alberto Amaretti, Caterina Gozzoli, Marta Simone, Lucia Righini, Francesco Candeliere, Paola Brun et al. "Longitudinal Survey of Fungi in the Human Gut: ITS Profiling, Phenotyping, and Colonization." *Frontiers in Microbiology* (2019): 1575.

Rao, S. S., Kimberley Welcher, Bridget Zimmerman, and Phyllis Stumbo. "Is Coffee a Colonic Stimulant?" *European Journal of Gastroenterology & Hepatology* 10, no. 2 (1998): 113–118.

Ratnarajah, Lavenia, Andrew Bowie, and Indi Hodgson-Johnston. "Bottoms up: How Whale Poop Helps Feed the Ocean." *The Conversation*. August 4, 2014.

Ray, C. Claiborne. "The Toughest Seed." *New York Times*, Dec. 26, 2011.

Reynolds, Andrew, Jim Mann, John Cummings, Nicola Winter, Evelyn Mete, and Lisa Te Morenga. "Carbohydrate Quality and Human Health: A Series of Systematic Reviews and Meta-Analyses." *The Lancet* 393, no. 10170 (2019): 434–445.

Richman, Josh, and Anish Sheth. *What's Your Poo Telling You?* San Francisco: Chronicle Books, 2007.

Roager, Henrik M., and Tine R. Licht. "Microbial Tryptophan Catabolites in Health and Disease." *Nature Communications* 9, no. 1 (2018): 1–10.

Roman, Joe, and James J. McCarthy. "The Whale Pump: Marine Mammals Enhance Primary Productivity in a Coastal Basin." *PloS One* 5, no. 10 (2010): e13255.

Rosario, Karyna, Erin M. Symonds, Christopher Sinigalliano, Jill Stewart, and Mya Breitbart. "Pepper Mild Mottle Virus as an Indicator of Fecal Pollution." *Applied and Environmental Microbiology* 75, no. 22 (2009): 7261–7267.

Rose, C., Alison Parker, Bruce Jefferson, and Elise Cartmell. "The Characterization of Feces and Urine: A Review of the Literature to Inform Advanced Treatment Technology." *Critical Reviews in Environmental Science and Technology* 45, no. 17 (2015): 1827–1879.

Rosenfeld, Louis. "William Prout: Early 19th Century Physician-Chemist." *Clinical Chemistry* 49, no. 4 (2003): 699-705.

Sandom, Christopher, Søren Faurby, Brody Sandel, and Jens-Christian Svenning. "Global Late Quaternary Megafauna Extinctions Linked to Humans, not Climate Change." *Proceedings of the Royal Society B: Biological Sciences* 281, no. 1787 (2014): 20133254.

Sanford, Kiki. "Spermine and Spermidine." *Chemistry World*. March 15, 2017.

Savoca, Matthew S., Max F. Czapanskiy, Shirel R. Kahane-Rapport, William T. Gough, James A. Fahlbusch, K. C. Bierlich, Paolo S. Segre et al. "Baleen Whale Prey Consumption Based on High-Resolution Foraging Measurements." *Nature* 599, no. 7883 (2021): 85–90.

Schubert, Blaine W., Richard C. Hulbert, Bruce J. MacFadden, Michael Searle, and Seina Searle. "Giant Short-Faced Bears (*Arctodus simus*) in Pleistocene Florida USA, a Substantial Range Extension." *Journal of Paleontology* 84, no. 1 (2010): 79–87.

Sender, Ron, Shai Fuchs, and Ron Milo. "Revised Estimates for the Number of Human and Bacteria Cells in the Body." *PLoS Biology* 14, no. 8 (2016): e1002533.

Soto, Ana, Virginia Martín, Esther Jiménez, Isabelle Mader, Juan M. Rodríguez, and Leonides Fernández. "Lactobacilli and bifidobacteria in Human Breast Milk: Influence of Antibiotherapy and Other Host and Clinical Factors." *Journal of Pediatric Gastroenterology and Nutrition* 59, no. 1 (2014): 78.

Stephen, Alison M., and J. H. Cummings. "The Microbial Contribution to Human Faecal Mass." *Journal of Medical Microbiology* 13, no. 1 (1980): 45–56.

Stevenson, L. E. O., Frankie Phillips, Kathryn O'Sullivan, and Jenny Walton. "Wheat Bran: Its Composition and Benefits to Health, a European Perspective." *International Journal of Food Sciences and Nutrition* 63, no. 8 (2012): 1001–1013.

Stewart, Mathew, W. Christopher Carleton, and Huw S. Groucutt. "Climate Change, not Human Population Growth, Correlates with Late Quaternary Megafauna Declines in North America." *Nature Communications* 12, no. 1 (2021): 1–15.

Stokstad, Erik. "Rootin', Poopin' African Elephants Help Keep Soil Fertile." *Science*. April 1, 2020.

Suau, Antonia, Régis Bonnet, Malène Sutren, Jean-Jacques Godon, Glenn R. Gibson, Matthew D. Collins, and Joel Doré. "Direct Analysis of Genes Encoding 16S rRNA from Complex Communities Reveals Many Novel Molecular Species within the Human Gut." *Applied and Environmental Microbiology* 65, no. 11 (1999): 4799–4807.

Symonds, Erin M., Karyna Rosario, and Mya Breitbart. "Pepper Mild Mottle Virus: Agricultural Menace Turned Effective Tool for Microbial Water Quality Monitoring and Assessing (Waste) Water Treatment Technologies." *PLoS Pathogens* 15, no. 4 (2019): e1007639.

Szarka, Lawrence A., and Michael Camilleri. "Methods for the Assessment of Small-Bowel and Colonic Transit." In *Seminars in Nuclear Medicine*, vol. 42, no. 2, pp. 113–123. WB Saunders, 2012.

Tamime, A. Y. "Fermented Milks: A Historical Food with Modern Applications–a Review." *European Journal of Clinical Nutrition* 56, no. 4 (2002): S2–S15.

Terry, Natalie, and Kara Gross Margolis. "Serotonergic Mechanisms Regulating the GI Tract: Experimental Evidence and Therapeutic Relevance." *Gastrointestinal Pharmacology* (2016): 319–342.

Tesfaye, W., J. A. Suarez-Lepe, I. Loira, F. Palomero, and A. Morata. "Dairy and Nondairy-Based Beverages as a Vehicle for Probiotics, Prebiotics, and Symbiotics: Alternatives to Health Versus Disease Binomial Approach through Food." In *Milk-Based Beverages*, pp. 473-520. Cambridge, United Kingdom: Woodhead Publishing, 2019.

Valstar, Matthijs H., Bernadette S. de Bakker, Roel JHM Steenbakkers, Kees H. de Jong, Laura A. Smit, Thomas JW Klein Nulent, Robert JJ van Es et al. "The Tubarial

Salivary Glands: A Potential New Organ at Risk for Radiotherapy." *Radiotherapy and Oncology* 154 (2021): 292–298.

Van Valkenburgh, Blaire, Matthew W. Hayward, William J. Ripple, Carlo Meloro, and V. Louise Roth. "The Impact of Large Terrestrial Carnivores on Pleistocene Ecosystems." *Proceedings of the National Academy of Sciences* 113, no. 4 (2016): 862–867.

Vodusek, David B., and François Boller, eds. *Neurology of Sexual and Bladder Disorders*. Amsterdam: Elsevier, 2015.

Wastyk, Hannah C., Gabriela K. Fragiadakis, Dalia Perelman, Dylan Dahan, Bryan D. Merrill, B. Yu Feiqiao, Madeline Topf et al. "Gut-Microbiota-Targeted Diets Modulate Human Immune Status." *Cell* 184, no. 16 (2021): 4137–4153.

Wexler, Hannah M. "Bacteroides: The Good, the Bad, and the Nitty-Gritty." *Clinical Microbiology Reviews* 20, no. 4 (2007): 593–621.

Wolf, Adam, Christopher E. Doughty, and Yadvinder Malhi. "Lateral Diffusion of Nutrients by Mammalian Herbivores in Terrestrial Ecosystems." *PloS One* 8, no. 8 (2013): e71352.

Yu, Siegfried W. B., and Satish SC Rao. "Anorectal Physiology and Pathophysiology in the Elderly." *Clinics in Geriatric Medicine* 30, no. 1 (2014): 95–106.

Zafar, Hassan, and Milton H. Saier Jr. "Gut Bacteroides Species in Health and Disease." *Gut Microbes* 13, no. 1 (2021): 1848158.

Ziegler, Amanda, Liara Gonzalez, and Anthony Blikslager. "Large Animal Models: The Key to Translational Discovery in Digestive Disease Research." *Cellular and Molecular Gastroenterology and Hepatology* 2, no. 6 (2016): 716–724.

Zylberberg, Nadine. "Fermenting Your Compost." *Medium*. Aug. 2, 2020.

第二章

Allen, David J., and Terry Oleson. "Shame and Internalized Homophobia in Gay Men." *Journal of Homosexuality* 37, no. 3 (1999): 33–43.

Al-Shawaf, Laith, David MG Lewis, and David M. Buss. "Disgust and Mating Strategy." *Evolution and Human Behavior* 36, no. 3 (2015): 199–205.

Applebaum, Anne. "Trump is Turning America into the 'Shithole Country' He Fears." *The Atlantic*. July 3, 2020.

Bennett, Brian, and Tessa Berenson. "How Donald Trump Lost the Election." *Time*. November 7, 2020.

Campanile, Carl, and Yaron Steinbuch. "Rioters Left Feces, Urine in Hallways and Offices during Mobbing of US Capitol." *New York Post*. January 8, 2021.

Case, Trevor I., Betty M. Repacholi, and Richard J. Stevenson. "My Baby Doesn't Smell as Bad as Yours: The Plasticity of Disgust." *Evolution and Human Behavior* 27, no. 5 (2006): 357–365.

Cepon-Robins, Tara J., Aaron D. Blackwell, Theresa E. Gildner, Melissa A. Liebert, Samuel S. Urlacher, Felicia C. Madimenos, Geeta N. Eick, J. Josh Snodgrass, and Lawrence S. Sugiyama. "Pathogen Disgust Sensitivity Protects against Infection in a High Pathogen Environment." *Proceedings of the National Academy of Sciences* 118, no. 8 (2021): e2018552118.

Clifford, Scott, Cengiz Erisen, Dane Wendell, and Francisco Cantu. "Disgust Sensitivity and Support for Immigration across Five Nations." *Politics and the Life Sciences*. Published online March 4, 2022.

Costello, Kimberly, and Gordon Hodson. "Explaining Dehumanization among Children: The Interspecies Model of Prejudice." *British Journal of Social Psychology* 53, no. 1 (2014): 175–197.

Curtis, Val. *Don't Look, Don't Touch, Don't Eat: The Science Behind Revulsion*. University of Chicago Press, 2013.

Darling-Hammond, Sean, Eli K. Michaels, Amani M. Allen, David H. Chae, Marilyn D. Thomas, Thu T. Nguyen, Mahasin M. Mujahid, and Rucker C. Johnson. "After 'The China Virus' Went Viral: Racially Charged Coronavirus Coverage and Trends in Bias against Asian Americans." *Health Education & Behavior* 47, no. 6 (2020): 870–879.

Davey, Graham CL. "Disgust: The Disease-Avoidance Emotion and its Dysfunctions." *Philosophical Transactions of the Royal Society B: Biological Sciences* 366, no. 1583 (2011): 3453–3465.

Doughty, Caitlin. *From Here to Eternity: Traveling the World to Find the Good Death*. New York: W.W. Norton, 2017.

Dozo, Nerisa. "Gender Differences in Prejudice: A Biological and Social Psychological Analysis." Doctoral thesis, University of Queensland, 2015.

"Elephants Get a Big Thank You." *New York Times*. February 27, 2002.

Fessler, Daniel, and Kevin Haley. "Guarding the Perimeter: The Outside-Inside Dichotomy in Disgust and Bodily Experience." *Cognition & Emotion* 20, no. 1 (2006): 3–19.

Foggatt, Tyler. "Giuliani Vs. the Virgin." *The New Yorker*. May 21, 2018.

Gabriel, Trip. "In Statehouse Races, Suburban Voters' Disgust with Trump Didn't Translate into a Rebuke of Other Republicans." *New York Times*. November 29, 2020.

Gerba, Charles P. "Environmentally Transmitted Pathogens." In *Environmental Microbiology*, pp. 445-484. Oxford: Academic Press, 2009.

Goff, Phillip Atiba, Jennifer L. Eberhardt, Melissa J. Williams, and Matthew Christian Jackson. "Not Yet Human: Implicit Knowledge, Historical Dehumanization, and Contemporary Consequences." *Journal of Personality and Social Psychology* 94, no. 2 (2008): 292.

Gomi, Tarō. *Everyone Poops*. Translated by Amanda Mayer Stinchecum. Brooklyn, New York: Kane/Miller, 1993.

Hodson, Gordon, Becky L. Choma, Jacqueline Boisvert, Carolyn L. Hafer, Cara C. MacInnis, and Kimberly Costello. "The Role of Intergroup Disgust in Predicting Negative Outgroup Evaluations." *Journal of Experimental Social Psychology* 49, no. 2 (2013): 195-205.

Hodson, Gordon, Blaire Dube, and Becky L. Choma. "Can (Elaborated) Imagined Contact Interventions Reduce Prejudice among Those Higher in Intergroup

Disgust Sensitivity (ITG-DS)?" *Journal of Applied Social Psychology* 45, no. 3 (2015): 123-131.

Hodson, Gordon, Nour Kteily, and Mark Hoffarth. "Of Filthy Pigs and Subhuman Mongrels: Dehumanization, Disgust, and Intergroup Prejudice." *TPM: Testing, Psychometrics, Methodology in Applied Psychology* 21, no. 3 (2014).

Hu, Jane C. "The Panic over Chinese People Doesn't Come from the Coronavirus." *Slate*. February 4, 2020.

Igielnik, Ruth. "Men and Women in the U.S. Continue to Differ in Voter Turnout Rate, Party Identification." *Pew Research Center.* August 18, 2020.

Jack, Rachael E., Oliver GB Garrod, Hui Yu, Roberto Caldara, and Philippe G. Schyns. "Facial Expressions of Emotion Are Not Culturally Universal." *Proceedings of the National Academy of Sciences* 109, no. 19 (2012): 7241-7244.

Jacobson, Gary C. "Extreme Referendum: Donald Trump and the 2018 Midterm Elections." *Political Science Quarterly* 134, no. 1 (2019): 9-38.

Johnson, Steven. *The Ghost Map: The Story of London's Most Terrifying Epidemic—and How it Changed Science, Cities, and the Modern World.* New York: Penguin, 2006.

Kiss, Mark J., Melanie A. Morrison, and Todd G. Morrison. "A Meta-Analytic Review of the Association between Disgust and Prejudice toward Gay Men." *Journal of Homosexuality* 67, no. 5 (2020): 674-696.

Klein, Charlotte. "Watch Giuliani Demand 'Trial by Combat' to Settle the Election." *New York.* January 6, 2021.

Laporte, Dominique. *History of Shit.* Translated by Nadia Benadbid and Rodolphe el-Khoury. Cambridge, Massachusetts: The MIT Press, 2002.

Levin, Brian. "Report to the Nation: Anti-Asian Prejudice & Hate Crime. New 2020–21 First Quarter Comparison Data." California State University–San Bernardino, 2021.

"Louis Pasteur." Science History Institute, accessed April 20, 2022, https://www.sciencehistory.org/historical-profile/louis-pasteur.

Lowrey, Annie. "The One Issue That's Really Driving the Midterm Elections." *The Atlantic.* November 2, 2018.

Martin, Jonathan. "Despite Big House Losses, G.O.P. Shows No Signs of Course Correction." *New York Times.* December 2, 2018.

Mayor, Adrienne. *Greek Fire, Poison Arrows, & Scorpion Bombs: Biological and Chemical Warfare in the Ancient World.* New York: Abrams Press, 2003.

McCarrick, Christopher, and Tim Ziaukas. "Still Scary After All These Years: Mr. Yuk Nears 40." *Western Pennsylvania History: 1918-2018* (2009): 18-31.

McCrystal, Laura, and Erin McCarthy. "'Disgusted' Voters in the Philly Suburbs Could Help Biden Offset Trump's Gains in Pennsylvania." *The Philadelphia Inquirer.* September 20, 2020.

Michalak, Nicholas M., Oliver Sng, Iris M. Wang, and Joshua Ackerman. "Sounds of Sickness: Can People Identify Infectious Disease Using Sounds of Coughs and Sneezes?" *Proceedings of the Royal Society B: Biological Sciences*, 2020: 287 (1928): 20200944.

Migdon, Brooke. "Gov. DeSantis Spokesperson Says 'Don't Say Gay' Opponents Are 'Groomers.'" *The Hill.* March 7, 2022.

Milligan, Susan. "Bipartisan Disgust Could Save the Republic." *U.S. News & World Report*. January 8, 2021.

Morris Jr, J. Glenn. "Cholera—Modern Pandemic Disease of Ancient Lineage." *Emerging Infectious Diseases* 17, no. 11 (2011): 2099-2104.

Morrison, Todd G., Mark J. Kiss, C. J. Bishop, and Melanie A. Morrison. "'We're Disgusted with Queers, Not Fearful of Them': The Interrelationships among Disgust, Gay Men's Sexual Behavior, and Homonegativity." *Journal of Homosexuality* 66, no. 7 (2019): 1014-1033.

Newcomb, Steven. "On Historical Narratives and Dehumanization." *Indian Country Today*. June 20, 2012.

Nilsen, Ella. "Suburban Women Have Had Their Lives Upended by Covid-19. Trump Might Pay the Price." *Vox*. October 27, 2020.

O'Shea, Brian A., Derrick G. Watson, Gordon DA Brown, and Corey L. Fincher. "Infectious Disease Prevalence, Not Race Exposure, Predicts Both Implicit and Explicit Racial Prejudice across the United States." *Social Psychological and Personality Science* 11, no. 3 (2020): 345-355.

Pajak, Rosanna, Christine Langhoff, Sue Watson, and Sunjeev K. Kamboj. "Phenomenology and Thematic Content of Intrusive Imagery in Bowel and Bladder Obsession." *Journal of Obsessive-Compulsive and Related Disorders* 2, no. 3 (2013): 233-240.

Pollitzer, Robert. "Cholera Studies. 1. History of the Disease." *Bulletin of the World Health Organization* 10, no. 3 (1954): 421-461.

Richardson, Michael. "The Disgust of Donald Trump." *Continuum* 31, no. 6 (2017): 747-756.

Rose-Stockwell, Tobias. "This is How Your Fear and Outrage Are Being Sold for Profit." *Quartz*. July 28, 2017.

Rottman, Joshua. "Evolution, Development, and the Emergence of Disgust." *Evolutionary Psychology* 12, no. 2 (2014): 147470491401200209.

Rozin, Paul. "Disgust, Psychology of." In *International Encyclopedia of the Social & Behavioral Sciences, 2nd edition* Vol 6. 546–549. Oxford: Elsevier, 2015.

Rozin, Paul, Larry Hammer, Harriet Oster, Talia Horowitz, and Veronica Marmora. "The Child's Conception of Food: Differentiation of Categories of Rejected Substances in the 16 Months to 5 Year Age Range." *Appetite* 7, no. 2 (1986): 141-151.

Rubenking, Bridget, and Annie Lang. "Captivated and Grossed out: An Examination of Processing Core and Sociomoral Disgusts in Entertainment Media." *Journal of Communication* 64, no. 3 (2014): 543-565.

Santucci, John. "Trump Makes Sexually Derogatory Remark about Hillary Clinton, Calls Bathroom Break 'Disgusting.'" *ABCNews.com*. December 21, 2015.

Schaller, Mark, and L. A. Duncan. "The Behavioral Immune System." In *The Handbook of Evolutionary Psychology, Second Edition, Vol. 1*. 206-224. New York: Wiley, 2015.

Schlatter, Evelyn, and Robert Steinback. "10 Anti-Gay Myths Debunked." *Intelligence Report*. February 27, 2011.

Shear, Michael D., Katie Benner, and Michael S. Schmidt. "'We Need to Take away Children,' No Matter How Young, Justice Dept. Officials Said." *New York Times*. October 6, 2020.

Shorrocks, Rosalind. "Gender Gaps in the 2019 General Election." *UK in a Changing Europe*. March 8, 2021.

Skinner, Allison L., and Caitlin M. Hudac. "'Yuck, You Disgust Me!' Affective Bias Against Interracial Couples." *Journal of Experimental Social Psychology* 68 (2017): 68-77.

Spinelli, Marcelo. "Decorative Beauty Was a Taboo Thing." *Brilliant! New Art from London*, exhibit catalogue, 67. Minneapolis, Walker Art Center, 1995.

Terrizzi Jr, John A., Natalie J. Shook, and Michael A. McDaniel. "The Behavioral Immune System and Social Conservatism: A Meta-Analysis." *Evolution and Human Behavior* 34, no. 2 (2013): 99-108.

Thompson, Derek. "Why Men Vote for Republicans, and Women Vote for Democrats." *The Atlantic*. February 10, 2020.

"#ToiletPaperApocalypse: Australia's Toilet Paper Problem and the Subsequent Explosion." *Asiaville*. March 4, 2020.

Tuite, Ashleigh R., Christina H. Chan, and David N. Fisman. "Cholera, Canals, and Contagion: Rediscovering Dr Beck's Report." *Journal of Public Health Policy* 32, no. 3 (2011): 320-333.

Tulchinsky, Theodore H., and Elena A. Varavikova. "A History of Public Health." In *The New Public Health* 1-42. Cambridge, Massachusetts: Academic Press, 2014.

Turnbull, Stephen. *Siege Weapons of the Far East (1): AD 612–1300*. Oxford: Osprey Publishing, 2012.

Tybur, Joshua M., Debra Lieberman, and Vladas Griskevicius. "Microbes, Mating, and Morality: Individual Differences in Three Functional Domains of Disgust." *Journal of Personality and Social Psychology* 97, no. 1 (2009): 103-122.

Vitali, Ali, Kasie Hunt, and Frank Thorp V. "Trump Referred to Haiti and African Nations as 'Shithole' Countries." *NBCNews.com*. January 11, 2018.

Vogel, Carol. "An Artist Who's Grateful for Elephants." *New York Times*. February 21, 2002.

Young, Allison. "Chris Ofili, The Holy Virgin Mary." *Smarthistory*, August 9, 2015.

Zakrzewska, Marta, Jonas K. Olofsson, Torun Lindholm, Anna Blomkvist, and Marco Tullio Liuzza. "Body Odor Disgust Sensitivity Is Associated with Prejudice Towards a Fictive Group of Immigrants." *Physiology & Behavior* 201 (2019): 221-227.

Zint, Bradley. "Costa Mesa Restaurant's Special: Spend $20 on Takeout, Get a Free Roll of Toilet Paper." *The Los Angeles Times*. March 18, 2020.

第三章

Allen-Vercoe, Emma, and Elaine O. Petrof. "Artificial Stool Transplantation: Progress Towards a Safer, More Effective and Acceptable Alternative." *Expert Review of Gastroenterology & Hepatology* 7, no. 4 (2013): 291-293.

Aroniadis, Olga C., and Lawrence J. Brandt. "Fecal Microbiota Transplantation: Past, Present and Future." *Current Opinion in Gastroenterology* 29, no. 1 (2013): 79-84.

Bassler, Anthony. "A New Method of Treatment for Chronic Intestinal Putrefactions by Means of Rectal Instillations of Autogenous Bacteria and Strains of Human Bacillus coli communis." *Medical Record (1866-1922)* 78, no. 13 (1910): 519.

Baunwall, Simon Mark Dahl, Mads Ming Lee, Marcel Kjærsgaard Eriksen, Benjamin H. Mullish, Julian R. Marchesi, Jens Frederik Dahlerup, and Christian Lodberg Hvas. "Faecal Microbiota Transplantation for Recurrent Clostridioides difficile Infection: An Updated Systematic Review and Meta-Analysis." *EClinicalMedicine* 29 (2020): 100642.

Boneca, Ivo G., and Gabriela Chiosis. "Vancomycin Resistance: Occurrence, Mechanisms and Strategies to Combat It." *Expert Opinion on Therapeutic Targets* 7, no. 3 (2003): 311-328.

Borody, Thomas J., Eloise F. Warren, Sharyn Leis, Rosa Surace, and Ori Ashman. "Treatment of Ulcerative Colitis Using Fecal Bacteriotherapy." *Journal of Clinical Gastroenterology* 37, no. 1 (2003): 42-47.

Borody, Thomas J., Eloise F. Warren, Sharyn M. Leis, Rosa Surace, Ori Ashman, and Steven Siarakas. "Bacteriotherapy Using Fecal Flora: Toying with Human Motions." *Journal of Clinical Gastroenterology* 38, no. 6 (2004): 475-483.

Bourke, John Gregory. *Scatalogic Rites of All Nations*. Washington, DC: Lowdermilk & Company, 1891.

Brandt, Lawrence J. "Editorial Commentary: Fecal Microbiota Transplantation: Patient and Physician Attitudes." *Clinical Infectious Diseases* 55, no. 12 (2012): 1659-1660.

Bryce, E., T. Zurberg, M. Zurberg, S. Shajari, and D. Roscoe. "Identifying Environmental Reservoirs of Clostridium difficile with a Scent Detection Dog: Preliminary Evaluation." *Journal of Hospital Infection* 97, no. 2 (2017): 140-145.

Cammarota, Giovanni, Gianluca Ianiro, Colleen R. Kelly, Benjamin H. Mullish, Jessica R. Allegretti, Zain Kassam, Lorenza Putignani et al. "International Consensus Conference on Stool Banking for Faecal Microbiota Transplantation in Clinical Practice." *Gut* 68, no. 12 (2019): 2111-2121.

Craven, Laura J., Seema Nair Parvathy, Justin Tat-Ko, Jeremy P. Burton, and Michael S. Silverman. "Extended Screening Costs Associated with Selecting Donors for Fecal Microbiota Transplantation for Treatment of Metabolic Syndrome-Associated Diseases." *Open Forum Infectious Diseases* 4, no. 4 (2017): ofx243.

Dahlhamer, James M., Emily P. Zammitti, Brian W. Ward, Anne G. Wheaton, and Janet B. Croft. "Prevalence of Inflammatory Bowel Disease among Adults Aged ≥ 18 Years—United States, 2015." *Morbidity and Mortality Weekly Report* 65, no. 42 (2016): 1166-1169.

DeFilipp, Zachariah, Patricia P. Bloom, Mariam Torres Soto, Michael K. Mansour, Mohamad RA Sater, Miriam H. Huntley, Sarah Turbett, Raymond T. Chung, Yi-Bin Chen, and Elizabeth L. Hohmann. "Drug-Resistant E. coli Bacteremia Transmitted by Fecal Microbiota Transplant." *New England Journal of Medicine* 381, no. 21 (2019): 2043-2050.

DePeters, E. J., and L. W. George. "Rumen Transfaunation." *Immunology Letters* 162, no. 2 (2014): 69-76.

Du, Huan, Ting-ting Kuang, Shuang Qiu, Tong Xu, Chen-Lei Gang Huan, Gang Fan, and Yi Zhang. "Fecal Medicines Used in Traditional Medical System of China: A Systematic Review of Their Names, Original Species, Traditional Uses, and Modern Investigations." *Chinese Medicine* 14, no. 1 (2019): 1-16.

Eiseman, Ben, W. Silen, G. S. Bascom, and A. J. Kauvar. "Fecal Enema as an Adjunct in the Treatment of Pseudomembranous Enterocolitis." *Surgery* 44, no. 5 (1958): 854-859.

Falkow, Stanley. "Fecal Transplants in the 'Good Old Days.'" *Small Things Considered*. May 13, 2013.

Freeman, J., M. P. Bauer, Simon D. Baines, J. Corver, W. N. Fawley, B. Goorhuis, E. J. Kuijper, and M. H. Wilcox. "The Changing Epidemiology of Clostridium difficile Infections." *Clinical Microbiology Reviews* 23, no. 3 (2010): 529-549.

Grady, Denise. "Fecal Transplant Is Linked to a Patient's Death, the F.D.A. Warns." *New York Times*. June 13, 2019.

Guh, Alice Y., Yi Mu, Lisa G. Winston, Helen Johnston, Danyel Olson, Monica M. Farley, Lucy E. Wilson et al. "Trends in US Burden of Clostridioides difficile Infection and Outcomes." *New England Journal of Medicine* 382, no. 14 (2020): 1320-1330.

HomeFMT. "Fecal Transplant (FMT)" *YouTube*. May 13, 2013.

Hopkins, Roy J., and Robert B. Wilson. "Treatment of Recurrent *Clostridium difficile* Colitis: A Narrative Review." *Gastroenterology Report* 6, no. 1 (2018): 21-28.

Jacobs, Andrew. "Drug Companies and Doctors Battle over the Future of Fecal Transplants." *New York Times*. March 3, 2019.

Jacobs, Andrew. "How Contaminated Stool Stored in a Freezer Left a Fecal Transplant Patient Dead." *New York Times*. October 30, 2019.

Kao, Dina, Karen Wong, Rose Franz, Kyla Cochrane, Keith Sherriff, Linda Chui, Colin Lloyd et al. "The Effect of a Microbial Ecosystem Therapeutic (MET-2) on Recurrent Clostridioides difficile Infection: A Phase 1, Open-Label, Single-Group Trial." *The Lancet Gastroenterology & Hepatology* 6, no. 4 (2021): 282-291.

Katz, Kevin C., George R. Golding, Kelly Baekyung Choi, Linda Pelude, Kanchana R. Amaratunga, Monica Taljaard, Stephanie Alexandre et al. "The Evolving Epidemiology of Clostridium difficile Infection in Canadian Hospitals during a Postepidemic Period (2009–2015)." *CMAJ* 190, no. 25 (2018): E758-E765.

Kelly, Colleen R., Sachin S. Kunde, and Alexander Khoruts. "Guidance on Preparing an Investigational New Drug Application for Fecal Microbiota Transplantation Studies." *Clinical Gastroenterology and Hepatology* 12, no. 2 (2014): 283-288.

Khoruts, Alexander, Johan Dicksved, Janet K. Jansson, and Michael J. Sadowsky. "Changes in the Composition of the Human Fecal Microbiome after Bacteriotherapy for Recurrent Clostridium difficile-Associated Diarrhea." *Journal of Clinical Gastroenterology* 44, no. 5 (2010): 354-360.

Li, Cheng, Teresa Zurberg, Jaime Kinna, Kushal Acharya, Jack Warren, Salomeh Shajari, Leslie Forrester, and Elizabeth Bryce. "Using Scent Detection Dogs to Identify Environmental Reservoirs of Clostridium difficile: Lessons from the Field." *Canadian Journal of Infection Control* 34, no. 2 (2019): 93-95.

Li, Simone S., Ana Zhu, Vladimir Benes, Paul I. Costea, Rajna Hercog, Falk Hildebrand, Jaime Huerta-Cepas et al. "Durable Coexistence of Donor and Recipient

Strains after Fecal Microbiota Transplantation." *Science* 352, no. 6285 (2016): 586-589.

Marchione, Marilyn. "Pills Made from Poop Cure Serious Gut Infections." *Associated Press*. October 3, 2013.

"OpenBiome Announces New Collaboration with the University of Minnesota to Treat Patients with Recurrent C. difficile Infections." News release, OpenBiome, January 20, 2022.

"OpenBiome Announces New Direct Testing for SARS-CoV-2 in Fecal Microbiota Transplantation (FMT) Preparations and Release of New Inventory." News release, OpenBiome, February 23, 2021.

Ratner, Mark. "Microbial Cocktails Raise Bar for *C. diff.* Treatments." *Nature Biotechnology*. December 3, 2020.

Sachs, Rachel E., and Carolyn A. Edelstein. "Ensuring the Safe and Effective FDA Regulation of Fecal Microbiota Transplantation." *Journal of Law and the Biosciences* 2, no. 2 (2015): 396-415.

Scudellari, Megan. "News Feature: Cleaning up the Hygiene Hypothesis." *Proceedings of the National Academy of Sciences* 114, no.7 (2017): 1433-1436.

Sheridan, Kate. "Months of Limbo at OpenBiome Put Fecal Matter Transplants on Hold Across the Country." *STAT+*. December 8, 2020.

Sholeh, Mohammad, Marcela Krutova, Mehdi Forouzesh, Sergey Mironov, Nourkhoda Sadeghifard, Leila Molaeipour, Abbas Maleki, and Ebrahim Kouhsari. "Antimicrobial Resistance in Clostridioides (Clostridium) difficile Derived from Humans: A Systematic Review and Meta-Analysis." *Antimicrobial Resistance & Infection Control* 9, no. 1 (2020): 1-11.

Smith, Sean B., Veronica Macchi, Anna Parenti, and Raffaele De Caro. "Hieronymous Fabricius Ab Acquapendente (1533–1619)." *Clinical Anatomy* 17, no. 7 (2004): 540-543.

Stein, Rob. "FDA Backs off on Regulation of Fecal Transplants." *NPR*. June 18, 2013.

Turner, Nicholas A., Steven C. Grambow, Christopher W. Woods, Vance G. Fowler, Rebekah W. Moehring, Deverick J. Anderson, and Sarah S. Lewis. "Epidemiologic Trends in Clostridioides difficile Infections in a Regional Community Hospital Network." *JAMA Network Open* 2, no. 10 (2019): e1914149-e1914149.

U.S. Food and Drug Administration. "Important Safety Alert Regarding Use of Fecal Microbiota for Transplantation and Risk of Serious Adverse Reactions Due to Transmission of Multi-Drug Resistant Organisms." Press release, June 13, 2019.

U.S. Food and Drug Administration. "Update to March 12, 2020 Safety Alert Regarding Use of Fecal Microbiota for Transplantation and Risk of Serious Adverse Events Likely Due to Transmission of Pathogenic Organisms." Press release, March 13, 2020.

Van Nood, Els, Anne Vrieze, Max Nieuwdorp, Susana Fuentes, Erwin G. Zoetendal, Willem M. de Vos, Caroline E. Visser et al. "Duodenal Infusion of Donor Feces for Recurrent Clostridium difficile." *New England Journal of Medicine* 368, no. 5 (2013): 407-415.

Williams, Shawna. "Fecal Microbiota Transplantation Is Poised for a Makeover." *The Scientist*. June 1, 2021.

Woodworth, Michael H., Cynthia Carpentieri, Kaitlin L. Sitchenko, and Colleen S. Kraft. "Challenges in Fecal Donor Selection and Screening for Fecal Microbiota Transplantation: A Review." *Gut Microbes* 8, no. 3 (2017): 225-237.

Worcester, Sharon. "FDA Eases Some Fecal Transplant Restrictions." *MDedge News*. June 19, 2013.

Yatsunenko, Tanya, Federico E. Rey, Mark J. Manary, Indi Trehan, Maria Gloria Dominguez-Bello, Monica Contreras, Magda Magris et al. "Human Gut Microbiome Viewed across Age and Geography." *Nature* 486, no. 7402 (2012): 222-227.

Yong, Ed. "Sham Poo Washes Out." *The Atlantic*. Aug. 1, 2016.

Zhang, Faming, Wensheng Luo, Yan Shi, Zhining Fan, and Guozhong Ji. "Should We Standardize the 1,700-Year-Old Fecal Microbiota Transplantation?" *The American Journal of Gastroenterology* 107, no. 11 (2012): 1755.

第四章

Amann, Anton, Ben de Lacy Costello, Wolfram Miekisch, Jochen Schubert, Bogusław Buszewski, Joachim Pleil, Norman Ratcliffe, and Terence Risby. "The Human Volatilome: Volatile Organic Compounds (VOCs) In Exhaled Breath, Skin Emanations, Urine, Feces and Saliva." *Journal of Breath Research* 8, no. 3 (2014): 034001.

Angle, Craig, Lowell Paul Waggoner, Arny Ferrando, Pamela Haney, and Thomas Passler. "Canine Detection of the Volatilome: A Review of Implications for Pathogen and Disease Detection." *Frontiers in Veterinary Science* 3 (2016): 47.

Appelt, Sandra, Fabrice Armougom, Matthieu Le Bailly, Catherine Robert, and Michel Drancourt. "Polyphasic Analysis of a Middle Ages Coprolite Microbiota, Belgium." *PloS One* 9, no. 2 (2014): e88376.

Appelt, Sandra, Laura Fancello, Matthieu Le Bailly, Didier Raoult, Michel Drancourt, and Christelle Desnues. "Viruses in a 14th-Century Coprolite." *Applied and Environmental Microbiology* 80, no. 9 (2014): 2648-2655.

Benecke, Mark. "Arthropods and Corpses." In *Forensic Pathology Reviews*. 207-240. Totowa, New Jersey: Humana Press, 2005.

Benecke, Mark, Eberhard Josephi, and Ralf Zweihoff. "Neglect of the Elderly: Forensic Entomology Cases and Considerations." *Forensic Science International* 146 (2004): S195-S199.

Benecke, Mark, and Rüdiger Lessig. "Child Neglect and Forensic Entomology." *Forensic Science International* 120, no. 1-2 (2001): 155-159.

Bennett, Matthew R., David Bustos, Jeffrey S. Pigati, Kathleen B. Springer, Thomas M. Urban, Vance T. Holliday, Sally C. Reynolds et al. "Evidence of Humans in North America during the Last Glacial Maximum." *Science* 373, no. 6562 (2021): 1528-1531.

Berstad, Arnold, Jan Raa, and Jørgen Valeur. "Indole–the Scent of a Healthy 'Inner Soil.'" *Microbial Ecology in Health and Disease* 26, no. 1 (2015): 27997.

Bol, Peter Kees. "The Washing Away of Wrongs [Hsi yuan chi lu, by Sung Tz'u (1186–1249)]: Forensic Medicine in Thirteenth-Century China. Translated and introduced by Brian E. McKnight. Ann Arbor: University of Michigan Center for

Chinese Studies, Science, Medicine, and Technology in East Asia no. 1, 1981. xv, 181 pp. Illustrations, Bibliography, Index. 6." *The Journal of Asian Studies* 42, no. 3 (1983): 643-644.

Bonacci, Teresa, Vannio Vercillo, and Mark Benecke. "Flies and Ants: A Forensic Entomological Neglect Case of an Elderly Man in Calabria, Southern Italy." *Romanian Journal of Legal Medicine* 25 (2017): 283-286.

Bowers, C. Michael. "Review of a Forensic Pseudoscience: Identification of Criminals from Bitemark Patterns." *Journal of Forensic and Legal Medicine* 61 (2019): 34-39.

Brewer, Kirstie. "Paleoscatologists Dig up Stools 'as Precious as the Crown Jewels.'" *The Guardian*. May 12, 2016.

Bryant, Vaughn M. "The Eric O. Callen Collection." *American Antiquity* 39, no. 3 (1974): 497-498.

Bryant, Vaughn M., and Glenna W. Dean. "Archaeological Coprolite Science: the Legacy of Eric O. Callen (1912–1970)." *Palaeogeography, Palaeoclimatology, Palaeoecology* 237, no. 1 (2006): 51-66.

Catts, E. Paul, and M. Lee Goff. "Forensic Entomology in Criminal Investigations." *Annual Review of Entomology* 37, no. 1 (1992): 253-272.

Curran, Allison M., Scott I. Rabin, Paola A. Prada, and Kenneth G. Furton. "Comparison of the Volatile Organic Compounds Present in Human Odor Using SPME-GC/MS." *Journal of Chemical Ecology* 31, no. 7 (2005): 1607-1619.

D'Anjou, Robert M., Raymond S. Bradley, Nicholas L. Balascio, and David B. Finkelstein. "Climate Impacts on Human Settlement and Agricultural Activities in Northern Norway Revealed through Sediment Biogeochemistry." *Proceedings of the National Academy of Sciences* 109, no. 50 (2012): 20332-20337.

Daswick, Tyler. "How the Ultimate Men's Health Dog Tracks down Missing Persons." *Men's Health*. June 27, 2017.

Drabinska, Natalia, Cheryl Flynn, Norman Ratcliffe, Ilaria Belluomo, Antonis Myridakis, Oliver Gould, Matteo Fois, Amy Smart, Terry Devine, and Ben PJ de Lacy Costello. "A Literature Survey of Volatiles from the Healthy Human Breath and Bodily Fluids: The Human Volatilome." *Journal of Breath Research* (2021).

Duggan, W. Dennis. "A History of the Bench and Bar of Albany County." Historical Society of the New York Courts, 2021.

Ensminger, John J., and Tadeusz Jezierski. "Scent Lineups in Criminal Investigations and Prosecutions." In *Police and Military Dogs*. 101-116. Boca Raton, Florida: CRC Press, 2011.

Ferry, Barbara, John J. Ensminger, Adee Schoon, Zbignev Bobrovskij, David Cant, Maciej Gawkowski, IIlkka Hormila et al. "Scent Lineups Compared across Eleven Countries: Looking for the Future of a Controversial Forensic Technique." *Forensic Science International* 302 (2019): 109895.

Foley, Denis. *Lemuel Smith and the Compulsion to Kill: The Forensic Story of a Multiple Personality Serial Killer.* Delmar, New York: New Leitrim House, 2003.

Friedmaan, Albert B. "The Scatological Rites of Burglars." *Western Folklore*. 27, No. 3 (1968): 171-179.

Gerritsen, Resi, and Ruud Haak. "History of the Police Dog." In *K9 Working Breeds: Characteristics and Capabilities*. Calgary: Detselig, 2007.

Gilbert, M. Thomas P., Dennis L. Jenkins, Anders Gotherstrom, Nuria Naveran, Juan J. Sanchez, Michael Hofreiter, Philip Francis Thomsen et al. "DNA from Pre-Clovis Human Coprolites in Oregon, North America." *Science* 320, no. 5877 (2008): 786-789.

Gopalakrishnan, S., VM Anantha Eashwar, M. Muthulakshmi, and A. Geetha. "Intestinal Parasitic Infestations and Anemia among Urban Female School Children in Kancheepuram District, Tamil Nadu." *Journal of Family Medicine and Primary Care* 7, no. 6 (2018): 1395-1400.

Hald, Mette Marie, Betina Magnussen, Liv Appel, Jakob Tue Christensen, Camilla Haarby Hansen, Peter Steen Henriksen, Jesper Langkilde, Kristoffer Buck Pedersen, Allan Dørup Knudsen, and Morten Fischer Mortensen. "Fragments of Meals in Eastern Denmark from the Viking Age to the Renaissance: New Evidence from Organic Remains in Latrines." *Journal of Archaeological Science: Reports* 31 (2020): 102361.

Hald, Mette Marie, Jacob Mosekilde, Betina Magnussen, Martin Jensen Søe, Camilla Haarby Hansen, and Morten Fischer Mortensen. "Tales from the Barrels: Results from a Multi-Proxy Analysis of a Latrine from Renaissance Copenhagen, Denmark." *Journal of Archaeological Science: Reports* 20 (2018): 602-610.

Hald, Mette Marie, Morten Fischer Mortensen, and Andreas Tolstrup. "Lortemorgen! Forskning og Formidling af Latriner." *Nationalmuseets Arbejdsmark* (2019): 124-133.

Harrault, Loïc, Karen Milek, Emilie Jardé, Laurent Jeanneau, Morgane Derrien, and David G. Anderson. "Faecal Biomarkers Can Distinguish Specific Mammalian Species in Modern and Past Environments." *PLoS One* 14, no. 2 (2019): e0211119.

Horowitz, Alexandra, and Becca Franks. "What Smells? Gauging Attention to Olfaction in Canine Cognition Research." *Animal Cognition* 23, no. 1 (2020): 11-18.

Hunter, Andrea A., James Munkres, and Barker Fariss. "Osage Nation NAGPRA Claim for Human Remains Removed from the Clarksville Mound Group (23PI6), Pike County, Missouri," Osage Nation Historic Preservation Office (2013): 1–60.

Jeffrey, Simon. "Museum's Broken Treasure Not Just Any Old Shit." *The Guardian*. June 6, 2003.

Jensen, Peter Mose, Christian Vrængmose Jensen, Jette Linaa, and Jakob Ørnbjerg. "Biskoppernes Latrin. En Tværvidenskabelig Undersøgelse af 1700-Tals Latrin fra Aalborg." *Kulturstudier* 7, no. 2 (2016): 41-76.

Krichbaum, Sarah, Bart Rogers, Emma Cox, L. Paul Waggoner, and Jeffrey S. Katz. "Odor Span Task in Dogs (*Canis familiaris*)." *Animal Cognition* 23, no. 3 (2020): 571–580.

Kudo, Keiko, Chiaki Miyazaki, Ryo Kadoya, Tohru Imamura, Narumi Jitsufuchi, and Noriaki Ikeda. "Laxative Poisoning: Toxicological Analysis of Bisacodyl and its Metabolite in Urine, Serum, and Stool." *Journal of Analytical Toxicology* 22, no. 4 (1998): 274-278.

Landry, Alyssa. "Native history: Osage Forced to Abandon Lands in Missouri and Arkansas." *Indian Country Today*. November 10, 2013.

Lanska, Douglas J. "Optograms and Criminology: Science, News Reporting, and Fanciful Novels." *Progress in Brain Research*. 205 (2013): 55-84.

Levenson, Eric. "How Cadaver Dogs Found a Missing Pennsylvania Man Deep Underground." *CNN*. July 13, 2017.

"Lloyds Bank Coprolite." *Atlas Obscura*. December 26, 2018.

Long, Robert A., Therese M. Donovan, Paula Mackay, William J. Zielinski, and Jeffrey S. Buzas. "Effectiveness of Scat Detection Dogs for Detecting Forest Carnivores." *The Journal of Wildlife Management* 71, no. 6 (2007): 2007-2017.

Lozano, Alicia Victoria. "In Their Own Words: Admitted Killer Cosmo DiNardo, Accused Accomplice Sean Kratz Detail Bucks County Farm Murders in Confession Recordings." *NBCPhiladelphia.com*. May 15, 2018.

Marchal, Sophie, Olivier Bregeras, Didier Puaux, Rémi Gervais, and Barbara Ferry. "Rigorous Training of Dogs Leads to High Accuracy in Human Scent Matching-To-Sample Performance." *Plos One* 11, no. 2 (2016): e0146963.

Meier, Allison C. "Finding a Murderer in a Victim's Eye." *JSTOR Daily*. October 31, 2018.

Mitchell, Piers D. "Human Parasites in Medieval Europe: Lifestyle, Sanitation and Medical Treatment." In *Advances in Parasitology*, Vol. 90. 389-420. Oxford: Academic Press, 2015.

Mitchell, Piers D. "Human Parasites in the Roman World: Health Consequences of Conquering an Empire." *Parasitology* 144, no. 1 (2017): 48-58.

Mitchell, Piers D. "The Origins of Human Parasites: Exploring the evidence for Endoparasitism throughout Human Evolution." *International Journal of Paleopathology* 3, no. 3 (2013): 191-198.

Mitchell, Piers D., Hui-Yuan Yeh, Jo Appleby, and Richard Buckley. "The Intestinal Parasites of King Richard III." *The Lancet* 382, no. 9895 (2013): 888.

Nicholson, Rebecca, Jennifer Robinson, Mark Robinson, and Erica Rowan. "From the Waters to the Plate to the Latrine: Fish and Seafood from the Cardo V Sewer, Herculaneum." *Journal of Maritime Archaeology* 13, no. 3 (2018): 263-284.

Norris, David O., and Jane H. Bock. "Use of Fecal Material to Associate a sSuspect with a Crime Scene: Report of Two Cases." *Journal of Forensic Science* 45, no. 1 (2000): 184-187.

Pearce, Jemah. "Copenhagen Burnt Down 3 Times in 80 Years. It Was Not All Bad." *Uniavisen*. May 14, 2019.

"Peoria Tribe of Indians of Oklahoma." Accessed April 20, 2022, https://peoriatribe.com/culture/.

Pinc, Ludvík, Luděk Bartoš, Alice Reslova, and Radim Kotrba. "Dogs Discriminate Identical Twins." *PLoS One* 6, no. 6 (2011): e20704.

Rampelli, Simone, Silvia Turroni, Carolina Mallol, Cristo Hernandez, Bertila Galván, Ainara Sistiaga, Elena Biagi et al. "Components of a Neanderthal gut microbiome recovered from fecal sediments from El Salt." *Communications Biology* 4, no. 1 (2021): 1-10.

Rankin, Caitlin G., Casey R. Barrier, and Timothy J. Horsley. "Evaluating Narratives of Ecocide with the Stratigraphic Record at Cahokia Mounds State Historic Site, Illinois, USA." *Geoarchaeology* 36, no. 3 (2021): 369-387.

Robinson, Mark, and Erica Rowan. "Roman Food Remains in Archaeology and the Contents of a Roman Sewer at Herculaneum." In *A Companion to Food in the Ancient World*, First Edition. 105-115. Hoboken, New Jersey: Wiley, 2015.

Robinson, Nathan J. "Forensic Pseudoscience." *Boston Review*. November 16, 2015.

Sakr, Rania, Cedra Ghsoub, Celine Rbeiz, Vanessa Lattouf, Rachelle Riachy, Chadia Haddad, and Marouan Zoghbi. "COVID-19 Detection by Dogs: From Physiology to Field Application—a Review Article." *Postgraduate Medical Journal* 98, no. 1157 (2022): 212-218.

Saks, Michael J., Thomas Albright, Thomas L. Bohan, Barbara E. Bierer, C. Michael Bowers, Mary A. Bush, Peter J. Bush et al. "Forensic Bitemark Identification: Weak Foundations, Exaggerated Claims." *Journal of Law and the Biosciences* 3, no. 3 (2016): 538-575.

Schneider, Judith, Eduard Mas-Carrió, Catherine Jan, Christian Miquel, Pierre Taberlet, Katarzyna Michaud, and Luca Fumagalli. "Comprehensive Coverage of Human Last Meal Components Revealed by a Forensic DNA Metabarcoding Approach." *Scientific Reports* 11, no. 1 (2021): 1-8.

Sistiaga, Ainara, Carolina Mallol, Bertila Galván, and Roger Everett Summons. "The Neanderthal Meal: A New Perspective Using Faecal Biomarkers." *PloS One* 9, no. 6 (2014): e101045.

Sistiaga, Ainara, Francesco Berna, Richard Laursen, and Paul Goldberg. "Steroidal Biomarker Analysis of a 14,000 Years Old Putative Human Coprolite from Paisley Cave, Oregon." *Journal of Archaeological Science* 41 (2014): 813-817.

Verheggen, François, Katelynn A. Perrault, Rudy Caparros Megido, Lena M. Dubois, Frédéric Francis, Eric Haubruge, Shari L. Forbes, Jean-François Focant, and Pierre-Hugues Stefanuto. "The Odor of Death: An Overview of Current Knowledge on Characterization and Applications." *Bioscience* 67, no. 7 (2017): 600-613.

Vynne, Carly, John R. Skalski, Ricardo B. Machado, Martha J. Groom, Anah TA Jácomo, J. A. D. E. R. Marinho-Filho, Mario B. Ramos Neto et al. "Effectiveness of Scat-Detection Dogs in Determining Species Presence in a Tropical Savanna Landscape." *Conservation Biology* 25, no. 1 (2011): 154-162.

White, A. J., Lora R. Stevens, Varenka Lorenzi, Samuel E. Munoz, Carl P. Lipo, and Sissel Schroeder. "An Evaluation of Fecal Stanols as Indicators of Population Change at Cahokia, Illinois." *Journal of Archaeological Science* 93 (2018): 129-134.

White, A. J., Lora R. Stevens, Varenka Lorenzi, Samuel E. Munoz, Sissel Schroeder, Angelica Cao, and Taylor Bogdanovich. "Fecal Stanols Show Simultaneous Flooding and Seasonal Precipitation Change Correlate with Cahokia's Population Decline." *Proceedings of the National Academy of Sciences* 116, no. 12 (2019): 5461-5466.

White, A. J., Samuel E. Munoz, Sissel Schroeder, and Lora R. Stevens. "After Cahokia: Indigenous Repopulation and Depopulation of the Horseshoe Lake Watershed AD 1400–1900." *American Antiquity* 85, no. 2 (2020): 263-278.

Wilke, Philip J., and Henry Johnson Hall. *Analysis of Ancient Feces: A Discussion and Annotated Bibliography*. Berkeley: Archaeological Research Facility, Department of Anthropology, University of California, 1975.

Yeh, Hui-Yuan, and Piers D. Mitchell. "Ancient Human Parasites in Ethnic Chinese Populations." *The Korean Journal of Parasitology* 54, no. 5 (2016): 565.

第五章

Ahmed, Iftikhar, Rosemary Greenwood, Ben de Lacy Costello, Norman M. Ratcliffe, and Chris S. Probert. "An Investigation of Fecal Volatile Organic Metabolites in Irritable Bowel Syndrome." *PloS One* 8, no. 3 (2013): e58204.

Ahmed, Imtiaz, Muhammad Najmuddin Shabbir, Mohammad Ali Iqbal, and Muhammad Shahzeb. "Role of Defecation Postures on the Outcome of Chronic Anal Fissure." *Pakistan Journal of Surgery* 29, no. 4 (2013): 269-271.

Allen, Thomas. *Plain Directions for the Prevention and Treatment of Cholera.* Oxford: J. Vincent, 1848.

Amann, Anton, Ben de Lacy Costello, Wolfram Miekisch, Jochen Schubert, Bogusław Buszewski, Joachim Pleil, Norman Ratcliffe, and Terence Risby. "The Human Volatilome: Volatile Organic Compounds (VOCs) In Exhaled Breath, Skin Emanations, Urine, Feces and Saliva." *Journal of Breath Research* 8, no. 3 (2014): 034001.

Antoniou, Georgios P., Giovanni De Feo, Franz Fardin, Aldo Tamburrino, Saifullah Khan, Fang Tie, Ieva Reklaityte et al. "Evolution of Toilets Worldwide through the Millennia." *Sustainability* 8, no. 8 (2016): 779.

Asbjørnsen, Peter Christen & Jørgen Engebretsen Moe. *The Complete Norwegian Folktales and Legends of Asbjørnsen & Moe.* Translated by Simon Roy Hughes. 2020.

Asnicar, Francesco, Emily R. Leeming, Eirini Dimidi, Mohsen Mazidi, Paul W. Franks, Haya Al Khatib, Ana M. Valdes et al. "Blue Poo: Impact of Gut Transit Time on the Gut Microbiome Using a Novel Marker." *Gut* 70, no. 9 (2021): 1665-1674.

Bala, Manju, Asha Sharma, and Gaurav Sharma. "Assessment of Heavy Metals in Faecal Pellets of Blue Rock Pigeon from Rural and Industrial Environment in India." *Environmental Science and Pollution Research* 27, no. 35 (2020): 43646-43655.

Barbieri, Annalisa. "The Truth about Poo: We're Doing It Wrong." *The Guardian*. May 18, 2015.

Barclay, Eliza. "For Best Toilet Health: Squat or Sit?" *NPR*. September 28, 2012.

Baron, Ruth, Meron Taye, Isolde Besseling-van der Vaart, Joanne Ujčič-Voortman, Hania Szajewska, Jacob C. Seidell, and Arnoud Verhoeff. "The Relationship of Prenatal Antibiotic Exposure and Infant Antibiotic Administration with Childhood Allergies: A Systematic Review." *BMC Pediatrics* 20, no. 1 (2020): 1-14.

Bekkali, Noor, Sofie L. Hamers, Johannes B. Reitsma, Letty Van Toledo, and Marc A. Benninga. "Infant Stool form Scale: Development and Results." *The Journal of Pediatrics* 154, no. 4 (2009): 521-526.

Bharucha, Adil E., John H. Pemberton, and G. Richard Locke. "American Gastroenterological Association Technical Review on Constipation." *Gastroenterology* 144, no. 1 (2013): 218-238.

Blasdel, Alex. "Bowel Movement: The Push to Change the Way You Poo." *The Guardian*. November 30, 2018.

BMJ. "Cliff and C. diff—Smelling the Diagnosis" *YouTube*. December 14, 2012.

Bomers, Marije K., Michiel A. Van Agtmael, Hotsche Luik, Merk C. Van Veen, Christina MJE Vandenbroucke-Grauls, and Yvo M. Smulders. "Using a Dog's Superior Olfactory Sensitivity to Identify Clostridium difficile in Stools and Patients: Proof of Principle Study." *BMJ* 345 (2012): e7396.

Bond, Allison. "A 'Shark Tank'-Funded Test for Food Sensitivity Is Medically Dubious, Experts Say." *STAT*. January 23, 2018.

Branswell, Helen. "The Dogs Were Supposed to Be Experts at Sniffing out C. diff. Then They Smelled Breakfast." *STAT*. Aug. 22, 2018.

Brown, S. R., P. A. Cann, and N. W. Read. "Effect of Coffee on Distal Colon Function." *Gut* 31, no. 4 (1990): 450-453.

Bryce, E., T. Zurberg, M. Zurberg, S. Shajari, and D. Roscoe. "Identifying Environmental Reservoirs of Clostridium difficile with a Scent Detection Dog: Preliminary Evaluation." *Journal of Hospital Infection* 97, no. 2 (2017): 140-145.

Carlson, Alexander L., Kai Xia, M. Andrea Azcarate-Peril, Barbara D. Goldman, Mihye Ahn, Martin A. Styner, Amanda L. Thompson, Xiujuan Geng, John H. Gilmore, and Rebecca C. Knickmeyer. "Infant Gut Microbiome Associated with Cognitive Development." *Biological Psychiatry* 83, no. 2 (2018): 148-159.

Chakrabarti, S. D., R. Ganguly, S. K. Chatterjee, and A. Chakravarty. "Is Squatting a Triggering Factor for Stroke in Indians?" *Acta Neurologica Scandinavica* 105, no. 2 (2002): 124-127.

Czepiel, Jacek, Mirosław Dróżdż, Hanna Pituch, Ed J. Kuijper, William Perucki, Aleksandra Mielimonka, Sarah Goldman, Dorota Wultańska, Aleksander Garlicki, and Grażyna Biesiada. "Clostridium difficile Infection." *European Journal of Clinical Microbiology & Infectious Diseases* 38, no. 7 (2019): 1211-1221.

David, Lawrence A., Arne C. Materna, Jonathan Friedman, Maria I. Campos-Baptista, Matthew C. Blackburn, Allison Perrotta, Susan E. Erdman, and Eric J. Alm. "Host Lifestyle Affects Human Microbiota on Daily Timescales." *Genome Biology* 15, no. 7 (2014): 1-15.

David, Lawrence A., Corinne F. Maurice, Rachel N. Carmody, David B. Gootenberg, Julie E. Button, Benjamin E. Wolfe, Alisha V. Ling et al. "Diet Rapidly and Reproducibly Alters the Human Gut Microbiome." *Nature* 505, no. 7484 (2014): 559-563.

Davis, Jasmine CC, Sarah M. Totten, Julie O. Huang, Sadaf Nagshbandi, Nina Kirmiz, Daniel A. Garrido, Zachery T. Lewis et al. "Identification of Oligosaccharides in Feces of Breast-Fed Infants and their Correlation with the Gut Microbial Community." *Molecular & Cellular Proteomics* 15, no. 9 (2016): 2987-3002.

De Leoz, Maria Lorna A., Shuai Wu, John S. Strum, Milady R. Niñonuevo, Stephanie C. Gaerlan, Majid Mirmiran, J. Bruce German, David A. Mills, Carlito B. Lebrilla, and Mark A. Underwood. "A Quantitative and Comprehensive Method to Analyze Human Milk Oligosaccharide Structures in the Urine and Feces of Infants." *Analytical and Bioanalytical Chemistry* 405, no. 12 (2013): 4089-4105.

Deweerdt, Sarah. "Estimate of Autism's Sex Ratio Reaches New Low." *Spectrum*. April 27, 2017.

Douglas, Bruce R., J. B. Jansen, R. T. Tham, and C. B. Lamers. "Coffee Stimulation of Cholecystokinin Release and Gallbladder Contraction in Humans." *The American Journal of Clinical Nutrition* 52, no. 3 (1990): 553-556.

Ebert, Vince. "Deutsche Thoroughness." *Journal*. July 7, 2020.

Enders, Giulia. *Gut: The Inside Story of Our Body's Most Underrated Organ (Revised Edition)*. Vancouver: Greystone Books Ltd, 2018.

Essler, Jennifer L., Sarah A. Kane, Pat Nolan, Elikplim H. Akaho, Amalia Z. Berna, Annemarie DeAngelo, Richard A. Berk et al. "Discrimination of SARS-CoV-2 Infected Patient Samples by Detection Dogs: A Proof of Concept Study." *PLoS One* 16, no. 4 (2021): e0250158.

"Fact Check-No Evidence that 'Urine Therapy' Cures COVID-19." *Reuters*. January 12, 2022.

Foreman, Judy. "Beware of Colon Cleansing Claims." *Los Angeles Times*. June 30, 2008.

Frew, John W. "The Hygiene Hypothesis, Old Friends, and New Genes." *Frontiers in Immunology* 10 (2019): 388.

Frias, Bárbara, and Adalberto Merighi. "Capsaicin, Nociception and Pain." *Molecules* 21, no. 6 (2016): 797.

Fujimura, Kei E., Alexandra R. Sitarik, Suzanne Havstad, Din L. Lin, Sophia Levan, Douglas Fadrosh, Ariane R. Panzer et al. "Neonatal Gut Microbiota Associates with Childhood Multisensitized Atopy and T Cell Differentiation." *Nature Medicine* 22, no. 10 (2016): 1187-1191.

Gil-Riaño, Sebastián, and Sarah E. Tracy. "Developing Constipation: Dietary Fiber, Western Disease, and Industrial Carbohydrates." *Global Food History* 2, no. 2 (2016): 179-209.

Hecht, Jen, Travis Sanchez, Patrick S. Sullivan, Elizabeth A. DiNenno, Natalie Cramer, and Kevin P. Delaney. "Increasing Access to HIV Testing Through Direct-to-Consumer HIV Self-Test Distribution—United States, March 31, 2020–March 30, 2021." *Morbidity and Mortality Weekly Report* 70, no. 38 (2021): 1322-1325.

Ho, Vincent. "What's the Best Way to Go to the Toilet—Squatting or Sitting?" *The Conversation*. August 16, 2016.

Huang, Pien. "How Ivermectin Became the New Focus of the Anti-Vaccine Movement." *NPR*. September 19, 2021.

Hussain, Ghulam, Jing Wang, Azhar Rasul, Haseeb Anwar, Ali Imran, Muhammad Qasim, Shamaila Zafar et al. "Role of Cholesterol and sSphingolipids in Brain Development and Neurological Diseases." *Lipids in Health and Disease* 18, no. 1 (2019): 1-12.

Huysentruyt, Koen, Ilan Koppen, Marc Benninga, Tom Cattaert, Jiqiu Cheng, Charlotte De Geyter, Christophe Faure et al. "The Brussels Infant and Toddler Stool Scale: A Study on Interobserver Reliability." *Journal of Pediatric Gastroenterology and Nutrition* 68, no. 2 (2019): 207-213.

Ishihara, Nobuo, and Takashi Matsushiro. "Biliary and Urinary Excretion of Metals in Humans." *Archives of Environmental Health: An International Journal* 41, no. 5 (1986): 324-330.

Jairoun, Ammar A., Sabaa Saleh Al-Hemyari, Moyad Shahwan, and Sa'ed H. Zyoud. "Adulteration of Weight Loss Supplements by the Illegal Addition of Synthetic Pharmaceuticals." *Molecules* 26, no. 22 (2021): 6903.

Johnson, Steven. *The Ghost Map: The Story of London's Most Terrifying Epidemic—and How it Changed Science, Cities, and the Modern World.* New York: Penguin, 2006.

Jun-yong, Ahn, and Lee Kil-seong. "Kim Jong-un's Flight to Singapore a Precision Maneuver." *The Chosun Ilbo.* June 11, 2018.

Kim, Byoung-Ju, So-Yeon Lee, Hyo-Bin Kim, Eun Lee, and Soo-Jong Hong. "Environmental Changes, Microbiota, and Allergic Diseases." *Allergy, Asthma & Immunology Research* 6, no. 5 (2014): 389-400.

Knapp, Alex. "SEC Charges Microbiome Startup uBiome's Cofounders with Defrauding Investors for $60 Million." *Forbes.* March 18, 2021.

Kobayashi, T. "Studies on *Clostridium difficile* and Antimicrobial Associated Diarrhea or Colitis." *The Japanese Journal of Antibiotics* 36, no. 2 (1983): 464-476.

Korownyk, Christina, Michael R. Kolber, James McCormack, Vanessa Lam, Kate Overbo, Candra Cotton, Caitlin Finley et al. "Televised Medical Talk Shows—What They Recommend and the Evidence to Support Their Recommendations: A Prospective Observational Study." *BMJ* 349 (2014): g7346.

Korpela, Katja, Marjo Renko, Petri Vänni, Niko Paalanne, Jarmo Salo, Mysore V. Tejesvi, Pirjo Koivusaari et al. "Microbiome of the First Stool and Overweight at Age 3 Years: A Prospective Cohort Study." *Pediatric Obesity* 15, no. 11 (2020): e12680.

Krisberg, Kim. "Is Everlywell for Real?" *Austin Monthly.* February 2021.

Kybert, Nicholas, Katharine Prokop-Prigge, Cynthia M. Otto, Lorenzo Ramirez, EmmaRose Joffe, Janos Tanyi, Jody Piltz-Seymour, AT Charlie Johnson, and George Preti. "Exploring Ovarian Cancer Screening Using a Combined Sensor Approach: A Pilot Study." *AIP Advances* 10, no. 3 (2020): 035213.

Levin, Albert M., Alexandra R. Sitarik, Suzanne L. Havstad, Kei E. Fujimura, Ganesa Wegienka, Andrea E. Cassidy-Bushrow, Haejin Kim et al. "Joint Effects of Pregnancy, Sociocultural, and Environmental Factors on Early Life Gut Microbiome Structure and Diversity." *Scientific Reports* 6, no. 1 (2016): 1-16.

Li, Cheng, Teresa Zurberg, Jaime Kinna, Kushal Acharya, Jack Warren, Salomeh Shajari, Leslie Forrester, and Elizabeth Bryce. "Using Scent Detection Dogs to Identify Environmental Reservoirs of Clostridium difficile: Lessons from the Field." *Canadian Journal of Infection Control* 34, no. 2 (2019): 93-95.

Marris, Emma. *Rambunctious Garden: Saving Nature in a Post-Wild World.* New York: Bloomsbury, 2011.

Masood, R., and M. Miraftab. "Psyllium: Current and Future Applications." In *Medical and Healthcare Textiles.* 244-253, New Delhi: Woodhead Publishing, 2010.

Mayo Clinic. "Dietary Fiber: Essential for a Healthy Diet." January 6, 2021, https://www.mayoclinic.org/healthy-lifestyle/nutrition-and-healthy-eating/in-depth/fiber/art-20043983.

Mayo Clinic. "Over-the-Counter Laxatives for Constipation: Use with Caution." March 3, 2022, https://www.mayoclinic.org/diseases-conditions/constipation/in-depth/laxatives/art-20045906.

McDonald, Daniel, Embriette Hyde, Justine W. Debelius, James T. Morton, Antonio Gonzalez, Gail Ackermann, Alexander A. Aksenov et al. "American Gut: An Open Platform for Citizen Science Microbiome Research." *Msystems* 3, no. 3 (2018): e00031-18.

Melendez, Johan H., Matthew M. Hamill, Gretchen S. Armington, Charlotte A. Gaydos, and Yukari C. Manabe. "Home-Based Testing for Sexually Transmitted Infections: Leveraging Online Resources during the COVID-19 Pandemic." *Sexually Transmitted Diseases* 48, no. 1 (2021): e8-e10.

Mitchell, Piers D. "Human Parasites in the Roman World: Health Consequences of Conquering an Empire." *Parasitology* 144, no. 1 (2017): 48-58.

Modi, Rohan M., Alice Hinton, Daniel Pinkhas, Royce Groce, Marty M. Meyer, Gokulakrishnan Balasubramanian, Edward Levine, and Peter P. Stanich. "Implementation of a Defecation Posture Modification Device: Impact on Bowel Movement Patterns in Healthy Subjects." *Journal of Clinical Gastroenterology* 53, no. 3 (2019): 216.

National Library of Medicine. "Stools—Foul Smelling." *MedlinePlus*. July 16, 2020, https://medlineplus.gov/ency/article/003132.html.

National Library of Medicine. "White Blood Cell (WBC) in Stool." *MedlinePlus*. Accessed April 20, 2022, https://medlineplus.gov/lab-tests/white-blood-cell-wbc-in-stool/.

Ng, Siew C., Michael A. Kamm, Yun Kit Yeoh, Paul KS Chan, Tao Zuo, Whitney Tang, Ajit Sood et al. "Scientific Frontiers in Faecal Microbiota Transplantation: Joint Document of Asia-Pacific Association of Gastroenterology (APAGE) and Asia-Pacific Society for Digestive Endoscopy (APSDE)." *Gut* 69, no. 1 (2020): 83-91.

Oz, Mehmet. "Everybody Poops." *Oprah.com*. January 1, 2006.

Ozaki, Eijiro, Haru Kato, Hiroyuki Kita, Tadahiro Karasawa, Tsuneo Maegawa, Youko Koino, Kazumasa Matsumoto et al. "Clostridium difficile Colonization in Healthy Adults: Transient Colonization and Correlation with Enterococcal Colonization." *Journal of Medical Microbiology* 53, no. 2 (2004): 167-172.

Palm, Noah W., Rachel K. Rosenstein, and Ruslan Medzhitov. "Allergic Host Defences." *Nature* 484, no. 7395 (2012): 465-472.

Park, Seung-min, Daeyoun D. Won, Brian J. Lee, Diego Escobedo, Andre Esteva, Amin Aalipour, T. Jessie Ge et al. "A Mountable Toilet System for Personalized Health Monitoring via the Analysis of Excreta." *Nature Biomedical Engineering* 4, no. 6 (2020): 624-635.

Philpott, Hamish L., Sanjay Nandurkar, John Lubel, and Peter Raymond Gibson. "Drug-Induced Gastrointestinal Disorders." *Frontline Gastroenterology* 5, no. 1(2014): 49-57.

Picco, Michael F. "Stool Color: When to Worry." Mayo Clinic, October 10, 2020, https://www.mayoclinic.org/stool-color/expert-answers/faq-20058080.

Prinsenberg, Tamara, Sjoerd Rebers, Anders Boyd, Freke Zuure, Maria Prins, Marc van der Valk, and Janke Schinkel. "Dried Blood Spot Self-Sampling at Home Is a Feasible Technique for Hepatitis C RNA detection." *PLoS One* 15, no. 4 (2020): e0231385.

Rao, Satish S.C., Kimberly Welcher, Bridget Zimmerman, and Phyllis Stumbo. "Is Coffee a Colonic Stimulant?" *European Journal of Gastroenterology & Hepatology* 10, no. 2 (1998): 113-118.

Rosenberg, Steven. "Stalin 'Used Secret Laboratory to Analyse Mao's Excrement.'" *BBC News.* January 28, 2016.

Saeidnia, Soodabeh and Azadeh Manayi. "Phenolphthalein." In *Encyclopedia of Toxicology* (Third Edition). 877-880. Cambridge, Massachusetts: Academic Press, 2014.

Sakakibara, Ryuji, Kuniko Tsunoyama, Hiroyasu Hosoi, Osamu Takahashi, Megumi Sugiyama, Masahiko Kishi, Emina Ogawa, Hitoshi Terada, Tomoyuki Uchiyama, and Tomonori Yamanishi. "Influence of Body Position on Defecation in Humans." *LUTS: Lower Urinary Tract Symptoms* 2, no. 1 (2010): 16-21.

Sberro, Hila, Brayon J. Fremin, Soumaya Zlitni, Fredrik Edfors, Nicholas Greenfield, Michael P. Snyder, Georgios A. Pavlopoulos, Nikos C. Kyrpides, and Ami S. Bhatt. "Large-Scale Analyses of Human Microbiomes Reveal Thousands of Small, Novel Genes." *Cell* 178, no. 5 (2019): 1245-1259.

Scudellari, Megan. "Cleaning up the Hygiene Hypothesis." *Proceedings of the National Academy of Sciences of the United States of America.* 114, no. 7 (2017): 1433-1436.

Sethi, Saurabh. "Squatting: A Forgotten Natural Instinct to Prevent Hemorrhoids!" *American Journal of Gastroenterology* 105 (2010): S142.

Sheth, Anish, and Josh Richman. *What's Your Baby's Poo Telling You?: A Bottoms-Up Guide to Your Baby's Health.* New York: Avery, 2014.

Shirasu, Mika, and Kazushige Touhara. "The Scent of Disease: Volatile Organic Compounds of the Human Body Related to Disease and Disorder." *The Journal of Biochemistry* 150, no. 3 (2011): 257-266.

Sikirov, Berko A. "Etiology and Pathogenesis of Diverticulosis Coli: A New Approach." *Medical Hypotheses* 26, no. 1 (1988): 17-20.

Sikirov, Dov. "Comparison of Straining During Defecation in Three Positions: Results and Implications for Human Health." *Digestive Diseases and Sciences* 48, no. 7 (2003): 1201-1205.

Specter, Michael. "The Operator." *The New Yorker.* January 27, 2013.

Squatty Potty. "This Unicorn Changed the Way I Pooped." *YouTube.* October 6, 2015.

Stanford Medicine. "Bristol Stool Form Scale." Accessed April 20, 2022, https://pediatricsurgery.stanford.edu/Conditions/BowelManagement/bristol-stool-form-scale.html.

Stempel, Jonathan. "Co-Founders of San Francisco Biotech Startup uBiome Charged with Fraud." *Reuters.* March 18, 2021.

Taft, Diana H., Jinxin Liu, Maria X. Maldonado-Gomez, Samir Akre, M. Nazmul Huda, S. M. Ahmad, Charles B. Stephensen, and David A. Mills. "Bifidobacterial Dominance of the Gut in Early Life and Acquisition of Antimicrobial Resistance." *MSphere* 3, no. 5 (2018): e00441-18.

Tamana, Sukhpreet K., Hein M. Tun, Theodore Konya, Radha S. Chari, Catherine J. Field, David S. Guttman, Allan B. Becker et al. "Bacteroides-Dominant Gut Microbiome of Late Infancy Is Associated with Enhanced Neurodevelopment." *Gut Microbes* 13, no. 1 (2021): 1930875.

Taylor, Maureen T., Janine McCready, George Broukhanski, Sakshi Kirpalaney, Haydon Lutz, and Jeff Powis. "Using Dog Scent Detection as a Point-of-Care Tool to Identify Toxigenic Clostridium difficile in Stool." *Open Forum Infectious Diseases* 5, no. 8 (2018): ofy179.

"The Myth of IgG Food Panel Testing." American Academy of Allergy, Asthma & Immunology, September 28, 2020, https://www.aaaai.org/tools-for-the-public/conditions-library/allergies/igg-food-test.

Thompson, Henry J., and Mark A. Brick. "Perspective: Closing the Dietary Fiber Gap: An Ancient Solution for a 21st Century Problem." *Advances in Nutrition* 7, no. 4 (2016): 623-626.

Tsai, Pei-Yun, Bingkun Zhang, Wei-Qi He, Juan-Min Zha, Matthew A. Odenwald, Gurminder Singh, Atsushi Tamura et al. "IL-22 Upregulates Epithelial Claudin-2 to Drive Diarrhea and Enteric Pathogen Clearance." *Cell Host & Microbe* 21, no. 6 (2017): 671-681.

Tucker, Jenna, Tessa Fischer, Laurence Upjohn, David Mazzera, and Madhur Kumar. "Unapproved Pharmaceutical Ingredients Included in Dietary Supplements Associated with US Food and Drug Administration Warnings." *JAMA Network Open* 1, no. 6 (2018): e183337-e183337.

U.S. Food and Drug Administration. "Direct-to-Consumer Tests." Accessed April 20, 2022, https://www.fda.gov/medical-devices/in-vitro-diagnostics/direct-consumer-tests.

U.S. Food and Drug Administration. "Questions and Answers about FDA's Initiative against Contaminated Weight Loss Products." Accessed April 20, 2022, https://www.fda.gov/drugs/questions-answers/questions-and-answers-about-fdas-initiative-against-contaminated-weight-loss-products.

U.S. Preventive Services Task Force. "Final Recommendation Statement. Thyroid Dysfunction: Screening." Last modified March 24, 2015, https://www.uspreventiveservicestaskforce.org/uspstf/recommendation/thyroid-dysfunction-screening.

U.S. Preventive Services Task Force. "Final Recommendation Statement. Vitamin D Deficiency in Adults: Screening." Last modified April 13, 2021, https://www.uspreventiveservicestaskforce.org/uspstf/recommendation/vitamin-d-deficiency-screening.

Vandenplas, Yvan, Hania Szajewska, Marc Benninga, Carlo Di Lorenzo, Christophe Dupont, Christophe Faure, Mohamed Miqdadi et al. "Development of the Brussels Infant and Toddler Stool Scale ('BITSS'): Protocol of the Study." *BMJ Open* 7, no. 3 (2017): e014620.

Wastyk, Hannah C., Gabriela K. Fragiadakis, Dalia Perelman, Dylan Dahan, Bryan D. Merrill, B. Yu Feiqiao, Madeline Topf et al. "Gut-Microbiota-Targeted Diets Modulate Human Immune Status." *Cell* 184, no. 16 (2021): 4137-4153.

Whorton, James. "Civilisation and the Colon: Constipation as the 'Disease of Diseases.'" *BMJ* 321, no. 7276 (2000): 1586-1589.

World Health Organization. "Coronavirus Disease (COVID-19) Advice for the Public: Mythbusters." January 19, 2022, https://www.who.int/emergencies/diseases/novel-coronavirus-2019/advice-for-public/myth-busters.

Wypych, Tomasz P., Céline Pattaroni, Olaf Perdijk, Carmen Yap, Aurélien Trompette, Dovile Anderson, Darren J. Creek, Nicola L. Harris, and Benjamin J. Marsland. "Microbial Metabolism of L-Tyrosine Protects against Allergic Airway Inflammation." *Nature Immunology* 22, no. 3 (2021): 279-286.

Yabe, John, Shouta MM Nakayama, Yoshinori Ikenaka, Yared B. Yohannes, Nesta Bortey-Sam, Abel Nketani Kabalo, John Ntapisha, Hazuki Mizukawa, Takashi Umemura, and Mayumi Ishizuka. "Lead and Cadmium Excretion in Feces and Urine of Children from Polluted Townships near a Lead-Zinc Mine in Kabwe, Zambia." *Chemosphere* 202 (2018): 48-55.

Zarrell, Rachel. "People Who Ate Burger King's Black Whopper Said It Turned Their Poop Green." *BuzzFeed*. October 5, 2015.

第六章

Aburto, José Manuel, Jonas Schöley, Ilya Kashnitsky, Luyin Zhang, Charles Rahal, Trifon I. Missov, Melinda C. Mills, Jennifer B. Dowd, and Ridhi Kashyap. "Quantifying Impacts of the COVID-19 Pandemic Through Life-Expectancy Losses: A Population-Level Study of 29 Countries." *International Journal of Epidemiology* 51, no. 1 (2022): 63-74.

Albert, Sandra, Alba Ruíz, Javier Pemán, Miguel Salavert, and Pilar Domingo-Calap. "Lack of Evidence for Infectious SARS-CoV-2 in Feces and Sewage." *European Journal of Clinical Microbiology & Infectious Diseases* 40, no. 12 (2021): 2665-2667.

Aghamohammadi, Asghar, Hassan Abolhassani, Necil Kutukculer, Steve G. Wassilak, Mark A. Pallansch, Samantha Kluglein, Jessica Quinn et al. "Patients with Primary Immunodeficiencies Are a Reservoir of Poliovirus and a Risk to Polio Eradication." *Frontiers in Immunology* 8 (2017): 685.

Ahmed, Warish, Nicola Angel, Janette Edson, Kyle Bibby, Aaron Bivins, Jake W. O'Brien, Phil M. Choi et al. "First Confirmed Detection of SARS-CoV-2 in Untreated Wastewater in Australia: a Proof of Concept for the Wastewater Surveillance of COVID-19 in the Community." *Science of the Total Environment* 728 (2020): 138764.

Ahmed, Warish, Paul M. Bertsch, Nicola Angel, Kyle Bibby, Aaron Bivins, Leanne Dierens, Janette Edson et al. "Detection of SARS-CoV-2 RNA in Commercial Passenger Aircraft and Cruise Ship Wastewater: A Surveillance Tool for Assessing the Presence of COVID-19 Infected Travellers." *Journal of Travel Medicine* 27, no. 5 (2020): taaa116.

Avadhanula, Vasanthi, Erin G. Nicholson, Laura Ferlic-Stark, Felipe-Andres Piedra, Brittani N. Blunck, Sonia Fragoso, Nanette L. Bond et al. "Viral Load of Severe Acute Respiratory Syndrome Coronavirus 2 in Adults during the First and Second Wave of Coronavirus Disease 2019 Pandemic in Houston, Texas: The Potential of the Superspreader." *The Journal of Infectious Diseases* 223, no. 9 (2021): 1528-1537.

Azzoni, Tales, and Andrew Dampf. "Game Zero: Spread of Virus Linked to Champions League Match." *Associated Press*. March 25, 2020.

Bedford, Trevor, Alexander L. Greninger, Pavitra Roychoudhury, Lea M. Starita, Michael Famulare, Meei-Li Huang, Arun Nalla et al. "Cryptic Transmission of SARS-CoV-2 in Washington State." *Science* 370, no. 6516 (2020): 571-575.

Betancourt, Walter Q., Bradley W. Schmitz, Gabriel K. Innes, Sarah M. Prasek, Kristen M. Pogreba Brown, Erika R. Stark, Aidan R. Foster et al. "COVID-19 Containment on a College Campus via Wastewater-Based Epidemiology, Targeted Clinical Testing and an Intervention." *Science of The Total Environment* 779 (2021): 146408.

Bibby, Kyle, Katherine Crank, Justin Greaves, Xiang Li, Zhenyu Wu, Ibrahim A. Hamza, and Elyse Stachler. "Metagenomics and the Development of Viral Water Quality Tools." *NPJ Clean Water* 2, no. 1 (2019): 1-13.

Bieler, Des. "'A Biological Bomb': Soccer Match in Italy Linked to Epicenter of Deadly Outbreak." *The Washington Post*. March 25, 2020.

Biobot Analytics. "How Many People Are Infected with COVID-19? Sewage Suggests That Number Is Much Higher than Officially Confirmed." *Medium*. April 8, 2020.

Brouwer, Andrew F., Joseph NS Eisenberg, Connor D. Pomeroy, Lester M. Shulman, Musa Hindiyeh, Yossi Manor, Itamar Grotto, James S. Koopman, and Marisa C. Eisenberg. "Epidemiology of the Silent Polio Outbreak in Rahat, Israel, Based on Modeling of Environmental Surveillance Data." *Proceedings of the National Academy of Sciences* 115, no. 45 (2018): E10625-E10633.

Brueck, Hilary. "COVID-19 Experts Say Omicron is Peaking in the US, Citing Data from Poop Samples." *Business Insider*. January 12, 2022.

Burgard, Daniel A., Jason Williams, Danielle Westerman, Rosie Rushing, Riley Carpenter, Addison LaRock, Jane Sadetsky et al. "Using Wastewater-Based Analysis to Monitor the Effects of Legalized Retail Sales on Cannabis Consumption in Washington State, USA." *Addiction* 114, no. 9 (2019): 1582-1590.

Choi, Phil M., Benjamin Tscharke, Saer Samanipour, Wayne D. Hall, Coral E. Gartner, Jochen F. Mueller, Kevin V. Thomas, and Jake W. O'Brien. "Social, Demographic, and Economic Correlates of Food and Chemical Consumption Measured by Wastewater-Based Epidemiology." *Proceedings of the National Academy of Sciences* 116, no. 43 (2019): 21864-21873.

Cima, Greg. "Pandemic Prevention Program Ending after 10 Years." *JAVMA News*. January 2, 2020.

Cohen, Elizabeth. "China Says Coronavirus Can Spread Before Symptoms Show—Calling into Question US Containment Strategy." *CNN*. January 26, 2020.

Crank, K., W. Chen, A. Bivins, S. Lowry, and K. Bibby. "Contribution of SARS-CoV-2 RNA Shedding Routes to RNA Loads in Wastewater." *Science of The Total Environment* 806 (2022): 150376.

Devoid, Alex. "Pima County Braces for Rise in COVID-19 Cases As Arizona Continues to See Increase." *Tucson.com*. October 27, 2020.

Endo, Norkio, Newsha Ghaeli, Claire Duvallet, Katelyn Foppe, Timothy B. Erickson, Mariana Matus, and Peter R. Chai. "Rapid Assessment of Opioid Exposure and Treatment in Cities Through Robotic Collection and Chemical Analysis of Wastewater." *Journal of Medical Toxicology* 16, no. 2 (2020): 195-203.

Engelhart, Katie. "What Happened in Room 10?" *California Sunday*. August 23, 2020.
European Monitoring Centre for Drugs and Drug Addition. *European Drug Report 2016: Trends and Developments*. Luxembourg: Publications Office of the European Union, 2016.
Fink, Sheri, and Mike Baker. "'It's Just Everywhere Already': How Delays in Testing Set Back the U.S. Coronavirus Response." *New York Times*. March 10, 2020.
Giacobbo, Alexandre, Marco Antônio Siqueira Rodrigues, Jane Zoppas Ferreira, Andréa Moura Bernardes, and Maria Norberta de Pinho. "A Critical Review on SARS-CoV-2 Infectivity in Water and Wastewater. What Do We Know?" *Science of The Total Environment* 774 (2021): 145721.
Graham, Katherine E., Stephanie K. Loeb, Marlene K. Wolfe, David Catoe, Nasa Sinnott-Armstrong, Sooyeol Kim, Kevan M. Yamahara et al. "SARS-CoV-2 RNA in Wastewater Settled Solids is Associated with COVID-19 Cases in a Large Urban Sewershed." *Environmental Science & Technology* 55, no. 1 (2020): 488-498.
Grange, Zoë L., Tracey Goldstein, Christine K. Johnson, Simon Anthony, Kirsten Gilardi, Peter Daszak, Kevin J. Olival et al. "Ranking the Risk of Animal-to-Human Spillover for Newly Discovered Viruses." *Proceedings of the National Academy of Sciences* 118, no. 15 (2021).
Gundy, Patricia M., Charles P. Gerba, and Ian L. Pepper. "Survival of Coronaviruses in Water and Wastewater." *Food and Environmental Virology* 1, no. 1 (2009): 10-14.
Hess, Peter. "Scientists Can Tell How Wealthy You Are by Examining Your Sewage." *Inverse*. October 9, 2019.
Hjelmsø, Mathis Hjort, Sarah Mollerup, Randi Holm Jensen, Carlotta Pietroni, Oksana Lukjancenko, Anna Charlotte Schultz, Frank M. Aarestrup, and Anders Johannes Hansen. "Metagenomic Analysis of Viruses in Toilet Waste from Long Distance Flights—A New Procedure for Global Infectious Disease Surveillance." *PLoS One* 14, no. 1 (2019): e0210368.
Johnson, Gene. "Gee Whiz: Testing of Tacoma Sewage Confirms Rise in Marijuana Use." *The Seattle Times*. June 24, 2019.
Karimi, Faith, Mallika Kallingal, and Theresa Waldrop. "Second Coronavirus Death in Washington State as Number of Cases Rises to 13." *CNN*. March 1, 2020.
Kaufman, Rachel. "Sewage May Hold the Key to Tracking Opioid Abuse." *Smithsonian Magazine*. August 22, 2018.
Kim, Sooyeol, Lauren C. Kennedy, Marlene K. Wolfe, Craig S. Criddle, Dorothea H. Duong, Aaron Topol, Bradley J. White et al. "SARS-CoV-2 RNA Is Enriched by Orders of Magnitude in Primary Settled Solids Relative to Liquid Wastewater at Publicly Owned Treatment Works." *Environmental Science: Water Research & Technology* (2022).
Kirby, Amy E., Maroya Spalding Walters, Wiley C. Jennings, Rebecca Fugitt, Nathan LaCross, Mia Mattioli, Zachary A. Marsh et al. "Using Wastewater Surveillance Data to Support the COVID-19 Response—United States, 2020–2021." *Morbidity and Mortality Weekly Report* 70, no. 36 (2021): 1242.
Kitajima, Masaaki, Hannah P. Sassi, and Jason R. Torrey. "Pepper Mild Mottle Virus as a Water Quality Indicator." *NPJ Clean Water* 1, no. 1 (2018): 1-9.

Kling, C., G. Olin, J. Fåhraeus, and G. Norlin. "Sewage as a Carrier and Disseminator of Poliomyelitis Virus. Part I. Searching for Poliomyelitis Virus in Stockholm Sewage." *Acta Medica Scandinavica* 112, no. 3-4 (1942): 217-49.

Kling, C., G. Olin, J. Fåhraeus, and G. Norlin. "Sewage as a Carrier and Disseminator of Poliomyelitis Virus. Part II. Studies on the Conditions of Life of Poliomyelitis Virus outside the Human Organism." *Acta Medica Scandinavica* 112, no. 3-4 (1942): 250-63.

Komar, Nicholas, Stanley Langevin, Steven Hinten, Nicole Nemeth, Eric Edwards, Danielle Hettler, Brent Davis, Richard Bowen, and Michel Bunning. "Experimental Infection of North American Birds with the New York 1999 Strain of West Nile Virus." *Emerging Infectious Diseases* 9, no. 3 (2003): 311.

La Rosa, Giuseppina, Marcello Iaconelli, Pamela Mancini, Giusy Bonanno Ferraro, Carolina Veneri, Lucia Bonadonna, Luca Lucentini, and Elisabetta Suffredini. "First Detection of SARS-CoV-2 in Untreated Wastewaters in Italy." *Science of The Total Environment* 736 (2020): 139652.

La Rosa, Giuseppina, Pamela Mancini, Giusy Bonanno Ferraro, Carolina Veneri, Marcello Iaconelli, Lucia Bonadonna, Luca Lucentini, and Elisabetta Suffredini. "SARS-CoV-2 Has Been Circulating in Northern Italy Since December 2019: Evidence from Environmental Monitoring." *Science of the Total Environment* 750 (2021): 141711.

Larsen, David A., and Krista R. Wigginton. "Tracking COVID-19 with Wastewater." *Nature Biotechnology* 38, no. 10 (2020): 1151-1153.

Lusk, Jayson L., and Ranveer Chandra. "Farmer and Farm Worker Illnesses and Deaths from COVID-19 and Impacts on Agricultural Output." *Plos One* 16, no. 4 (2021): e0250621.

Ma, Qiuyue, Jue Liu, Qiao Liu, Liangyu Kang, Runqing Liu, Wenzhan Jing, Yu Wu, and Min Liu. "Global Percentage of Asymptomatic SARS-CoV-2 Infections among the Tested Population and Individuals with Confirmed COVID-19 Diagnosis: A Systematic Review and Meta-Analysis." *JAMA Network Open* 4, no. 12 (2021): e2137257.

Macklin, Grace, Ousmane M. Diop, Asghar Humayun, Shohreh Shahmahmoodi, Zeinab A. El-Sayed, Henda Triki, Gloria Rey et al. "Update on Immunodeficiency-Associated Vaccine-Derived Polioviruses—Worldwide, July 2018–December 2019." *Morbidity and Mortality Weekly Report* 69, no. 28 (2020): 913.

Macklin, G. R., K. M. O'Reilly, N. C. Grassly, W. J. Edmunds, O. Mach, R. Santhana Gopala Krishnan, A. Voorman et al. "Evolving Epidemiology of Poliovirus Serotype 2 Following Withdrawal of the Serotype 2 Oral Poliovirus Vaccine." *Science* 368, no. 6489 (2020): 401-405.

Mancini, Pamela, Giusy Bonanno Ferraro, Elisabetta Suffredini, Carolina Veneri, Marcello Iaconelli, Teresa Vicenza, and Giuseppina La Rosa. "Molecular Detection of Human Salivirus in Italy Through Monitoring of Urban Sewages." *Food and Environmental Virology* 12, no. 1 (2020): 68-74.

McKinney, Kelly R., Yu Yang Gong, and Thomas G. Lewis. "Environmental Transmission of SARS at Amoy Gardens." *Journal of Environmental Health* 68, no. 9 (2006): 26.

McMichael, Temet M., Dustin W. Currie, Shauna Clark, Sargis Pogosjans, Meagan Kay, Noah G. Schwartz, James Lewis et al. "Epidemiology of Covid-19 in a Long-Term Care Facility in King County, Washington." *New England Journal of Medicine* 382, no. 21 (2020): 2005-2011.

McNeil, Megan. "Wastewater Epidemiology Used to Stave off Lettuce Shortage." *KOLD News 13*. January 21, 2021.

Medema, Gertjan, Leo Heijnen, Goffe Elsinga, Ronald Italiaander, and Anke Brouwer. "Presence of SARS-Coronavirus-2 RNA in Sewage and Correlation with Reported COVID-19 Prevalence in the Early Stage of the Epidemic in The Netherlands." *Environmental Science & Technology Letters* 7, no. 7 (2020): 511-516.

Medrano, Kastalia. "Huge European Poop Study Shows Amsterdam's MDMA Is Strong and Spain Likes Cocaine." *Inverse*. May 31, 2016.

Melnick, Joseph L. "Poliomyelitis Virus in Urban Sewage in Epidemic and in Nonepidemic Times." *American Journal of Hygiene* 45, no. 2 (1947): 240-253.

Nelson, Bryn. "America Botched Coronavirus Testing. We're About to Find Out Just How Badly." *Daily Beast*. March 18, 2020.

Nelson, Bryn. "Coronavirus Patient Had Close Contact With 16 in Washington State." *Daily Beast*. January 22, 2020.

Nelson, Bryn. "Seattle's Covid-19 Lessons Are Yielding Hope." *BMJ* 369 (2020): m1389.

Nelson, Bryn. "The Next Coronavirus Nightmare Is Closer Than You Think." *Daily Beast*. January 29, 2020.

Nordahl Petersen, Thomas, Simon Rasmussen, Henrik Hasman, Christian Carøe, Jacob Bælum, Anna Charlotte Schultz, Lasse Bergmark et al. "Meta-Genomic Analysis of Toilet Waste from Long Distance Flights; A Step Towards Global Surveillance of Infectious Diseases and Antimicrobial Resistance." *Scientific Reports* 5, no. 1 (2015): 1-9.

O'Reilly, Kathleen M., David J. Allen, Paul Fine, and Humayun Asghar. "The Challenges of Informative Wastewater Sampling for SARS-CoV-2 Must Be Met: Lessons from Polio Eradication." *The Lancet Microbe* 1, no. 5 (2020): e189-e190.

Parasa, Sravanthi, Madhav Desai, Viveksandeep Thoguluva Chandrasekar, Harsh K. Patel, Kevin F. Kennedy, Thomas Roesch, Marco Spadaccini et al. "Prevalence of Gastrointestinal Symptoms and Fecal Viral Shedding in Patients with Coronavirus Disease 2019: A Systematic Review and Meta-Analysis." *JAMA Network Open* 3, no. 6 (2020): e2011335-e2011335.

Paul, John R., James D. Trask, and Sven Gard. "II. Poliomyelitic Virus in Urban Sewage." *The Journal of Experimental Medicine* 71, no. 6 (1940): 765-777.

Peccia, Jordan, Alessandro Zulli, Doug E. Brackney, Nathan D. Grubaugh, Edward H. Kaplan, Arnau Casanovas-Massana, Albert I. Ko et al. "Measurement of SARS-CoV-2 RNA in Wastewater Tracks Community Infection Dynamics." *Nature Biotechnology* 38, no. 10 (2020): 1164-1167.

Pineda, Paulina, and Rachel Leingang. "University of Arizona Wastewater Testing Finds Virus at Dorm, Prevents Outbreak." *Arizona Republic*. August 27, 2020.

"Record Rat Invasion in Stockholm." *Radio Sweden*. November 27, 2014.

Sagan, Carl, and Ann Druyan. *The Demon-Haunted World: Science as a Candle in the Dark*. New York: Random House, 1996.

Sah, Pratha, Meagan C. Fitzpatrick, Charlotte F. Zimmer, Elaheh Abdollahi, Lyndon Juden-Kelly, Seyed M. Moghadas, Burton H. Singer, and Alison P. Galvani. "Asymptomatic SARS-CoV-2 infection: A Systematic Review and Meta-Analysis." *Proceedings of the National Academy of Sciences* 118, no. 34 (2021): e2109229118.

Seymour, Christopher. "Stockholm—The Rat Capital of Scandinavia?" *The Local*. October 8, 2008.

Shumaker, Lisa. "U.S. Shatters Coronavirus Record with over 77,000 Cases in a Day." *Reuters*. July 16, 2020.

"Sifting Through Garbage For Clues on American Life." *New York Times*. March 6, 1976.

Strubbia, Sofia, My VT Phan, Julien Schaeffer, Marion Koopmans, Matthew Cotten, and Françoise S. Le Guyader. "Characterization of Norovirus and other Human Enteric Viruses in Sewage and Stool Samples Through Next-Generation Sequencing." *Food and Environmental Virology* 11, no. 4 (2019): 400-409.

Suffredini, E., M. Iaconelli, M. Equestre, B. Valdazo-González, A. R. Ciccaglione, C. Marcantonio, S. Della Libera, F. Bignami, and G. La Rosa. "Genetic Diversity among Genogroup II Noroviruses and Progressive Emergence of GII. 17 in Wastewaters in Italy (2011–2016) Revealed by Next-Generation and Sanger Sequencing." *Food and Environmental Virology* 10, no. 2 (2018): 141-150.

Symonds, E. M., Karena H. Nguyen, V. J. Harwood, and Mya Breitbart. "Pepper Mild Mottle Virus: A Plant Pathogen with a Greater Purpose in (Waste) Water Treatment Development and Public Health Management." *Water Research* 144 (2018): 1-12.

Tai, Don Bambino Geno, Aditya Shah, Chyke A. Doubeni, Irene G. Sia, and Mark L. Wieland. "The Disproportionate Impact of COVID-19 on Racial and Ethnic Minorities in the United States." *Clinical Infectious Diseases* 72, no. 4 (2021): 703-706.

Vere Hodge, R. Anthony. "Meeting Report: 30th International Conference on Antiviral Research, in Atlanta, GA, USA." *Antiviral Chemistry & Chemotherapy 26* (2018): 2040206618783924.

Wu, Fuqing, Jianbo Zhang, Amy Xiao, Xiaoqiong Gu, Wei Lin Lee, Federica Armas, Kathryn Kauffman et al. "SARS-CoV-2 Titers in Wastewater are Higher Than Expected from Clinically Confirmed Cases." *Msystems* 5, no. 4 (2020): e00614-20.

Ye, Yinyin, Robert M. Ellenberg, Katherine E. Graham, and Krista R. Wigginton. "Survivability, Partitioning, and Recovery of Enveloped Viruses in Untreated Municipal Wastewater." *Environmental Science & Technology* 50, no. 10 (2016): 5077-5085.

Yong, Ed. "America Is Trapped in a Pandemic Spiral." *The Atlantic*. September 9, 2020.

Yu, Ignatius TS, Yuguo Li, Tze Wai Wong, Wilson Tam, Andy T. Chan, Joseph HW Lee, Dennis YC Leung, and Tommy Ho. "Evidence of Airborne Transmission of the Severe Acute Respiratory Syndrome Virus." *New England Journal of Medicine* 350, no. 17 (2004): 1731-1739.

Zhang, Tao, Mya Breitbart, Wah Heng Lee, Jin-Quan Run, Chia Lin Wei, Shirlena Wee Ling Soh, Martin L. Hibberd, Edison T. Liu, Forest Rohwer, and Yijun Ruan. "RNA Viral Community in Human Feces: Prevalence of Plant Pathogenic Viruses." *PLoS Biology* 4, no. 1 (2006): e3.

Zhang, Yawen, Mengsha Cen, Mengjia Hu, Lijun Du, Weiling Hu, John J. Kim, and Ning Dai. "Prevalence and Persistent Shedding of Fecal SARS-CoV-2 RNA in Patients with COVID-19 Infection: A Systematic Review and Meta-Analysis." *Clinical and Translational Gastroenterology* 12, no. 4 (2021): e00343.

第七章

Angelakis, E., D. Bachar, M. Yasir, D. Musso, Félix Djossou, B. Gaborit, S. Brah et al. "Treponema Species Enrich the Gut Microbiota of Traditional Rural Populations but Are Absent from Urban Individuals." *New Microbes and New Infections* 27 (2019): 14-21.

Aversa, Zaira, Elizabeth J. Atkinson, Marissa J. Schafer, Regan N. Theiler, Walter A. Rocca, Martin J. Blaser, and Nathan K. LeBrasseur. "Association of Infant Antibiotic Exposure with Childhood Health Outcomes." *Mayo Clinic Proceedings* 96, no. 1 (2021): 66-77.

Blaser, Martin J. "Antibiotic Use and its Consequences for the Normal Microbiome." *Science* 352, no. 6285 (2016): 544-545.

Blaser, Martin J. *Missing Microbes: How the Overuse of Antibiotics Is Fueling Our Modern Plagues*. New York: Henry Holt, 2014.

Cepon-Robins, Tara J., Theresa E. Gildner, Joshua Schrock, Geeta Eick, Ali Bedbury, Melissa A. Liebert, Samuel S. Urlacher et al. "Soil-Transmitted Helminth Infection and Intestinal Inflammation Among the Shuar of Amazonian Ecuador." *American Journal of Physical Anthropology* 170, no. 1 (2019): 65-74.

Chauhan, Ashish, Ramesh Kumar, Sanchit Sharma, Mousumi Mahanta, Sudheer K. Vayuuru, Baibaswata Nayak, and Sonu Kumar. "Fecal Microbiota Transplantation in Hepatitis B E Antigen-Positive Chronic Hepatitis B Patients: A Pilot Study." *Digestive Diseases and Sciences* 66, no. 3 (2021): 873-880.

Chou, Han-Hsuan, Wei-Hung Chien, Li-Ling Wu, Chi-Hung Cheng, Chen-Han Chung, Jau-Haw Horng, Yen-Hsuan Ni et al. "Age-Related Immune Clearance of Hepatitis B Virus Infection Requires the Establishment of Gut Microbiota." *Proceedings of the National Academy of Sciences* 112, no. 7 (2015): 2175-2180.

Clemente, Jose C., Erica C. Pehrsson, Martin J. Blaser, Kuldip Sandhu, Zhan Gao, Bin Wang, Magda Magris et al. "The Microbiome of Uncontacted Amerindians." *Science Advances* 1, no. 3 (2015): e1500183.

Cummings, J. H., W. Branch, D. J. A. Jenkins, D. A. T. Southgate, Helen Houston, and W. P. T. James. "Colonic Response to Dietary Fibre from Carrot, Cabbage, Apple, Bran, and Guar Gum." *The Lancet* 311, no. 8054 (1978): 5-9.

Curry, Andrew. "Piles of Ancient Poop Reveal 'Extinction Event' in Human Gut Bacteria." *Science*. May 12, 2021.

Davido, B., R. Batista, H. Fessi, H. Michelon, L. Escaut, C. Lawrence, M. Denis, C. Perronne, J. Salomon, and A. Dinh. "Fecal Microbiota Transplantation to Eradicate Vancomycin-Resistant Enterococci Colonization in Case of an Outbreak." *Médecine Et Maladies Infectieuses* 49, no. 3 (2019): 214-218.

El-Salhy, Magdy, Jan Gunnar Hatlebakk, Odd Helge Gilja, Anja Bråthen Kristoffersen, and Trygve Hausken. "Efficacy of Faecal Microbiota Transplantation for Patients with Irritable Bowel Syndrome in a Randomised, Double-Blind, Placebo-Controlled Study." *Gut* 69, no. 5 (2020): 859-867.

Fauconnier, Alan. "Phage Therapy Regulation: From Night to Dawn." *Viruses* 11, no. 4 (2019): 352.

Furfaro, Lucy L., Matthew S. Payne, and Barbara J. Chang. "Bacteriophage Therapy: Clinical Trials and Regulatory Hurdles." *Frontiers in Cellular and Infection Microbiology* (2018): 376.

Gerson, Jacqueline, Austin Wadle, and Jasmine Parham. "Gold Rush, Mercury Legacy: Small-Scale Mining for Gold Has Produced Long-Lasting Toxic Pollution, from 1860s California to Modern Peru." *The Conversation*. May 28, 2020.

Ghorayshi, Azeen. "Her Husband Was Dying From A Superbug. She Turned To Sewer Viruses Collected By The Navy." *BuzzFeed News*. May 6, 2017.

Groussin, Mathieu, Mathilde Poyet, Ainara Sistiaga, Sean M. Kearney, Katya Moniz, Mary Noel, Jeff Hooker et al. "Elevated Rates of Horizontal Gene Transfer in the Industrialized Human Microbiome." *Cell* 184, no. 8 (2021): 2053-2067.

Iida, Toshiya, Moriya Ohkuma, Kuniyo Ohtoko, and Toshiaki Kudo. "Symbiotic Spirochetes in the Termite Hindgut: Phylogenetic Identification of Ectosymbiotic Spirochetes of Oxymonad Protists." *FEMS Microbiology Ecology* 34, no. 1 (2000): 17-26.

Lam, Nguyet-Cam, Patricia B. Gotsch, and Robert C. Langan. "Caring for Pregnant Women and Newborns with Hepatitis B or C." *American Family Physician* 82, no. 10 (2010): 1225-1229.

Laporte, Dominique. *History of Shit*. Translated by Nadia Benadbid and Rodolphe el-Khoury. Cambridge, Massachusetts: MIT Press, 2002.

Linden, S. K., P. Sutton, N. G. Karlsson, V. Korolik, and M. A. McGuckin. "Mucins in the Mucosal Barrier to Infection." *Mucosal Immunology* 1, no. 3 (2008): 183-197.

Louca, Stilianos, Patrick M. Shih, Matthew W. Pennell, Woodward W. Fischer, Laura Wegener Parfrey, and Michael Doebeli. "Bacterial Diversification Through Geological Time." *Nature Ecology & Evolution* 2, no. 9 (2018): 1458-1467.

Maizels, Rick M. "Parasitic Helminth Infections and the Control of Human Allergic and Autoimmune Disorders." *Clinical Microbiology and Infection* 22, no. 6 (2016): 481-486.

Matson, Richard G., and Brian Chisholm. "Basketmaker II Subsistence: Carbon Isotopes and Other Dietary Indicators from Cedar Mesa, Utah." *American Antiquity* 56, no. 3 (1991): 444-459.

Milhorance, Flávia. "Yanomami Beset by Violent Land-Grabs, Hunger and Disease in Brazil." *The Guardian*. May 17, 2021.

Mitchell, Piers D. "Human Parasites in the Roman World: Health Consequences of Conquering an Empire." *Parasitology* 144, no. 1 (2017): 48-58.

Moayyedi, Paul, Michael G. Surette, Peter T. Kim, Josie Libertucci, Melanie Wolfe, Catherine Onischi, David Armstrong et al. "Fecal Microbiota Transplantation Induces Remission in Patients with Active Ulcerative Colitis in a Randomized Controlled Trial." *Gastroenterology* 149, no. 1 (2015): 102-109.

Nagpal, Ravinder, Tiffany M. Newman, Shaohua Wang, Shalini Jain, James F. Lovato, and Hariom Yadav. "Obesity-Linked Gut Microbiome Dysbiosis Associated with Derangements in Gut Permeability and Intestinal Cellular Homeostasis Independent of Diet." *Journal of Diabetes Research* 2018 (2018): 3462092.

Paraguassu, Lisandra, and Anthony Boadle. "Brazil to Deploy Special Force to Protect the Yanomami from Wildcat Gold Miners." *Reuters*. June 14, 2021.

Park, Young Jun, Jooyoung Chang, Gyeongsil Lee, Joung Sik Son, and Sang Min Park. "Association of Class Number, Cumulative Exposure, and Earlier Initiation of Antibiotics during the First Two-Years of Life with Subsequent Childhood Obesity." *Metabolism* 112 (2020): 154348.

Philips, Dom. "'Like a Bomb Going Off': Why Brazil's Largest Reserve is Facing Destruction." *The Guardian*. January 13, 2020.

Popescu, Medeea, Jonas D. Van Belleghem, Arya Khosravi, and Paul L. Bollyky. "Bacteriophages and the Immune System." *Annual Review of Virology* 8 (2021): 415-435.

Poyet, Mathilde, and Mathieu Groussin. "The 'Global Microbiome Conservancy'—Extending Species Conservation to Microbial Biodiversity." *Science for Society*. May 9, 2020.

Ren, Yan-Dan, Zhen-Shi Ye, Liu-Zhu Yang, Li-Xin Jin, Wen-Jun Wei, Yong-Yue Deng, Xiao-Xiao Chen et al. "Fecal Microbiota Transplantation Induces Hepatitis B Virus E-Antigen (HBeAg) Clearance in Patients with Positive HBeAg After Long-Term Antiviral Therapy." *Hepatology* 65, no. 5 (2017): 1765-1768.

Sabin, Susanna, Hui-Yuan Yeh, Aleks Pluskowski, Christa Clamer, Piers D. Mitchell, and Kirsten I. Bos. "Estimating Molecular Preservation of the Intestinal Microbiome via Metagenomic Analyses of Latrine Sediments from Two Medieval Cities." *Philosophical Transactions of the Royal Society B* 375, no. 1812 (2020): 20190576.

Santiago-Rodriguez, Tasha M., Gino Fornaciari, Stefania Luciani, Scot E. Dowd, Gary A. Toranzos, Isolina Marota, and Raul J. Cano. "Gut Microbiome of an 11th century AD Pre-Columbian Andean Mummy." *PloS One* 10, no. 9 (2015): e0138135.

Schooley, Robert T., Biswajit Biswas, Jason J. Gill, Adriana Hernandez-Morales, Jacob Lancaster, Lauren Lessor, Jeremy J. Barr et al. "Development and Use of Personalized Bacteriophage-Based Therapeutic Cocktails to Treat a Patient with a Disseminated Resistant *Acinetobacter baumannii* Infection." *Antimicrobial Agents and Chemotherapy* 61, no. 10 (2017): e00954-17.

Shaffer, Leah. "Old Friends: The Promise of Parasitic Worms." *Undark*. December 20, 2016.

Sharma, Sapna, and Prabhanshu Tripathi. "Gut Microbiome and Type 2 Diabetes: Where We Are and Where To Go?" *The Journal of Nutritional Biochemistry* 63 (2019): 101-108.

Shillito, Lisa-Marie, John C. Blong, Eleanor J. Green, and Eline N. van Asperen. "The What, How and Why of Archaeological Coprolite Analysis." *Earth-Science Reviews* 207 (2020): 103196.

Singh, Madhu V., Mark W. Chapleau, Sailesh C. Harwani, and Francois M. Abboud. "The Immune System and Hypertension." *Immunologic Research* 59, no. 1 (2014): 243-253.

Skoulding, Lucy. "We Visited a London Curiosity Shop and Found Vintage McDonald's Toys, a Mermaid, and Kylie Minogue's Poo." *MyLondon*. November 30, 2019.

Sonnenburg, Erica D., Samuel A. Smits, Mikhail Tikhonov, Steven K. Higginbottom, Ned S. Wingreen, and Justin L. Sonnenburg. "Diet-Induced Extinctions in the Gut Microbiota Compound over Generations." *Nature* 529, no. 7585 (2016): 212-215.

South Park. 2019. Season 23, Episode 8 "Turd Burglars." Directed by Trey Parker. Aired November 27, 2019 on Comedy Central.

Statovci, Donjete, Mònica Aguilera, John MacSharry, and Silvia Melgar. "The impact of Western Diet and Nutrients on the Microbiota and Immune Response at Mucosal Interfaces." *Frontiers in Immunology* 8 (2017): 838.

Stephen, Alison M., and J. H. Cummings. "The Microbial Contribution to Human Faecal Mass." *Journal of Medical Microbiology* 13, no. 1 (1980): 45-56.

Strathdee, Steffanie, Thomas Patterson, and Teresa Barker. *The Perfect Predator: A Scientist's Race to Save Her Husband from a Deadly Superbug*. New York: Hachette, 2019.

Tall, Alan R., and Laurent Yvan-Charvet. "Cholesterol, Inflammation and Innate Immunity." *Nature Reviews Immunology* 15, no. 2 (2015): 104-116.

Urlacher, Samuel S., Peter T. Ellison, Lawrence S. Sugiyama, Herman Pontzer, Geeta Eick, Melissa A. Liebert, Tara J. Cepon-Robins, Theresa E. Gildner, and J. Josh Snodgrass. "Tradeoffs Between Immune Function and Childhood Growth Among Amazonian Forager-Horticulturalists." *Proceedings of the National Academy of Sciences* 115, no. 17 (2018): E3914-E3921.

Verhagen, Lilly M., Renzo N. Incani, Carolina R. Franco, Alejandra Ugarte, Yeneska Cadenas, Carmen I. Sierra Ruiz, Peter WM Hermans et al. "High Malnutrition Rate in Venezuelan Yanomami Compared to Warao Amerindians and Creoles: Significant Associations with Intestinal Parasites and Anemia." *PLoS One* 8, no. 10 (2013): e77581.

Wibowo, Marsha C., Zhen Yang, Maxime Borry, Alexander Hübner, Kun D. Huang, Braden T. Tierney, Samuel Zimmerman et al. "Reconstruction of Ancient Microbial Genomes from the Human Gut." *Nature* 594, no. 7862 (2021): 234-239.

Wu, Katherine J. "In Collecting Indigenous Feces, A Slew of Sticky Ethics." *Undark*. April 6, 2020.

"Xawara: Tracing the Deadly Path of Covid-19 and Government Negligence in the Yanomami Territory." Yanomami and Ye'kwana Leadership Forum and the Pro-Yanomami and Ye'kwana Network, November 2020.

Xie, Yurou, Zhangran Chen, Fei Zhou, Ligang Chen, Jianquan He, Chuanxing Xiao, Hongzhi Xu, Jianlin Ren, and Xiang Zhang. "IDDF2018-ABS-0201 Faecal Microbiota Transplantation Induced HBSAG Decline in HBEAG Negative Chronic Hepatitis B Patients After Long-Term Antiviral Therapy." (2018): A110-A111.

Yatsunenko, Tanya, Federico E. Rey, Mark J. Manary, Indi Trehan, Maria Gloria Dominguez-Bello, Monica Contreras, Magda Magris et al. "Human Gut

Microbiome Viewed Across Age and Geography." *Nature* 486, no. 7402 (2012): 222-227.

Ye, Jianyu, and Jieliang Chen. "Interferon and Hepatitis B: Current and Future Perspectives." *Frontiers in Immunology* 12 (2021): 733364.

Yeh, Hui-Yuan, Aleks Pluskowski, Uldis Kalējs, and Piers D. Mitchell. "Intestinal Parasites in a Mid-14th Century Latrine from Riga, Latvia: Fish Tapeworm and the Consumption of Uncooked Fish in the Medieval Eastern Baltic Region." *Journal of Archaeological Science* 49 (2014): 83-89.

Yeh, Hui-Yuan, Kay Prag, Christa Clamer, Jean-Baptiste Humbert, and Piers D. Mitchell. "Human Intestinal Parasites from a Mamluk Period Cesspool in the Christian Quarter of Jerusalem: Potential Indicators of Long Distance Travel in the 15th Century AD." *International Journal of Paleopathology* 9 (2015): 69-75.

Yong, Ed. *I Contain Multitudes: The Microbes Within Us and a Grander View of Life.* New York: Ecco, 2016.

第八章

Arvin, Jariel. "Norway Wants to Lead on Climate Change. But First It Must Face Its Legacy of Oil and Gas." *Vox.* January 15, 2021.

Asbjørnsen, Peter Christen & Jørgen Engebretsen Moe. *The Complete Norwegian Folktales and Legends of Asbjørnsen & Moe.* Translated by Simon Roy Hughes. 2020.

Baalsrud, Kjell. "Pollution of the Outer Oslofjord." *Water Science and Technology* 24, no. 10 (1991): 321-322.

Beckwith, Martha. *Hawaiian Mythology.* Honolulu: University of Hawai'i Press, 1970.

Bergmo, Per E. S., Erik Lindeberg, Fridtjof Riis, and Wenche T. Johansen. "Exploring Geological Storage Sites for CO2 from Norwegian Gas Power Plants: Johansen Formation." *Physics Procedia* 1, no. 1 (2009): 2945-2952.

Bernton, Hal. "Giant Landfill in Tiny Washington Hamlet Turns Trash to Natural Gas, as Utilities Fight for a Future." *The Seattle Times.* March 4, 2021.

Bevanger, Lars. "First-World Problem? Norway and Sweden Battle over Who Gets to Burn Waste." *DW.* November 23, 2015.

Björn, Annika, Sepehr Shakeri Yekta, Ryan M. Ziels, Karl Gustafsson, Bo H. Svensson, and Anna Karlsson. "Feasibility of OFMSW Co-Digestion with Sewage Sludge for Increasing Biogas Production at Wastewater Treatment Plants." *Euro-Mediterranean Journal for Environmental Integration* 2, no. 1 (2017): 1-10.

Bond, Tom, and Michael R. Templeton. "History and Future of Domestic Biogas Plants in the Developing World." *Energy for Sustainable Development* 15, no. 4 (2011): 347-354.

Cambi. "How Does Thermal Hydrolysis Work?" Accessed April 20, 2022, https://www.cambi.com/what-we-do/thermal-hydrolysis/how-does-thermal-hydrolysis-work/.

Campbell, Kristina. "The Science on Gut Microbiota and Intestinal Gas: Everything You Wanted to Know but Didn't Want to Ask." *ISAPP Science Blog.* March 2, 2020.

Chaudhary, Prem Prashant, Patricia Lynne Conway, and Jørgen Schlundt. "Methanogens in Humans: Potentially Beneficial or Harmful for Health." *Applied Microbiology and Biotechnology* 102, no. 7 (2018): 3095-3104.

Day, Adrienne. "Waste Not: Addressing the Sanitation and Fuel Need" *DEMAND*. April 3, 2016.

Defenders of Wildlife. "Take Refuge: Tualatin River National Wildlife Refuge." August 2, 2011.

de Souza, Sandro Maquiné, Thierry Denoeux, and Yves Grandvalet. "Recycling experiments for sludge monitoring in waste water treatment." In *2004 IEEE International Conference on Systems, Man and Cybernetics* (IEEE Cat. No. 04CH37583) 2 (2004): 1342-1347.

Doyle, Amanda. "CCS Pilot Phase Successfully Completed on Norwegian Waste-to-Energy Plant." *The Chemical Engineer*. May 20, 2020.

Elliott, Douglas C., Patrick Biller, Andrew B. Ross, Andrew J. Schmidt, and Susanne B. Jones. "Hydrothermal Liquefaction of Biomass: Developments from Batch to Continuous Process." *Bioresource Technology* 178 (2015): 147-156.

European Biogas Initiative. "The Contribution of the Biogas and Biomethane Industries to Medium-Term Greenhouse Gas Reduction Targets and Climate Neutrality by 2050." April 2020.

FirstGroup. "New Bio-Methane Gas Bus Filling Station Opens in Bristol." News release. February 10, 2020, https://www.firstgroupplc.com/news-and-media/latest-news/2020/10-02-20b.aspx.

FlixBus. "Biogas in Detail: What's Behind Bio-CNG and Bio-LNG?" News release, June 29, 2021. https://corporate.flixbus.com/biogas-in-detail-whats-behind-bio-cng-and-bio-lng/.

Franklin Institute, The. "Benjamin Franklin's Inventions." Accessed April 20, 2022, https://www.fi.edu/benjamin-franklin/inventions.

Geneco. "Case Study: Bio-Bus." Accessed April 20, 2022, https://www.geneco.uk.com/case-studies/bio-bus.

Gonzalez, Ahtziri. "Beyond Bans: Toward Sustainable Charcoal Production in Kenya." *Forests News*. October 30, 2020.

He, Pin Jing. "Anaerobic Digestion: An Intriguing Long History in China." *Waste Management* 30, no. 4 (2010): 549-550.

Hede, Karyn. "The Path to Renewable Fuel Just Got Easier." Pacific Northwest National Laboratory. News release. February 2, 2022, https://www.pnnl.gov/news-media/path-renewable-fuel-just-got-easier.

Hutkins, Robert. "Got Gas? Blame It on Your Bacteria." *ISAPP Science Blog*. September 8, 2016.

"ISAPP Board Members Look Back in Time to Respond to Benjamin Franklin's Suggestion on How to Improve "Natural Discharges of Wind from Our Bodies." *ISAPP News*. January 29, 2021.

Ishaq, Suzanne L., Peter L. Moses, and André-Denis G. Wright. "The Pathology of Methanogenic Archaea in Human Gastrointestinal Tract Disease" In *The Gut Microbiome—Implications for Human Disease*. London: IntechOpen: 2016.

International Biochar Initiative. "Biochar Production and By-Products." Accessed April 20, 2022, https://biochar.international/the-biochar-opportunity/biochar-production-and-by-products/.

Jain, Sarika. "Global Potential of Biogas." World Biogas Association. June 2019.

Jensen, Michael. "Cheap Jet Fuel from Biogas." *LinkedIn*. May 3, 2017.

Kirk, Esben. "The Quantity and Composition of Human Colonic Flatus." *Gastroenterology* 12, no. 5 (1949) :782–794.

Klackenberg, Linus. "Biomethane in Sweden—Market Overview and Policies." Swedish Gas Association. March 16, 2021.

Kuenen, J. Gijs. "Anammox Bacteria: From Discovery to Application." *Nature Reviews Microbiology* 6, no. 4 (2008): 320-326.

Levaggi, Laura, Rosella Levaggi, Carmen Marchiori, and Carmine Trecroci. "Waste-to-Energy in the EU: The Effects of Plant Ownership, Waste Mobility, and Decentralization on Environmental Outcomes and Welfare." *Sustainability* 12, no. 14 (2020): 5743.

Metro Vancouver. "Hydrothermal Processing Biocrude Oil for Low Carbon Fuel." May 2020, https://mvupdate.metrovancouver.org/issue-62/hydrothermal-processing-biocrude-oil-for-low-carbon-fuel/.

National Archives. "From Benjamin Franklin to the Royal Academy of Brussels [After 19 May 1780]." Founders Online. Accessed April 20, 2022, https://founders.archives.gov/documents/Franklin/01-32-02-0281.

National Oceanic and Atmospheric Administration. "Despite Pandemic Shutdowns, Carbon Dioxide and Methane Surged in 2020." April 7, 2021.

Nikel, David. "Norway's Climate Plan to Halve Emissions by 2030." *Life In Norway*. January 8, 2021.

Norsk Folkemuseum. "Hygiene." Accessed April 20, 2022, https://norskfolkemuseum.no/en/hygiene.

Oregon Health Authority, Public Health Division. "Climate and Health in Oregon 2020." Accessed April 20, 2022. https://www.oregon.gov/oha/PH/HEALTHYENVIRONMENTS/CLIMATECHANGE/Pages/profile-report.aspx.

Price, Toby. "Scandinavia Boasts 'World's First' Biogas-Powered Train." *Renewable Energy Magazine*. November 29, 2011.

Rehkopf Smith, Jill. "An Unexpected River Runs Through Western Washington County." *The Oregonian*. October 1, 2009.

Rudek, Joe, and Stefan Schwietzke. "Not All Biogas Is Created Equal." *EDF Blogs*. April 15, 2019.

Sahakian, Ara B., Sam-Ryong Jee, and Mark Pimentel. "Methane and the Gastrointestinal Tract." *Digestive Diseases and Sciences* 55, no. 8 (2010): 2135-2143.

Scania. "Premiere for the First International Biogas Bus." Press release. June 30, 2021, https://www.prnewswire.com/news-releases/premiere-for-the-first-international-biogas-bus-301322876.html.

Scanlan, Pauline D., Fergus Shanahan, and Julian R. Marchesi. "Human Methanogen Diversity and Incidence in Healthy and Diseased Colonic Groups Using mcrA Gene Analysis." *BMC Microbiology* 8, no. 1 (2008): 1-8.

Schindler, David W. "Eutrophication and Recovery in Experimental Lakes: Implications for Lake Management." *Science* 184, no. 4139 (1974): 897-899.

Schuster-Wallace, C.J., C. Wild, and C. Metcalfe. "Valuing Human Waste as an Energy Resource: A Research Brief Assessing the Global Wealth in Waste." United Nations University Institute for Water, Environment and Health. 2015.

Shaw Street, Erin. "A 'Poop Train' from New York Befouled a Small Alabama Town, Until the Town Fought Back." *The Washington Post*. April 20, 2018.

Sola, Phosiso, and Paolo Omar Cerutti. "Kenya Has Been Trying to Regulate the Charcoal Sector: Why It's Not Working." *The Conversation*. February 23, 2021.

Solli, Hilde. "Oslo's New Climate Strategy." KlimaOslo. News release, June 10, 2020, https://www.klimaoslo.no/2020/06/10/oslos-new-climate-strategy/.

Staalstrøm, André, and Lars Petter Røed. "Vertical Mixing and Internal Wave Energy Fluxes in a Sill Fjord." *Journal of Marine Systems* 159 (2016): 15-32.

Suarez, F. L., J. Springfield, and M. D. Levitt. "Identification of Gases Responsible for the Odour of Human Flatus and Evaluation of a Device Purported to Reduce This Odour." *Gut* 43, no. 1 (1998): 100-104.

"Thousands Lose Power in Northern California Amid Roll Out of PG&E Blackouts." *KXTV*. September 7, 2020.

Venkatesh, Govindarajan. "Wastewater Treatment in Norway: An Overview." *Journal AWWA* 105, no. 5 (2013): 92-97.

Villadsen, Sebastian NB, Philip L. Fosbøl, Irini Angelidaki, John M. Woodley, Lars P. Nielsen, and Per Møller. "The Potential of Biogas; The Solution to Energy Storage." *ChemSusChem* 12, no. 10 (2019): 2147-2153.

Wang, Hailong, Sally L. Brown, Guna N. Magesan, Alison H. Slade, Michael Quintern, Peter W. Clinton, and Tim W. Payn. "Technological Options for the Management of Biosolids." *Environmental Science and Pollution Research-International* 15, no. 4 (2008): 308-317.

Wiig Sørensen, Benedikte. "Sustainable Waste Management for a Carbon Neutral Europe." KlimaOslo. News release, February 26, 2021, https://www.klimaoslo.no/2021/02/26/the-klemetsrud-carbon-capture-project/.

Williams, Chris. "Mythbusters: Top 25 Moments." *Discovery Channel*. June 16, 2010.

World Bank. "Zero Routine Flaring by 2030 (ZRF) Initiative." Accessed April 20, 2022, https://www.worldbank.org/en/programs/zero-routine-flaring-by-2030/about.

"Yamauba." Yokai.com. Accessed April 20, 2022, https://yokai.com/yamauba/.

第九章

Alewell, Christine, Bruno Ringeval, Cristiano Ballabio, David A. Robinson, Panos Panagos, and Pasquale Borrelli. "Global Phosphorus Shortage Will Be Aggravated by Soil Erosion." *Nature Communications* 11, no. 1 (2020): 1-12.

Anawar, Hossain M., Zed Rengel, Paul Damon, and Mark Tibbett. "Arsenic-Phosphorus Interactions in the Soil-Plant-Microbe System: Dynamics of Uptake, Suppression and Toxicity to Plants." *Environmental Pollution* 233 (2018): 1003-1012.

Barragan-Fonseca, Karol B., Marcel Dicke, and Joop JA van Loon. "Nutritional Value of the Black Soldier Fly (Hermetia illucens L.) and its Suitability as Animal Feed–A Review." *Journal of Insects as Food and Feed* 3, no. 2 (2017): 105-120.

Bhattacharya, Preeti Tomar, Satya Ranjan Misra, and Mohsina Hussain. "Nutritional Aspects of Essential Trace Elements in Oral Health and Disease: An Extensive Review." *Scientifica* 2016 (2016): 5464373.

Brown, Sally. "Connections: Compost + Cannabis." *BioCycle*. January 7, 2020.

Brown, Sally, Laura Kennedy, Mark Cullington, Ashley Mihle, and Maile Lono-Batura. "Relating Pharmaceuticals and Personal Care Products in Biosolids to Home Exposure." *Urban Agriculture & Regional Food Systems* 4, no. 1 (2019): 1-14.

Brown, Sally, Rufus Chaney, and David M. Hill. "Biosolids Compost Reduces Lead Bioavailability in Urban Soils." *BioCycle* 44, no. 6 (2003): 20-24.

Brown, Sally L., Rufus L. Chaney, and Ganga M. Hettiarachchi. "Lead in Urban Soils: A Real or Perceived Concern for Urban Agriculture?" *Journal of Environmental Quality* 45, no. 1 (2016): 26-36.

Brown, Sally L., Rufus L. Chaney, J. Scott Angle, and James A. Ryan. "The Phytoavailability of Cadmium to Lettuce in Long-Term Biosolids-Amended Soils." *Journal of Environmental Quality* 27, no. 5 (1998): 1071-1078.

Burke Museum. "Traditional Coast Salish Foods List." September 14, 2013, https://www.burkemuseum.org/news/traditional-coast-salish-foods-list.

Clague, John J. "Cordilleran Ice Sheet." In *Encyclopedia of Paleoclimatology and Ancient Environments*. Dordrecht: Springer, 2009.

Cohen, Lindsay. "'Crappy' Solution to Soil Shortage: U.S. Open Human Waste." *KOMO News*. June 29, 2015.

Collivignarelli, Maria Cristina, Alessandro Abbà, Andrea Frattarola, Marco Carnevale Miino, Sergio Padovani, Ioannis Katsoyiannis, and Vincenzo Torretta. "Legislation for the Reuse of Biosolids on Agricultural Land in Europe: Overview." *Sustainability* 11, no. 21 (2019): 6015.

Crunden, E. A. "For Waste Industry, PFAS Disposal Leads to Controversy, Regulation, Mounting Costs." *SEJournal Online* 5, no. 42. November 18, 2020.

Defoe, Phillip Peterson, Ganga M. Hettiarachchi, Christopher Benedict, and Sabine Martin. "Safety of Gardening on Lead- and Arsenic-Contaminated Urban Brownfields." *Journal of Environmental Quality* 43, no. 6 (2014): 2064-2078.

Defoe, Phillip Peterson. "Urban Brownfields to Gardens: Minimizing Human Exposure to Lead and Arsenic." PhD diss. Kansas State University, 2014.

De Groote, Hugo, Simon C. Kimenju, Bernard Munyua, Sebastian Palmas, Menale Kassie, and Anani Bruce. "Spread and Impact of Fall Armyworm (*Spodoptera frugiperda* JE Smith) in Maize Production Areas of Kenya." *Agriculture, Ecosystems & Environment* 292 (2020): 106804.

Doughty, Christopher E., Andrew J. Abraham, and Joe Roman. "The Sixth R: Revitalizing the Natural Phosphorus Pump." *EcoEvoRxiv*. March 18, 2020.

Driscoll, Matt. "A Happy Ending for Tacoma Community College's Beloved Garden." *The News Tribune*. March 15, 2016.

Driscoll, Matt. "How Can We Save the Community Garden at Tacoma Community College?" *The News Tribune*. September 28, 2015.
Duwamish Tribe. "Our History of Self Determination." Accessed April 20, 2022, https://www.duwamishtribe.org/history.
Flavell-White, Claudia. "Fritz Haber and Carl Bosch—Feed the World." *The Chemical Engineer*. March 1, 2010.
Gerling, Daniel Max. "American Wasteland: A Social and Cultural History of Excrement 1860-1920." Doctoral dissertation, University of Texas, 2012.
Gross, Daniel A. "Caliche: The Conflict Mineral that Fuelled the First World War." *The Guardian*. June 2, 2014.
Hilbert, Klaus, and Jens Soentgen. "From the '*Terra Preta de Indio*' to the 'Terra Preta do Gringo': A History of Knowledge of the Amazonian Dark Earths." In *Ecosystem and Biodiversity of Amazonia*. London: InTechOpen, 2021.
Historic England. "The Great Stink—How the Victorians Transformed London to Solve the Problem of Waste." Accessed April 20, 2022, https://historicengland.org.uk/images-books/archive/collections/photographs/the-great-stink/.
Johnson, Steven. *The Ghost Map: The Story of London's Most Terrifying Epidemic—and How it Changed Science, Cities, and the Modern World*. New York: Penguin, 2006.
Kawa, Nicholas C., Yang Ding, Jo Kingsbury, Kori Goldberg, Forbes Lipschitz, Mitchell Scherer, and Fatuma Bonkiye. "Night Soil: Origins, Discontinuities, and Opportunities for Bridging the Metabolic Rift." *Ethnobiology Letters* 10, no. 1 (2019): 40-49.
Kimmerer, Robin Wall. *Braiding Sweetgrass: Indigenous Wisdom, Scientific Knowledge and the Teachings of Plants*. Minneapolis: Milkweed Editions, 2013.
King County. "DNRP Carbon Neutral." December 17, 2019, https://kingcounty.gov/depts/dnrp/about/beyond-carbon-neutral.aspx.
King County Wastewater Treatment Division. "King County Biosolids Program Strategic Plan 2018-2037." June 2018, https://kingcounty.gov/~/media/services/environment/wastewater/resource-recovery/plans/1711_KC-WTD-Biosolids-2018-2037-Strategic-Plan-rev2.ashx?la=en.
Kolbert, Elizabeth. "Head Count." *The New Yorker*. October 14, 2013.
Krietsch Boerner, Leigh. "Industrial Ammonia Production Emits More CO2 Than Any Other Chemical-Makin Reaction. Chemists Want to Change That." *Chemical & Engineering News*. June 15, 2019.
Laporte, Dominique. *History of Shit*. Translated by Nadia Benadbid and Rodolphe el-Khoury. Cambridge, Massachusetts: The MIT Press, 2002.
Lehman, J. "*Terra Preta* Nova—Where to from Here?" In *Amazonian Dark Earths: Wim Sombroek's Vision*. Dordrecht: Springer, 2009.
Matthews, Todd. "Outside Pacific Plaza: A Garden Grows High Above Downtown Tacoma." *Tacoma Daily Index*, Accessed April 20, 2022.
National Institute for Occupational Safety and Health. "Guidance For Controlling Potential Risks To Workers Exposed to Class B Biosolids." June 6, 2014.
Orozco-Ortiz, Juan Manuel, Clara Patricia Peña-Venegas, Sara Louise Bauke, Christian Borgemeister, Ramona Mörchen, Eva Lehndorff, and Wulf Amelung. "Terra

Preta Properties in Northwestern Amazonia (Colombia)." *Sustainability* 13, no. 13 (2021): 7088.

Perkins, Tom. "Biosolids: Mix Human Waste with Toxic Chemicals, Then Spread on Crops." *The Guardian*. October 5, 2019.

Philpott, Tom. "Our Other Addiction: The Tricky Geopolitics of Nitrogen Fertilizer." *Grist*. February 12, 2010.

Piccolo, Alessandro. "Humus and Soil Conservation." In *Humic Substances in Terrestrial Ecosystems*. 225-264. Amsterdam: Elsevier, 1996.

Rockefeller Foundation. "Black Soldier Flies: Inexpensive and Sustainable Source for Animal Feed." November 10, 2020.

Rolph, Amy. "What Was Washington State Like During the Last Ice Age?" *KUOW*. August 10, 2017.

Ross, Rachel. "The Science Behind Composting." *LiveScience*. September 12, 2018.

Rout, Hemant Kumar. "India's First Coal Gasification Based Fertiliser Plant on Track." *The New Indian Express*. January 10, 2021.

Santana-Sagredo, Francisca, Rick J. Schulting, Pablo Méndez-Quiros, Ale Vidal-Elgueta, Mauricio Uribe, Rodrigo Loyola, Anahí Maturana-Fernández et al. "'White Gold' Guano Fertilizer Drove Agricultural Intensification in the Atacama Desert from AD 1000." *Nature Plants* 7, no. 2 (2021): 152-158.

Schmidt, Hans-Peter. "Terra Preta—Model of a Cultural Technique." *The Biochar Journal*. 2014.

Science History Institute. "Fritz Haber." December 7, 2017, https://www.sciencehistory.org/historical-profile/fritz-haber.

Sellars, Sarah, and Vander Nunes. "Synthetic Nitrogen Fertilizer in the U.S." *farmdoc daily* 11 (2021): 24.

Shumo, Marwa, Isaac M. Osuga, Fathiya M. Khamis, Chrysantus M. Tanga, Komi KM Fiaboe, Sevgan Subramanian, Sunday Ekesi, Arnold van Huis, and Christian Borgemeister. "The Nutritive Value of Black Soldier Fly Larvae Reared on Common Organic Waste Streams in Kenya." *Scientific Reports* 9, no. 1 (2019): 1-13.

Specter, Michael. "Ocean Dumping Is Ending, but Not Problems; New York Can't Ship, Bury or Burn Its Sludge, but No One Wants a Processing Plant." *New York Times*. June 29, 1992.

Tajima, Kayo. "The Marketing of Urban Human Waste in the Early Modern Edo/Tokyo Metropolitan Area." *Environnement Urbain/Urban Environment* 1 (2007).

Thrush, Coll-Peter. "The Lushootseed Peoples of Puget Sound Country." University of Washington Libraries Digital Collections, Accessed April 20, 2022, https://content.lib.washington.edu/aipnw/thrush.html.

Tong, Ziya. *The Reality Bubble: Blind Spots, Hidden Truths, and the Dangerous Illusions that Shape Our World*. London: Allen Lane, 2019.

Tulalip Tribes of Washington. "Lushootseed Encyclopedia." Accessed April 20, 2022, https://tulaliplushootseed.com/encyclopedia/.

United Nations Environment Programme. "Food Waste Index Report 2021." Accessed April 20, 2022, https://www.unep.org/resources/report/unep-food-waste-index-report-2021.

Washington State Department of Ecology. "Tacoma Smelter Plume Project." Accessed April 20, 2022, https://ecology.wa.gov/Spills-Cleanup/Contamination-cleanup/Cleanup-sites/Tacoma-smelter.

"Wastewater Treatment Plant to Recycle Nutrients into 'Green' Fertilizer." *WaterWorld*. September 29, 2008.

Wilfert, Philipp, Prashanth Suresh Kumar, Leon Korving, Geert-Jan Witkamp, and Mark CM Van Loosdrecht. "The Relevance of Phosphorus and Iron Chemistry to the Recovery of Phosphorus from Wastewater: A Review." *Environmental Science & Technology* 49, no. 16 (2015): 9400-9414.

Winick, Stephen. "Ostara and the Hare: Not Ancient, but Not As Modern As Some Skeptics Think." *Folklife Today*. April 28, 2016.

Xue, Yong. "'Treasure Nightsoil As If It Were Gold:' Economic and Ecological Links between Urban and Rural Areas in Late Imperial Jiangnan." *Late Imperial China* 26, no. 1 (2005): 41-71.

第十章

Agyei, Dominic, James Owusu-Kwarteng, Fortune Akabanda, and Samuel Akomea-Frempong. "Indigenous African Fermented Dairy products: Processing Technology, Microbiology and Health Benefits." *Critical Reviews in Food Science and Nutrition* 60, no. 6 (2020): 991-1006.

Alley, William M., and Rosemarie Alley. *The Water Recycling Revolution: Tapping into the Future*. London: Rowman & Littlefield, 2022.

Apicella, Coren L., Paul Rozin, Justin TA Busch, Rachel E. Watson-Jones, and Cristine H. Legare. "Evidence from Hunter-Gatherer and Subsistence Agricultural Populations for the Universality of Contagion Sensitivity." *Evolution and Human Behavior* 39, no. 3 (2018): 355-363.

Awerbuch, Leon, and Corinne Tromsdorff. "From Seawater to Tap or from Toilet to Tap? Joint Desalination and Water Reuse Is the Future of Sustainable Water Management." *IWA*. September 14, 2016.

Bastiaanssen, Thomaz FS, Caitlin SM Cowan, Marcus J. Claesson, Timothy G. Dinan, and John F. Cryan. "Making Sense of…the Microbiome in Psychiatry." *International Journal of Neuropsychopharmacology* 22, no. 1 (2019): 37-52.

Beal, Colin M., F. Todd Davidson, Michael E. Webber, and Jason C. Quinn. "Flare Gas Recovery for Algal Protein Production." *Algal Research* 20 (2016): 142-152.

Bested, Alison C., Alan C. Logan, and Eva M. Selhub. "Intestinal Microbiota, Probiotics and Mental Health: From Metchnikoff to Modern Advances: Part I–Autointoxication Revisited." *Gut Pathogens* 5, no. 1 (2013): 1-16.

Borenstein, Seth. "Cheers! Crew Drinks up Recycled Urine in Space." *Associated Press*. May 20, 2009.

Boxall, Bettina. "L.A.'s Ambitious Goal: Recycle All of the City's Sewage into Drinkable Water." *Los Angeles Times*. February 22, 2019.

Buck, Chris, and Jennifer Lee, directors. *Frozen II*. Disney, 2019.

Buendia, Justin R., Yanping Li, Frank B. Hu, Howard J. Cabral, M. Loring Bradlee, Paula A. Quatromoni, Martha R. Singer, Gary C. Curhan, and Lynn L. Moore. "Regular Yogurt Intake and Risk of Cardiovascular Disease Among Hypertensive Adults." *American Journal of Hypertension* 31, no. 5 (2018): 557-565.

Calysta. "Calysta Announces $39 Million Investment to Fund Global Expansion Plans." Press release. September 9, 2021, https://calysta.com/calysta-announces-39-million-investment-to-fund-global-expansion-plans/.

Calysta. "FeedKind Protein Can Enable Blue Economy and Increase Global Food Security." Press release. October 4, 2017, https://calysta.com/feedkind-protein-can-enable-blue-economy-and-increase-global-food-security/.

Campana, Raffaella, Saskia van Hemert, and Wally Baffone. "Strain-Specific Probiotic Properties of Lactic Acid Bacteria and Their Interference with Human Intestinal Pathogens Invasion." *Gut Pathogens* 9, no. 1 (2017): 1-12.

Casadevall, Arturo, Dimitrios P. Kontoyiannis, and Vincent Robert. "On the Emergence of Candida auris: Climate Change, Azoles, Swamps, and Birds." *MBio* 10, no. 4 (2019): e01397-19.

Chang, Chin-Feng, Yu-Ching Lin, Shan-Fu Chen, Enrique Javier Carvaja Barriga, Patricia Portero Barahona, Stephen A. James, Christopher J. Bond, Ian N. Roberts, and Ching-Fu Lee. "Candida theae sp. nov., a New Anamorphic Beverage-Associated Member of the Lodderomyces Clade." *International Journal of Food Microbiology* 153, no. 1-2 (2012): 10-14.

Chen, Mu, Qi Sun, Edward Giovannucci, Dariush Mozaffarian, JoAnn E. Manson, Walter C. Willett, and Frank B. Hu. "Dairy Consumption and Risk of Type 2 Diabetes: 3 Cohorts of US Adults and an Updated Meta-Analysis." *BMC Medicine* 12, no. 1 (2014): 1-14.

Cuthbert, M. O., Tom Gleeson, Nils Moosdorf, Kelvin M. Befus, A. Schneider, Jens Hartmann, and B. Lehner. "Global Patterns and Dynamics of Climate–Groundwater Interactions." *Nature Climate Change* 9, no. 2 (2019): 137-141.

Daly, Luke, Martin R. Lee, Lydia J. Hallis, Hope A. Ishii, John P. Bradley, Phillip Bland, David W. Saxey et al. "Solar Wind Contributions to Earth's Oceans." *Nature Astronomy* 5, no. 12 (2021): 1275-1285.

De Roos, Nicole M., and Martijn B. Katan. "Effects of Probiotic Bacteria on Diarrhea, Lipid Metabolism, and Carcinogenesis: A Review of Papers Published between 1988 and 1998." *The American Journal of Clinical Nutrition* 71, no. 2 (2000): 405-411.

Farré-Maduell, Eulàlia, and Climent Casals-Pascual. "The Origins of Gut Microbiome Research in Europe: From Escherich to Nissle." *Human Microbiome Journal* 14 (2019): 100065.

Fields, R. Douglas. "Raising the Dead: New Species of Life Resurrected from Ancient Andean Tomb." *Scientific American*. February 19, 2012.

Fishman, Charles. *The Big Thirst: The Secret Life and Turbulent Future of Water*. New York: Free Press, 2011.

Fox, Michael J., Kiran DK Ahuja, Iain K. Robertson, Madeleine J. Ball, and Rajaraman D. Eri. "Can Probiotic Yogurt Prevent Diarrhoea in Children on Antibiotics? A Double-Blind, Randomised, Placebo-Controlled Study." *BMJ Open* 5, no. 1 (2015): e006474.

Gao, Xing Wang, Mohamed Mubasher, Chong Yu Fang, Cheryl Reifer, and Larry E. Miller. "Dose–Response Efficacy of a Proprietary Probiotic Formula of Lactobacillus acidophilus CL1285 and Lactobacillus casei LBC80R for Antibiotic-Associated Diarrhea and Clostridium difficile-Associated Diarrhea Prophylaxis in Adult Patients." *American Journal of Gastroenterology* 105, no. 7 (2010): 1636-1641.

Gates, Bill. "Janicki Omniprocessor." *YouTube*. January 5, 2015, https://www.youtube.com/watch?v=bVzppWSIFU0.

Gates, Bill. "This Ingenious Machine Turns Feces into Drinking Water." *GatesNotes*. January 5, 2015.

Goldenberg, Joshua Z., Christina Yap, Lyubov Lytvyn, Calvin Ka-Fung Lo, Jennifer Beardsley, Dominik Mertz, and Bradley C. Johnston. "Probiotics for the Prevention of Clostridium difficile-Associated Diarrhea in Adults and Children." *Cochrane Database of Systematic Reviews* 12 (2017).

Gorman, Steve. "U.S. High-Tech Water Future Hinges on Cost, Politics." *Reuters*. March 11, 2009.

Gross, Terry. "The Worldwide 'Thirst' For Clean Drinking Water." *NPR*. April 11, 2011.

Gunaratnam, Sathursha, Carine Diarra, Patrick D. Paquette, Noam Ship, Mathieu Millette, and Monique Lacroix. "The Acid-Dependent and Independent Effects of Lactobacillus acidophilus CL1285, Lacticaseibacillus casei LBC80R, and Lacticaseibacillus rhamnosus CLR2 on Clostridioides difficile R20291." *Probiotics and Antimicrobial Proteins* 13, no. 4 (2021): 949-956.

Haefele, Marc B., and Anna Sklar. "Revisiting 'Toilet to Tap.'" *Los Angeles Times*. August 26, 2007.

Hansman, Heather. "A New Efficient Filter Helps Astronauts Drink Their Own Urine." *Smithsonian Magazine*. September 11, 2015.

Harris-Lovett, Sasha, and David Sedlak. "Protecting the Sewershed." *Science* 369, no. 6510 (2020): 1429-1430.

Hurlimann, Anna, and Sara Dolnicar. "When Public Opposition Defeats Alternative Water Projects–The Case of Toowoomba Australia." *Water Research* 44, no. 1 (2010): 287-297.

Inyang, Mandu, and Eric RV Dickenson. "The Use of Carbon Adsorbents for the Removal of Perfluoroalkyl Acids from Potable Reuse Systems." *Chemosphere* 184 (2017): 168-175.

Jones, Anthony. "Bill Gates Drinks Glass of Water That Was Human Feces Minutes Earlier." *Business 2 Community*. January 7, 2015.

Jumrah, Wahab. "The 1962 Johor-Singapore Water Agreement: Lessons Learned." *The Diplomat*. September 30, 2021.

Kambale, Richard Mbusa, Fransisca Isia Nancy, Gaylord Amani Ngaboyeka, Joe Bwija Kasengi, Laure B. Bindels, and Dimitri Van der Linden. "Effects of Probiotics and Synbiotics on Diarrhea in Undernourished Children: Systematic Review with Meta-Analysis." *Clinical Nutrition* 40, no. 5 (2021): 3158-3169.

Kim, Jungbin, Kiho Park, Dae Ryook Yang, and Seungkwan Hong. "A Comprehensive Review of Energy Consumption of Seawater Reverse Osmosis Desalination Plants." *Applied Energy* 254 (2019): 113652.

Kisan, Bhagwat Sameer, Rajender Kumar, Shelke Prashant Ashok, and Ganguly Sangita. "Probiotic Foods for Human Health: A Review." *Journal of Pharmacognosy and Phytochemistry* 8, no. 3 (2019): 967-971.

Kort, Remco. "A Yogurt to Help Prevent Diarrhea?" *On Biology*. December 8, 2015.

Kort, Remco, and Wilbert Sybesma. "Probiotics for Every Body." *Trends in Biotechnology* 30, no. 12 (2012): 613-615.

Kort, Remco, Nieke Westerik, L. Mariela Serrano, François P. Douillard, Willi Gottstein, Ivan M. Mukisa, Coosje J. Tuijn et al. "A Novel Consortium of Lactobacillus rhamnosus and Streptococcus thermophilus for Increased Access to Functional Fermented Foods." *Microbial Cell Factories* 14, no. 1 (2015): 1-14.

Lee, Hannah, and Thai Pin Tan. "Singapore's Experience with Reclaimed Water: NEWater." *International Journal of Water Resources Development* 32, no. 4 (2016): 611-621.

Mackie, Alec. "California's Water History: The Origin of 'Toilet-to-Tap.'" *CWEA*. Accessed April 20, 2022, https://www.cwea.org/news/whats-the-origin-of-toilet-to-tap/.

Marco, Maria L., Mary Ellen Sanders, Michael Gänzle, Marie Claire Arrieta, Paul D. Cotter, Luc De Vuyst, Colin Hill et al. "The International Scientific Association for Probiotics and Prebiotics (ISAPP) Consensus Statement on Fermented Foods." *Nature Reviews Gastroenterology & Hepatology* 18, no. 3 (2021): 196-208.

Marron, Emily L., William A. Mitch, Urs von Gunten, and David L. Sedlak. "A Tale of Two Treatments: The Multiple Barrier Approach to Removing Chemical Contaminants During Potable Water Reuse." *Accounts of Chemical Research* 52, no. 3 (2019): 615-622.

Martín, Rebeca, Sylvie Miquel, Leandro Benevides, Chantal Bridonneau, Véronique Robert, Sylvie Hudault, Florian Chain et al. "Functional Characterization of Novel *Faecalibacterium prausnitzii* Strains Isolated from Healthy Volunteers: A Step Forward in the Use of *F. prausnitzii* as a Next-Generation Probiotic." *Frontiers in Microbiology* (2017): 1226.

Mellen, Greg. "From Waste to Taste: Orange County Sets Guinness Record for Recycled Water." *The Orange County Register*. February 18, 2018.

Michels, Karin B., Walter C. Willett, Rita Vaidya, Xuehong Zhang, and Edward Giovannucci. "Yogurt Consumption and Colorectal Cancer Incidence and Mortality in the Nurses' Health Study and the Health Professionals Follow-up Study." *The American Journal of Clinical Nutrition* 112, no. 6 (2020): 1566-1575.

Nagpal, Ravinder, Shaohua Wang, Shokouh Ahmadi, Joshua Hayes, Jason Gagliano, Sargurunathan Subashchandrabose, Dalane W. Kitzman, Thomas Becton, Russel Read, and Hariom Yadav. "Human-Origin Probiotic Cocktail Increases Short-Chain Fatty Acid Production via Modulation of Mice and Human Gut Microbiome." *Scientific Reports* 8, no. 1 (2018): 1-15.

NASA. "NASA Awards Grants for Technologies That Could Transform Space Exploration." Press release, August 14, 2015, https://www.nasa.gov/press-release/nasa-awards-grants-for-technologies-that-could-transform-space-exploration.

National Research Council. *Water Reuse: Potential for Expanding the Nation's Water Supply Through Reuse of Municipal Wastewater.* Washington, DC: The National Academies Press, 2012.

Nemeroff, Carol, and Paul Rozin. "The Contagion Concept in Adult Thinking in the United States: Transmission of Germs and of Interpersonal Influence." *Ethos* 22, no. 2 (1994): 158-186.

O'Connell, Todd. "1,4-Dioxane: Another Forever Chemical Plagues Drinking-Water Utilities." *Chemical & Engineering News*. November 9, 2020.

Piani, Laurette, Yves Marrocchi, Thomas Rigaudier, Lionel G. Vacher, Dorian Thomassin, and Bernard Marty. "Earth's Water May Have Been Inherited from Material Similar to Enstatite Chondrite Meteorites." *Science* 369, no. 6507 (2020): 1110-1113.

Plunkett, Luke. "Bill Gates Drinks Water Made From Human Poop." *Kotaku*. January 7, 2015.

"Reclaimed Wastewater Meets 40% of Singapore's Water Demand." *WaterWorld*. January 24, 2017.

Reynolds, Ross, and Kate O'Connell. "Poop Water: Why You Should Drink It." *KUOW*. March 19, 2015.

Rivard, Ry. "A Brief History of Pure Water's Pure Drama." *Voice of San Diego*. September 17, 2019.

Rotch, Thomas Morgan, and John Lovett Morse. "Report on Pediatrics." *Boston Medical and Surgical Journal* 153 (1905): 724-727.

Rozin, Paul, Brent Haddad, Carol Nemeroff, and Paul Slovic. "Psychological Aspects of the Rejection of Recycled Water: Contamination, Purification and Disgust." *Judgment and Decision Making* 10, no. 1(2015): 50-63.

Rubio, Raquel, Anna Jofré, Belén Martín, Teresa Aymerich, and Margarita Garriga. "Characterization of Lactic Acid Bacteria Isolated from Infant Faeces as Potential Probiotic Starter Cultures for Fermented Sausages." *Food Microbiology* 38 (2014): 303-311.

Rubio, Raquel, Anna Jofré, Teresa Aymerich, Maria Dolors Guàrdia, and Margarita Garriga. "Nutritionally Enhanced Fermented Sausages as a Vehicle for Potential Probiotic Lactobacilli Delivery." *Meat Science* 96, no. 2 (2014): 937-942.

Ruiz-Moyano, Santiago, Alberto Martín, María José Benito, Francisco Pérez Nevado, and María de Guía Córdoba. "Screening of Lactic Acid Bacteria and Bifidobacteria for Potential Probiotic Use in Iberian Dry Fermented Sausages." *Meat Science* 80, no. 3 (2008): 715-721.

Sanitation Technology Platform. "Preparing for Commercial Field Testing of the Janicki Omni Processor." November 2019, https://gatesopenresearch.org/documents/4-181.

Singapore Ministry of Foreign Affairs. "Water Agreements." Accessed April 20, 2022, https://www.mfa.gov.sg/SINGAPORES-FOREIGN-POLICY/Key-Issues/Water-Agreements.

Slovic, Paul. "Talking About Recycled Water—And Stigmatizing It." Decision Research. February 28, 2009.

Stefan, Mihaela I., and James R. Bolton. "Mechanism of the Degradation of 1, 4-Dioxane in Dilute Aqueous Solution Using the UV/Hydrogen Peroxide Process." *Environmental Science & Technology* 32, no. 11 (1998): 1588-1595.

Steinberg, Lisa M., Rachel E. Kronyak, and Christopher H. House. "Coupling of Anaerobic Waste Treatment to Produce Protein-and Lipid-Rich Bacterial Biomass." *Life Sciences in Space Research* 15 (2017): 32-42.

St. Fleur, Nicholas. "The Water in Your Glass Might Be Older Than the Sun." *New York Times*. April 15, 2016.

Sun, Fengting, Qingsong Zhang, Jianxin Zhao, Hao Zhang, Qixiao Zhai, and Wei Chen. "A Potential Species of Next-Generation Probiotics? The Dark and Light Sides of *Bacteroides fragilis* in Health." *Food Research International* 126 (2019): 108590.

Tan, Audrey, and Ng Keng Gene. "Linggiu Reservoir, Singapore's Main Water Source in Malaysia, Back at Healthy Levels for First Time Since 2016." *The Straits Times*. February 4, 2021.

Tan, Thai Pin, and Stuti Rawat. "NEWater in Singapore." Global Water Forum. January 15, 2018.

Vikhanski, Luba. *Immunity: How Elie Metchnikoff Changed the Course of Modern Medicine*. Chicago: Chicago Review, 2016.

Wastyk, Hannah C., Gabriela K. Fragiadakis, Dalia Perelman, Dylan Dahan, Bryan D. Merrill, B. Yu Feiqiao, Madeline Topf et al. "Gut-Microbiota-Targeted Diets Modulate Human Immune Status." *Cell* 184, no. 16 (2021): 4137-4153.

Westerik, Nieke, Arinda Nelson, Alex Paul Wacoo, Wilbert Sybesma, and Remco Kort. "A Comparative Interrupted Times Series on the Health Impact of Probiotic Yogurt Consumption Among School Children From Three to Six Years Old in Southwest Uganda." *Frontiers in Nutrition* (2020): 303.

Zhang, Ting, Qianqian Li, Lei Cheng, Heena Buch, and Faming Zhang. "*Akkermansia muciniphila* Is a Promising Probiotic." *Microbial Biotechnology* 12, no. 6 (2019): 1109-1125.

第十一章

Al-Azzawi, Mohammed, Les Bowtell, Kerry Hancock, and Sarah Preston. "Addition of Activated Carbon into a Cattle Diet to Mitigate GHG Emissions and Improve Production." *Sustainability* 13, no. 15 (2021): 8254.

Altieri, Miguel A., and Fernando R. Funes-Monzote. "The Paradox of Cuban Agriculture." *Monthly Review*. January 1, 2012.

American Chemical Society. "Sewage—Yes, Poop—Could Be a Source of Valuable Metals and Critical Elements." Press release. March 23, 2015.

Arden, Amanda. "'Kidneys of the Earth.' Wetlands Filter and Cool Wash. Co. Wastewater." *KOIN*. September 14, 2021.

Augustin, Ed, and Fraces Robles. "Cuba's Economy Was Hurting. The Pandemic Brought a Food Crisis." *New York Times*. September 20, 2020.

Baisre, Julio A. "Assessment of Nitrogen Flows into the Cuban Landscape." *Biogeochemistry* 79, no. 1 (2006): 91-108.

BC Salmon Farmers Association. "Small Business Week Profile—Salish Soils." Press release. October 24, 2014, https://www.3blmedia.com/news/small-business-week-profile-salish-soils.

Cato, M. Porcius, and M. Terentius Varro. *On Agriculture (Loeb Classical Library No. 283).* Translated by W. D. Hooper and Harrison Boyd Ash. Loeb Classical Library 283. Cambridge, Massachusetts: Harvard University Press, 1934.

Cederholm, C. J., D. H. Johnson, R. E. Bilby, L.G. Dominguez, A. M. Garrett, W. H. Graeber, E. L. Greda, et al. "Pacific Salmon and Wildlife—Ecological Contexts, Relationships, and Implications for Management." Washington Department of Fish and Wildlife, 2000.

Costello, Christopher, Ling Cao, Stefan Gelcich, Miguel Á. Cisneros-Mata, Christopher M. Free, Halley E. Froehlich, Christopher D. Golden et al. "The Future of Food from the Sea." *Nature* 588, no. 7836 (2020): 95-100.

Cui, Liqiang, Matt R. Noerpel, Kirk G. Scheckel, and James A. Ippolito. "Wheat Straw Biochar Reduces Environmental Cadmium Bioavailability." *Environment International* 126 (2019): 69-75.

Doubilet, David, and Jennifer Hayes. "Cuba's Underwater Jewels Are in Tourism's Path." *National Geographic.* November 2016.

Feinstein, Dianne. "Feinstein, Toomey, Menendez, Collins Introduce Bipartisan Bill to Repeal Ethanol Mandate." Press release, July 20, 2021. https://www.feinstein.senate.gov/public/index.cfm/2021/7/feinstein-toomey-menendez-collins-introduce-bipartisan-bill-to-repeal-ethanol-mandate.

Food and Agriculture Organization of the United Nations. "Fertilizer Use by Crop in Cuba." 2003. https://www.fao.org/3/y4801e/y4801e00.htm.

Food and Agriculture Organization of the United Nations. "Tackling Climate Change Through Livestock: A Global Assessment of Emissions and Mitigation Opportunities." 2013.

Gale, Mark, Tu Nguyen, Marissa Moreno, and Kandis Leslie Gilliard-AbdulAziz. "Physiochemical Properties of Biochar and Activated Carbon from Biomass Residue: Influence of Process Conditions to Adsorbent Properties." *ACS Omega* 6, no. 15 (2021): 10224-10233.

Galford, Gillian L., Margarita Fernandez, Joe Roman, Irene Monasterolo, Sonya Ahamed, Greg Fiske, Patricia González-Díaz, and Les Kaufman. "Cuban Land Use and Conservation, from Rainforests to Coral Reefs." *Bulletin of Marine Science* 94, no. 2 (2018): 171-191.

Genchi, Giuseppe, Maria Stefania Sinicropi, Graziantonio Lauria, Alessia Carocci, and Alessia Catalano. "The Effects of Cadmium Toxicity." *International Journal of Environmental Research and Public Health* 17, no. 11 (2020): 3782.

Gewin, Virginia. "How Corn Ethanol for Biofuel Fed Climate Change." *Civil Eats.* February 14, 2022.

Hansen, H. H., IML Drejer Storm, and A. M. Sell. "Effect of Biochar on in Vitro Rumen Methane Production." *Acta Agriculturae Scandinavica, Section A–Animal Science* 62, no. 4 (2012): 305-309.

Hoegh-Guldberg, Ove, Catherine Lovelock, Ken Caldeira, Jennifer Howard, Thierry Chopin, and Steve Gaines. "The Ocean as a Solution to Climate Change: Five Opportunities for Action." Washington, DC: World Resources Institute, 2019.

Hoffman, Jeremy S., Vivek Shandas, and Nicholas Pendleton. "The Effects of Historical Housing Policies on Resident Exposure to Intra-Urban Heat: A Study of 108 US Urban Areas." *Climate* 8, no. 1 (2020): 12.

Hu, Winnie. "Please Don't Flush the Toilet. It's Raining." *New York Times*. March 2, 2018.

International Biochar Initiative. "Profile: Using Biochar for Water Filtration in Rural Southeast Asia." October 2012.

Kearns, Joshua, Eric Dickenson, Myat Thandar Aung, Sarangi Madhavi Joseph, Scott R. Summers, and Detlef Knappe. "Biochar Water Treatment for Control of Organic Micropollutants with UVA Surrogate Monitoring." *Environmental Engineering Science* 38, no. 5 (2021): 298-309.

Kilcoyne, Clodagh, and Conor Humphries. "Ireland Looks to Seaweed in Quest to Curb Methane from Cows." *Reuters*. November 17, 2021.

Lark, Tyler J., Nathan P. Hendricks, Aaron Smith, Nicholas Pates, Seth A. Spawn-Lee, Matthew Bougie, Eric G. Booth, Christopher J. Kucharik, and Holly K. Gibbs. "Environmental Outcomes of the US Renewable Fuel Standard." *Proceedings of the National Academy of Sciences* 119, no. 9 (2022): e2101084119.

Lee, Uisung, Hoyoung Kwon, May Wu, and Michael Wang. "Retrospective Analysis of the US Corn Ethanol Industry for 2005–2019: Implications for Greenhouse Gas Emission Reductions." *Biofuels, Bioproducts and Biorefining* 15, no. 5 (2021): 1318-1331.

Leng, R. A., Sangkhom Inthapanya, and T. R. Preston. "Biochar Lowers Net Methane Production from Rumen Fluid in Vitro." *Livestock Research for Rural Development* 24, no. 6 (2012): 103.

Lim, XiaoZhi. "Can Microbes Save Us from PFAS?" *Chemical & Engineering News*. March 22, 2021.

McNerthney, Casey. "Heat Wave Broils Western Washington, Shattering Seattle and Regional Temperature Records on June 28, 2021." *HistoryLink.org*. July 1, 2021.

MesoAmerican Research Center. "Milpa Cycle." Accessed April 20, 2022, https://www.marc.ucsb.edu/research/maya-forest-is-a-garden/maya-forest-gardens/milpa-cycle.

Murphy, Andi. "Meet the Three Sisters Who Sustain Native America." *PBS*. November 16, 2018.

Nelson, Amy. "An Oasis in the Most Unlikely Place." *Biohabitats*. August 3, 2015.

Newman, Andy. "2 Months of Rain in a Day and a Half: New York City Sets Records." *New York Times*. August 23, 2021.

Newtown Creek Alliance. "Combined Sewer Overflow." Accessed April 20, 2022, http://www.newtowncreekalliance.org/combined-sewer-overflow/.

Newtown Creek Alliance. "The History and Geography of Newtown Creek." Accessed April 20, 2022, https://storymaps.arcgis.com/stories/4d38389f05a94d5e8bb67ef7e5b03b32.

New York City Department of Environmental Protection. "Combined Sewer Overflow Long Term Control Plan for Newtown Creek." June 2017.

Norris, Charlotte E., G. Mac Bean, Shannon B. Cappellazzi, Michael Cope, Kelsey LH Greub, Daniel Liptzin, Elizabeth L. Rieke, Paul W. Tracy, Cristine LS Morgan, and C. Wayne Honeycutt. "Introducing the North American Project to Evaluate Soil Health Measurements." *Agronomy Journal* 112, no. 4 (2020): 3195-3215.

Odell, Jenny. *How to Do Nothing: Resisting the Attention Economy.* Brooklyn: Melville House, 2020.

Oro Loma Sanitary District. "Horizontal Levee Project." Accessed April 20, 2022, https://oroloma.org/horizontal-levee-project/.

Pandey, Avaneesh. "Poop Gold: Study Finds Human Feces Contain Precious Metals Worth Millions." *International Business Times.* March 24, 2015.

Plumer, Brad, and Nadja Popovich. "How Decades of Racist Housing Policy Left Neighborhoods Sweltering." *New York Times.* August 24, 2020.

Ramirez, Rachel. "Report: Utilities Are Less Likely to Replace Lead Pipes in Low-Income Communities of Color." *Grist.* March 12, 2020.

"Record Rainfall Floods The City: Sewer Overflow Swamps Eight Hotels and Times Square Subway Station." *New York Times.* July 29, 1913.

Richardson, Dana Erin, and Sarah Zentz, directors. "Back to Eden." ProVisions Productions, 2011.

Richter, Brent. "Lehigh's Sechelt' Mine Wins Provincial Recognition." *Coast Reporter.* October 8, 2010.

Ryan, John. "Extreme Heat Cooks Shellfish Alive on Puget Sound Beaches." KUOW. July 7, 2021.

"Salish Soils Takes Leading Role in Community." *The Local Weekly.* June 19, 2013.

"Sewage Yields More Gold than Top Mines." *Reuters.* January 30, 2009.

Shandas, Vivek, Jackson Voelkel, Joseph Williams, and Jeremy Hoffman. "Integrating Satellite and Ground Measurements for Predicting Locations of Extreme Urban Heat." *Climate* 7, no. 1 (2019): 5.

Shindell, Drew, Yuqiang Zhang, Melissa Scott, Muye Ru, Krista Stark, and Kristie L. Ebi. "The Effects of Heat Exposure on Human Mortality Throughout the United States." *GeoHealth* 4, no. 4 (2020): e2019GH000234.

Smith, Kathleen S., Geoffrey Plumlee, and Philip L. Hageman. "Mining for Metals in Society's Waste." *The Conversation.* October 1, 2015.

Sughis, Muhammad, Joris Penders, Vincent Haufroid, Benoit Nemery, and Tim S. Nawrot. "Bone Resorption and Environmental Exposure to Cadmium in Children: A Cross-Sectional Study." *Environmental Health* 10, no. 1 (2011): 1-6.

"The Ocean As Solution, Not Victim." *Living on Earth.* April 2, 2021.

U.S. Environmental Protection Agency. "Case Summary: Settlement Reached at Newtown Creek Superfund Site." Accessed April 20, 2022, https://www.epa.gov/enforcement/case-summary-settlement-reached-newtown-creek-superfund-site.

Westerhoff, Paul, Sungyun Lee, Yu Yang, Gwyneth W. Gordon, Kiril Hristovski, Rolf U. Halden, and Pierre Herckes. "Characterization, Recovery Opportunities, and

Valuation of Metals in Municipal Sludges from US Wastewater Treatment Plants Nationwide." *Environmental Science & Technology* 49, no. 16 (2015): 9479-9488.

Winders, Thomas M., Melissa L. Jolly-Breithaupt, Hannah C. Wilson, James C. MacDonald, Galen E. Erickson, and Andrea K. Watson. "Evaluation of the Effects of Biochar on Diet Digestibility and Methane Production from Growing and Finishing Steers." *Translational Animal Science* 3, no. 2 (2019): 775-783.

Yearwood, Burl, Cho Cho Aung, Ridima Pradhan, and Jennifer Vance. "Toxins in Newtown Creek." *World Environment* 5, no. 2 (2015): 77-79.

第十二章

American Society of Civil Engineers. "2021 Infrastructure Report Card." Accessed April 20, 2022, www.infrastructurereportcard.org.

Barth, Brian. "Humanure: The Next Frontier in Composting." *Modern Farmer.* March 7, 2017.

BBC website; *A History of the World*, "Moule's Mechanical Dry Earth Closet," 2014.

Bertschi School. "Where Science Lives." Accessed April 20, 2022, https://www.bertschi.org/science-wing.

Bill & Melinda Gates Foundation. "Reinvent the Toilet: A Brief History." Accessed April 20, 2022, https://www.gatesfoundation.org/our-work/programs/global-growth-and-opportunity/water-sanitation-and-hygiene/reinvent-the-toilet-challenge-and-expo.

Clivus Multrum. "About Us." Accessed April 20, 2022, https://www.clivusmultrum.eu/about-us/.

Cosgrove, Anne. "Restrooms That Recapture Water and Waste." *Facility Executive.* December 2019.

De Ceuvel. "Sustainability." Accessed April 20, 2022, https://deceuvel.nl/en/about/sustainable-technology/.

DELVA. "De Ceuvel—Amsterdam." Accessed April 20, 2022, https://delva.la/projecten/de-ceuvel/.

"Earth Closets." *OldandInteresting.com* August 15, 2007. http://www.oldandinteresting.com/earth-closet.aspx.

Engineering for Change. "Tiger Toilet." Accessed April 20, 2022, https://www.engineeringforchange.org/solutions/product/tiger-toilet/.

ENR California. "Green Project Best Project: Arch | Nexus SAC." October 5, 2017.

Haukka, J. K. "Growth and Survival of *Eisenia fetida* (Sav.)(Oligochaeta: Lumbricidae) in Relation to Temperature, Moisture and Presence of *Enchytraeus albidus* (Henle)(Enchytraeidae)." *Biology and Fertility of Soils* 3, no. 1 (1987): 99-102.

Hennigs, Jan, Kristin T. Ravndal, Thubelihle Blose, Anju Toolaram, Rebecca C. Sindall, Dani Barrington, Matt Collins et al. "Field Testing of a Prototype Mechanical Dry Toilet Flush." *Science of the Total Environment* 668 (2019): 419-431.

Historic England. "The Story of London's Sewer System." *The Historic England Blog.* March 28, 2019, https://heritagecalling.com/2019/03/28/the-story-of-londons-sewer-system/.

Holland, Oscar. "Has the Wooden Skyscraper Revolution Finally Arrived?" *CNN*. February 19, 2020.

Hugo, Victor. *Les Misérables*. Translated by Lee Fahnestock and Norman MacAfee. London: Penguin, 2013.

International Living Future Institute. "Bertschi Living Building Science Wing." Accessed April 20, 2022, https://living-future.org/lbc/case-studies/bertschi-living-building-science-wing/.

International Living Future Institute. "Perkins SEED Classroom." Accessed April 20, 2022, https://living-future.org/lbc/case-studies/perkins-seed-classroom/.

Jenkins, Joseph. *The Humanure Handbook*. Grove City, Pennsylvania: Joseph Jenkins, 1994.

Kenter, Peter. "A Community That Will Last." *Municipal Sewer & Water*. September 2016.

Lalander, Cecilia, Stefan Diener, Maria Elisa Magri, Christian Zurbrügg, Anders Lindström, and Björn Vinnerås. "Faecal Sludge Management with the Larvae of the Black Soldier Fly (*Hermetia illucens*)—From a Hygiene Aspect." *Science of the Total Environment* 458 (2013): 312-318.

Leich, Harold H. "The Sewerless Society." *The Bulletin of the Atomic Scientists*. November 1975.

Lewis-Hammond, Sarah. "Composting Toilets: A Growing Movement in Green Disposal." *The Guardian*. July 23, 2014.

LIXIL. "LIXIL to Pilot Household Reinvented Toilets in Partnership with the Gates Foundation." Press release. November 6, 2018, https://www.lixil.com/en/news/pdf/181106_BMGF_E.pdf.

Mackinnon, Eve. "Eco-Friendly Composting Toilets Already Bring Relief to Big Cities—Just Ask London's Canal Boaters." *Independent*. May 16, 2018.

Montesano, Jin Song. "Refreshing our Sanitation Targets, Standing Firm on Our Commitments." LIXIL press release. November 15, 2019, https://www.lixil.com/en/stories/stories_16/.

Nelson, Bryn. "A Building Not Just Green, but Practically Self-Sustaining." *New York Times*. April 2, 2013.

Nelson, Bryn. "In Rural Minnesota, A 70-Acre Lab for Sustainable Living." *New York Times*. January 11, 2013.

New York Academy of Medicine Center for History (blog); "A Different Kind of Flush," by Johanna Goldberg, November 19, 2013.

Nierenberg, Jacob. "SEED Classroom Is the Learning Space of a Greener, Better Future." *The Section Magazine*. April 7, 2020.

O'Neill, Meaghan. "The World's Tallest Timber-Framed Building Finally Opens Its Doors." *Architectural Digest*. March 22, 2019.

Perrone, Jane. "To Pee or Not to Pee." *The Guardian*. November 13, 2009.

Progress on Household Drinking Water, Sanitation and Hygiene 2000-2020: Five Years into the SDGs. Geneva: World Health Organization (WHO) and the United Nations Children's Fund (UNICEF), 2021.

Rolston, Kortny. "CSU Research Is in the Toilet, Literally." *Source*. March 9, 2015.

Schuster-Wallace, C.J., C. Wild, and C. Metcalfe. "Valuing Human Waste as an Energy Resource: A Research Brief Assessing the Global Wealth in Waste." United Nations University Institute for Water, Environment and Health. 2015.

Sedlak, David. "The Solution to Cities' Water Problems Has Been Hiding in Rural Areas This Whole Time." *Quartz*. November 14, 2018.

Sky City Cultural Center and Haak'u Museum. "Virtual Tour." Accessed April 20, 2022, https://beta.acomaskycity.org/page/virtual_tour.

TBF Environmental Solutions. "The Tiger Toilet." Accessed April 20, 2022, https://www.tbfenvironmental.in/the-tiger-toilet.html.

UNICEF. "Billions of People Will Lack Access to Safe Water, Sanitation and Hygiene in 2030 Unless Progress Quadruples." Press release. July 1, 2021, https://www.unicef.org/press-releases/billions-people-will-lack-access-safe-water-sanitation-and-hygiene-2030-unless.

Ward, Barbara J., Tesfayohanes W. Yacob, and Lupita D. Montoya. "Evaluation of Solid Fuel Char Briquettes from Human Waste." *Environmental Science & Technology* 48, no. 16 (2014): 9852-9858.

WHO/UNICEF Joint Monitoring Programme for Water Supply, Sanitation and Hygiene (JMP). "Open Defecation." Accessed April 20, 2022, https://washdata.org/monitoring/inequalities/open-defecation.